Jean-Henri Fabre

Erinnerungen eines Insektenforschers

[Souvenirs entomologiques.
Études sur l'instinct et les mœurs des insectes]

Sechste Folge (1897)

Jean-Henri Fabre

Erinnerungen eines Insektenforschers

VI

Aus dem Französischen von Friedrich Koch

Mit Essays von Hans Thill und Jürgen Goldstein

Matthes & Seitz Berlin

Inhalt

Entomologische Erinnerungen.

Sechste Folge

I
Der Sisyphus[1]. Der Vaterinstinkt

Vaterpflichten obliegen nur den Höheren Tieren. Die Vögel sind hierin vortrefflich; die Haartiere erfüllen sie achtenswert. Weiter unten herrscht allgemeine Gleichgültigkeit des Vaters gegenüber den Nachkommen. Nur wenige Insekten bilden eine Ausnahme von dieser Regel. Wenngleich sie sich mit rasender Inbrunst zu vermehren trachten, brechen fast alle, ist die Leidenschaft des Augenblicks erst befriedigt, die Familienverbindungen sofort ab und verziehen sich, ohne für die Brut zu sorgen, die sich, so gut es geht, allein behilft.

Dieses Rabenvaterverhalten, das schändlich wäre in den höheren Rängen der Tierwelt, da die Schutzlosigkeit der Jungen dort nach längerem Beistand verlangt, entschuldigt man hier mit der Robustheit der Neugeborenen, die sich ihr Futter selber suchen, so sie sich denn in einem geeigneten Umfeld befinden. Wenn der Kohlweißling zum Gedeihen seiner Art bloß seine Eier auf Kohlblättern ablegen muss, wozu braucht es dann noch väterliche Fürsorge? Der botanische Instinkt der Mutter benötigt keine Hilfe. Bei der Eiablage wäre der andere nur im Wege. Soll er doch herumscharwenzeln; er würde das wichtige Geschäft nur stören!

Die meisten Insekten pflegen somit eine eher notdürftige Erziehung. Sie suchen nur den Speisesaal, in dem die Jungen nach dem Schlupf unterkommen, oder eine Stelle, an der diese ihre Nahrung alleine finden können. So verschieden die einzelnen Fälle sein mögen: Einen Vater braucht es nicht. Nach der Hochzeitsnacht siecht der nun unnütze Müßiggänger noch ein paar Tage dahin und verendet schließlich, ohne den geringsten Beitrag zur Unterbringung der Seinen geleistet zu haben.

Nicht immer geht es so rüde zu. Es gibt Stämme, die ihrer Brut eine Mitgift sichern, die Kost und Logis vorbereiten. Besonders die Hautflügler sind Meister in der Herstellung von Vorratskellern, Tonkrügen oder Schläuchen zum Sammeln des Honigbreis; sie beherrschen die Kunst, Erdhöhlen zu errichten, wo das Wildbret zur Versorgung der Würmchen gestapelt wird.

Aber diese ungeheure Arbeit, das gleichzeitige Bauen und Bevorraten, diese Mühe, an der sich ein ganzes Leben verausgabt, leistet, ausgelaugt von der ganzen Plackerei, allein die Mutter. Vom Rande der Baustelle schaut der Vater, sonnetrunken, der Tapferen zu und meint, er habe, indem er mit den Nachbarinnen scherzte, schon seinen Dienst getan.

Warum hilft er ihr nicht? Wenn nicht jetzt, wann dann? Warum nimmt er sich kein Beispiel an den Schwalben, die beide ihren Strohhalm oder ihr Mörtelklümpchen für den Bau und ihr Mückchen für die Brut heranschaffen? Nein, er wird nichts tun und zu seiner Rechtfertigung anführen, wie schwach er sei. Doch sein Argument ist noch schwächer: Blattrundstücke schneiden, Baumwolle von samtigen Pflanzen schaben oder Mörtel an schlammigen Stellen sammeln, das ist keine Arbeit, die über seine Kräfte geht. Er könnte sehr wohl helfen, wenigstens als Handlanger, der sammelt, was die Mutter, die geschickter ist, verbaut. Der wahre Grund für seine Untätigkeit ist seine Flegelhaftigkeit.

Es ist merkwürdig: Der Hautflügler, das begabteste unter den emsig gewerbetreibenden Insekten, kennt keine väterliche Arbeit. Der Vater, der durch die Anforderungen der Jungen doch zu Höchstleistungen beflügelt werden müsste, bleibt beschränkt wie ein Schmetterling, dessen Nachkommen mit so wenig Aufwand unterzubringen sind. Oft entspricht die Gabe des Instinkts unseren fundiertesten Erwartungen nicht.

Mitunter entzieht sie sich uns so gründlich, dass es uns überrascht, die Arbeit des Vaters, die den Honigerzeugern unbekannt ist, bei den Mistkäfern zu finden. Einige Mistkäfer teilen sich den Haushalt und kennen die Arbeit zu zweit. Denken wir an das Geotrupenpaar, das gemeinsam das Erbe für die Larven bereitet; erinnern wir uns an den Vater, der seiner Gefährtin mit seiner kräftigen

Presse beim Zusammendrücken der Würste hilft. Welch prächtiges Familienverhalten, das umso erstaunlicher ist, als es so isoliert dasteht.

Diesem bislang einzigen Beispiel kann ich dank meiner in dieser Richtung fortgesetzten Forschungen drei weitere recht interessante hinzufügen, die alle aus der Zunft der Mistkäfer stammen. Ich stelle sie hier vor, verkürzt, denn vieles wäre eine Wiederholung der Geschichte des Heiligen Pillendrehers, des Spanischen Mondhornkäfers. Das erste liefert Sisyphus (Sisyphus schaefferi L.), der kleinste und eifrigste unserer Pillendreher. Trotz seiner linkischen Purzelbäume und jähen Stürze ist keiner so behende auf den unwegsamen Pfaden, die ihn sein Starrsinn immer wieder einschlagen lässt. Wegen dieser wilden Turnerei gab Latreille dem Insekt den Namen, den eine Berühmtheit aus der antiken Unterwelt trug: Sisyphus. Dieser Unglückliche quält sich, er ächzt und versucht, einen riesigen Felsbrocken einen Berg hochzuwuchten, aber jedes Mal, wenn er ihn oben hat, rutscht er ihm aus der Hand und rollt wieder hinunter. Auf ein Neues, armer Sisyphus, auf ein Neues: Deine Qual endet erst, wenn der Brocken oben ist und sitzt.

Dieser Mythos gefällt mir. Die Geschichte vieler Menschen ähnelt ihm ein bisschen; ich meine nicht die Geschichte gemeiner Verbrecher, die ewige Qualen verdienen, sondern die anständiger Leute, die ihrem Nächsten helfen. Sie büßen für ein einziges Verbrechen: für ihre Armut. Über ein halbes Jahrhundert habe ich selbst an den Klippen des rauen Aufstiegs Hautfetzen gelassen, all mein Mark ausgeschwitzt, meine Adern ausgesogen, all meine Lebenskraft restlos verausgabt, um die schwere Last hochzuschaffen, an einen sicheren Platz, mein tägliches Brot; doch kaum liegt ein Laib endlich oben, fängt er schon zu schwanken an, fällt und stürzt dem Abgrund entgegen. Auf ein Neues, armer Sisyphus, auf ein Neues, bis der Felsbrocken ein letztes Mal fällt, dir den Kopf zertrümmert und dich endlich erlöst.

Der Sisyphus der Naturforscher kennt diese Bitterkeit nicht. Munter, unbekümmert um jähe Steigungen, kutschiert er seinen Brocken bald als Brot für ihn selbst, bald als Brot für seine Kinder. Er kommt hier nur selten vor; ich hätte nicht genügend Exemplare ohne einen Helfer, den meinen Lesern hier vorzustellen, ich für redlich erachte, denn er wird noch oft in meinen Berichten auftauchen.

Es ist mein Sohn, Paulchen, ein Bursche von sieben Jahren. Als fleißiger Begleiter meiner Suchgänge kennt er wie kein zweiter seines Alters die Geheimnisse der Zikade, der Heuschrecke, der Grille und vor allem des Mistkäfers, seiner großen Freude. Auf zwanzig Schritt unterscheidet sein scharfer Blick den echten Erdhöhlenhaufen von einer zufälligen Anhäufung; sein feines Gehör vernimmt das zarte Geigen der Heuschrecke, wo für mich Stille herrscht. Er leiht mir sein Auge und sein Ohr; im Gegenzug teile ich ihm meine Überlegungen mit, denen er aufmerksam lauscht, während er mit seinen großen blauen Augen fragend zu mir aufschaut.

Oh, wie hinreißend, dieses erste zarte Aufblühen des Intellekts, dieses wunderbare Alter, in dem die arglose Neugier erwacht und nach allem fragt! Paulchen hat seinen Käfig, wo der Skarabäus ihm seine Birnen anfertigt; er hat sein Gärtchen, groß wie ein Taschentuch, in dem Bohnen keimen (die er oft aus der Erde holt, um zu sehen, ob das Würzelchen länger geworden ist); und er hat seine Baumschule, wo vier Eichen wachsen, jede kaum eine Spanne hoch und mit der nährenden Eichel neben sich als Mutterbrust. Das alles lenkt ab von der trockenen Grammatik, die deswegen nicht schlechter voranschreitet.

Wie viele schöne gute Dinge könnte die Naturwissenschaft in die Kinderköpfe pflanzen, wenn sie sich herabließe, sich bei den Kleinen lieb Kind zu machen, wenn unsere Universitätskasernen sich entschließen könnten, dem toten Bücherstudium das lebendige Studium der Fluren hinzuzufügen, wenn die Schlinge der Lehrpläne, welche die Bürokraten so lieben, nicht jeden guten Willen erdrosselte! Paulchen, mein Lieber, lass uns so oft wie möglich in der

Natur studieren, unter den Rosmarinbüschen und Erdbeerbäumen. Da werden Körper und Geist zu Kräften kommen; da werden wir das Schöne und das Wahre eher finden als in den Schmökern.

Heute hat die Schiefertafel frei; es ist Feiertag. Wir sind so früh aufgestanden, den geplanten Streifzug im Blick, dass du ohne Frühstück geblieben bist. Sei unbesorgt! Kommt der Appetit, werden wir eine Pause im Schatten machen und du wirst in meinem Sack die gewohnte Marschverpflegung finden, Apfel und Brot. Der Mai ist da, der Sisyphus muss sich schon gezeigt haben. Jetzt suchen wir zu Füßen des Mont Ventoux die kargen Wiesen ab, über die schon die Herden gezogen sind; wir müssen zwischen den Fingern jedes sonnengebackene Brötchen vom Schaf zerbröckeln. Die knusprige Kruste behütet einen weichen Kern. Dort kauert der Sisyphus und wartet auf frischeren Himmelssegen, den ihm die Weide am Abend einem gefundenen Fressen gleich spendet.

Paulchen kennt das Geheimnis meiner frühen Zufallsfunde, er ist Meister der Kunst, Kötel zu entkernen. Er verwendet darauf so viel Eifer und hat ein solches Gespür für gute Stücke, dass ich in kurzer Zeit schon mehr habe, als ich brauche. Ich besitze nun sechs Paare des Sisyphus, ein unerhörter Reichtum, mit dem ich bei Weitem nicht gerechnet hatte.

Ihre Aufzucht verlangt keinen Käfig. Es genügt eine Drahtglocke mit einem Sandbett und Vorräten nach ihrem Geschmack. Sie sind ja so klein, kaum kirschkerngroß! Ihre Gestalt ist seltsam. Der Körper stämmig; nach hinten zu verjüngt er sich zu einem Spitzbogen; die sehr langen Beine ähneln, wenn sie ausgestreckt sind, denen der Spinne: Die gekrümmten Hinterbeine scheinen geradezu überproportional lang zu sein, sie sind aber hervorragend geeignet, die Pille zu umschlingen und zu umschließen.

Zur Balz kommt es Anfang Mai auf der Erdoberfläche, zwischen den Überbleibseln des Mistkuchens, ihrem Festmahl, an dem sie sich gerade gütlich taten. Bald heißt es, der Familie eine Bleibe zu errichten. Mit gleichem Eifer widmen sich beide Gatten dem Kneten und Verladen; beide zusammen schieben sie das Brot für ihre Kinder in den Ofen. Mit dem Metzgermesser der Vorderbeine wird ein passendes Stück vom Block abgeschnitten. Vater und Mutter legen gemeinsam Hand an, behauen das Stück, drücken es zusammen und formen es zu einer erbsengroßen Murmel.

Wie in den Werkstätten des Skarabäus entsteht die perfekte runde Form ohne mechanisches Rollen. Noch bevor es bewegt und einer Reibung ausgesetzt wird, ist das Stück zur vollkommenen Kugel geformt. Noch ein versierter Vermessungskünstler, der um die beste Form weiß, wenn es darum geht, Lebensmittel lange aufzubewahren!

Die Kugel ist bald fertig. Jetzt sorgt kräftiges Rollen für die Kruste, die das Weiche vor raschem Austrocknen schützt. Die an ihrem größeren Wuchs erkennbare Mutter spannt sich vorne ein, am Ehrenplatz. Die langen Hinterbeine auf dem Boden, die vorderen auf der Murmel, zieht sie diese im Rückwärtsgehen mit sich. Der Vater schiebt von hinten in umgekehrter Stellung, den Kopf nach unten. Das ist exakt die Methode des Skarabäus, der auch zu zweit arbeitet, aber in anderer Absicht. Das Gespann des Sisyphus befördert die Mitgift einer Larve; das des großen Pillendrehers die Leckereien für ein Fressgelage, das die zwei Gefährten, die sich zufällig getroffen haben, unter der Erde veranstalten werden.

Das Paar macht sich auf, ohne festes Ziel, über alle Unwägbarkeiten des Geländes hinweg, denen ja beim Rückwärtsgehen kaum auszuweichen ist. Doch selbst wenn er sie sähe, versuchte der Sisyphus nicht, sie zu umgehen, wie seine sturen Versuche bezeugen, das Gitter der Drahtglocke erklimmen zu wollen.

Ein anstrengendes Unterfangen, ein unmögliches. Die Mutter klammert sich mit den Hinterbeinen an die Drahtmaschen, zieht an der Last und zerrt sie hoch, dann umschlingt sie die Kugel und hält sie in der Schwebe. Der Vater, dem jeder Halt fehlt, krallt sich an die Pille, inkrustiert sich sozusagen, fügt sein Gewicht dem der Masse hinzu und lässt den Dingen ihren Lauf. Die Anstrengung ist zu groß. Die Murmel und der Inkrustierte, ein einziger Block, stürzen ab. Von oben verfolgt die für einen Augenblick verdutzte Mut-

ter das Geschehen und lässt sich dann plötzlich fallen, um die Pille wieder zu fassen und die aussichtslose Kletterei von Neuem zu beginnen. Nach wiederholten Stürzen wird das Hinaufklettern aufgegeben.

Auch in der Ebene kommt die Fuhre nicht mühelos voran. Immer wieder kippt die Last auf dem Kamm einer Schotteranhäufung, das Gespann fällt kopfüber und zappelt rücklings mit den Beinen in der Luft. Das macht nichts, weniger als nichts! Man rappelt sich auf und bringt sich unverdrossen wieder in Stellung. Diese Stürze, die den Sisyphus so oft auf den Rücken werfen, bereiten ihm keinen Kummer; man meinte fast, er halte Ausschau nach ihnen. Muss man die Pille nicht reifen lassen, ihr Festigkeit geben? Stöße, Schläge, Stürze und Rütteln gehören nun einmal zum Werkplan. Und so geht das verrückte Gestolper stundenlang weiter.

Endlich beschließt die Mutter, es sei genug, und entfernt sich ein Stück auf der Suche nach einem geeigneten Arbeitsplatz. Der Vater hält Wache, er hockt auf dem Tresor. Zieht sich die Abwesenheit seiner Gefährtin in die Länge, vertreibt er sich die Zeit, indem er die Pille zwischen seinen in die Luft gestreckten Hinterbeinen sehr schnell rotieren lässt. Er jongliert mit der geliebten Murmel, überprüft ihre Vollkommenheit zwischen den krummen Schenkeln seines Stechzirkels. Wer ihn seine Verrenkungen in dieser lustigen Stellung machen sieht, zweifelt nicht mehr an der tief empfundenen Genugtuung dieses Familienvaters, der die Zukunft der Seinen sichert. Ich bin's, so scheint er zu sagen, ich bin's, der es geknetet hat, dieses weiche und schön runde Brot; ich bin's, der es gebacken hat für meine Kinder. Und er reckt vor aller Augen dieses großartige Zeugnis seines Fleißes in die Höhe.

Indessen hat die Mutter einen Liegeplatz ausgewählt. Zunächst wird eine Kuhle gescharrt, der erste Spatenstich zur geplanten Erdhöhle. Die Pille wird in die Nähe geschafft. Der wachsame Vater lässt sie nicht los, während die Mutter mit Beinen und Käppchen schaufelt. Bald ist die Grube groß genug, um die Murmel aufzunehmen, dieses heilige Ding, mit dem man ständig auf Tuchfühlung bleiben muss: Das Insekt muss sie hinter sich spüren, im Rücken; um weiterzugraben, muss es wissen, dass sie vor Parasiten geschützt ist, denn ihm sitzt die Angst im Nacken, dass dem kleinen Brot etwas zustößt, wenn es auf der Schwelle der Erdhöhle liegenbleibt, bis die Behausung vollendet ist. Es fehlt nicht an Aphodien und kleinen Fliegen, die es stehlen wollen. Wachsamkeit und Misstrauen sind angebracht.

Die Pille wird bis zur Hälfte in den Rohbau der Kuhle hinabgelassen. Die Mutter lenkt von unten; der Vater überwacht das Manöver von oben und kommt Erdrutschen zuvor. Alles geht gut. Das Graben wird wieder aufgenommen und der Abstieg geht weiter, immer mit derselben Vorsicht, der eine Sisyphus zieht das Stück tiefer in die Kuhle hinab, der andere reguliert das Absenken von oben und schafft beiseite, was stören könnte. Nach einigen Anstrengungen verschwindet die Pille mit den beiden Grubenarbeitern unter der Erde. Was folgt, kann nur die Wiederholung dessen sein, was wir gerade gesehen haben. Lasst uns einen halben Tag abwarten.

Wenn wir der Bespitzelung nicht müde geworden sind, sehen wir den Vater wieder an die Oberfläche kommen und sich nicht weit von der Erdhöhle in den Sand kauern. Von ihrer Arbeit unter Tage zurückgehalten, bei der ihr Gefährte keine Hilfe wäre, verschiebt die Mutter ihr Hinausgehen gewöhnlich auf den nächsten Tag. Endlich zeigt sie sich. Aus seinem Versteck hervorkommend, in dem er vor sich hindöste, läuft der Vater ihr entgegen. Das wiedervereinte Paar begibt sich erneut zum Vorratshaufen, stärkt sich dort und schneidet ein zweites Stück ab, das nun wiederum gemeinsam bearbeitet, geformt und ins Silo geschleppt wird.

Diese eheliche Treue gefällt mir. Ist sie die Regel? Das wage ich nicht zu behaupten. Es dürfte auch hier Flatterhafte geben, die im Durcheinander unter einem großen Kuchen die erste Bäckerin vergessen, deren Gefährten sie waren, und sich einer anderen widmen, einer Zufallsbekanntschaft; es dürfte auch hier kurzlebige Ehen geben, die nach einer Pille geschieden werden. Nicht wichtig: Das

Wenige, was ich gesehen habe, flößt mir Hochachtung vor den familiären Sitten des Sisyphus ein.

Fassen wir diese Sitten zusammen, bevor wir zum Inhalt der Erdhöhle kommen. Wie die Mutter legt auch der Vater Hand an bei der Beschaffung und Verarbeitung des Stücks, der Mitgift einer Larve; er gehört wie sie zum Fuhrunternehmen, wenn auch nur mit einer zweitrangigen Aufgabe bedacht; er wacht auf dem Brot, wenn die Mutter sich wegbegibt auf der Suche nach einer geeigneten Stelle, an welcher der Keller gegraben werden soll; er hilft bei den Grabungsarbeiten; er befördert den Aushub der Krypta nach draußen; schließlich krönt er seine Verdienste, indem er seiner Gattin weitgehend die Treue hält.

Auch der Skarabäus zeigt einige dieser Wesenszüge und bearbeitet die Pille zu zweit; auch er beherrscht den Transport mit Doppelgespann im Rückwärtsgang. Aber, wiederholen wir's, diese gegenseitigen Dienste gründen im Egoismus; die beiden Kollaborateure arbeiten und schleppen einzig und allein in ihrem eigenen Interesse: Es geht um nichts anderes als ihre Festtagstorte. Im Haushalt hat die Skarabäusmutter keinen Helfer. Allein ballt sie ihre Kugel, holt sie aus dem Haufen und rollt sie rückwärts, wobei sie im Vergleich zum Sisyphusmännchen die umgekehrte Haltung einnimmt; allein gräbt sie die Erdhöhle, allein lagert sie ein. Vom anderen Geschlecht wird die Eierlegerin mitsamt ihrer Brut vergessen und trotz all der kräftezehrenden Arbeit eilt ihr niemand zu Hilfe. Welch ein Unterschied zum Zwerg-Pillendreher!

Doch es wird Zeit, die Erdhöhle aufzusuchen. Sie liegt in mittlerer Tiefe, eine enge Nische, gerade so groß, dass die Mutter um ihr Werk herumgehen kann. Die Winzigkeit des Logis lässt uns verstehen, warum der Vater seinen Aufenthalt hier nicht ausdehnen kann. Ist die Werkstatt fertig, muss er sich zurückziehen, um der Bildhauerin Bewegungsfreiheit zu lassen. Wir haben ihn ja in der Tat lange vor der Mutter zurück an die Oberfläche kommen sehen.

Der Inhalt der Krypta ist ein einziges Stück, ein Meisterwerk der Bildhauerkunst. Es ist eine zierliche Verkleinerung der Birne

des Skarabäus, eine Miniatur, die durch ihre Winzigkeit die Glätte der Oberflächen und die Anmut der Rundungen noch besser zur Geltung bringt. Ihr Durchmesser schwankt zwischen zwölf und achtzehn Millimetern. Die Kunst der Mistkäfer hat hierin ihr elegantestes Zeugnis.

Doch diese Vollkommenheit währt nur kurz. Bald bedeckt sich die liebliche Birne ringsum mit knotigen schwarzen Auswüchsen, die sie wie Warzen verunstalten. Ein Teil der Oberfläche, die ansonsten unversehrt ist, verschwindet unter der unförmigen Masse. Die unansehnlichen Wucherungen haben mich zunächst auf Abwege gebracht. Ich vermutete irgendeine kryptogame Vegetation, zum Beispiel den Kugelpilz, dessen Kennzeichen eine schwarze warzige Verkrustung ist. Dank der Larve hat sich meine Vermutung als Irrtum entpuppt.

Wie es sich gehört, ist sie ein hakenförmig gekrümmter Wurm, der auf dem Rücken einen geräumigen Beutel oder Höcker trägt, was zeigt, dass der Wurm rasch kotet. Wie der Skarabäus verstopft er unvorhergesehene Löcher seines Behältnisses mit einem jäh ausgestoßenen Kot-Zement, von dem er in seinem Buckel immer genug in Reserve hat. Zudem produziert er kunstvolle Fadennudeln, was die Pillendreher, abgesehen vom Breithals-Skarabäus, der dies aber nur selten unter Beweis stellt, nicht können.

Die Larven verschiedener Mistkäfer verwenden die Verdauungsreste, um ihre Kammer zu verputzen, deren Geräumigkeit dieser Entsorgungsmethode, ohne die man zeitweilig Fenster schlagen müsste, um den Unrat hinausbefördern zu können, sehr entgegenkommt.

Aus Platzmangel oder anderen Gründen, die ich nicht kenne, wirft die Sisyphuslarve, nachdem sie den Innenraum ordnungsgemäß verspachtelt hat, alles Überschüssige hinaus.

Schauen wir uns die Birne näher an, wenn die Eingeschlossene etwas herangewachsen ist. In dem ein oder anderen Moment werden wir sehen, wie ein Punkt irgendwo auf der Oberfläche feucht, weich und dünn wird; dann drückt sich durch diese aufgeweichte Hülle hindurch ein Ausstoß von dunklem Grün, der korkenzieherförmig in sich selbst zusammenbricht. Eine weitere Warze hat sich gebildet. Durch Austrocknen wird sie schwarz.

Was ging da vor? Die Larve hat in die Wand ihres Gehäuses vorübergehend eine Bresche geschlagen; und durch das Kellerfenster, vor dem noch ein dünner Schleier hängt, hat sie den überschüssigen Zement, den sie drinnen nicht verwenden konnte, hinausgedrängt. Sie hat durch die Hauswand hindurch gekotet. Die zu diesem Zweck dienende Luke gefährdet die Sicherheit des Wurmes nicht, denn sie wird sofort – und zwar luftdicht – verstopft durch den Ausstoß, der mit einem Kellenstrich versiegelt wird. Dank eines derart rasch angebrachten Stopfens wird der Vorrat frisch bleiben, trotz der häufigen Bohrungen am Wanst der Birne. Es besteht keine Gefahr, dass trockene Luft einströmt.

Der Sisyphus kennt offenbar auch die Gefahr, der er später, zur Zeit der Hundstage, seine winzige und in so geringer Tiefe vergrabene Birne aussetzen würde. Er ist sehr früh dran. Er arbeitet im April und Mai, wenn mildes Klima herrscht. In der ersten Julihälfte, vor den schrecklichen Hundstagen, durchbricht seine Kinderschar die Schale und macht sich auf die Suche nach einem Haufen, der Kost und Logis während der glühend heißen Zeit verspricht. Danach folgen kurze Freudentage im Herbst, der Unterschlupf unter der Erde für die Winterstarre, das Erwachen im Frühling und endlich – um den Kreis zu schließen – das Fest der rollenden Birnen.

Eine weitere Beobachtung zum Sisyphus: Meine sechs Paare unter der Drahtglocke haben mir siebenundfünfzig bevölkerte Birnen geliefert. Diese Volkszählung lässt durchschnittlich neun Geburten pro Haushalt vermuten, eine Zahl, die der Skarabäus bei Weitem nicht erreicht. Was ist die Ursache für solch üppige Brut? Ich sehe nur eine: Der Vater, der in gleicher Weise wie die Mutter arbeitet. Die Familienpflichten, die zu erfüllen die Kräfte eines Einzelnen übersteigt, wiegen nicht allzu schwer, wenn sie zu zweit geschultert werden.

II
Copris lunaris (Mondhornkäfer) und Onitis bison

Kleiner als der Spanische Pillenkäfer (Copris hispanus) und weniger anspruchsvoll als er, was die Milde des Klimas betrifft, bestätigt uns der Mondhornkäfer, was der Sisyphus über die hilfreiche Rolle des Vaters für das Gedeihen der Familie erzählt. Unsere Gegend kennt nicht seinesgleichen an wunderlichem männlichen Putz. Ein Horn auf der Stirn wie die anderen, auf der Brust einen Vorbau mit doppelter Auszackung, auf den Schultern eine Hellebardenspitze mit tiefem sichelmondförmigem Einschnitt. Das Klima der Provence und die dürftige Nahrung im Thymiangestrüpp sagen ihm nicht zu. Er braucht weniger trockenes Land mit Weiden, wo ihm die Kuhfladen reichlich Proviant bieten.

Da ich nicht auf die wenigen Exemplare zählen konnte, die man hier nur ab und zu antrifft, habe ich meine Voliere mit Fremden bevölkert, die meine Tochter Aglaé aus Tournon sandte. Als der April kam, unternahm sie auf mein Bitten hin unermüdliche Suchgänge. Selten ist derart viel Kuhmist mit der Spitze eines kleinen Sonnenschirms angehoben worden, selten haben zarte Finger mit solcher Hingabe die Pasteten der Triften auseinandergebrochen. Im Namen der Wissenschaft: Dank der Wackeren!

Der Erfolg gab dem entfalteten Eifer recht. Ich war Besitzer von sechs Paaren, die sogleich in der Voliere untergebracht wurden, wo im vorigen Jahr der Spanische Pillenkäfer gearbeitet hatte. Ich serviere das Nationalgericht, den von der Kuh meiner Nachbarin gelieferten üppigen Fladen. Kein Zeichen von Heimweh unter den Umgesiedelten, die sich vom geheimnisvollen Deckmantel des Kuchens verborgen ans Werk machen.

Mitte Juni ein erstes Nachgraben. Ich bin hingerissen, was meine Messerklinge mit senkrechten Schnitten nach und nach im sandigen Erdreich bloßlegt. Jedes Paar hat einen prächtigen Saal ausgehöhlt, so geräumig, wie ihn mir weder der Heilige Pillendreher noch der Spanische Pillenkäfer gezeigt haben, mit einem derart kühnen Gewölbe! Die Längsachse misst anderthalb Dezimeter und mehr, die sehr niedrige Decke erreicht allerdings in der Höhe kaum fünf bis sechs Zentimeter.

Der Inhalt entspricht dem übertrieben großen Gemach. Es ist ein Stück, das der Hochzeitsfeier des Camacho würdig wäre, eine handgroße Pastete von mittelmäßiger Dicke und unterschiedlicher Form. Ich finde da eiförmige, nierenartig gekrümmte, sternförmige mit kurzen Zacken, längliche wie Katzenzungen. Die Launen des Bäckerburschen zeigen sich in den kleinen Eigenheiten. Die Hauptsache, das Unabänderliche, ist Folgendes: In den sechs Bäckereien meiner Voliere sind immer beide Geschlechter zugegen, wenn es heißt, den Teig nach allen Regeln der Kunst zu kneten, damit er schließlich gärt und reift.

Was beweist diese lange Dauer der Ehe? Sie beweist, dass der Vater die Krypta mit ausgehöhlt und die Lebensmittel mit eingelagert hat, die an der Schwelle der Haustür gesammelt wurden; dass er beim Verkneten aller Stücke zu einem einzigen und so besser weiterzuverarbeitenden Block mitgeholfen hat. Ein Tunichtgut, der nur im Weg steht, ein Faulpelz, würde nicht hierbleiben; er würde wieder zur Erdoberfläche hinaufsteigen. Der Vater ist also ein fleißiger Mitarbeiter. Und seine Unterstützung scheint hier keinesfalls zu enden, wie wir noch sehen werden.

Ihr guten Tiere, meine Neugier hat euren Haushalt durcheinandergebracht; aber ihr wart noch am Anfang, hattet eben erst die Einweihung gefeiert. Vielleicht könnt ihr wiederherstellen, was ich soeben verwüstet habe. Versuchen wir's. Durch das Hinzugeben frischer Lebensmittel wird die Anordung wieder in ihren Anfangszustand versetzt. Es liegt nun an euch, neue Erdhöhlen zu graben sowie den Fladen zu ersetzen, den ich euch gestohlen habe, und danach den durch Ablagerung gereiften Block in Portionen einzuteilen, die den Bedürfnissen der Larven entsprechen. Werdet ihr das tun? Ich hoffe sehr.

Mein Glaube an die Standhaftigkeit der geprüften Eheleute wurde nicht enttäuscht. Einen Monat später, Mitte Juli, mache ich

eine zweite Visite. Die Keller sind erneuert, so geräumig wie zuvor. Außerdem sind sie nunmehr am Fußboden und zum Teil an den Seitenwänden mit einem Futteral aus Mist gepolstert. Beide Geschlechter sind anwesend; sie werden einander erst zum Ende der Aufzucht verlassen. Der Vater, der weniger von der Liebe zu seiner Familie erfüllt scheint, oder vielleicht ängstlicher ist, sucht sich durch den Stollen davonzustehlen, sobald Tageslicht in die aufgebrochene Behausung dringt; die Mutter bewegt sich nicht, sie kauert auf ihren lieben Pillen, eiförmigen Pflaumen, die denen des Spanischen Pillenkäfers ähneln, aber etwas kleiner sind.

Ich kenne die bescheidene Sammlung des Letzteren und bin völlig überrascht, was ich nun vor Augen habe. In ein und derselben Kammer bis zu sieben oder acht Ovoide; sie stehen aufgereiht und strecken das von einer Warze gekrönte Ende mit der Schlupfzelle in die Höhe. Trotz seiner Geräumigkeit ist der Saal vollgestopft. Es gibt kaum Platz für die beiden Wächter. Man könnte ihn als ein mit Eiern lückenlos gefülltes Vogelnest beschreiben.

Der Vergleich drängt sich auf. Was sind die Pillen des Mistkäfers? Es sind Eier anderer Art, Eiweiß und Dotter sind durch eine Lebensmittelkonserve ersetzt. Hier wetteifert der Mistkäfer mit dem Vogel, er übertrifft ihn sogar. Statt aus der verborgenen Arbeit der Organe zu schöpfen, was er für die Entwicklung des Jungen braucht, betreibt er Industrie und ernährt das Würmchen künstlich, das ohne weitere Hilfe seine erwachsene Gestalt erreicht. Er kennt kein mühevolles Brüten; die Sonne brütet für ihn. Er ist nicht in ständiger Sorge um das Futter; er bereitet vorher zu und gibt alles auf einmal. Nie verlässt er das Nest. Jeden Augenblick ist er da und wacht. Vater und Mutter sind immer auf der Hut und verlassen die Behausung erst, wenn die Kinderschar imstande ist, hinauszugehen.

Der Nutzen des Vaters ist offenkundig, solange die Höhle gegraben und bevorratet werden muss; weniger ersichtlich ist sie, wenn die Mutter ihren Brotlaib in Rationen zerteilt, die Ovoide formt, sie glättet und bewacht. Hilft der Galan auch bei dieser delikaten Arbeit, die offenbar weiblicher Zärtlichkeit vorbehalten ist?

Kann er mit der scharfen Klinge seiner Vorderbeine den Fladen anschneiden, die für den Unterhalt einer Larve erforderliche Menge ablösen und das Stück zu einer Kugel runden, die die Mutter dann übernimmt und vervollkommnet? Das würde die Arbeit der Mutter erleichtern. Kennt er die Kunst, Spalten zu verstopfen, Lücken auszubessern, Risse zu verschweißen, die Kugeln abzukratzen und schädigenden Bewuchs auszujäten? Trägt er für die Brut dieselbe Fürsorge, welche die einsame Mutter in den Erdhöhlen des Spanischen Pillenkäfers über alle Maßen besitzt? Hier sind beide Geschlechter beisammen. Beschäftigt sich der eine wie die andere mit der Aufzucht der Kinder?

Ich habe versucht, die Antwort zu finden, indem ich ein Mondhornkäferpaar in einem Glasgefäß unterbrachte; dieses versah ich mit einem Behälter aus Karton, sodass ich nach Belieben Licht oder Finsternis herrschen lassen konnte. Wenn ich das Paar unversehens überraschte, saß das Männchen beinahe so oft auf den Pillen wie das Weibchen; während aber die Mutter meist bei der Brutpflege blieb, die Pillen mit den flachen Vorderbeinen glättete und an den Pillen horchte, ließ er, ängstlicher und weniger in Anspruch genommen, sich fallen, sobald es hell wurde, lief fort und duckte sich in einen Winkel. Nie sah ich ihn bei der Arbeit; so flink entflieht er dem unwillkommenen Tageslicht.

Wenn er sich auch weigert, mir seine Talente zu zeigen, verrät sein Hocken auf der Zinne der Ovoide sie doch. Er harrte nicht umsonst in dieser unbequemen Stellung aus, die dem Dösen eines Faulenzers äußerst ungünstig ist. Er war also Wächter wie seine Gefährtin, er besserte die schadhaften Stellen aus, er horchte durch die Wände der Schalen auf die Fortschritte der Säuglinge. Das Wenige, das ich gesehen habe, bestätigt mir, dass der Vater sich mit der Mutter in Haushaltsfragen messen kann, bis die Kinder flügge werden.

Durch solch väterliche Hingabe gewinnt die Art an Zahl. In der Wohnung des Spanischen Pillenkäfers, wo die Mutter sich allein aufhält, finden sich höchstens vier Säuglinge, oft zwei oder drei, manchmal nur einer. In jener des Mondhornkäfers, wo beide Ge-

schlechter beisammen hausen und einander helfen, zählt man bis zu acht, das Doppelte der stärksten Population beim anderen. Der fleißige Vater findet darin das beste Zeugnis, wie groß sein Einfluss auf das Schicksal der Hausgemeinschaft ist.

Außer der Arbeit zu zweit gibt es eine weitere Bedingung für das Gedeihen, der Eifer des Paares genügt nicht. Bevor man sich eine zahlreiche Kinderschar anschafft, muss man etwas haben, wovon man sie ernährt. Erinnern wir uns an die Art und Weise, wie die Gattung Copris ihre Vorräte anlegt. Sie sammeln nicht wie der Pillendreher hier und da Beute auf, die sie zu einer Kugel zusammenballen und dann zur Erdhöhle rollen; sie richten sich unmittelbar unter dem vorgefundenen Haufen ein, teilen von ihm, ohne die Schwelle der Haustür zu verlassen, einzelne Stücke ab und lagern sie ein, bis sie genügend angehäuft haben.

Der Spanische Pillenkäfer beutet, wenigstens dort, wo es naheliegt, das Produkt der Schafe aus. Es ist von besserer Qualität, aber mengenmäßig weniger, selbst dann, wenn der Lieferant die beste Verdauung hat. Auch wird es als Ganzes in die Höhle des Insekts geschoben, das fortan nicht mehr hinausgeht, da es unter der Erde von Haushaltssorgen zurückgehalten wird – sogar wenn es nur einen einzigen Säugling gibt. Das dürftige Stück reicht gewöhnlich nur für zwei oder drei Larven. Die Kinderschar ist also begrenzt aus Mangel an verfügbaren Lebensmitteln.

Der Mondhornkäfer arbeitet unter anderen Bedingungen. Seine Heimat bietet ihm Rindspastete, volle Schober, in denen das Insekt, ohne sie je ausschöpfen zu können, alles findet, um die Bedürfnisse einer blühenden Nachkommenschaft zu stillen. Zudem hilft die Größe des Gemachs, dessen außergewöhnlich kühnes Gewölbe eine unvergleichlich größere Zahl von Pillen beherbergen kann als die weniger geräumige Erdhöhle des Spanischen Pillenkäfers.

Ohne geräumiges Haus und prall gefüllten Backtrog mäßigt sich Letzterer in der Zahl der Kinder und beschränkt sich manchmal gar auf ein einziges. Liegt das an einer Armut der Eierstöcke? Nein. In einer früheren Studie habe ich gezeigt, dass die Mutter bei viel Platz und reichlich Brot auf dem Tisch die gewöhnliche Brut mehr als verdoppeln kann. Ich habe erzählt, wie ich die drei oder vier Ovoide durch einen mit meinem Spatel gekneteten Kuchen ersetzte. Durch diesen Kunstgriff, der in dem engen Glasgefäß Platz schaffte und neues Knetmaterial lieferte, habe ich bei der eierlegenden Mutter sieben Kinder erzielt. Ein prächtiges Ergebnis, das immer noch unter dem liegt, was mir folgendes, besser durchgeführtes Experiment bescherte.

Diesmal entwende ich der Mutter die Pillen nach und nach und lasse nur eine zurück, um die Tapfere nicht allzu sehr zu entmutigen. Wenn sie vom vorherigen Material gar nichts mehr unter ihren Beinen fände, würde sie vielleicht von ihrer ergebnislosen Arbeit ablassen. Sobald der von ihr bearbeitete Kuchen fertig ist, ersetze ich ihn durch einen von meiner Hand. So mache ich weiter, nehme das soeben vollendete Ovoid weg und lege ein neues hin, bis das Insekt sich weigert und die Nahrung ausgeschöpft ist.

Fünf bis sechs Wochen lang beginnt die Geprüfte mit unermüdlicher Geduld immer wieder aufs Neue und versteift sich darauf, ihr stets leeres Gemach zu bevölkern. Schließlich nahen die Hundstage, eine saure Zeit, während der Hitze und Trockenheit alles Leben zum Stillstand kommen lassen. Meine Kuchen werden verschmäht, so gewissenhaft sie auch zubereitet sind. Von Benommenheit ergriffen verweigert die Mutter ihre Arbeit. Sie vergräbt sich an der Unterseite der letzten Pille im Sand und wartet dort reglos auf den befreienden Septemberregen. Die Beharrliche hat mir dreizehn Ovoide vermacht, alle vollkommen modelliert, alle mit einem Ei ausgestattet; dreizehn, eine unerhörte Anzahl in den Annalen der Gattung Copris; dreizehn, zehn mehr als das normale Gelege.

Der Beweis ist erbracht: Wenn der Mistkäfer die Zahl seiner Kinder stark begrenzt, ist dies keineswegs einem Mangel der Eierstöcke geschuldet, sondern geschieht aus Furcht vor Hunger.

Verhält es sich mit unserem Land, dem die Entvölkerung droht, wie zumindest die Statistiken besagen, nicht ganz genauso? Der Angestellte, der Handwerker, der Beamte, der Arbeiter, der Ladeninhaber mit seinem bescheidenen Gewerbe bilden bei uns die Mehrzahl, die jeden Tag anwächst; und da alle kaum genug zum Leben haben, hüten sie sich, so gut es geht, an den schlecht bestellten Tisch noch mehr Gäste einzuladen. Wenn der Kuchen fehlt, macht es der Copris richtig, wenn er sich zum Zölibat entschließt. Mit welchem Recht werfen wir Steine auf die, die es ihm gleichtun? In beiden Fällen waltet Vorsicht. Lieber allein sein als von hungrigen Mäulern umgeben. Wer sich stark genug fühlt, sein eigenes Elend zu schultern, weicht erschrocken vor dem Elend eines kinderreichen Hausstands zurück.

In der guten alten Zeit sah der Feldarbeiter, der seine Scholle pflügte, der Bauer, die Grundfeste der Nation, in einer zahlreichen Kinderschar mehr Reichtum. Alle arbeiteten und trugen ihr Stück Brot zur bescheidenen Mahlzeit bei. Während der Alte das Gespann führte, brachte der Jüngste, der seine ersten Hosen trug, die Entenbrut zum Tümpel.

Diese patriarchalischen Sitten sind rar geworden. So will es der Fortschritt. Ja gewiss, es ist beneidenswert, mit den Beinen auf einem Zweirad zu strampeln, einer verzweifelnden Spinne ähnlich; aber der Fortschritt hat auch seine Kehrseite: Er bringt den Luxus mit sich, der kostspielige Bedürfnisse weckt.

Am Sonntag trägt in meinem Dorf das einfachste Fabrikmädchen, das zwanzig Sous am Tag verdient, Puffärmel und steckt sich einen Federbusch in die Frisur wie die Damen; es hat ein Sonnenschirmchen mit elfenbeinernem Griff, trägt einen aufgeplusterten Haarknoten, verzierte Lackschuhe und Spitzen. Oh, ihr dummen Puten, in meine Joppe gehüllt wage ich gar nicht, euch zu betrachten, wenn ihr auf der Straße an meiner Haustür vorbeiflaniert, auf eurer Promenade von Longchamp. Ihr demütigt mich mit eurem feschen Aufzug.

Die jungen Burschen sitzen häufig im Café, das luxuriöser als die alten Schenken ist. Da finden sie Wermut, Bitterschnaps, Absinth, Picon, kurz das ganze Sammelsurium abstumpfender Drogen. Findet man Geschmack daran, wird der Boden zu tief und die

Scholle zu hart. Die Einnahmen entsprechen nicht den Ausgaben, man verlässt das Land und zieht in die Stadt, in der man mehr zu verdienen hofft. Ach, hier kann man nicht sparen! Vor der Werkstatt lauern zuhauf Gelegenheiten zum Geldausgeben und sie macht einen noch weniger reich als das Pflügen. Zu spät: Die Gewohnheit hat sich eingenistet und man wird ein armer Städter bleiben, der die Familie scheut.

Indessen wird unser Land mit seinem großartigen Klima, seiner Fruchtbarkeit und günstigen geografischen Lage von einer Lawine an Kosmopoliten überrollt, Gaunern und Blutsaugern jeglicher Couleur. Einst lockte es die Phönizier an, die übers Meer kamen, die friedliebenden Griechen, die uns das Alphabet brachten, den Weinstock und den Ölbaum, die Römer, diese strengen Herrscher, die uns Grausamkeiten vererbten, die nur sehr schwer auszurotten sind. Auf diese reiche Beute haben sich die Zimbern gestürzt, die Teutonen, Vandalen, Goten, Hunnen, Burgunder, Sueben, Alanen, Franken und Sarazenen, Horden aus allen Himmelsrichtungen. Und dieses wunderliche Gemisch verschmolz miteinander und wurde in der gallischen Nation vereint.

Heutzutage sickert der Fremde langsam ein. Es droht eine zweite Barbareninvasion, friedlich, das ist wahr, aber dennoch beunruhigend. Wird unsere klare und harmonische Sprache zu einem Kauderwelsch exotisch rauer Klänge? Wird das Land unserer Väter kein Vaterland mehr sein und eine Karawanserei werden? Das ist zu befürchten, wenn das alte keltische Blut nicht mehr Kraft genug hat, diese Invasion abermals in sich aufzuschlucken.

Hoffen wir, dass es nicht so kommt. Hören wir auf das, was der gehörnte Mistkäfer uns lehrt. Eine zahlreiche Kinderschar will ernährt sein. Aber der Fortschritt bringt neue Bedürfnisse mit sich, die teuer zu befriedigen sind, und unsere Einkünfte sind weit davon entfernt, Schritt zu halten. Hat man nicht genug für sechs, auch nicht für fünf oder vier, lebt man zu dritt, zu zweit, oder man bleibt sogar allein. Mit solchen Grundsätzen dem Fortschritt auf den Fersen steuert eine Nation dem Selbstmord entgegen.

Gehen wir also zurück, beschneiden wir unsere künstlichen Bedürfnisse, diese ungesunden Früchte einer überhitzten Zivilisation, halten wir die bescheidene Nüchternheit unserer Väter wieder in Ehren, bleiben wir auf dem Land, wo wir in der Scholle genügend Nahrung finden, wenn wir maßhalten. Dann, und nur dann, wird die Familie wieder aufblühen; fern der Stadt und ihrer Verlockungen ledig wird der Bauer uns erlösen.

Auch der dritte Mistkäfer, der mir den Vaterinstinkt offenbart hat, der Onitis bison oder Bubas bison, ist ein Fremder. Er stammt aus der Umgebung von Montpellier. Zwischen den beiden Gattungsbezeichnungen will ich nicht wählen, weil mir die Feinheiten der Namensgebung gleichgültig sind. Beibehalten will ich die Artbezeichnung Bison, die klingt, wie Linné es wollte.

Seine Bekanntschaft machte ich schon früher in der Umgebung von Ajaccio, zwischen Safran und Alpenveilchen, diesen anmutigen Frühjahrsblühern im Schatten der Myrten. Komm, dass ich dich noch einmal lebend bewundere, du schönes Insekt! Du erinnerst mich an die Begeisterung meiner frühen Jahre an den Ufern des herrlichen und so muschelreichen Golfs. Damals schwante mir nicht, dass ich dich eines Tages zu rühmen hätte. Seither habe ich dich nicht mehr gesehen: Willkommen in meiner Voliere, lass uns etwas von dir lernen!

Du hast kurze Beine, bist stämmig und geradezu viereckig massiv, ein Zeichen von Stärke. Zwei kurze Hörnchen trägst du auf dem Kopf, wie ein Jungbulle; deinen Brustpanzer verlängerst du zu einem stumpfen Bug, mit zwei eleganten Grübchen zu beiden Seiten. Deine Erscheinung und dein männlicher Schmuck stellen dich in die Nähe der Copris. Tatsächlich reihen dich die Entomologen unmittelbar nach den Copris-Arten ein, weit entfernt von den Geotrupen. Passt der Platz, den dir die Systematik zuweist, zu deinem Handwerk? Was kannst du?

Wie andere bewundere ich den Systematiker, der am toten Insekt Mund, Bein und Fühler studiert und dabei manchmal Ähnlichkeiten erkennt; der zum Beispiel den Skarabäus und den Sisyphus, die zwar ganz verschieden aussehen, sich aber in ihren Sitten gleichen, derselben Gruppe zuteilt. Doch diese Methode, welche die Erscheinungen des Lebens vernachlässigt, um die kleinsten Einzelheiten am Kadaver zu erforschen, führt uns zu weit weg vom wirklichen Talent des Insekts, das es um einiges mehr ausmacht als ein Gliedmaß mehr oder weniger an den Fühlern. Wie viele andere ruft uns der Bison zu: Aufgepasst! In seiner Gestalt ist er dem Copris ähnlich, in seiner Arbeitsweise steht er aber den Geotrupesarten näher. Wie diese drückt er die Würste in eine zylindrische Form und wie diese besitzt er den väterlichen Instinkt.

Gegen Mitte Juni besuche ich mein einziges Paar. Unter einem stattlichen Haufen von Schafsköteln ein gähnend offenstehender, senkrechter Schacht vom Durchmesser eines Fingers, der etwa eine Spanne tief in den Boden reicht. Am Grund verzweigt er sich zu fünf auseinanderstrebenden Gängen; in jedem steckt eine Wurst, die derjenigen der Geotrupen gleicht, allerdings weniger lang und groß ist. Die Speise, knotig an der Oberfläche und grob gerundet, weist am unteren Ende eine Schlupfkammer auf. Eine kleine runde Zelle, überzogen mit halbflüssigem Putz. Das Ei ist oval, weiß und verhältnismäßig dick, wie es bei Mistkäfern üblich ist.

Kurz, das bescheidene Werk des Bison gleicht dem des Geotrupen. Ich bin enttäuscht: Ich hatte Besseres erwartet. Die Eleganz des Insekts versprach einen größeren Künstler im Kneten von Birnen, Flaschen, Kugeln und Ovoiden. Noch einmal: Hüten wir uns davor, Tiere und Leute nach ihrem Äußeren zu beurteilen! Das Aussehen sagt nichts über ihr Können.

Ich überrasche das Paar an der Weggabelung der fünf Sackgassen mit den Würsten. Das Licht lässt sie erstarren. Was taten die beiden treuen Gefährten zum Zeitpunkt meines Hausfriedensbruchs? Sie überwachten die fünf Kammern, sie waren dabei, sich um den Lebensmittelvorrat zu kümmern, schafften neues Material heran, das sie von dem Haufen nahmen, der ihren Schacht bedeckt. Vielleicht bereiteten sie auch eine sechste Kammer vor, falls nicht noch weitere, um sie wie die übrigen auszustatten.

Immerhin konnte ich beobachten, wie oft sie vom Grund des Lochs zum reichhaltigen Lager an der Erdoberfläche hinaufaufsteigen müssen, von wo der eine zwischen seinen Beinen die Packen herabschafft, die der andere der Reihe nach oberhalb des Eis zusammendrückt.

Der Schacht liegt seiner ganzen Länge nach frei. Um Erdrutschen zuvorzukommen, wie sie das fortwährende Hinauf und Hinunter mit sich bringen, sind die Wände des Schachtes vollauf mit Putz verkleidet. Dieser Überzug ist aus demselben Material wie die Würste und mehr als einen Milimeter dick. Er ist durchgehend und recht gleichmäßig, ohne jedoch allzu aufwändig geglättet zu sein. Er hält die umliegende Erde an ihrem Platz, und zwar so gut, dass man breite Stücke des Schachts abheben kann, ohne seine Form zu zerstören.

In den Weilern unserer Alpen wird die Südseite der Behausungen mit Kuhmist verputzt, der in der Sommersonne trocknet und so zum Brennstoff für den Winter wird. Der Bison kennt diese Methode der Hirten, aber er übt sie zu einem anderen Zweck aus: Er tapeziert seine Heimstatt mit Mist, um sie am Einstürzen zu hindern.

Der Vater könnte diese Arbeit in den Ruhepausen tun, welche die Mutter ihm lässt, wenn sie mit der schwierigen Herstellung der Wurst beschäftigt ist. Der Geotrup, eine weitere Ähnlichkeit im Verhalten, hat uns bereits einen solchen festigenden Putz gezeigt, seiner ist allerdings weniger regelmäßig und vollständig.

Das durch meine Wissbegierde gestörte Bisonpaar hat sich wieder ans Werk gemacht und mir Mitte Juli drei weitere Würste geliefert, was in der Summe acht ergibt. Diesmal finde ich meine beiden Gefangenen tot, den einen an der Erdoberfläche, den anderen im Boden. Ein Unfall? Oder bildet der Bison vielmehr eine Ausnahme von der Langlebigkeit der Skarabäen, der Copris, und anderer, die ihre Kinderschar noch sehen und im Frühjahr danach ihren zweiten Hochzeitstag begehen?

Ich neige zu der Annahme, dass hier eine Rückkehr stattfindet zur allgemeinen Regel von der Kurzlebigkeit der Insekten, denen es vorenthalten ist, ihre Kinderschar zu sehen; denn in der Voliere ist, soviel ich weiß, nichts Schlimmes passiert. Wenn meine Vermutung stimmt, warum geht der Bison dann wie die Mehrzahl der anderen Insekten zugrunde, sobald die Kinderschar untergebracht ist, wo er doch dem langlebigen Copris so engverwandt ist? Ein weiteres Rätsel ohne Antwort.

Den langatmigen Beschreibungen von Kiefern und Fühlern, die den Leser ermüden, ziehe ich hier die knappe Skizze vor. Ich denke, es ist über die Larve genug gesagt, wenn ich erwähne, dass sie zu einem Haken gekrümmt ist, einen Bettelsack auf dem Rücken trägt, rasch kotet und in der Lage ist, die Breschen an ihrer Wohnung zu verstopfen, Charaktereigenschaften und Talente, die unter den Mistkäfern gängig sind. Im August, wenn die in ihrem Zentrum aufgebrauchte Wurst zu einer mürben Hülle geworden ist, zieht die Larve sich ins untere Ende zurück und isoliert sich hier von der übrigen Höhlung in einem kugelförmigen Schutzwall aus dem Mörtel des Bettelsacks.

Das Werk, eine anmutige Kugel, deren Volumen einer dicken Kirsche entspricht, ist ein architektonisches Meisterwerk aus Mist, dem vergleichbar, das uns einst der Stierkäfer gezeigt hat. Kleine Knoten, in konzentrischen Reihen und versetzt wie Dachziegel angeordnet, verzieren das Ding von einem Pol zum anderen. Jeder dieser Knoten zeugt von einem Kellenstrich, mit dem der Mörtel aufgetragen wurde. Ohne seinen Ursprung zu kennen, könnte man das Ding für den ziselierten Kern einer exotischen Frucht halten. Eine Art grober Fruchthülle vervollständigt die Illusion. Es ist die das Kleinod in der Mitte umhüllende Wurstpelle, die sich aber leicht abziehen lässt, sobald sich die grüne Schale von der Nuss löst. Schält man ihn heraus, ist man ganz überrascht, einen so prächtigen Kern in der groben Hülle zu finden.

Das ist die Kammer für die Metamorphose. Starr übersteht die Larve darin den Winter. Ich hoffte, im Frühling das ausgewachsene Insekt zu finden. Zu meiner größten Überraschung währt das

Larvenstadium bis Ende Juli. Es dauert also etwa ein Jahr, bis die Nymphe erscheint.

Diese langwierige Reifung wundert mich. Sollte sie in der Flur die Regel sein? Ich denke schon; denn in der Gefangenschaft der Voliere hat sich, soviel ich weiß, nichts ereignet, was eine derartige Verzögerung hätte hervorrufen können. Ich halte also das Ergebnis meines Eingriffs fest, ohne Angst, mich zu irren: Die Larve des Onitis bison verbringt in ihrem eleganten und soliden Köfferchen tatenlos zwölf Monate, um zur Nymphe heranzureifen, während diejenige anderer Mistkäfer sich in einigen Wochen verwandelt. Die Ursache dieser seltsamen Langlebigkeit zu bennenen oder auch nur zu erwägen, ist ein Ding der Unmöglichkeit; sie muss im Dunkel des Unerklärlichen belassen werden.

Von den Septemberregen aufgeweicht, gibt die zuvor hart wie ein Fruchtkern gewesene Schale aus Mist unter dem Druck der Eingeschlossenen nach und das erwachsene Insekt kommt ans Tageslicht, um sich des Lebens zu erfreuen, solange es der laue Nachsommer erlaubt. Wenn die ersten kühlen Tage kommen, bezieht es seine winterlichen Quartiere im Erdreich; dann kommt es im Frühjahr wieder zum Vorschein und beginnt aufs Neue den Kreislauf des Lebens.

III
Der Atavismus

Mit der Darlegung dieser Sachverhalte zeigt sich, dass gewisse Mistkäfer eine Ausnahme vom Rabenvaterverhalten, diesem allgemeinen Gesetz in der Insektenwelt, bilden und die Mitarbeit im Haushalt kennen. Der Vater arbeitet fast ebenso eifrig wie die Mutter an Kost und Logis der Kinderschar. Woher haben sie diese Gabe, die beinahe an das Reich der Moral rührt?

Man könnte die aufwändige Unterbringung der Jungen anführen. Wenn es gilt, ihnen eine Behausung zu schaffen und ihnen etwas zu hinterlassen, wovon sie leben können, ist es da nicht vorteilhaft für die Rasse, dass der Vater der Mutter hilft? Die Arbeit zu zweit sichert das Wohlergehen der Nachkommen, für das Sorge zu tragen die Kräfte eines Einzelnen nicht ausreichen. Eine ausgezeichnete Begründung, die jedoch von den Tatsachen öfter widerlegt als bestätigt wird.

Warum ist der Sisyphus dort ein fleißiger Familienvater, wo der Skarabäus ein müßiggängerischer Vagabund ist? Beide Pillendreher üben das gleiche Handwerk aus und wenden die gleichen Erziehungsmethoden an. Warum weiß der Mondhornkäfer, was sein nächster Verwandter, der Spanische Copris, nicht weiß? Ersterer steht seiner Gefährtin bei und verlässt sie nie. Letzterer macht sich frühzeitig davon und verlässt den ehelichen Herd, bevor die Vorräte für die Brut gesammelt und gebacken sind. Auf beiden Seiten jedoch wird großer Aufwand um die eiförmigen Pillen betrieben, die im Keller aufgereiht für lange Zeit bewacht werden müssen. Die Gleichheit der Produkte könnte auf die Gleichheit des Verhaltens schließen lassen, aber das ist ein Irrtum.

Denken wir nur an den Hautflügler, der unwidersprochen als Erster seinen Nachkommen ein Erbe vermacht hat. Ob es ein Topf Honig ist oder ein Stück Wildbret, die Kinder haben, was für sie gesammelt wird, nimmer dem Vater zu danken: Er tut keinen Besenstrich. Völlige Untätigkeit ist sein absoluter Grundsatz. Die Aufzucht der Kinderschar, so aufwändig sie in manchen Fällen auch sein mag, hat also dem Instinkt der Vaterschaft nicht auf die Sprünge geholfen. Wo also werden wir die Antwort finden?

Fassen wir die Frage weiter. Lassen wir das Tier und beschäftigen wir uns einen Augenblick mit dem Menschen. Wir haben unsere Instinkte, von denen manche als Genie bezeichnet werden, wenn sie einen Gipfel der Potenz erreichen, der über der Ebene der Mittelmäßigkeiten thront. Das Außergewöhnliche, das sich über das Übliche erhebt, erstaunt uns, wie uns der Lichstrahl fasziniert, der durch die gewohnten Finsternisse bricht. Wir sind voll Bewunderung und weil wir nicht begreifen, woher bei diesem oder jenem diese herrliche Blütenpracht kommt, sagen wir im Stillen: »Sie haben die Gabe!«

Ein Ziegenhirte sucht Zerstreuung, indem er mit Haufen aus kleinen Kieselsteinen rechnet. Aus ihm wird ein Arithmetiker, der uns durch seine Schnelligkeit und Genauigkeit verblüfft, wenn ihm ein kurzes Nachdenken genügt, um einen Zwist enormer Zahlengrößen, die uns, allein schon wenn sie ausgesprochen werden, als schier unentwirrbares Durcheinander entmutigen, in seinem Geiste zu schlichten. Dieser wunderbare arithmetische Jongleur hat den Instinkt, das Genie, die Gabe der Zahlen.

Ein Zweiter vergisst das Spiel in dem Alter, in dem uns Murmel und Kreisel erfreuen, er zieht sich von den Lärmenden in ein Abseits zurück und hört in sich das Echo himmlischer Harfen. Sein Kopf ist ein Münster, erfüllt vom Widerhall einer imaginären Orgel. Reiche Klänge, ein inniges Konzert, das nur er allein vernimmt, versetzen ihn in Verzückung. Friede sei mit ihm, dessen Berufung es ist, eines Tages mit seinen musikalischen Kompositionen in uns edle Gefühle zu wecken. Er hat den Instinkt, das Genie, die Gabe der Töne.

Ein Dritter, ein kleines Kind, das es noch nicht versteht, sein Brot zu essen, ohne sich mit Marmelade zu bekleckern, vergnügt sich damit, Figürchen aus Lehm zu formen, die in ihrer naiven Unbeholfenheit erstaunlich wirklichkeitsgetreu sind. Mit der Messerspitze schnitzt es lustige Grimassen in die Heideholzwurzel; es bearbeitet den Buchs, bis er dem Schaf und dem Pferd ähnelt; es stichelt das Abbild seines Hundes in den weichen Stein. Lassen wir es gewähren, und wenn der Himmel ihm beisteht, wird es vielleicht ein berühmter Bildhauer werden. Es hat den Instinkt, das Genie, die Gabe der Formen.

So ist es mit jeder menschlichen Tätigkeit, in den Künsten und Wissenschaften, in Industrie und Handel, Literatur und Philosophie. Wir tragen in uns von Anfang an den Keim dessen, was uns von der gewöhnlichen Menge abheben wird. Aber woher kommt diese Eigenart? Das ist ein Atavismus, versichert man uns. Ein Erbgut, bald direkt, bald von weit her, wurde an uns weitergegeben, verstärkt und verändert durch die Zeit. Durchforsten Sie die Archive Ihrer Familie und Sie werden auf die Quelle des Genies stoßen, die zunächst bescheiden floss, bevor sie zum Bach und schließlich zum Fluss wurde.

Doch welche Dunkelheit hinter dem Ausdruck »Erbgut« waltet! Die grenzüberschreitende Wissenschaft hat versucht, Licht in die Sache zu bringen. Sie ist nur so weit gekommen, einen hanebüchenen Wortschatz zu erfinden, der das Dunkle noch dunkler werden lässt. Wir, die wir nach Klarheit dürsten, wollen die absurde Theorie demjenigen überlassen, dem sie Vergnügen bereitet, und beschränken unseren Ehrgeiz auf die der Beobachtung zugänglichen Tatsachen, ohne vorzugeben, die Geheimnisse des Plasmas zu lüften. Unsere Methode wird uns sicherlich nicht den Ursprung der Instinkte enthüllen; sie wird uns aber zumindest zeigen, wo nach ihm zu forschen nutzlos ist.

Bei Untersuchungen dieser Art ist es unerlässlich, sich einen bis in seine intimsten Besonderheiten bekannten Gegenstand zu geben. Woher ihn nehmen? Ja, man fände welche in Menge, und zwar ganz prachtvolle, wenn es möglich wäre, in den geheimen Falten des Lebens anderer zu lesen; aber niemand kann eine Existenz ausloten – außer der eigenen, und jeder muss schon glücklich sein, wenn unbestechliche Erinnerungen und meditative Fähigkeiten seinen Sondierungen die angemessene Genauigkeit liefern. Da niemand in die Haut eines anderen schlüpfen kann, muss man diesen Gegenstand gezwungenermaßen in der eigenen Existenz finden.

Das Ich ist hassenswert. Auch ich weiß das. Doch der unternommenen Untersuchung wegen möge man sich ihm gegenüber nachsichtig erweisen. Ich werde den schweigsamen Skarabäus auf der Anklagebank ablösen, mich in aller Einfalt der Seele mit mir selbst unterhalten und mich fragen, woher jener unter meinen Instinkten stammt, der die anderen dominiert.

Seit Darwin mir den Titel des unvergleichlichen Beobachters verliehen hat, ist mir diese Bezeichnung immer wieder begegnet,

ohne dass ich recht begreife, womit ich sie eigentlich verdiene. Es ist doch so natürlich, scheint mir, so naheliegend, so verlockend für jeden, sich für alles zu interessieren, was da um uns herum wimmelt! Aber seis drum, nehmen wir das Kompliment einmal für begründet an.

Meine Zurückhaltung hört bei meinem Interesse für die Insekten auf: Ich bin neugierig auf alles, was sie betrifft. Ja, ich fühle, dass ich die Gabe habe, den Instinkt, der mich drängt, mich mit dieser einzigartigen Welt zu befassen; ja, ich gestehe mir ein, dass ich an solche Studien kostbare Zeit verschwende, die besser darauf verwendet wäre, der Altersarmut so weit möglich vorzubeugen; ja, ich bekenne mich als leidenschaftlichen Beobachter dieser Tiere. Woher kommt diese charakteristische Neigung, die zugleich Leid und Freud meines Lebens ist? Und zuallererst: Was verdankt sie dem Erbgut?

Wer dem einfachen Volke entstammt, hat keine Geschichte; im Würgegriff der Gegenwart kann er nicht daran denken, die Erinnerung an das Vergangene zu bewahren. Was für lehrreiche, erbaulich fromme Archive wir aber hätten, wenn in ihnen die familiären Schriftstücke uns erzählen würden, was unsere Leute gewesen sind, wenn wir durch sie von ihren geduldigen Kämpfen gegen Schicksalsschläge erführen, von ihrer hartnäckigen Mühe, Sandkorn für Sandkorn das aufzubauen, was wir heute sind. Für die Belange des Individuellen wäre keine Geschichtsschreibung wertvoller als diese. Aber es ist nun einmal so: Man verlässt den heimischen Herd und wenn die Brut ausgeflogen ist, kennt sie das Nest nicht mehr.

Als bescheidener Hilfsarbeiter im Bienenstock der Fleißigen bin ich sehr arm an Familienerinnerungen. Schon auf der zweiten Ebene meines Stammbaums tappe ich unversehens im Dunkeln. Hier werde ich aus zwei Gründen einige Augenblicke verweilen: Erstens, um mich nach dem Einfluss des Erbguts zu erkunden; zweitens, um den Meinen ein Blatt mehr zu hinterlassen, das sie betrifft.

Den Großvater mütterlicherseits habe ich nicht gekannt. Der ehrwürdige Ahn war, so wurde mir erzählt, Gerichtsvollzieher in einer der ärmsten Gemeinden des Rouergue. Auf Amtspapier schrieb er in unbeholfener Rechtschreibung seine Urkunden ins Reine. Mit Tinte und Federn gewappnet, ging er über Berg und Tal seinem Geschäfte nach, von einem armen Schuldner zum nächsten, der noch ärmer war. Inmitten all der Streitigkeiten, von den Härten des Lebens ganz eingenommen, schenkte dieser ansatzweise Gebildete dem Insekt gewiss keine Aufmerksamkeit; es mochte höchstens geschehen, wenn er auf eines traf, dass er es unter seinem Absatz zertrat. Das als schädlich beargwöhnte, unbekannte Tier verdiente keine weitere Beachtung.

Der Großmutter ihrerseits war, abgesehen von ihrem Haushalt und ihrem Rosenkranz, alles fremd. Das Alphabet war für sie ein Zauberbuch, an dem man sich ohne jeden Nutzen die Augen verdarb, es sei denn man schwärzte das Papier von Amts wegen. Wer von den kleinen Leuten hat sich denn zu ihrer Zeit darum gekümmert, Lesen und Schreiben zu lernen? Dieser Luxus blieb dem Notar vorbehalten, der es mit ihm allerdings auch nicht zu weit trieb.

Die Insekten, falls man das noch erwähnen muss, waren ihre geringste Sorge. Fand sie am Brunnen beim Salatwaschen manchmal eine Raupe auf den Blättern, warf sie das scheußliche Gewürm mit einem Schreckensschrei weit von sich und erstickte die vermeintlich gefährliche Beziehung im Keim. Kurz, für die Großeltern mütterlicherseits waren die Insekten vollkommen belanglose Kreaturen und fast immer ein Gegenstand der Abscheu, den man nicht einmal mit der Fingerspitze berühren wollte. Ganz sicher ist das Interesse am Tier nicht von ihnen auf mich gekommen.

Von den Großeltern väterlicherseits habe ich eine genauere Vorstellung; denn ihre rüstige Langlebigkeit hat mir erlaubt, beide zu kennen. Als Ackerleute, die ihr Leben lang kein Buch aufgeschlagen haben – zu groß war die Kluft zwischen ihnen und dem Alphabet – bearbeiteten sie einen ärmlichen Hof auf dem granitenen kalten Rücken des Plateaus der Rouergues. Das Haus, einsam gelegen unter Ginster- und Heidegesträuch, ohne jeden Nachbarn, von Zeit zu Zeit von Wölfen heimgesucht, war für sie der Mittelpunkt der

Welt. Abgesehen von einigen Dörfern in der Umgebung, wohin an Markttagen die Kälber geführt wurden, war das Übrige nur vom Hörensagen bekannt, und auch das nur sehr vage.

In dieser wilden Einöde lieferten die Torfsenken mit ihren schwankenden Böden, aus denen irisierende Rinnsale sickerten, dichtstehendes Grünfutter für die Kühe, die ihr größter Reichtum waren. Im Sommer pferchten sie ihre Schafe Tag und Nacht an Hängen mit kurzem Gras ein; gegen die Raubtiere bot ein Weidenzaun Schutz. War das Kraut an einer Stelle abgefressen, wurde der Pferch anderswohin versetzt. In seiner Mitte stand der Schäferkarren, eine Strohhütte auf Rädern. Zwei Molosserhunde mit Stachelhalsbändern bewachten die Herde, falls der räuberische Wolf nachts aus dem nahen Wald kam.

Der Hühnerhof, der immer von einer Schicht Kuhmist gepolstert war, in der ich bis zu den Knien versank, und auf dem sich die kaffeebraun schimmernde Jauche in Lachen sammelte, war reich bevölkert. Hier sprangen die Lämmer umher, die der Mutterbrust noch entwöhnt werden mussten; hier trompeteten die Gänse, scharrte das Federvieh und grunzte das Mutterschwein mit seiner Kinderschar von Ferkelchen, die an seinen Zitzen hingen.

Das raue Klima war der Landwirtschaft nicht günstig. Zur passenden Jahreszeit legte man Feuer an den Ginster auf der Heide und der Pflug zog über den von der Brandasche fruchtbar gemachten Boden. So konnte man von einigen Morgen Roggen, Hafer und Kartoffeln einfahren. Die besten Flecken wurden dem Hanf vorbehalten, der für die Großmutter die wichtigste Ernte war, da er den Spinnrocken und Spindeln des Hauses das Material für die Stoffe lieferte.

Der Großvater war also in erster Linie ein Hirte, bewandert in der Rinder- und Schafzucht, in allem anderen aber völlig unbedarft. Wie bestürzt er gewesen wäre, wenn er erfahren hätte, dass viel später einer der Seinen sich für diese nichtigen Tiere begeistern sollte, die er sein Leben lang nicht eines Blickes gewürdigt hatte! Hätte er geahnt, dass gerade ich, der Knirps, der neben ihm am Tisch saß, dieser Narr werden würde, was für ein Schlag auf meinen armen Nacken das gegeben hätte! Welch zorniger Blick auf mich herabgefahren wäre! »Darf man seine Zeit mit solchem Unsinn verplempern!«, hätte er gedonnert.

Er machte keine Scherze, der Patriarch. Ich sehe noch immer seine ernste Miene vor mir, seine alte schulterlange Galliermähne, die er häufig mit dem Daumen hinters Ohr zurückschob. Ich sehe seinen kleinen Dreispitz, seine Kniebundhose, seine klappernden, mit Stroh vollgestopften Holzschuhe. Oh nein, mit ihm wäre für den, der in seiner Nähe Heuschrecken aufziehen und Mistkäfer ausgraben wollte, wo er doch den Kinderspielen längst hätte entwachsen müssen, nicht gut Kirschen essen gewesen.

Die Großmutter, eine fromme Frau, trug die Trachten der dortigen Bergbewohner: als Kopfbedeckung den großen schwarzen Filz, kreisrund und flach, steif wie ein Brett und mit einer fingerbreiten Verzierung kaum größer als eine Sechs-Francs-Münze in der Mitte. Ein schwarzes unter dem Kinn verknotetes Band hielt dieses graziöse, aber instabile Rad im Gleichgewicht.

Die Konserven mit Pökelfleisch, der Hanf, die Küken, die Milchprodukte, die Butter, Zuwendungen für die Rasselbande und die Zuteilungen für die Hausgenossenschaft, darum drehte sich das Leben der tüchtigen Frau. Zu ihrer Linken der aufrecht stehende Spinnrocken, versehen mit Werg, zu ihrer Rechten die Spindel, die sich flink unter dem Druck des Daumens drehte, den sie ab und an mit Spucke befeuchtete, war sie unermüdlich tätig und sorgte für Ordnung im Haushalt.

Meine Erinnerungen zeigen sie mir vor allem an den langen Winterabenden, die dem Familienplausch günstig waren. War die Stunde der Mahlzeit gekommen, nahmen wir, groß und klein, Platz auf einer Bank an dem langen Tisch, einem Brett aus Tannenholz auf vier Holzpflöcken. Hier fand jeder seinen Napf mit einem Löffel aus Zinn.

Am Kopf des Tisches lag der riesige Roggenlaib zum Verzehr bereit, groß wie ein Wagenrad und in ein Leinentuch gehüllt, das nach Seife duftete. Mit dem Brotmesser, das nur er benutzen durfte, schnitt der Großvater ein Stück ab, um es dann unter uns allen aufzuteilen. Nun konnte jeder sein Stück zerlegen, es brechen und nach Belieben seinen Napf damit bestücken.

Dann kam der Part der Großmutter. Ein bauchiger Kochtopf brodelte singend auf dem lodernden Herdfeuer. Er verströmte einen köstlichen Duft nach Rüben und Speck. Mit einer Kelle aus verzinntem Eisenblech schöpfte die Großmutter reihum für jeden von uns zuerst die Brühe, in die man das Brot tauchte; dann füllte sie den Napf mit einer Portion Rüben und einem Stück Schinken, halb fett, halb mager. Am anderen Ende des Tisches stand der Wasserkrug für die Durstigen. Oh, dieser gesegnete Appetit, dieses fröhliche Mahl, vor allem wenn ein hausgemachter Frischkäse den Genuss vollkommen machte!

Neben uns flammte der riesige Kamin, der bei großer Kälte ganze Baumstümpfe vertilgte. In einem Winkel dieser monumentalen, mit Ruß überzogenen Feuerstätte sprang in passender Höhe eine Schieferplatte vor, die Leuchte der Abendstunden. Darauf wurden von Harz durchtränkte Kiefernspäne abgefackelt, die eine rötliche rußende Helligkeit ausstrahlten und das Nussöl für die Schnabellampe sparen halfen.

Waren die Näpfe geleert, das letzte Bröckchen Käse vertilgt, nahm die Großmutter auf einem Schemel in der Kaminecke wieder ihren Spinnrocken zur Hand. Wir, die Kleinen, Buben und Mädchen, hockten uns im Kreis um sie auf die Fersen, streckten die Hände zum lodernden Ginsterfeuer aus und waren ganz Ohr. Sie erzählte uns Geschichten, freilich wenig abwechslungsreich, das ist wahr, aber voller Wunder und uns sehr willkommen, denn der Wolf kam oft darin vor. Diesen Wolf, den Helden so vieler Geschichten, die uns Gänsehaut machten, wollte ich so gerne sehen! Der Schäfer aber hat es mir nie erlaubt, mich nachts zu ihm in seine Strohhütte mitten im Pferch zu gesellen.

Hatte man genug von dem gefürchteten Tier gesprochen, auch vom Drachen und der Viper, und waren die leuchtenden Holzscheite verglommen, ging man schlafen und sank in jenen süßen Schlummer, wie ihn die Arbeit schenkt. Als Jüngster der Hausgemeinschaft hatte ich Anrecht auf die Matratze, einen Hafersack. Meine Kameraden kannten nur das Strohlager.

Ich verdanke Euch viel, liebe Großmutter; an Euren Knien habe ich Trost gefunden bei meinen ersten Kümmernissen. Ihr habt mir vielleicht etwas von Eurer kräftigen Art vererbt, etwas von Eurer Liebe zur Arbeit; aber sicherlich ist Euch, ebenso wie dem Großvater, meine Leidenschaft für die Insekten fremd.

Das gilt auch für meine Eltern. Meine Mutter, gänzlich ungebildet, hat an Erziehung nichts anderes gekannt als die bittere Erfahrung eines mühsamen Lebens und war das genaue Gegenteil von dem, was die Entwicklung meiner Neigungen erfordert hätte. Ich lege dafür meine Hand ins Feuer: Meine Eigenart muss ihren Ursprung anderswo haben.

Werde ich ihn beim Vater finden? Auch nicht. Fleißig und wie der Großvater kräftig gebaut, hatte der ausgezeichnete Mann in jungen Jahren die Schule besucht. Er konnte schreiben, allerdings mit großen Freiheiten, wie sie die Rechtschreibung niemals gebilligt hätte; er konnte lesen und verstand den Text, falls dieser an literarischen Schwierigkeiten nicht über Kalendergeschichten hinausging. Als Erster in der Ahnenreihe ließ er sich von der Stadt locken. Es ist ihm schlecht bekommen.

Mit kümmerlichen Ersparnissen und ohne besondere handwerkliche Fertigkeiten aufweisen zu können, schlug er sich Gott weiß wie durch und erlebte alle Enttäuschungen eines Bauern, der zum Städter wird. Vom Pech verfolgt, trotz seines guten Willens von schwerer Bürde erdrückt, war er weit, sehr weit davon entfernt, mich in die Insektenkunde einzuführen. Er hatte ganz andere Sorgen, die handfester und dringlicher waren. Ein paar kräftige Ohrfeigen, wenn er mich ein Insekt auf den Korkpfropfen aufspießen sah, waren die einzige Ermutigung, die ich bekam. Vielleicht hatte er recht.

Die Schlussfolgerung ist eindeutig: Nichts in meinem Erbgut erklärt meine Neigungen zum Beobachter. Man könnte einwen-

den, ich ginge nicht weit genug zurück. Was würde ich denn finden über die Großeltern hinaus, bei denen ich zum Stehen gekommen bin? Zum Teil weiß ich es. Ich würde noch weniger gebildete Ahnen finden, Ackerleute, Bauern, Roggensäer und Rinderhirten, alle durch die Macht der Umstände völlig unbegabt für die Feinheiten der Beobachtung.

Und doch steckt in mir von kleinauf ein neugieriger Beobachter. Warum soll ich nicht von meinen ersten Entdeckungen erzählen? Sie sind von äußerster Naivität, eignen sich aber gleichwohl dazu, uns etwas über das Entstehen von Fähigkeiten zu lehren.

Ich war fünf oder sechs Jahre alt. Um den armen Haushalt um einen Esser zu entlasten, hatte man mich der Fürsorge der Großmutter anvertraut, wie ich eben bereits erzählt habe. Hier, in der Einsamkeit, mitten unter Gänsen, Kälbern und Schafen, erwachte der erste Schimmer meines Intellekts. Alles Vorhergehende liegt für mich in undurchdringlicher Finsternis. Zum wahren Leben wurde ich in dem Augenblick geboren, da in mir die erste Morgenröte anbrach und sich gerade so weit aus den Wolken des Unbewussten erhob, um eine bleibende Erinnerung zu hinterlassen. Ich sehe mich noch in eine Kutte gekleidet, die mir bis zu meinen nackten Fersen reichte und deren Saum durch den Kuhmist schleifte; ich erinnere mich noch an das Taschentuch, das mit einer Schnur an meinem Gürtel hing und oft genug verloren ging, sodass ich es durch den Ärmel ersetzte.

Eines Tages stehe ich da, ein nachdenklicher Knirps, die Hände auf dem Rücken, der Sonne zugewandt. Der strahlende Glanz bannt mich. Ich bin der Nachtfalter, der von der Helligkeit der Lampe angezogen wird. Wie ist das? Genieße ich die strahlende Herrlichkeit mit dem Mund oder mit den Augen?

Das ist die Frage meiner wachsenden wissenschaftlichen Neugier. Der Leser möge jetzt nicht schmunzeln, nein, denn hier übt sich bereits der künftige Beobachter und stellt seine Versuche an. Ich öffne den Mund ganz weit und schließe die Augen. Die Herrlichkeit verschwindet. Ich öffne die Augen und schließe den Mund.

Die Herrlichkeit erscheint wieder. Ich beginne von vorn. Dasselbe Ergebnis. Ich hab's! Ich weiß ganz genau, dass ich die Sonne mit meinen Augen sehe. Oh, welch herrliche Entdeckung! Am Abend teilte ich sie den Hausgenossen mit. Die Großmutter lachte zärtlich über meine Naivität; die anderen machten sich darüber lustig. So ist die Welt.

Eine andere Entdeckung. Bei Einbruch der Nacht zog ein Zirpen im nahen Gestrüpp meine Aufmerksamkeit auf sich; es erklang in der Abendstille sehr leise und sehr schön. Wer macht dieses Geräusch? Ist es ein Vogel, der in seinem Nest piepst? Das muss ich sehen und so schnell es geht. Zwar kommt zu dieser Stunde der Wolf aus dem Wald, man hatte es mir gesagt; dennoch vorwärts, aber nicht sehr weit, es ist ja gleich hier, hinter diesem Ginstergestrüpp!

Lange liege ich auf der Lauer, aber vergebens. Beim geringsten Geräusch der schwankenden Zweige verstummt das Zirpen. Am nächsten Tag beginne ich von vorn, am übernächsten noch einmal. Diesmal hat mein hartnäckiges Auflauern Erfolg. Zack! Die Hand stößt nach vorn; ich halte den Sänger fest. Es ist kein Vogel, es ist eine Art Heuschrecke, dessen magere Keulen zu kosten meine Kameraden mir beigebracht haben, eine dürftige Entschädigung für meinen langen Hinterhalt. Das Schöne an der Angelegenheit hat nichts mit den Schenkeln zu tun, die nach Krebsfleisch schmecken, sondern es ist das, was ich gerade gelernt habe. Von jetzt an weiß ich, durch Beobachtung, dass Heuschrecken singen. Meine Entdeckung wurde nicht ausposaunt, aus Angst vor einem Gelächter, wie es mir die Geschichte mit der Sonne eingebrockt hatte.

Oh, welch schöne Blumen gibt es da auf einem Feld, ganz nah beim Haus! Sie scheinen mir zuzulächeln mit ihren großen violetten Augen. Später sehe ich an ihrer Stelle Sträuße mit dicken roten Kirschen. Ich koste davon. Das schmeckt schlecht, und außerdem ist darin kein Kern. Was für Kirschen mögen das sein? Am Ende des Sommers kommt der Großvater mit einem Spaten und gräbt mein Beobachtungsfeld um. Da kommen aus der Erde korb- und sackweise so etwas wie runde Wurzeln hervor. Das Ding ist mir bekannt; das Haus ist voll davon; oft habe ich es in der Asche des verbrannten Kartoffelkrauts braten lassen. Es ist die Kartoffel. In alle Ewigkeit nimmt die violette Blüte mit der roten Frucht ihren Platz in meinem Gedächtnis ein.

Das Auge immerzu auf die Tiere und Pflanzen gerichtet, übte der künftige Beobachter für sich ganz allein, ohne besonders darauf zu achten, ein Bürschchen von sechs Jahren. Er ging zur Blume, er ging zum Insekt, wie der Kohlweißling zum Kohl geht und der Distelfalter zur Distel. Er betrachtete, er machte sich kundig, angestachelt durch eine Wissbegierde, von deren Geheimnis das Erbgut nichts weiß. Er trug den Keim einer Fähigkeit in sich, die seiner Familie unbekannt war; es schwelte ein Funke, der dem Herd der Ahnen fremd war. Was wird aus diesem Nichts, dieser Nichtigkeit der kindlichen Fantasie? Es wird zweifellos erlöschen, wenn kein Unterricht sich seiner annimmt und durch ein Vorbild nährt, es wachsen lässt durch Übung. Die Schule wird erklären, was das Erbgut nicht zu erklären weiß. Das wollen wir jetzt untersuchen.

IV
Meine Schule

Ich bin wieder im Dorf, im väterlichen Haus. Mit sieben Jahren schlägt die Stunde, in die Schule zu gehen. Etwas Besseres konnte mir nicht passieren: Der Lehrer ist mein Pate. Wie könnte ich den Raum bezeichnen, in dem ich mit dem Alphabet Bekanntschaft schließen sollte? Einen treffenden Begriff gibt es nicht, denn dieses Zimmer diente zu allem. Es war gleichzeitig Schule, Küche, Schlafraum, Speisezimmer und zu gegebener Zeit Hühner- und Schweinestall. Zu jener Zeit dachte man kaum an Schulpaläste; ein armseliger Winkel genügte.

Von diesem Raum aus stieg man auf einer breiten feststehenden Leiter ins obere Stockwerk. Unter der Leiter ein Ehebett in einem Alkoven aus Brettern. Was gab es denn dort oben? Das habe ich nie genau gewusst. Ich sah von dort den Lehrer bald mit einem für die Eselin bestimmten Armvoll Heu, bald mit einem Korb Erdäpfel herunterkommen, den die Hausfrau in den Kessel schüttete, in dem das Ferkelfutter köchelte. Es musste ein Kornboden sein, ein Speicher für Mensch und Tier. Aus diesen beiden Räumen bestand die gesamte Wohnstatt.

Kehren wir zurück zum Erdgeschoss, zur Schule. An der Südseite ein Fenster, das einzige des Hauses, ein schmales, niedriges Fenster, dessen Rahmen man mit dem Kopf und den beiden Schultern gleichzeitig berührt. Diese sonnige Öffnung ist im Haus die einzige fröhliche Stelle; von dort aus überblickt man den größten Teil des Dorfes, das sich an den Hängen eines trichterförmigen Tales ausbreitet. Davor steht der kleine Tisch des Lehrers.

Die Mauer gegenüber hat eine Nische, in der ein Kupfereimer voll Wasser glänzt. Dort schöpfen die Durstigen mit einer Tasse in Reichweite, wenn ihnen danach ist. Oben in der Nische schimmert auf einigen Regalbrettern das Geschirr, Schüsseln, Teller und Becher, die nur an den Feiertagen ihr Chorgestühl verlassen.

An fast all den Stellen, auf die Licht fällt, sind mit großen bunten Klecksen kolorierte Bilder an die Mauern geheftet. Darunter die Maria von den sieben Schmerzen, die tief betrübte Gottesmutter, die ihren blauen Mantel halb öffnet und ihr von sieben Schwertern durchbohrtes Herz darbietet. Zwischen Sonne und Mond, die einen mit großen runden Augen betrachten, der Ewige Vater, dessen Gewand sich aufbauscht, wie von einem Sturm gebläht.

In der Laibung rechts vom Fenster der Ewige Jude. Er trägt einen Dreispitz, einen großen Schurz aus weißem Leder, eisenbeschlagene Schuhe und einen soliden Stock. »Nie hat man einen derart bärtigen Mann gesehen«, beschreibt der Bildrahmen das Melodram. Dieses Detail hat der Zeichner nicht vergessen: Der Bart des Alten breitet sich auf dem Schurz wie eine Schneelawine aus und wallt herab bis auf die Knie.

Zur Linken befindet sich Genoveva von Brabant, von der Hirschkuh begleitet. Im Gestrüpp versteckt sich der grimmige Golo, einen

Dolch in der Hand. Darüber sieht man Herrn Kredit, der von säumigen Schuldnern auf der Schwelle seiner Schenke ermordet wurde; und auf diese Weise geht es immer weiter, an allen freien Stellen der vier Mauern finden sich die verschiedensten Darstellungen.

Ich war entzückt von diesem Museum, das durch seine breiten Flächen von Rot, Blau, Grün und Gelb den Blick auf sich zog. Im Übrigen hatte der Lehrer seine Sammlung nicht aufgehängt, um unseren Geist und unser Herz zu bilden. Das war die geringste Sorge des braven Mannes. Er war auf seine Art ein Künstler und hatte die Behausung nach seinem Geschmack geschmückt, und wir profitierten von dieser Verschönerung.

Während das Museum mit seinen Pfennig-Bildern mir das ganze Jahr über Glück bescherte, zog mich im Winter bei starkem Frost und anhaltendem Schneefall ein anderes Schmuckstück im Raum noch mehr an: An der hinteren Mauer liegt der Kamin, in seinen Ausmaßen ein wahres Monument, wie der bei meiner Großmutter. Sein gewölbtes Sims erstreckt sich über die ganze Breite des Zimmers, denn das ungeheure Gehäuse hat eine vielfältige Bestimmung.

In der Mitte ist die Feuerstelle; aber rechts und links öffnen sich etwa in Tischhöhe zwei Nischen, halb geschreinert, halb gemauert. Jede von ihnen ist ein Lager mit einer Matratze aus ausgedroschenen Weizenspelzen. Schiebebretter dienen als Fensterläden und verschließen die Kiste, wenn der Schläfer seine Ruhe haben will. Dieser Schlafraum, geschützt unter dem Kaminmantel, ist die Bettstatt für die Begünstigten des Hauses, die beiden Pensionsschüler. Wie behaglich es dadrinnen in der Nacht bei geschlossenen Läden sein muss, wenn der Nordostwind im Abzug braust und die Schneeflocken tanzen lässt!

Den übrigen Platz im Kamin nimmt der Herd mit seinen Gerätschaften ein: Der dreibeinige Schemel, das Salzfass, das an der Wand hängt, um seinen Inhalt trocken zu halten, eine schwere Schaufel, die man mit zwei Händen handhaben muss, schließlich ein Blasrohr, ähnlich jenem, mit dem ich mir im Haus des Großvaters die Backen aufblies. Es ist aus einem starken Tannenast gemacht, der seiner ganzen Länge nach mit einem rotglühenden Eisen ausgehöhlt wird. Mithilfe dieser Röhre wird die aus dem Mund geblasene Luft auf die Stelle gelenkt, die es anzufachen gilt. Auf zwei Steinen flammt das Reisigbündel des Lehrers und der Holzscheit, den jeder von uns in der Frühe mitbringen muss, wenn er Anrecht auf das Vergnügen am Feuer haben will.

Das Feuer brannte im Übrigen nicht eigentlich unseretwegen, sondern vor allem, um drei Kessel zu erhitzen, in denen das Ferkelfutter still vor sich hin köchelte, ein Gemisch aus Kleie und Kartoffeln. Dies war, trotz unseres Tributs von einem Holzscheit, der eigentliche Zweck der Flammen. Die beiden Pensionsschüler auf den besten Plätzen, den zwei Schemeln, wir anderen auf den Fersen sitzend, so bildeten wir einen Halbkreis um die großen Kochtöpfe herum, die voll bis zum Rand waren und in kleinen Dampfschwaden ihr »puff, puff, puff« von sich gaben.

Schaute der Lehrer einmal nicht auf seine Schüler, stachen die Verwegensten mit der Messerspitze in eine eben fertiggekochte Kartoffel und steckten sie zu ihrem Stück Brot. Man muss schon sagen: Wenn auch in meiner Schule wenig gearbeitet wurde, so wurde dort wenigstens eine Menge gegessen. Es war gang und gäbe, ein paar Nüsse aufzubrechen und an seinem Stück Brotrinde zu kauen, während man seine Seite beschrieb oder Zahlen aneinanderreihte.

Für uns, die Kleinen, kamen zu dieser Annehmlichkeit, mit vollem Mund zu studieren, gelegentlich zwei andere hinzu, mindestens so gut wie die geknackten Nüsse. Die hintere Tür führte auf den Hühnerhof, wo die Henne, umgeben von ihrer Kükenschar, im Misthaufen kratzte und etwa ein Dutzend Ferkel in ihrem steinernen Trog herumplanschten. Diese Tür durfte zum Austreten geöffnet werden, und wir traten oft aus, wobei die Schlauköpfe unter uns darauf achteten, sie nicht wieder zu schließen.

Gleich stürzten die Ferkel herbei, im Gänsemarsch, angezogen vom Duft der gekochten Kartoffeln. Ihr Weg führte an der Bank der Kleinen vorbei, wo ich meinen Platz hatte, angelehnt an die Mauer mit dem kupfernen Eimer, wo wir zum Trinken hingin-

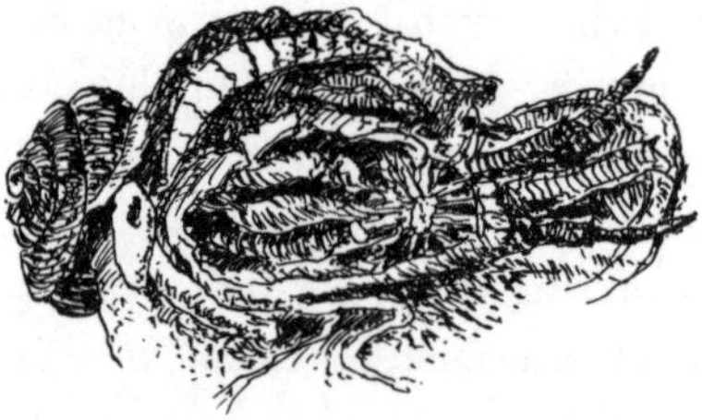

gen, wenn die Nüsse uns durstig gemacht hatten. Mit ihren dünnen Ringelschwänzen trotteten die Schweinchen grunzend heran; sie rieben sich an unseren Beinen; mit ihrer kühlen rosa Schnauze wühlten sie in unseren hohlen Händen nach einem Rest Brotrinde; mit ihren kleinen wachen Augen sahen sie uns fragend an: Ob wir wohl trockene Kastanien in den Taschen haben? Hatten sie ihre Runde beendet, ein bisschen hier herum, ein bisschen dort, verschwanden sie wieder auf den Hühnerhof, vom Taschentuch des Lehrers freundlich verscheucht.

Danach kam die Henne zu Besuch und brachte ihre samtflaumigen Küken mit. Jeder beeilte sich, den niedlichen Besuchern ein bisschen Brot hinzubröckeln. Jeder wetteiferte, sie zu sich zu locken und mit der Fingerspitze das weiche Flaumhaar ihres Rückens zu streicheln. Nein, an Zerstreuungen fehlte es uns wahrlich nicht.

Was konnten wir an einer solchen Schule lernen? Sprechen wir zunächst von den Kleinen, zu denen ich gehörte. Jeder von uns nannte ein Büchlein für zwei Sous sein eigen – oder eher hätte ein solches Buch sein Eigen nennen sollen: das Alphabet, gedruckt auf grauem Papier. Auf dem Buchdeckel befand sich eine Taube oder etwas dergleichen. Dann kam ein Kreuz, gefolgt von der Reihe der Buchstaben. Wenn man diese Seite umschlug, zeigte sich das furchtbare ba, be, bi, bo, bu, eine Hürde für die meisten. Aber hatte man dieses furchteinflößende Blatt erst überwunden, so galt man als lesekundig und gehörte zu den Großen.

Um uns aber aus dem Büchlein schlau werden zu lassen, hätte sich der Lehrer zumindest ein wenig mit uns beschäftigen und zeigen müssen, wie es zu handhaben war. Die Muße fehlte dem wackeren Mann, der von den Großen zu sehr beansprucht war. Das famose Taubenalphabet wurde uns einzig zu dem Zweck auferlegt, die Haltung eines Schülers einzunehmen. Wir sollten es auf unserer Bank betrachten und mithilfe des Nachbarn entziffern, wenn diesem zufällig einige Buchstaben bekannt waren. Unsere Betrachtungen führten kaum zum Ziel, da wir alle naselang durch die Kartoffeln im Kessel, den Streit zwischen Kameraden um eine Murmel, den grunzenden Überfall der Ferkel und das Hereinkommen der Küken gestört wurden. Inmitten dieser Ablenkungen warteten wir geduldig darauf, dass man uns heimschickte. Das war für uns die gewissenhafteste Arbeit.

Die Großen schrieben. Für sie war das wenige Licht im Raum bestimmt, vor dem schmalen Fenster, wo der Ewige Jude und der grausame Golo einander gegenüberstanden, für sie war der große einzige Tisch inmitten der Bänke bestimmt. Da die Schule nichts bereitstellte, nicht einmal einen Tropfen Tinte, musste jeder mit einer vollständigen Ausrüstung kommen. Das Schreibzeug von damals war wie der altertümliche Schreibkasten, von dem Rabelais spricht, ein langes, in zwei Fächer unterteiltes Etui aus Karton. Das obere für die Schreibfedern, die aus dem Flügel eines Truthahns oder einer Gans stammten und mit dem Messer zugeschnitten waren; das untere enthielt ein Fläschchen mit ein wenig Tinte; diese war aus etwas Essig und verdünntem Ruß gemacht.

Die Hauptbeschäftigung des Lehrers bestand im Zuschneiden der Federn, eine schwierige Arbeit, nicht ohne Gefahr für ungeübte Hände, dann das Vorschreiben oben auf dem weißen Blatt: eine Zeile Striche, einzelne Buchstaben oder Worte, je nach Vermögen des Schülers. Doch seht nur, welches Meisterwerk, war dies erst getan, plötzlich aus der Vorlage wird!

Mit einigen geschmeidigen Lockerungsübungen des Handgelenks sammelt die auf den kleinen Finger gestützte Hand ihren Schwung. Plötzlich legt sie los, fliegt und wirbelt; und siehe da: Unter der Schriftzeile entrollt sich eine Girlande von Kurven, Spiralen und Korkenzieherlocken, die einen Vogel mit entfalteten Flügeln einrahmen. Das Ganze, bitte sehr, mit roter Tinte, der einzigen, die einer solchen Feder würdig ist. Wir alle, Große und Kleine, waren überwältigt von diesen Wunderdingen. Abends zu Hause in der Familie ließ man das aus der Schule mitgebrachte Meisterwerk von Hand zu Hand gehen. »Was für ein Mann«, hieß es, »was für ein Mann, der euch mit einem Federstrich den Heiligen Geist hinzaubert!«

Was las man in meiner Schule? Auf Französisch höchstens ein paar Heiligengeschichten. Das Lateinische kam mehr zur Geltung, um uns beizubringen, bei der Vesper richtig zu singen. Die Fortgeschrittensten versuchten sich an der Entzifferung einer Handschrift, zum Beispiel einem Kaufvertrag in den Hieroglyphen irgendeines Winkeladvokaten.

Und Geschichte, Geografie? Keiner hörte jemals etwas davon. Was lag uns daran, ob die Erde eine Kugel oder ein Würfel war? Was änderte das an der Schwierigkeit, ihr etwas abzuringen?

Und die Grammatik? Der Lehrer machte nur wenig Aufhebens um sie, und wir noch weniger. Substantiv, Indikativ und Konjunktiv, aber auch alle weiteren Begriffe aus der grammatikalischen Fachsprache wären uns wie wunderliche Neuheiten vorgekommen und hätten uns durch ihr raubeiniges Auftreten verstört. Richtig Sprechen und Schreiben lernte man durch den Gebrauch. Im Übrigen hatte an diesem Punkt keiner von uns Gewissensbisse. Wozu die Feinheiten, wenn wir nach der Schule doch wieder zu unserer Schafherde zurückkehrten?

Und die Arithmetik? Ja, sie betrieben wir ein bisschen, aber nicht unter diesem gelehrten Namen. Wir nannten es Rechnen. Das Aufschreiben von nicht allzu großen Zahlen, das Hinzuzählen und das voneinander Abziehen waren uns geläufig. Am Samstagabend, zum Abschluss der Woche, gab es einen allgemeinen Wettkampf im Rechnen. Der Tüchtigste erhob sich und rezitierte aus dem Büchlein mit lauter Stimme das erste Dutzend. Ich sage Dutzend, denn es war seinerzeit aufgrund unserer alten Duodezimalmaße üblich, das Einmaleins bis auf zwölf auszudehnen.

Wenn die Strophe beendet war, wiederholte sie die ganze Klasse im Chor, einschließlich der Kleinen, mit einem derartigem Lärm, dass Küken und Ferkel die Flucht ergriffen, wenn sie zufällig anwesend waren. Und das ging so weiter bis zwölf mal zwölf, indem der Vordermann immer das nächste Dutzend anstimmte und die gesamte Klasse es so laut wiederholte, wie die Stimme nur hergab. Von allem, was die Schule uns lehrte, war dieses Büchlein das, was wir am besten wussten, so gut hämmerte uns am Ende diese schmetternde Methode die Zahlen ins Gehirn.

So wurde man kaum zum fähigen Rechner. Selbst die Besten gelangten beim Übertrag der Multiplikationen leicht auf Irrwege. Was das Dividieren anbelangt, so waren es nur wenige, die es bis dahin schafften. Kurz, um Probleme zu lösen, benutzte man den gesunden Menschenverstand, nicht die Ziffern der Gelehrten.

Eigentlich war unser Lehrer ein hervorragender Mann, dem es, um die Schule gut zu führen, nur an einem mangelte: an Zeit. Er widmete uns das bisschen Freizeit, das ihm seine zahlreichen Aufgaben ließen. Und zwar verwaltete er zunächst die Güter eines Grundbesitzers, der nicht im Dorf lebte und nur ab und an auftauchte. Er beaufsichtigte also ein altes Schloss mit vier Türmen, die zu Taubenschlägen geworden waren; er war fürs Heumachen und die Haferernte verantwortlich, für das Abschlagen der Walnüsse und das Aufsammeln der Äpfel. Während der schönen Jahreszeit kamen wir ihm zu Hilfe.

Die Schule, die während des Winters sehr gut besucht war, stand dann beinahe leer. Übrig blieben nur diejenigen, die noch nicht zur Feldarbeit gehen konnten, unter ihnen derjenige, der eines Tages diese denkwürdigen Begebenheiten schriftlich niederlegen sollte. Die Schule war dann lustiger. Sie spielte sich in dieser Zeit oft im Heuhaufen ab, auf dem Stroh; noch öfter verging sie mit dem Ausmisten des Taubenschlags oder dem Tottreten der Schnecken, die bei regnerischem Wetter aus ihren Festungen hervorkrochen, den hohen Buchsbaumhecken, die den Schlossgarten umgaben.

Unser Lehrer war Barbier. Mit seiner lockeren Hand, die unsere Heftseiten so gut mit einem Vogel aus Korkenzieherlocken zu verzieren wusste, rasierte er die Honoratioren des Dorfes, den Bürgermeister, den Pfarrer, den Notar. Und unser Lehrer war Glöckner. Eine Hochzeit oder eine Taufe unterbrachen den Unterricht: Das Glockenspiel musste ertönen. Drohte ein Gewitter, hatten wir frei: Die große Glocke musste in Schwung gebracht werden, um Blitz und Hagel zu vertreiben. Unser Lehrer war Kantor am Chorpult. Die Kirche war von seiner mächtigen Stimme erfüllt, wenn er bei der Vesper das Magnificat sang. Unser Lehrer zog auch die Kirchturmuhr im Dorf auf und regelte ihren Gang. Das war sein Ehrenamt. Er warf einen Blick auf die Sonne, um sich so ungefähr über die Stunde klar zu werden, stieg auf den Glockenturm, öffnete einen großen Kasten aus Brettern und schon befand er sich inmitten eines großen Räderwerks, dessen Geheimnisse nur er kannte.

Was sollte aus meiner Bildung und den sich andeutenden Neigungen werden, bei einer solchen Schule, einem solchen Lehrer und solchen Vorbildern? In diesem Milieu mussten sie zugrundegehen und für immer ersticken! Keineswegs: Der Keim ist lebendig; er wirkt in meinen Adern und wird sich nicht aus ihnen verflüchtigen. Überall findet er Nahrung, sogar auf dem Deckel meines Alphabets zu zwei Sous. Darauf ist das schlichte Bild einer Taube, das ich studiere und mit mehr Eifer betrachte, als ich für das ABC übrighabe.

Ihr rundes Auge, umgeben von einem punktierten Kranz, scheint mich anzulächeln. Ihr Flügel, dessen Federn ich genauestens abzähle, erzählt mir vom Aufschwung in die Höhe, bis zu den schönen Wolken; er trägt mich hinüber zum Wald, wo die Buchen mit ihren glatten Stämmen stehen auf einem Teppich von Moos, aus dem weiße Pilze wachsen, die aussehen, als hätte ein streunendes Huhn seine Eier zurückgelassen; er führt mich zu den schneebedeckten Gipfeln, wo der Vogel den sternenförmigen Abdruck seiner roten Füßchen hinterlässt. Sie ist großartig, meine Freundin, die Taube, sie tröstet mich über die Bitternisse hinter dem Buchdeckel. Dank ihrer bin ich ganz sittsam auf meiner Bank und warte geduldig darauf, dass man uns heimschickt.

Die Schule unter freiem Himmel birgt weitere Freuden. Wenn der Lehrer uns an den Rand der Buchsbaumhecken führt, damit wir die Schnecken zertreten, erfülle ich mein Amt als Ausrotter nicht immer gewissenhaft. Manchmal hält meine Ferse vor der Handvoll inne, die ich gerade aufgeklaubt habe. Sie sind ja so schön! Schaut doch her: Da sind gelbe und blassrote, weiße und braune, und alle tragen schwarze Bänder, wie eine Spirale. Ich fülle meine Taschen mit den am schönsten gefärbten, um voller Freude mit ihnen zu spielen.

An den Tagen der Heuernte auf der Wiese des Lehrers mache ich Bekanntschaft mit dem Frosch, dem ich die Haut abziehe und der mir, auf das gespaltene Ende eines langen Stocks gesteckt, am Bachufer als Köder dient, um den Krebs aus seinem Loch zu locken. Auf den Erlen fange ich den Erlenblattkäfer, ein prächtiges Exemplar, vor dem das Blau des Himmels erblasst. Ich pflücke die Narzisse und lecke mit der Zungenspitze das honigartige Tröpfchen auf, das man auf dem Grund des gespaltenen Blütenkranzes suchen muss. Ich lerne auch, dass man Kopfweh bekommt, wenn man sich zu ausgiebig daran labt. Dieses Unbehagen mindert aber nicht meine Bewunderung für die prächtige Blüte, die am Eingang ihres Trichters einen roten Halskragen trägt.

Beim Abschlagen der Nüsse finde ich im mageren Rasen Heuschrecken, die ihre Flügel zu Fächern entfalten, die einen in Blau, die anderen in Rot. So stachelte die ländliche Schule sogar mitten im Winter meine Neugier auf die Dinge an. Ich brauchte keinen Führer oder Vorbild; die Leidenschaft für Tier und Pflanze schritt von selbst voran.

Ohne Fortschritte allerdings blieb die Kenntnis der Buchstaben, sie wurden zugunsten der Taube vernachlässigt. Das spröde Alphabet blieb mir fremd, bis mir mein Vater durch eine zufällige Eingebung aus der Stadt das mitbrachte, was mir auf dem Weg zum Lesen Schwung geben sollte. Trotz der großen Rolle, die dies für mein geistiges Erwachen spielte, handelte es sich keineswegs um eine großartige Anschaffung, oh nein! Es war ein großes Bild für anderthalb Sous, farbig und in Felder unterteilt, auf denen Tiere aller Art die Buchstabenfolge durch die Anfangsbuchstaben ihrer Namen lehrten.

Wo diese kostbare Tafel unterbringen? Da gab es im Haus, im Kinderzimmer, ein Fensterchen, ähnlich dem in der Schule, das sich ebenfalls zu einer Art Nische öffnete und wie jenes den Blick auf das ganze Dorf freigab. Das eine zur Rechten, das andere zur Lin-

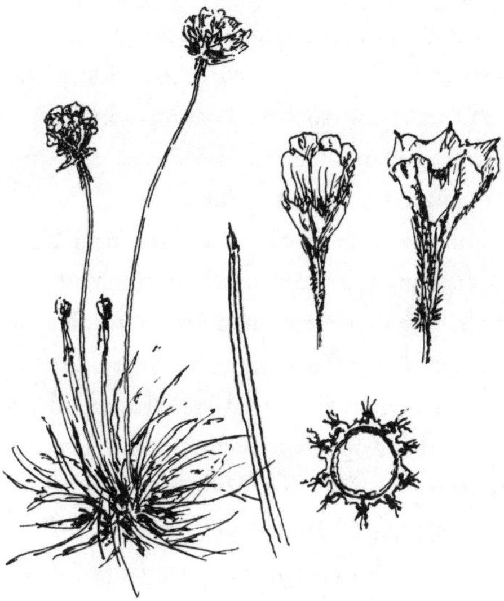

ken des Schlosses mit den Taubenschlägen gelegen, bildeten sie eine Querachse über die Talsohle. Das Schulfenster konnte ich nur ab und zu genießen, wenn der Lehrer seinen kleinen Tisch verließ; das zweite stand zu meiner Verfügung, wann immer ich wollte. Hier saß ich oft über lange Zeit auf einem in die Laibung eingelassenen Brettchen.

Eine herrliche Aussicht bot sich dort. Ich sah bis zum Ende der Welt, das heißt bis zu den Hügeln, die den Horizont versperrten, abgesehen von einem dunstigen Einschnitt, durch den sich unter Erlen und Weiden der Krebsbach ergoss. Dort oben ragten, den Himmel berührend, einige vom Nordostwind gepeitschte Eichen über den Kamm hinaus; jenseits davon gab es nichts mehr als das Unbekannte und das Geheimnisvolle.

An der Talsohle die Kirche mit ihren drei Glocken und dem Zifferblatt der Turmuhr. Ein bisschen höher der Marktplatz, auf dem unterm Schutz einer großen Kuppel eine als Brunnen genutzte Quelle von einem Becken ins andere rauschte. Von meinem Fenster aus hörte ich das Geschwätz der Wäscherinnen, die Schläge auf das Waschbrett und das Knirschen, wenn die Kessel mit Sand und Essig ausgebürstet wurden. Auf den Abhängen verstreut standen Häuschen mit Terrassengärtchen, gehalten von wackeligen Mauern, die sich unter dem Druck des Erdreichs ausgebaucht hatten. Hier und da sehr steil abfallende Gässchen, in denen Felsbuckel ein natürliches Pflaster bildeten. In diese gefährlichen Gänge hätte sich das Maultier, das doch einen so festen Tritt hat, nicht mit seiner Last Reisig vorgewagt.

Dort unten, außerhalb vom Dorf, auf halber Höhe der Hügel, der jahrhundertealte Lindenbaum, der »Tel«, wie wir ihn nannten, dessen von den Jahrhunderten ausgehöhlte Flanken das Lieblingsversteck bei unseren Spielen waren. An den Markttagen spendete seine ungeheure Krone Schatten für die Kuh- und Schafherden.

An diesem festlichen Tag, dem einzigen im Jahr, kam mir dies und jenes von außerhalb zu Ohren; da lernte ich, dass die Welt nicht bei meinen Hügeln endete. Auf dem Rücken des Maultiers und in

Schläuchen aus Bockshaut sah ich den Wein des Schankwirts ankommen. Ich war auf dem Marktplatz mit dabei, wenn die Krüge voll gedörrter Birnen und die Körbe mit Rosinen feilgeboten wurden, eine wenig bekannte Frucht, die das Objekt brennender Begierde war. Ich bestaunte die Drehscheibe, die uns für einen Sou, je nachdem wo der Zeiger im Kreis der Stifte anhielt, bald ein rosa Hündchen aus Gerstenzucker, bald ein Fläschchen mit Aniszucker, bald, und das war meistens der Fall, überhaupt nichts gewinnen ließ.

Auf der Erde, auf einem grauen Tuch, waren Stoffrollen aus indischer Baumwolle mit roten Blümchen ausgestellt, eine Verlockung für die Mädchen. Nicht weit davon erhob sich der Haufen von Holzschuhen aus Buchenholz und von Kreiseln sowie Flöten aus Buchsbaum. Die Schafhirten suchten hier ihre Instrumente aus und probierten sie, indem sie einige naive Weisen bliesen. Welche Neuheiten für mich, was es alles zu sehen gab auf dieser Welt! Aber die Zeit der Wunderdinge währte nur kurz. Am Abend, nach einigen Raufereien in der Schenke, war alles aus. Für ein Jahr sank das Dorf wieder in die Stille.

Halten wir uns bei diesen Erinnerungen aus der Morgendämmerung des Lebens nicht weiter auf. Es geht ja um das erwähnte Bild aus der Stadt. Wo bringe ich es unter, damit ich mich richtig daran erfreuen kann? Nun gut, es wird an der Laibung meines Fensters hängen! Die Nische mit ihrem Sitzbrett wird zur Studierzelle; da kann ich abwechselnd auf die große Linde schauen und auf die Tiere meines Alphabets. So geschah es.

Jetzt zu uns beiden, mein kostbares Bild! Das begann mit dem *âne*, dem Esel, dem heiligen Tier. Sein Name, mit großem Anfangsbuchstaben, lehrte mich den Buchstaben A; der *boeuf*, der Ochse, offenbarte mir das B; der *canard*, die Ente, instruierte mich über das C; der dindon, der Truthahn, ließ das D ertönen. Und so weiter. Einige Felder waren freilich unklar: Ich war gleichgültig beim *hippopotame*, dem Nilpferd, beim *kamichi*, dem Hornwehrvogel und beim *zébu*, dem Buckelrind, die mir angeblich H, K und Z beibringen sollten. Da diese fremdländischen Tiere dem abstrakten Buchstaben keinen Anhalt in der Wirklichkeit gaben, ließen sie mich eine Zeitlang vor ihren widerspenstigen Konsonanten zögern.

Seis drum; als der Vater in den schwierigen Fällen zu Hilfe kam, wurden die Fortschritte so rasend schnell gemacht, dass ich schon nach wenigen Tagen mein Büchlein mit der Taube, das mir bisher als nicht zu entziffern erschienen war, erfolgreich durchblättern konnte. Ich war eingeweiht, ich verstand zu buchstabieren. Meine Eltern waren begeistert. Heute kann ich diesen unerwarteten Fortschritt erklären. Das aufschlussreiche Bild setzte mich mit den Tieren in Beziehung und sprach meinen Instinkt an. Wenn das Tier seine Versprechungen mir gegenüber auch nicht immer gehalten haben mag, verdanke ich ihm wenigstens, mich lesen gelehrt zu haben. Auf anderen Wegen wäre ich zweifellos auch so weit gekommen, aber nicht so schnell und mit so viel Freude. Hoch lebe das Tier!

Ein weiteres Mal steht das Glück mir zur Seite: Als Belohnung für meine Fortschritte schenkt man mir die Fabeln von La Fontaine, ein Buch für zwanzig Sous, reich an Bildern, die zwar klein und sehr unscharf waren, aber doch schön. Da gibt es den Raben, den Fuchs, den Wolf, die Elster, den Frosch, den Hasen, den Esel, den Hund und die Katze, lauter Figuren, die ich kenne. Ah, dieses prächtige Buch! Es war ganz nach meinem Geschmack, mit seinen einfachen Abbildungen, auf denen das Tier handelt und spricht. Was das Verständnis des Inhalts angeht, so ist das etwas anderes. Drauflos, mein Junge, füge die Silben zusammen, die dir noch nichts sagen; später werden sie zu dir sprechen und La Fontaine wird dir zum Freund fürs Leben.

Mit zehn Jahren besuche ich das Gymnasium in Rodez. Meine Aufgaben als Ministrant in der Kapelle der Schule verschaffen mir ein kostenloses Studium. Wir sind zu viele im weißen gefältelten Chorhemd, mit roten Käppchen und roter Soutane. Als Jüngster bin ich nur ein Lückenbüßer. Ich mache die Zahl voll, und das ist schon so ziemlich alles, ich weiß nie genau, wann ich das Glöcklein schwingen und das Messbuch an einen anderen Platz legen muss. Ich zittere, wenn wir zu zweit von hier und zu zweit von dort kommen, aufeinandertreffen, im Chorraum die Knie beugen, um am Ende des Hochamts anzustimmen: »Domine, salvum fac regem.«[2] Geben wir es zu: Stumm vor Schüchternheit ließ ich die anderen machen.

Trotzdem war ich gern gesehen; im Unterricht machte ich bei der Übersetzung aus dem Französischen in die Fremdsprache und aus einer Fremdsprache ins Französische eine gute Figur. In diesem lateinischen und griechischen Umfeld wurde Procas diskutiert, ein König von Albanien, mit seinen beiden Söhnen Numitor und Amulius. Man sprach über Cynaegeirus, den Mann mit dem kräftigen Kiefer, der, nachdem er beide Hände in der Schlacht verloren hatte, eine persische Galeere mit den Zähnen packte und festhielt. Man erzählte von dem Phönizier Cadmus, der statt Bohnenkernen Drachenzähne aussäte und eine Armee brutaler Krieger erntete, die einander töteten, sobald sie aus der Erde wuchsen. Ein Einziger, zäh wie Leder, überlebte das Morden, er war offenbar dem dicken hinteren Backenzahn entwachsen.

Hätte man mich über Dinge auf dem Mond unterrichtet, ich wäre nicht überraschter gewesen. Zum Ausgleich hielt ich mich ans Tier, das in diesem Gaukelspiel von Heroen und Halbgöttern oft vorkam. Bei aller Verehrung für die Heldentaten von Cadmus und Cynaegeirus versäumte ich es sonntags und donnerstags nie, mich kundig zu machen, ob die Wald- oder die Wiesenschlüsselblumen schon grünten, ob das Hänflingsweibchen auf den Wacholderbäumen brütete, ob die Maikäfer von den geschüttelten Pappeln herunterprasselten. Auf diese Weise brannte das heilige Feuer immer lebhafter.

Schließlich war ich bis zu Vergil gekommen und ganz vernarrt in Meliboeus, Corydon, Menalcas, Damoetas und die anderen. Die Schelmenstücke der antiken Hirten blieben glücklicherweise unentdeckt und ich fand stattdessen auserlesene Details über die Biene, die Zikade, die Turteltaube, die Krähe, die Ziege und den Goldregen. Ein wahres Labsal, dass die Angelegenheiten der Fluren in wohltönenden Versen ausgesprochen wurden; so hat der lateinische

Poet in meinen klassischen Erinnerungen einen nachhaltigen Eindruck hinterlassen.

Dann plötzlich: Adieu, ihr Studien, Adieu Tityrus und Menalcas! Das Unglück ist über uns hereingebrochen, erbarmungslos. Dem Haus droht das Brot auszugehen. Und jetzt, mein Kleiner, Gott befohlen! Zieh in deinen kurzen Hosen überall umher und verdiene, so gut du kannst, deine zwei Sous für Bratkartoffeln. Das Leben wird zur grausamen Hölle. Gehen wir rasch weiter.

In dieser schrecklichen Zeit muss die Liebe zum Insekt verfliegen. Keineswegs. Sie wäre selbst auf dem Floß der Medusa fest geblieben! Ich erinnere mich noch daran, wie ich einem bestimmten Kiefern-Maikäfer, dem Walker, zum ersten Mal begegnete. Die Helmbüsche an seinen Fühlern, seine elegant verstreuten weißen Fleckchen auf kastanienbraunem Grund, waren ein Lichtblick im täglichen Elend.

Kürzen wir das ab. Das Glück, das die Wackeren niemals im Stich lässt, führt mich an die Grundschule für die Lehrerausbildung des Vaucluse, wo mir mein Essen sicher ist: getrocknete Kastanien und Kichererbsen. Der Direktor, ein Mann mit hochherzigen Ansichten, fasst bald Zutrauen zu dem, der ihm da unverhofft über den Weg gelaufen ist. Er lässt mich machen, was ich will, wenn nur dem Lehrplan Genüge getan wird, der damals sehr bescheiden war.

Da ich ein wenig Latein und Orthografie geschnuppert habe, bin ich meinen Mitschülern um einiges voraus. Das nutze ich, um meine ungenauen Kenntnisse von Pflanze und Tier zu entwirren. Während um mich herum mit ausgiebiger Unterstützung des Wörterbuchs ein Diktat vorbereitet wird, untersuche ich, versteckt in meinem Schreibpult, die Frucht des Oleanders, den Kelch des Löwenmäulchens, den Stachel der Wespe, den Deckflügel des Laufkäfers.

Mit diesem Vorgeschmack auf Naturwissenschaft, den ich mir, so gut es ging, heimlich zusammengetragen hatte wie beim Ährenlesen auf dem abgeernteten Feld, verließ ich die Schule mit größerer Leidenschaft für Insekten und Blumen denn je. Und doch musste ich auf sie verzichten. Der zukünftige Broterwerb, die Ausbildung, die noch abgeschlossen werden musste, verlangten dies. Wie konnte ich über die Grundschule hinauskommen, die damals ihr Personal kaum ernährte? Die Naturgeschichte brachte mir nichts. Der Unterricht jener Zeit schloss sie aus; sie sei unwürdig, sich neben Latein und Griechisch blicken zu lassen. Blieb die Mathematik, für die eine simple Ausstattung genügte: eine schwarze Tafel, ein Stück Kreide und einige Bücher.

Also stürze ich mich ungestüm auf die Kegelschnitte, auf Differenzial- und Integralrechnung. Wenn überhaupt irgendetwas für mich ein harter Kampf war, dann dies: ohne Anleitung, ohne Ratschläge, allein, Tag für Tag Aug in Aug mit der abstrusen Schwierigkeit, aus deren Finsternis ich nur durch hartnäckiges Nachdenken hinausfand. Danach kam die Physik, die ich auf dieselbe Weise studierte, in einem unmöglichen und selbstgebastelten Laboratorium.

Man kann sich vorstellen, was bei diesem verbissenen Kampf aus meiner Lieblingswissenschaft wurde. Bei der geringsten Lust auszubrechen, pfiff ich mich vor Angst zurück, mich könnte ein neues Kraut, ein unbekannter Käfer verführen. Ich tat mir Gewalt an. Meine Bücher zur Naturgeschichte waren zur Vergessenheit verdammt und lagen zuunterst im Koffer.

Schließlich werde ich nach Ajaccio versetzt, um am Gymnasium Physik und Chemie zu unterrichten. Diesmal ist die Versuchung zu groß. Das Meer, voller Wunder, der Strand, an den die Flut so schöne Muscheln wirft, das Macchia-Gestrüpp mit seinen Myrten, Erdbeerbäumen und Mastixsträuchern, dieses ganze Paradies einer herrlichen Natur ist ein für den Kosinus übermächtiger Gegner. Ich füge mich ihm und teile meine Mußestunden auf. Der größere Teil gehört der Mathematik, der Grundlage meiner Zukunft an der Universität, so der Plan; der andere Teil wird vorsichtig zum Botanisieren und Erforschen der Meeresbewohner verwendet. Was für eine Gegend! Welche großartigen Studien hätte ich hier betreiben können, hätte ich mich nur über das X und das Y hinweggesetzt, um mich rückhaltlos meinen Neigungen hinzugeben!

Wir sind wie der Strohhalm, ein Spielball der Winde. Wir meinen, auf ein freiwillig gewähltes Ziel loszugehen; das Schicksal stößt uns zu einem anderen hin. Die Mathematik, die ich mir in meiner Jugend so gewissenhaft beibrachte, hat mir kaum einen Dienst erwiesen; und das Tier, dem ich mich so weit entzog, wie ich nur konnte, ist der Trost meiner späten Jahre. Gleichwohl hege ich keinen Groll gegen den Kosinus, ich halte ihn immer in Ehren. Wenn er mich auch einst blass werden ließ, bot er mir doch immer und bietet mir auch heute noch Zerstreuung auf meinem Kopfkissen, wenn der Schlaf nicht kommen will.

Inzwischen war ein Botaniker aus Avignon in Ajaccio angelangt, dem ein hervorragender Ruf vorauseilte, Requien; er hatte sich einen Karton aus grauem Papier unter den Arm geklemmt und botanisierte seit geraumer Zeit auf Korsika, er presste Pflanzen, trocknete sie und verteilte diese dann an seine Freunde. Wir schlossen bald Bekanntschaft. In meinen freien Stunden begleitete ich ihn auf seinen botanischen Streifzügen und noch nie hatte ein Lehrer einen aufmerksameren Schüler.

Um die Wahrheit zu sagen: Ein Gelehrter war Requien nicht, er war leidenschaftlicher Sammler. Wenn es galt, den Namen und die geografische Verbreitung einer Pflanze anzugeben, konnten sich nur wenige mit ihm messen. Einen Grashalm, ein Moospolster, eine Krustenflechte, einen Algenfaden, er kannte alles. Augenblicklich wusste er die wissenschaftliche Bezeichnung. Was für ein Gedächtnis, welche Ordnung in der Klassifizierung bei der ungeheuren Menge von Dingen, die er gesehen hatte! Ich war überwältigt. In der Botanik verdanke ich Requien viel. Hätte der Tod ihm noch Zeit gelassen, schuldete ich ihm zweifellos noch mehr, denn er hatte ein großzügiges Herz, das sich für die Fragen des Neulings immer sehr aufgeschlossen zeigte.

Im darauffolgenden Jahr lernte ich Moquin-Tandon kennen, wir hatten uns, dank Requien, bereits etliche Briefe über die Botanik geschrieben. Der berühmte Professor aus Toulouse war in der Absicht gekommen, die Pflanzen, die er nach dem Herbarium zu beschreiben gedachte, an ihren Standorten zu studieren. Bei seiner Ankunft waren sämtliche Hotelzimmer für die Mitglieder des einberufenen Landtags reserviert; also bot ich ihm Kost und Logis: ein improvisiertes Lager in einem Zimmer mit Blick aufs Meer, zum Essen Muräne, Steinbutt und Seeigel, ganz gewöhnliche Speisen in diesem Schlaraffenland, für den Naturforscher aber hochinteressant und neu. Meine herzliche Einladung lockte ihn; er ließ sich gewinnen und siehe da: Für einen halben Monat sitzen wir, sobald der botanische Rundgang in die Umgebung beendet ist, am Tisch und plaudern gemütlich de omni re scibili.[3]

Moquin-Tandon eröffnete mir neue Blickwinkel. Dies hier war kein Namensgeber mit unfehlbarem Gedächtnis, sondern ein Naturforscher mit großartigen Ideen, ein Philosoph, der von den Einzelheiten zur Ansicht des Ganzen gelangt, ein Literat, ein Dichter, der es versteht, die nackte Wahrheit in den zauberhaften Mantel der bildhaften Sprache zu kleiden. Nie wieder werde ich einem solchen intellektuellen Fest beiwohnen. »Lassen Sie Ihre Mathematik«, sagte er zu mir, »niemand interessiert sich für Ihre Formeln! Gehen Sie zum Tier, zur Pflanze; und wenn Sie, wie mir scheint, Feuer in den Adern haben, werden Sie Ihre Zuhörer finden.«

Wir unternahmen eine Expedition ins Landesinnere der Insel, zum Monte Renoso, der mir bereits vertraut war. Der Gelehrte konnte hier Strohblumen pflücken, das Helichrysum frigidum, eine Immortellenart, diesen erstaunlichen Silberteppich, das Erba muvrone, das Mufflonkraut, wie es die Korsen nennen: Armeria multiceps (eine Art der Grasnelke) und das Leucanthemum tomentosum (eine Margeritenart), mit seiner weißer Watte, das an der Schneegrenze fröstelt; dazu noch viele weitere kostbare Raritäten für einen Botaniker. Moquin-Tandon jubelte. Mich freilich zogen seine Worte und sein Feuer mehr an als die Immortellen. Beim Abstieg vom frostigen Gipfel war mein Entschluss gefasst: Von der Mathematik lasse ich ab.

Am Vorabend seiner Abreise sagte er: »Sie beschäftigen sich mit Muschelschalen; das ist schon was, aber nicht genug. Vor allem muss man sich über das Tier selbst informieren. Ich will Ihnen zeigen, wie man das macht.« Und, ausgerüstet mit einer kleinen Schere aus unserem Nähkörbchen, bewaffnet mit zwei Nadeln, die er jeweils flugs auf ein Stück Weinrebe gesteckt hatte, zeigte er mir in einem Suppenteller, in den er Wasser gegeben hatte, die Anatomie einer Hausschnecke. Er erläuterte Funktion und Aufbau der ausgebreiteten Organe. Dies war die einzige und denkwürdige Unterrichtsstunde in Naturgeschichte, die ich jemals in meinem Leben bekommen habe.

Kommen wir zum Schluss. Ich konnte den schweigsamen Käfer nicht zum Instinkt befragen, also befragte ich mich selbst. Soweit ich mich selbst kennen kann, antworte ich: »Von kleinauf, seit mein Intellekt erwachte, interessiert mich alles, was zur Natur gehört, und, um auf den Begriff zurückzukommen: Ich habe die Gabe der Beobachtung.«

Nach allem, was ich über meine Vorfahren berichtet habe, wäre es lächerlich, diese Gabe für ein Erbgut zu halten. Und niemand wird behaupten wollen, die Worte und das Vorbild der Lehrer hätten eine Rolle gespielt. Wissenschaftliche Bildung ist schlichtweg keine Ernte der Schulzeit. Einen Fakultätssaal habe ich nur betreten, um mich der Messlatte der Examina zu beugen. Ohne Lehrer, ohne Führer, oft sogar ohne Bücher, schreite ich voran, trotz allen Elends, diesem schrecklichen Dämpfer, bleibe ich hartnäckig, biete den Prüfungen die Stirn, bis schließlich das unzähmbare Talent seinen mageren Inhalt preisgibt. Ach ja, recht mager, aber vielleicht doch von einigem Wert, wenn die Umstände ihm gewogen sind. Ich war zum Tierbeobachter geboren. Warum und weshalb? Darauf gibt es keine Antwort.

So haben wir alle, einer wie der andere, in unterschiedlichen Richtungen und in unterschiedlichem Maß, Eigenschaften, die uns ausmachen, deren Ursprünge aber im Unerforschlichen liegen. Sie sind, weil sie sind, und keiner weiß mehr darüber. Diese Mitgift wird nicht vererbt: Der Begabte hat einen Dummkopf zum Sohn. Sie kann auch nicht erworben werden, sie wird durch Übung perfektioniert. Wer sie nicht in seinen Adern hat, wird sie nie haben, trotz aller sorgfältigen Erziehung im warmen Gewächshaus.

Dem, was beim Tier »Instinkt« genannt wird, entspricht beim Menschen das Genie. Dort wie hier ist es eine Erhebung über das Gewöhnliche. Ersterer wird vererbt, unveränderlich und zu gleichen Teilen für die gesamte Nachkommenschaft einer Art; er ist beständig und allgemein, in dieser Hinsicht anders als das Genie, das nicht übertragbar ist. Als unzerstörbares Erbe der Familie fällt der Instinkt allen zu. Doch hier endet der Unterschied. Unabhängig von Ähnlichkeiten im Körperbau blitzt er plötzlich hier oder anderswo auf wie das Genie, ohne erkennbaren Grund. Nichts lässt ihn voraussehen, nichts im Gefüge erklärt ihn. Wenn man sie über diesen Punkt befragen und wir sie verstehen könnten, antworteten uns die Mistkäfer und die anderen, von denen jeder seine eigene Begabung hat: »Der Instinkt ist das Genie des Tieres.«

V
Die Mistkäfer der Pampas

Die Welt bereisen, Länder und Meere, von einem Pol zum anderen, das Leben befragen in allen Klimata, in der unendlichen Vielfalt seiner Ausdrucksformen, das ist für den, der zu sehen versteht, gewiss ein wunderbares Glück; es war der großartige Traum meiner jungen Jahre, damals, als Robinson mich begeisterte. Auf die rosigen Träume von großartigen Reisen folgten bald die tristen Realitäten der Stubenhockerei. Die Dschungel Indiens, die jungfräulichen Wälder Brasiliens, die hohen Gipfel der Anden, die der Kondor so liebt, schrumpften zu einer steinigen Einfriedung, die von einem Gemäuer umschlossen war, meinem Forschungsgebiet.

Der Himmel bewahre mich davor, dass ich mich beklage. Für Ideen braucht es keine Expeditionen in die Ferne. Jean-Jaques botanisierte in einem Strauß Gauchheil, den er seinem Kanarienvogel vorsetzte; Bernardin de Saint-Pierre entdeckte eine Welt auf einer

Erdbeerpflanze, die zufällig in seinem Fenstereck gewachsen war; Xavier de Maistre nahm einen Sessel als Kutsche, um sich auf die berühmte Reise um sein Zimmer zu begeben.

Diese Weise, die Welt zu sehen, liegt in meinen Möglichkeiten, wenn man die Kutsche abzieht, die schwierig durchs Gestrüpp zu manövrieren ist. In kleinen Etappen mache ich eine Rundreise in meiner Einfriedung und wiederhole sie hundertmal; ich bleibe stehen, mal hier, mal da; geduldig stelle ich meine Fragen und ab und an erhasche ich den Zipfel einer Antwort.

Jeder Winkel ist mir vertraut; hier kenne ich jeden Halm, auf dem sich die Mantis religiosa niederlässt, jeden Strauch, wo in der Stille der Sommernächte die bleiche Italienische Heuschrecke lieblich geigt, jedes mit Watte umkleidete Kraut, das die Wollbiene abschabt und zu Baumwollsäckchen verarbeitet, jedes Fliederdickicht, das die Megachile, die Blattschneiderin, ausbeutet.

Wenn die Küstenfahrt zu den Ecken und in den Winkeln des Gartens nicht ausreicht, liefert mir eine Fernreise reichliche Beute. Ich umfahre das Kap der angrenzenden Hecken und einige hundert Meter weiter finde ich den Heiligen Pillendreher, den Eichenbock, den Geotrupen, Copris, Warzenbeißer, Grille, das Grüne Heupferd; kurzum eine Fülle von Volksstämmen, deren Geschichte zu erzählen ein Menschenleben erschöpfte. Fürwahr, ich finde wirklich genug, schon fast zu viel in meiner näheren Umgebung, und muss nicht in weit entfernte Regionen pilgern.

Außerdem ist ja durch die Welt zu hasten und seine Aufmerksamkeit auf viele Gegenstände zu verteilen kein Beobachten. Der reisende Entomologe kann in seinen Schachteln zahlreiche Arten aufspießen, das freut alle Namensgeber und Sammler; aber genaue Belege sind etwas ganz anderes. Der Ewige Jude der Wissenschaft hat nicht die Muße, innezuhalten. Wo ein längerer Aufenthalt nötig wäre, um diese oder jene Fähigkeiten zu studieren, drängt die nächste Etappe ihn vorwärts. Unter solchen Bedingungen dürfen wir nicht das Unmögliche von ihm verlangen. Mag er nur seine Nadeln in die Korkscheiben stecken, mag er nur in seinen Gefäßen mit

Rum konservieren, den Sesshaften aber soll er die geduldige Beobachtung überlassen, die viel Zeit verlangt.

Abgesehen von spärlichen Beschreibungen bietet der Namensgeber wenig. Die exotischen Insekten erdrücken uns in ihrer Anzahl, bewahren aber fast immer das Geheimnis ihres Verhaltens. Es wäre sinnvoll, das, was unter unseren Augen vor sich geht, mit dem zu vergleichen, was anderswo geschieht; es wäre fantastisch zu sehen, wie sich in derselben Arbeiterzunft der Instinkt mit dem Klima verändert.

So packt mich das Fernweh wieder, das mir heutzutage fragwürdiger denn je erscheint, es sei denn, ich fände Platz auf dem berühmten fliegenden Teppich aus Tausendundeiner Nacht, auf den man sich nur zu setzen braucht, um an den Ort befördert zu werden, an den man möchte. Oh, dieses wundersame Fahrzeug, das der Kutsche des Xavier de Maistre weit vorzuziehen ist! Wenn ich dort nur eine ganz kleine Ecke fände – mit Rückfahrkarte!

Siehe da, ich finde sie. Dieses unverhoffte Glück verdanke ich einem Ordensbruder der Christlichen Schule, dem Bruder Indulien vom Collège de la Salle in Buenos Aires. Seine Bescheidenheit verbietet alles Lob, das ich ihm schulde. Sagen wir nur so viel, dass unter meinen Hinweisen seine Augen die meinen ersetzen. Er sucht, er findet, er beobachtet, er schickt mir seine Notizen und seine Fundstücke. Ich beobachte, ich finde, indem ich mit ihm Briefe wechsle.

Es ist geschafft: Dank dieses ausgezeichneten Mitarbeiters habe ich einen Platz auf dem Wunderteppich und schon bin ich in der Pampa der Republik Argentinien, mit dem Wunsch, das Handwerk der Mistkäfer aus dem Sérignan mit dem seiner Zunftgenossen auf der anderen Erdhalbkugel zu vergleichen.

Ein prächtiger Anfang! Als Ersten treffe ich zufällig den Phanaeus splendidulus[4], der den rötlichen Schimmer des Kupfers mit dem grünen Glanz des Smaragds vereint. Man ist ganz überrascht, wenn man ein solches Schmuckstück dabei beobachtet, wie es eine Kiepe voll Schmutz auflädt. Es ist die Gemme im Misthaufen. Das

Männchen hat eine weit ausgeschnittene Aushöhlung am Brustpanzer und trägt auf den Schultern scharfe Klingen; auf der Stirn ein Horn, das mit dem des Spanischen Copris wetteifert. Ebenso reich an metallischem Glanz trägt seine Gefährtin keinen bizarren Staat, dieser ist ausschließlich der männlichen Eitelkeit vorbehalten – bei den Mistkäfern am La Plata wie bei den unseren.

Nun, was kann er, der prächtige Fremde? Das, was hier der Mondhornkäfer kann. Wie dieser richtet er sich unter einem Kuhfladen ein und knetet unter Tage eiförmige Brote. Nichts fehlt: ein runder Laib mit größtem Volumen bei kleinster Oberfläche, eine harte Schale, die vor raschem Austrocknen schützt; eine abschließende Warze, in der das Ei in einer Schlupfkammer untergebracht ist; am Ende der Warze ein Verschluss mit luftdurchlässigem Filzpfropfen.

Das alles habe ich hier gesehen und sehe es dort, fast am anderen Ende der Welt. Das von einer unveränderlichen Logik regierte Leben wiederholt sich in seinen Werken; was auf einem Breitengrad richtig ist, kann auf einem anderen nicht falsch sein. Wir begeben uns sehr weit fort, um Ausschau zu halten nach einem Schauspiel, das unserem Nachdenken Neues bietet, und haben es doch immerzu vor Augen, innerhalb der Mauern unserer Einfriedung.

Vom üppigen Kuchen des Rindes müsste der Phanaeus eigentlich reichlich Gebrauch machen und seine Erdhöhle mit mehreren Ovoiden bevölkern wie der Mondhornkäfer. Das tut er nicht; er zieht es vor, von einem Fund zum anderen zu irren und von jedem nur so viel zu nehmen, wie er für eine einzige Pille braucht, die er dann von der Erde ausbrüten lässt. Er kennt auch keine Wirtschaftlichkeit, wenn er das Produkt des Schafes bearbeitet, weit entfernt von den Weiden in Buenos Aires.

Sollte es daran liegen, dass das Schmuckstück der Pampas die väterliche Mitarbeit nicht kennt? Das wage ich nicht zu behaupten; der Spanische Copris würde mir widersprechen; er würde mir die Mutter zeigen, wie sie allein mit der Unterbringung der Kinderschar beschäftigt ist und trotzdem ihr einziges Silo mit mehre-

ren Pillen bevölkert. Jedem seinen Brauch, dessen Geheimnis uns entgeht.

Diese beiden hier, der Megathopus bicolorus und der Megathopus intermediarius, ähneln im Aussehen dem Heiligen Pillendreher, dessen Ebenholzfärbung sie durch Blauschwarz ersetzen. Der Brustpanzer des Ersten funkelt in prachtvollem Kupferschimmer. Mit ihren langen Beinen, ihrem glänzenden, gezackten Käppchen und ihren flachen Deckflügeln sind sie mäßig gelungene Miniaturausgaben des berühmten Pillendrehers.

Sie haben teilweise sein Talent. Das Werk des einen wie des anderen ist eine Art Birne, aber von einfacherer Art, mit einem beinahe zylindrischen Hals ohne den anmutigen Schwung. An Eleganz kommt sie der Arbeit des Skarabäus nicht gleich. In Anbetracht der Werkzeuge, die fein gearbeitet und zum Umschlingen bestens geeignet scheinen, hatte ich von den zwei Bildhauern Besseres erwartet. Macht nichts: Das Werk der zwei Megathopus-Arten ähnelt grundlegend der Kunst der übrigen Pillendreher.

Der vierte da, der Bolbites onitoides, entschädigt uns für Wiederholungen, die, das ist wahr, das Problemfeld zwar erweitern, aber nichts Neues bringen. Er ist ein schönes Insekt mit metallischem Kostüm, je nach Lichteinfall grün oder kupferrot. Seine viereckige Gestalt und seine langen, gezähnten Vorderbeine stellen ihn in die Nähe unserer Onitis-Arten.

In ihm zeigt sich die Zunft der Mistkäfer unter einem vollkommen unerwarteten Aspekt. Wir kennen Kneter von weichen Broten; hier sind jetzt welche, die, um den Laib besser frisch zu halten, die Keramik erfinden, zu Töpfern werden und Tonerde bearbeiten, mit der sie die Speise ihrer Larven umhüllen. Weit vor meiner Haushälterin, weit vor uns allen, verstanden sie es, die Vorräte in einem bauchigen Tonkrug vor dem Austrocknen in der Sommerhitze zu schützen.

Das Werk des Bolbites ist ein Ovoid, das sich in der Form wenig von dem des Copris unterscheidet; aber hierin zeigt sich der Einfallsreichtum des amerikanischen Tieres. Um den gewöhnlichen

Kuchen aus Kuh- oder Schafsmist herum ist eine lehmige Schicht aufgetragen, homogen und gleichmäßig, eine solide Töpferarbeit, durch die hindurch nichts verdunsten kann.

Der irdene Topf ist von seinem Inhalt vollständig ausgefüllt, ohne den geringsten Zwischenraum an den Schnittstellen. Dieses Detail zeigt uns die Methode des Arbeiters. Der Tonkrug ummantelt die Vorräte wie eine Gussform. Ist das Ovoid nach üblichem Bäckerhandwerk gefertigt und das Ei in der Schlupfkammer abgelegt, schafft der Bolbites aus der Nähe Lehm heran, legt ihn auf und drückt ihn auf der Speise fest. Ist das Werk vollbracht und mit unermüdlicher Geduld ausreichend geglättet, scheint der winzige Topf, der Schicht für Schicht entstand, wie auf der Drehscheibe gemacht zu sein und kann sich in Ebenmäßigkeit mit den unseren messen.

Gemäß der Regel ist in der abschließenden Warze des Ovoids die Schlupfkammer ausgespart, in der das Ei ruht. Wie atmen der Keim und die junge Larve unter dieser lehmigen luftundurchlässigen Hülle?

Keine Angst: Der Töpfer weiß, worauf es ankommt. Er hütet sich, den oberen Teil mit der fetten Erde der Wandung zu verschließen. In einigem Abstand zu der Warze am Gipfel hört der Lehm auf und lässt holzigen Stückchen Platz, dünnen Überresten unverdauten Futters, die in einer gewissen Ordnung aufeinandergeschichtet sind und über dem Ei wie das Strohdach einer Strohhütte liegen. Dieser grobe Schirm sichert die Luftzufuhr.

Sie stimmen nachdenklich, dieser Lehmüberzug, der die frischen Vorräte schützt, und dieses mit einem Strohbündel verstopfte Kellerfenster, das der Luft freien Zutritt lässt und dabei den Eingang schützt. Die ewige Frage, wenn man sich nicht aller Bodenständigkeit enthebt: Wie kommt das Insekt zu einer derart klugen Kunstfertigkeit?

Niemand missachtet diese zwei Gesetze: Sicherheit der Made und einfache Belüftung. Niemand, selbst dieser hier nicht, der uns mit seinem Talent einen neuen Horizont eröffnet, der »Gromphas« von Lacordaire.

Der abstoßende Name Gromphas, »alte Sau«, möge uns keine falsche Vorstellung von dem Insekt vermitteln. Im Gegenteil, es ist ein eleganter Mistkäfer, von dunkler Bronzefarbe, untersetzt, eine kantige Erscheinung wie unser Onitis bison, dessen Größe er beinahe erreicht. Auch geht er, zumindest seinem Werk nach zu urteilen, dem gleichen Handwerk nach.

Seine Erdhöhle verzweigt sich in einige wenige zylindrische Kammern, den Behausungen der Larven. Jede hat einen Vorrat an zusammengepresstem Kuhmist, etwa einen Zoll hoch. Die sorgfältig gestampfte Materie füllt den Boden der Kammer aus wie ein sämiger Teig, den man in eine Gussform drückt. Bis hierher gleicht das Werk jenem des Onitis bison; aber nun endet jede Ähnlichkeit und weicht großen und seltsamen Unterschieden, etwas ganz anderem als dem, was uns die Mistkäfer hierzulande zeigen.

Unsere Wurstmacher nämlich, Onitis und Geotrupen, platzieren das Ei am unteren Ende ihres Zylinders, in einer Kammer, die an der Nährmasse eingerichtet ist. Ihr Nacheiferer in der Pampa greift zu der entgegengesetzten Methode: Er platziert das Ei über den Vorräten, am oberen Ende der Wurst. Um sich zu ernähren, muss die Made nicht hinaufsteigen; im Gegenteil, sie muss hinab.

Es kommt noch besser: Das Ei ruht nicht unmittelbar auf den Vorräten; es ist in einer Kammer mit einer zwei Millimeter dicken Lehmwand untergebracht. Diese Wand bildet einen luftdichten Deckel für die Nahrungssäule, krümmt sich zu einem Becher und streckt sich zu einem Deckengewölbe.

So ist der Keim in einer mineralischen Schachtel eingeschlossen, ohne Verbindung zum völlig abgeschotteten Vorratslager. Mit seinen ersten Bissen muss das Neugeborene den Verschluss aufbrechen, den Lehmboden aufreißen und eine Falltür machen, durch die es zum darunterliegenden Kuchen gelangt.

Ein derber Anfang für die schwache Kieferzange, auch wenn die zu durchbohrende Masse aus einer dünnen Lehmschicht besteht. Die anderen Maden beißen sofort in das zarte Brot, das sie einhüllt;

diese hier muss gleich nach dem Schlupf aus dem Ei eine Bresche durch eine Mauer schlagen, bevor sie sich stärken kann.

Wozu dienen diese Hindernisse? Ich bezweifle nicht, dass es mit ihnen eine Bewandtnis hat. Wenn die Made auf dem Grund eines verschlossenen Tontopfs geboren wird, wenn sie Backstein zerbeißen muss, um ihren Speiseschrank zu erreichen, gibt es sicher Umstände, die das für ihr Gedeihen fordern. Aber welche? Sie zu erkennen, würde Studien an Ort und Stelle erfordern; und ich besitze nur einige Nester, tote Dinger, die schwierig zu befragen sind. Folgendes lässt sich indessen vermuten.

Die Erdhöhle des Gromphas liegt nicht tief; seine Kuchen, dünne Zylinder, sind der Hitze ausgesetzt. Dort unten ist das Austrocknen der Vorräte eine tödliche Gefahr. Um diese zu bannen, ist es sinnvoll, die Lebensmittel in dicht verschlossenen Behältern zu lagern.

Nun gut, das Behältnis wird in undurchlässige Erde eingegraben, die sehr fein ist, homogen, ohne jedes Steinchen, ohne das kleinste Sandkorn. Mit dem Verschluss, der den Boden der runden Kammer bildet, in der das Ei untergebracht ist, wird diese Höhlung zu einer Urne, deren Inhalt für lange Zeit vor dem Austrocknen geschützt ist, auch unter der glühenden Sonne. Wann immer das Neugeborene ausschlüpft, es wird den Verschluss aufbrechen und sich dann an einer Speise laben können, die so frisch ist, als stammte sie vom selben Tag. Das Lehmsilo mit dem harten Verschluss ist hervorragend, unsere Landwirtschaft kennt keine bessere Art der Lebensmittelkonservierung; aber es hat einen Haken: Um den nährenden Haufen zu erreichen, muss das Würmchen durch den Boden seiner Kammer hindurch zunächst den Durchgang öffnen. Statt Brei für seinen zarten Magen findet es gleich zu Beginn einen Backstein.

Diese Mühsal bliebe ihm erspart, wenn das Ei direkt auf den Vorräten ruhte, im Innern des Behälters. Unsere Logik führt uns hier in die Irre; sie übersieht einen wesentlichen Punkt, den das Insekt sehr wohl kennt. Der Keim atmet. Er braucht Luft; und in die

Urne aus fetter Erde mit perfektem Verschluss kann keine dringen. Das Würmchen muss außerhalb des Töpfchens geboren werden.

Gut. Aber hinsichtlich der Atmung ist für das Ei nichts gewonnen, wenn es sich eingeschlossen auf den Vorräten in einem Kästchen aus Lehm wiederfindet, das so undurchdringlich ist wie die Urne selbst. Betrachten wir die Sache aus der Nähe; dann werden wir eine zufriedenstellende Antwort bekommen.

Die Innenwände der Schlupfkammer sind sorgfältig geglättet. Die Mutter hat hier feinste Stuckarbeit geleistet. Allein die Wölbung ist rau, weil das Werkzeug nur deren Außenseite bearbeiten, die Innenseite des Deckels hingegen nicht erreichen kann, um sie zu glätten. Außerdem wird im Mittelpunkt der gekrümmten, verbeulten Decke ein kleines Loch ausgespart. Das ist das Kellerfenster für die Belüftung, das den Luftaustausch zwischen drinnen und draußen ermöglicht.

Stünde diese Öffnung weit offen, wäre das gefährlich: Irgendein Räuber würde durch sie in das Kästchen eindringen. Die Mutter sieht die Gefahr voraus. Sie verstopft das Luftloch mit einem Pfropfen aus Mistfasern, einem hervorragend durchlässigen Verschluss. Eine getreue Wiederholung dessen, was uns die verschiedenen Bildhauer am oberen Ende ihrer Feldflaschen, Birnen und Kalebassen zeigen. Um das Ei in einem undurchdringlichen Gehäuse zu belüften, kennen alle das anspruchsvolle Geheimnis des Filzpfropfens.

Lieber Mistkäfer der Pampas, dein Name ist nicht schön; aber deine Tätigkeit ist bewundernswert. Unter deinen Landsleuten kenne ich jedoch welche, die dich an Einfallsreichtum übertreffen. Den Phanaeus milon, ein großartiges Insekt, das ganz und gar blauschwarz ist.

Der Brustpanzer des Männchens steht vor wie ein Vorgebirge. Auf dem Kopf ein breites, kurzes, flaches Horn, das in einem Dreizack endet. Das Weibchen ersetzt diesen Schmuck durch einfache Falten. Beide haben vor dem Käppchen eine doppelte Spitze, die sicherlich als Grabeinstrument sowie als Skalpell zum Zerlegen dient.

In seiner untersetzten, kräftigen und eckigen Gestalt erinnert das Insekt an den Onitis olivieri, eine der Seltenheiten in der Umgebung von Montpellier.

Ließe eine ähnliche Form auf die gleiche Tätigkeit schließen, müsste man, ohne zu zögern, dem Phanaeus milon Würste zuschreiben, die denen des Onitis bison entsprechen, oder besser dicke kurze Pummel, wie sie der Onitis olivieri herstellt.[5] Ach, der Körperbau sagt nichts aus über die Instinkte! Der Mistkäfer mit dem kantigen Rücken und den kurzen Beinen ist hervorragend in der Kunst, Feldflaschen herzustellen. Der Heilige Pillendreher liefert keine besseren oder größeren.

Das stämmige Insekt erstaunt mich durch die Eleganz seines Werkes. Es ist von tadelloser Geometrie: weniger gestreckt am Hals, und doch anmutig und kräftig zugleich. Das Vorbild dafür scheint eine indischen Kalebasse zu sein, umso mehr, als der Hals offensteht und in den Bauch verschlungene Linien eingraviert sind, Fußabdrücke des Insekts. Man möchte dieses Werk als eine Korbflasche bezeichnen. Es kann die Größe eines Hühnereis haben, ja sogar übertreffen.

Ein aufsehenerregendes Werk von seltener Perfektion, vor allem im Blick auf die linkische und massige Gestalt des Herstellers. Nein, das Werkzeug macht nicht den Künstler; bei den Mistkäfern ist das nicht anders als bei uns. Die Hand dieses Bildhauers hat einen besseren Führer als ihr Werkzeug: Sie hat die Gabe, eben das, was ich zuvor als Genie des Tieres bezeichnet habe.

Das Schwierige kann dem Phanaeus milon nur ein Lachen abringen. Und es kommt noch besser: Er lacht über unsere Klassifizierungen. Wer »Mistkäfer« sagt, sagt »enger Freund von Mist«. Doch der Phanaeus milon schert sich einen feuchten Dreck um ihn, er braucht ihn weder für sich noch für die Seinen. Was er braucht, sind Kadaver. Man trifft ihn in Gesellschaft der gewöhnlichen Totengräber beim Aas von Geflügel, bei den Gerippen von Hund und Katze. Die Feldflasche, die ich hier beschreibe, lag in der Erde unter den Überresten einer Eule.

Erkläre, wer mag, wie der Appetit des Leichenfledderers mit den Talenten des Skarabäus zusammengeht! Was mich betrifft, ich verzichte darauf, verwirrt von diesem Geschmack am Toten, auf den nichts in der äußeren Erscheinung des Tieres hinweist.

In meiner Umgebung kenne ich nur einen einzigen Mistkäfer, der ebenfalls sterbliche Überreste ausbeutet. Es ist der Onthophagus ovatus, L., ein häufiger Gast toter Maulwürfe und verendeter Kaninchen. Aber der zwerghafte Totengräber verschmäht deswegen keineswegs den Mist; er nimmt daran sein Festmahl, wie die übrigen Onthophagen auch. Vielleicht gibt es hier zweierlei Gericht: Zuckerbrot für das erwachsene Insekt und abgehangenes, würzig reifes Fleisch für die Larve.

Dergleichen findet sich auch anderswo, mit anderen Geschmacksvorlieben. Der räuberische Hautflügler trinkt Honig vom Boden der Blütenkronen; die Seinen aber ernährt er mit Jagdbeute. Zunächst Wildbret, später dann Zucker für denselben Magen. Wie sich dieser Verdauungstrakt im Lauf der Zeit verändern muss! Schließlich verschmäht er später, wie wir, was ihn in der Jugend stärkte.

Untersuchen wir das Werk des Phanaeus milon. Ich besitze vollkommen ausgetrocknete Kalebassen. Fast so hart wie Stein und so hellbraun wie Milchschokolade. Weder im Innern noch an der Oberfläche gewahrt der Blick durch die Lupe die kleinste Pflanzenfaser. Der fremde Mistkäfer verwendet also keine Kuhfladen, nichts dergleichen; er verarbeitet Erzeugnisse anderer Natur, die auf den ersten Blick schwierig zu bestimmen sind. Schüttelt man das Ding nah am Ohr, rasselt es ein wenig, wie lose Kerne in der Schale einer trocknen Frucht. Sollte da drinnen die ausgetrocknete geschrumpfte Larve stecken? Das tote Insekt? Das hatte ich erwartet und mich getäuscht. Wir können hier viel bessere Lehren ziehen.

Mit der Messerspitze schlitze ich die Kalebasse vorsichtig auf. Hinter einer durchgängigen Wand, deren Stärke beim umfänglichsten meiner drei Exemplare bis zu zwei Zentimeter erreicht, liegt ein kugelrunder Kern, der die Höhlung ganz ausfüllt, ohne irgendwo an der Hülle zu hängen. Das bisschen freie Spiel dieses Kerns erklärt, was ich beim Schütteln höre.

Der Färbung und dem Aussehen nach unterscheidet sich der Kern nicht von der Hülle. Aber brechen wir ihn auf, zerpflücken wir ihn in seine Einzelheiten! Ich fand da kleine Knochensplitter, Flaumflocken, Hautfetzen, Fleischstücke, alles von der erdigen Paste wie mit Schokolade überzogen.

Legt man diese Paste auf eine glühende Kohle, verliest man es unter der Lupe und klaubt Kadaverstückchen heraus, wird sie tiefschwarz, schlägt glitzernde Blasen und stößt einen beißenden Rauch aus, wie es nur tierische Stoffe tun, wenn sie verkohlen. Die gesamte Masse des Kerns ist also stark von Verwestem durchsetzt.

Behandelt man die Hülle ebenso, schwärzt sie sich auch, aber weniger stark; sie raucht kaum, schlägt keine Blasen, enthält also keine Kadaverfetzen wie der Kern. Im einen wie im anderen Fall ist das Überbleibsel der Kalzination feiner rötlicher Lehm.

Diese Analyse offenbart uns die Küche des Phanaeus milon. Die der Larve servierte Speise ist eine Art Blätterteigpastete. Das Fleischklößchen besteht aus Kleingehacktem, aus allem, was die beiden Skalpelle des Käppchens und die Fleischmesser der Vorderbeine vom Kadaver haben abtrennen können: Flaum und Daunen, zerkleinerte Knöchelchen, Hautfetzen und Fleischschnetzel. Dieses Gemisch, jetzt hart wie Backstein, war anfangs ein Gelee aus feinem Lehm, durchtränkt von Zersetzungssäften. Das Gehäuse aus blättrigem Teig für unsere Pastete besteht hier aus dem gleichen Lehm, aber mit weniger Fleischextrakten.

Der Pastetenbäcker verleiht seinem Stück Eleganz; er verziert es mit Rosetten und Spiralen, mit Meridianen wie auf Melonenschalen. Beim Phanaeus essen die Augen mit. Seine Wildwindbeutel gestaltet er zu prächtigen Flaschen, die er mit von Hand aufgetragenen Ornamenten schmückt.

Die Hülle, eine unansehnliche Kruste, ist nur unzureichend vom würzigen Saft durchtränkt; sie ist, man kann es sich denken, nicht zum Verzehr bestimmt. Dass die Larve später, wenn der Magen kräftiger ist und gröbere Speise nicht mehr ablehnt, ein wenig von der Wand der Pastete abschabt, ist möglich; allerdings bleibt die Kalebasse bis zum Auszug des erwachsenen Insekts intakt; anfangs hält sie das Fleischklößchen frisch und die ganze Zeit über schützt sie das eingeschlossene Tier wie ein Tresor.

Über der kühlen Paste gleich am Flaschenhals ist eine runde Kammer mit einer Lehmwand ausgespart, die so beschaffen ist wie die übrigen Wände. Ein sehr dicker Fußboden aus derselben Masse trennt sie vom Vorratsraum. Das ist die Schlupfkammer. Hier wird das Ei abgelegt, das ich, allerdings vertrocknet, an seinem Platz finde; hier schlüpft das Würmchen. Um die nährende Pille zu erreichen, muss es vorher eine Klappe in der Zwischenwand öffnen, die beide Stockwerke trennt.

Diese Bauweise ähnelt den Gebäuden des Gromphas, auch wenn diese von etwas anderer Architektur sind. Die Made schlüpft in einem Behälter über dem Haufen Nahrung, der nicht mit ihm verbunden ist. Die neugeborene Larve muss zu gegebener Zeit selbst den Deckel der Konservenbüchse durchstoßen. Später, wenn die Made beim Fleischklößchen ist, findet man eine in den Fußboden gebohrte Öffnung, die als Durchschlupf eben gerade ausreicht.

Durch eine dicke getöpferte Umkleidung geschützt bleibt das Fricandeau so lange frisch, wie es die Schlupfzeit erfordert, ein mir unbekanntes Detail; in der ebenfalls aus Lehm gebauten Zelle ruht das Ei in Sicherheit. Perfekt; bis hierher steht alles zum Besten. Der Phanaeus milon kennt die Geheimnisse der Befestigung und die Gefahr der raschen Austrocknung der Vorräte. Bleibt noch, dass der Keim atmen muss.

Hier ist das Insekt nicht weniger erfinderisch. Durch den Hals der Kalebasse schlängelt sich ein feines Kanälchen, in das allenfalls ein sehr dünner Strohhalm einzuführen wäre. Im Innern mündet dieses Röhrchen in die Kuppel der Schlupfkammer; außen, am Ende der Warze, weitet es sich zu einem Trichter. Das ist der Lüftungsschacht, gegen Eindringlinge geschützt durch seine extreme Enge und durch Staubkörner, die ihn etwas versperren, ohne ihn zu verstopfen. Naiv besehen ist das wunderbar, würde ich sagen. Liege ich falsch? Sollte ein solches Bauwerk Ergebnis des Zufalls sein, so muss man dem blinden Zufall einen einzigartigen Scharfblick zugestehen.

Wie bewerkstelligt das trampelige Insekt eine derart heikle und komplizierte Konstruktion? Wenn ich mit den Augen meiner Mittelsperson die Pampas durchforsche, kann ich mich zur Beantwortung dieser Frage auf nichts anderes als den Aufbau des Werkes stützen, aus dem man, ohne sich sehr zu irren, die Methode des Bauarbeiters ableiten kann. Ich skizziere also den Arbeitshergang.

Ein kleiner Kadaver wird gefunden, dessen Säfte den darunterliegenden Lehm aufgeweicht haben. Von diesem Lehm kratzt das Insekt eine kleinere oder größere Menge zusammen, je nach Quelle. Hier gibt es keine festen Grenzen. Ist die formbare Masse im Überfluss vorhanden, nimmt der Sammler viel; der Tresor wird dadurch nur fester. Es werden dann übermäßig große Kalebassen gemacht, größer als ein Hühnerei und mit einer zwei Zentimeter dicken Wand. Da aber eine solche Masse die Kräfte des Bildhauers übersteigt, lässt sie sich schlecht handhaben und die unansehnliche Gestalt zeigt, dass die Arbeit zu schwer war. Ist wenig Masse vorhanden, beschränkt sich das Insekt auf das unbedingt Nötige; und dann formt es eine Kalebasse von prächtiger Regelmäßigkeit, weil es in seinen Bewegungen freier ist.

Wahrscheinlich wird der Lehm erst zu einer Kugel geformt und dann durch das Pressen mit den Vorderbeinen und mithilfe des Käppchens zu einer flachen Schale geknetet. So verfahren Copris und Skarabäus, wenn sie oben auf ihrer runden Kugel den Napf bauen, in den vor der abschließenden Behandlung des Ovoids oder der Birne das Ei abgelegt werden muss.

Hier ist der Phanaeus ein einfacher Töpfer. Ihm ist jeder Lehm recht, so dürftig ihn die aus dem Kadaver geflossenen Säfte auch durchtränkt haben – wenn er nur formbar ist.

Jetzt wird er zum Metzger. Mit seinen gezähnten Klingen stutzt und zersägt er etliche kleine Fetzen vom verfaulten Tier; er reißt und trennt ab, was er für das Festmahl der Larve passend findet. Er scharrt alle diese Stückchen zusammen und vermischt sie mit dem feuchtesten Lehm. Das Ganze wird geschickt vermengt und an Ort und Stelle, ohne gerollt zu werden, zur Kugel geformt, so wie bei anderen Pillendrehern. Fügen wir hinzu, dass diese Kugel dem Bedarf der Larve entspricht und immer etwa gleich groß ist, unabhängig von der Größe der Kalebasse.

So, das Fleischklößchen ist fertig. Es wird an seinen Platz in die weit offenstehende Schüssel gebracht. Dort wird es abgelegt, ohne zusammengedrückt zu werden, und bleibt frei liegen, ohne irgendwo mit der Hülle zusammenzuhängen. Dann wird die Töpferarbeit wieder aufgenommen.

Das Insekt presst die dicken Ränder der Tonschale zusammen, walzt und drückt sie auf die Fleischmasse, die schließlich umhüllt ist, oben von einer dünnen Wand, überall sonst mit einer dicken Schicht. An der oberen Wandung, die der Schwäche des Würmchens Rechnung trägt, das sie später durchbohren muss, wenn es die Vorräte erreichen will, bleibt ein kräftiger Wulst. Dieser wird dann zu einer hohlen Halbkugel bearbeitet, in die sogleich das Ei abgelegt wird.

Mit letzten Walzarbeiten und dem Verschließen der Kraterränder wird die Schlupfkammer vollendet. Vor allem hier ist geschicktes Fingerspitzengefühl zwingend geboten. Während die Warze der Flasche geformt wird, muss zugleich unter ständigem Pressen der Masse das Röhrchen, der künftige Lüftungsschacht, ausgespart bleiben.

Dieses enge Loch, das durch schlecht bemessene Kraftanwendung unwiderruflich verschüttet werden könnte, scheint mir überaus schwierig. Der geschickteste unserer Töpfer könnte es nicht ohne Hilfe einer Nadel herstellen, die er hinterher wieder herauszieht. Das Insekt, eine Art gelenkiger Automat, baut seine Röhre durch die massive Warze der Flasche hindurch und denkt nicht einmal darüber nach. Wenn es dabei denken müsste, misslänge es ihm.

Die Kalebasse ist fertig; bleibt noch, sie zu verschönern. Dies ist das Werk der geduldigen Ausbesserungen, mit denen die Krüm-

mungen vervollkommnet werden und durch die auf dem weichen Lehm ein Pünktchenmuster von Abdrücken zurückbleibt, dem gleich, das der prähistorische Töpfer auf seine bauchigen Krüge mit dem Daumen drückte.

Nun, das wäre geschafft! Unter einem anderen Kadaver wird man von vorne anfangen; denn für jede Erdhöhle gibt es eine Kalebasse und nicht mehr; so wie es der Heiligen Pillendreher mit seinen Birnen hält.

Noch einer dieser Künstler der Pampas: Ganz schwarz und von der Größe unserer größten Onthophagen, deren Gestalt ihm sehr ähnelt, ist auch der Coprobius mit seinen zwei Stacheln ein Leichenfledderer, wenn nicht für sich selbst, so doch für seine Kinderschar.

Er hat eine originelle Art kunstvoller Pillendreherei erfunden. Sein Werk, auch mit Fingerabdrücken übersät, gleicht der zweibäuchigen Pilgerflasche. Von zwei Etagen, die durch einen deutlich eingeschnürten Hals miteinander verbunden sind, ist die obere kleiner und enthält in einer Ausschlüpfkammer das Ei; die untere, von größerem Umfang, ist das Vorratslager.

Stellen wir uns vor, der Sisyphus erweitere die Schlupfkammer der kleinen Birne zu einem Kügelchen, das nur geringfügig kleiner als die Kugel am anderen Ende ist; nehmen wir an, zwischen den beiden Ausbauchungen befände sich ein weit geöffneter Flaschenhals, und schon haben wir nach Form und Abmessungen ungefähr das Werk des Cocrobius.

Auf glühende Kohle gelegt wird diese zweibäuchige Flasche schwarz, bedeckt sich mit glitzernden Bläschen, die Gagatperlen ähneln, riecht nach gegrilltem Tier und hinterlässt als Rückstand einen rötlichen Lehm. Sie besteht also aus Tonerde und animalischen Überresten. Außerdem finden sich in dem Teig kleine Kadaverstückchen. Am kleineren Ende liegt das Ei in einer Kammer mit sehr durchlässiger Decke, damit Luft einströmen kann.

Der kleine Totengräber hat noch Besseres für sich als seine Andouillette. Wie der Onitis bison, wie Sisyphus und Mondhornkäfer kennt er die Mitarbeit des Vaters. In jeder Erdhöhle mehrere Wiegen, immer sind Vater und Mutter dabei. Was machen sie da, die beiden Unzertrennlichen? Sie bewachen die Brut und erhalten durch häufiges Ausbessern die von Reißen und Austrocknen bedrohten Andouillettes. Der Wunderteppich, der mir einen Ausflug in die Pampas ermöglicht hat, liefert mir nichts weiter Erwähnenswertes. Außerdem ist die Neue Welt arm an Pillendrehern; sie kann sich weder mit dem Senegal noch der Region am Oberen Nil messen, diesen Paradiesen von Copris- und Skarabäusarten. Wir verdanken ihr trotzdem eine wertvolle Auskunft: Was der allgemeine Sprachgebrauch als Mistkäfer bezeichnet, kann in zwei Gruppen aufgeteilt werden: Die erste beutet den Mist aus, die andere den Kadaver.

Letztere hat in unseren Breiten, abgesehen von einigen wenigen Ausnahmen, keine Vertreter. Ich habe den kleinen Ontophagus ovatus als den einzigen erwähnt, der Geschmack am Kadaver findet. Weitere Beispiele fallen mir nicht ein. Man muss schon in die Neue Welt gehen, um derlei Vorlieben zu beobachten.

Sollte sich in der Straßenkehrerzunft schon zu Frühzeiten eine Spaltung ereignet haben? Hätten sich die Zunftmitglieder, nachdem sie sich anfangs alle derselben Tätigkeit widmeten, später zur Arbeitsteilung entschlossen? So, dass sich die einen um den Schmutz des Darmes, die anderen um die Überreste des Todes zu kümmern hatten? Führte die relative Häufigkeit der einen wie der anderen Pfründe zur Bildung von zwei Zünften?

Das trifft nicht zu. Der Tod ist vom Leben nicht zu trennen; wo ein Kadaver ist, sind auch die Verdauungsabfälle des lebenden Tieres nicht fern, und der Pillendreher nimmt, was er findet. Mangel spielt also keine Rolle, wenn der Mistkäfer zum Totengräber oder der Totengräber zum Mistkäfer wurde. Für den einen wie für den anderen bestand nie Mangel an Material.

Weder die raren Vorräte noch das Klima oder die umgekehrten Jahreszeiten können diese seltsame Divergenz erklären. Zwangsläufig muss man hierin ursprüngliche Eigenheiten erkennen, Neigungen, die nicht erworben werden, sondern von Anfang an bestehen und nicht mit dem Körperbau zusammenhängen.

Ich würde mit dem Schlauesten wetten, dass er allein dem Aussehen des Tieres nach, ohne Versuche, nicht sagen könnte, welche Tätigkeit etwa der Phanaeus milon ausübt. Sich an die Onitisarten erinnernd, die ungefähr so aussehen und den Mist bearbeiten, wird er in dem Fremden einen weiteren Mistarbeiter sehen und die Wette verlieren. Die Analyse des Blätterteigs hat es uns gerade gezeigt.

Das Aussehen verrät den wahren Mistkäfer nicht. In meinen Schachteln aus Cayenne habe ich ein großartiges Insekt, das die Systematik als Phanaeus festivus bezeichnet, »den im Festgewand Glänzenden«. Bezaubernd ist er, anmutig, prachtvoll anzuschauen. Wie sehr verdient er seinen Namen! Er ist von einem metallischen Rot, in dem die Feuer des Rubins funkeln. Diese Edelsteinpracht kontrastiert mit seinem Brustpanzer, übersät von breiten tiefschwarzen Flecken.

Was ist dein Geschäft unter der glühenden Sonne, du rotglänzender Karfunkel? Teilst du die ländlichen Neigungen des Phanaeus splendidus, dem du ähnlich siehst? Oder bist du ein Aasfresser wie der Phanaeus milon? Vergeblich betrachte und bewundere ich dich: Deine Werkzeuge sagen mir nichts. Wer dich nicht bei der Arbeit gesehen hat, kann deinen Beruf nicht bestimmen. Ich geselle mich zu den Meistern des guten Glaubens, den Weisen, die sagen können: Ich weiß es nicht. Sie sind selten in diesen Zeiten, aber es gibt sie, fernab vom skrupellosen Kampf der Emporkömmlinge.

Aus dieser Reise in die Pampas lässt sich Bedeutendes schlussfolgern. Es gibt auf der anderen Erdhalbkugel mit ihren umgekehrten Jahreszeiten, dem andersartigen Klima und gänzlich verschiedenen biologischen Bedingungen eine Reihe von echten Mistkäfern, die in Verhalten und Tätigkeit unseren entsprechen. Länger ausgeführte Studien als die meinen würden die Liste sich ähnelnder Arbeiter erweitern.

Nicht nur in den grünen Ebenen am La Plata gehen die Mistkneter ähnlich zu Werke; man darf annehmen, dass die prächtigen

Copris-Arten in Äthiopien und die großen Skarabäen des Senegal genauso arbeiten wie die unseren.

Auch bei anderen entomologischen Gruppen, so weit entfernt ihre Aufenthaltsländer auch voneinander liegen mögen, kann man dieselben Tätigkeiten beobachten. Ich habe von einer Schlammarbeiterbiene in Sumatra gelesen, eine leidenschaftliche Spinnenjägerin wie die unsere, die im Inneren der Häuser Zellen aus Lehm baut und die ebenfalls flatternde Fenstervorhänge als bewegliche Unterlage ihrer Nester bevorzugt. Sie zeigt mir, dass eine Dolchwespe in Madagaskar jede ihrer Larven mit der üppigen Speckscheibe einer Orycteslarve (Nashornkäfer) bestückt, so wie unsere Dolchwespen ihre Kinderschar mit Beutetieren von verwandtem Aufbau ernähren, nämlich mit einem Nervensystem, wie es die Larven von Cetonia, Anoxia und eben Oryctes besitzen.

Ich habe gelesen, dass eine Pepsis in Texas, ein kräftiger, mit einem Calicurgen verwandter Beutejäger, die furchterregende Tarantel jagt und an Kühnheit mit unserem Calicurgus annulatus wetteifert, der die Schwarzbäuchige Wolfsspinne erdolcht.

Ich habe gelesen, dass die Grabwespen der Sahara, Nacheiferer unserer Weißgestreiften Grabwespe, auch Heuschrecken jagen. Beschränken wir uns auf diese Belege, die sich leicht vervielfachen ließen.

Um das Tier bequem unseren Theorien anzupassen, scheint nichts geeigneter, als den Umwelteinfluss anzuführen. Denn er ist eine unscharfe, dehnbare und ungenaue Größe, mit der das Unerklärliche nur vermeintlich erklärt wird. Aber besitzt die Umwelt überhaupt die Macht, die man ihr zuschreibt?

Zugegeben, sie mag zu Veränderungen bei den äußeren Merkmalen führen, in Größe, Fell oder Färbung. Darüber hinausgehende Behauptungen zu treffen, hieße, Fakten Lügen zu strafen. Wenn die Umwelt zu hohe Ansprüche erhebt, protestiert das Tier gegen die auferlegten Zwänge; aber es wird sich nicht ändern, sondern sterben. Geht von der Umwelt ein sachter Anpassungsdruck aus, wird sich der Geprüfte mehr schlecht als recht akkommodieren, ohne indessen seinem Wesen abzuschwören. Leben in Übereinstimmung mit der Form, aus der man hervorgegangen ist, oder untergehen: Eine andere Alternative gibt es nicht.

Der Instinkt als höheres Merkmal sträubt sich gegen die Einflüsse der Umwelt nicht weniger als die ihm dienenden Organe. Die Arbeit der Insektenwelt ist unter unzähligen Zünften aufgeteilt; und jede Zunft ist ihren eigenen Regeln unterworfen, die weder durch das Klima noch die geografische Lage, noch die größten Schwierigkeiten bei der Ernährung gebeugt werden können.

Siehe die Mistkäfer der Pampas. Am anderen Ende der Welt, auf ihren unermesslichen und saftigen Triften, die sich so sehr von unseren dürren Wiesen unterscheiden, wenden sie ohne merkliche Abweichung die Methoden ihrer provenzalischen Mitbrüder an. Trotz weitreichender Veränderungen in der Umwelt ändert sich ihr Hauptgeschäft nicht.

Die Vorräte sind ebenfalls gleich. Die Nahrung besteht vor allem aus Kuhmist. Aber das Rind ist in diesem Land ein Neuling, der erst mit den spanischen Eroberern kam. Was verzehrten, was kneteten die Megathopen, der Bolbites und der Phanaeus splendidus vor dessen Ankunft? Das Lama, ein Gast der Gebirgsplateaus, konnte die auf die Ebene beschränkten Mistkäfer nicht versorgen. In antiken Zeiten lieferte ihnen vielleicht das ungeheuerliche Megatherium, das eine unvergleichliche Mistfabrik war, große Mengen an Nahrung.

Und von den Produkten des kolossalen Tieres, von dem nur noch seltene Skelette zeugen, sind die Bildhauer übergegangen zu denen von Schaf und Rind, ohne ihre Ovoide und ihre Flaschen zu verändern, wie unser Skarabäus seiner Birne treu bleibt, auch wenn er auf den Kuhfladen zurückgreift, wo ihm seine Lieblingsspeise fehlt, das Brötchen vom Schaf.

Im Süden wie im Norden, bei den Antipoden wie hier, formt jeder Copris Ovoide mit dem Ei am kurzen Ende; jeder Skarabäus knetet Birnen oder Flaschen, die mit einer Schlupfkammer im Hals versehen sind; aber je nach Zeit und Ort kann die bearbeitete Masse stark variieren, kann vom Megatherium, vom Rind, vom Pferd, vom Schaf, vom Menschen und vielen anderen Erzeugern stammen.

Von dieser Vielfalt auf Veränderungen des Instinkts zu schließen, hieße, den Splitter sehen, ohne des Balkens gewahr zu werden. Das Gewerbe der Megachilen zum Beispiel besteht darin, Schläuche aus Blattstücken herzustellen; das Handwerk der Baumwoll-Anthidien darin, Wattesäcke aus dem Werg bestimmter Gewächse zu walken. Ob die Stücke abgetrennt sind von diesem oder jenem Strauch oder bei Bedarf von den Blütenblättern einer Blume, ob die Watte hier gesammelt wird oder dort, je nach dem, was man zufällig findet, das Gewerbe selbst ändert sich nicht grundlegend.

So ändert sich auch die Kunst des Mistkäfers nicht, der sich am Material dieser oder jener Herkunft nährt. In Wirklichkeit ist der Instinkt unwandelbar; er ist der Fels in der Brandung unserer Theorien.

Warum sollte sich dieser Instinkt auch ändern, wo er doch derart logisch zu Werke geht? Wie könnte er mithilfe des Zufalls zu etwas Besserem kommen? Trotz der von Gattung zu Gattung verschiedenen Werkzeuge gibt er jedem modellierenden Mistkäfer die rundliche Form ein. Dieser grundlegende Bauplan zur Unterbringung des Eis bleibt unverändert.

Alle erzielen ohne Stechzirkel, ohne mechanisches Rollen, ohne das Stück von seiner Unterlage zu bewegen, die Kugel, einen Festkörper, der schwer herzustellen, aber für die Entwicklung der Made überaus günstig ist. Dem ungeformten, unbehandelten Block ziehen alle die Kugel vor, die liebevoll gearbeitet und aufwändig hergestellt ist; die Kugel, die Form par excellence, wenn es um Bewahrung von Energie geht, die Form der Sonne und die Form der Wiege des Mistkäfers.

Was hatte Mac-Leay vor Augen, als er dem Skarabäus den Namen Heliocantharus gab, Sonnenkäfer? Die strahlenförmigen Zacken des Käppchens? Die Freuden des Insekts im hellen Licht? Oder hat er sich nicht vielmehr an das Symbol Ägyptens erinnert, den Skarabäus, wie er an den Tempeln prangt und seine Pille, eine zinnoberrote Kugel, zum Himmel hebt, als Abbild der Sonne?

Die großen Himmelskörper mit der bescheidenen Murmel des Insekts in Verbindung zu bringen, war für die Denker an den Ufern des Nils nicht anstößig. Für sie fand der höchste Glanz sein Bildnis in der äußersten Geringfügigkeit. Hatten sie wirklich unrecht?

Nein, denn das Werk des Pillendrehers stellt dem, der nachdenken kann, die schwerwiegende Frage nach folgender Alternative: Entweder wir gestehen dem flachen Schädel des Mistkäfers die besondere Ehre zu, das geometrische Problem der Konservierung gelöst zu haben, oder wir greifen zurück auf eine Harmonie, von der die Gesamtheit der Dinge regiert wird, unter dem Auge einer überweltlichen Intelligenz, die für alles vorgesorgt hat, weil sie alles weiß.

VI
Die Färbung

Phanaeus splendidus, der Glänzende, der Prächtige; so bezeichnet die offizielle Namensgebung den schönsten Mistkäfer der Pampas. Die Bezeichnung ist nicht übertrieben. Das Insekt vereint das Feuer von Edelsteinen mit dem Glanz der Metalle und strahlt, je nach Lichteinfall, in smaragdgrünem Schimmer oder in kupferrotem Glast. Der da so im Mist wühlt, er wäre das Schmuckstück einer jeden Juweliersauslage.

Auch unsere Mistkäfer, die sich gemeinhin bescheiden kleiden, neigen hier und da zu luxuriösem Schmuck. Eine Onthophagus-Art schmückt sich am Brustpanzer mit Florentiner Bronze, jene andere legt sich Granat auf die Deckflügel. Der oben schwarze Geotrupes hypocrita hat eine Unterseite von kupferfarbenem Pyrit; der Geotrupes stercorarius, dessen dem Tageslicht ausgesetzte Partie ebenfalls schwarz ist, hat eine Bauchseite von prachtvollem Amethyst-Violett.

Viele andere Familien von sehr unterschiedlichem Verhalten, wie etwa die Lauf-, Rosen-, Pracht- und Blattkäfer, kommen als Schmuckstücke den großartigen Mistkäfern gleich, übertreffen sie sogar. Manchmal erblickt man eine Pracht, die kein Steinschneider zu erfinden wagte. Der azurblaue Hoplia, Gast der Erlen und Weiden am Ufer der Bergbäche, ist von einem wunderbaren Blau, angenehmer und zarter als das Azurblau des Himmels. Einen solchen Schmuck findet man nur an der Kehle gewisser Kolibris und auf dem Flügel einiger Schmetterlinge der Äquatorländer.

In welchem Golconda findet das Insekt seine Edelsteine, um sich derart zu schmücken? An welcher Goldgräberstelle schürft es seine Nuggets? Oh, welch herrliches Problem der Deckflügel eines Prachtkäfers ist! Die Chemie der Farben könnte hier Bezauberndes sammeln; aber es scheint so schwierig, dass die Wissenschaft bis heute nicht das bescheidenste Kleid erklären kann. Die Antwort wird in ferner Zukunft gegeben werden, wenn überhaupt jemals; denn das Laboratorium des Lebens könnte Geheimnisse wahren, zu denen unsere Retorten keinen Zutritt haben. Vielleicht trage ich jetzt ein Sandkorn zum künftigen Bauwerk bei, wenn ich vom Wenigen berichte, das ich beobachtet habe.

Die entscheidende Beobachtung ist älteren Datums. Als ich mich mit Räuberischen Hautflüglern beschäftigte, verfolgte ich die Entwicklung der Larven vom Ei bis zum Kokon. Ein Beispiel aus meinen Notizen, die fast alle heimischen Beutejager umfassten: Ich wähle die Larve der Gelbflügeligen Grabwespe, sie hat eine vorteilhafte Größe und ihre Lehre ist leicht zu erfassen.

Unter der durchscheinenden Haut der Larve, die seit Kurzem geschlüpft ist und ihre erste Grille verzehrt, zeigen sich unverzüglich feine weiße Pünktchen, sie werden rasch größer und zahlreicher und überziehen zum Schluss den ganzen Körper bis auf die ersten zwei oder drei Segmente. Beim Öffnen der Made erkennen wir, dass diese Punkte zum Fettkörper gehören, dessen Großteil sie bilden; denn sie sind nicht nur auf der Oberfläche verstreut, sie durchdringen den Körper in seinem ganzen Durchmesser und sind so zahlreich, dass die Pinzette nicht ein Stückchen dieses Gewebes entnehmen kann, ohne gleich mehrere solcher Pünktchen zu fassen.

Diese rätselhaften Flecken sind auch ohne Lupe deutlich zu erkennen, erfordern aber das Mikroskop, wenn man Einzelheiten studieren will. Man erkennt dann, dass das Fettgewebe aus zwei Arten von kleinen Schläuchen besteht: Die einen, hellgelb und durchscheinend, sind mit öligen Tröpfchen gefüllt; die anderen, undurchsichtig und weiß wie Stärke, sind angeschwollen durch ein sehr feinkörniges Pulver, das sich wolkenartig auf dem Objektträger ausbreitet, sobald der Schlauch zerrissen wird. Die beiden Arten von Säckchen liegen durcheinander, ohne ersichtliche Ordnung, haben gleiche Form und gleiche Größe. Erstere gehören zu den Nahrungsreserven, zum eigentlichen Fettgewebe; letztere bilden die weißen Pünktchen, deren Studium uns kurz beschäftigen wird.

Die mikroskopische Untersuchung lehrt uns, dass der Inhalt der weißen Zellen aus sehr feinen undurchsichtigen Körnern besteht, die sich im Wasser nicht auflösen und dichter sind als dieses. Die Prüfung mit chemischen Reagenzien auf dem Objektträger zeigt, dass der saure Stickstoff die Körner schäumend und rückstandslos auflöst, auch wenn sie noch in ihren Schläuchen eingeschlossen sind. Die echten Fettzellen dagegen bleiben unversehrt, sie schlagen nur etwas mehr ins Gelbe um.

Nutzen wir diese Eigenschaft für einen umfassenden Versuch. Das aus mehreren Larven gewonnene Fettgewebe wird mit Salpetersäure behandelt. Es schäumt so stark, als fände die Reaktion auf einem Stück Kreide statt. Nachdem es sich beruhigt hat, schwimmen da gelbe Klumpen, die leicht zu vereinzeln sind und wie die Zellhäute von der Fettmasse stammen. Übrig bleibt eine klare Flüssigkeit, die aufgelöste weiße Körnchen enthält.

Die Frage nach diesen Körnchen wurde hier zum ersten Mal gestellt; meine Vorgänger in Physiologie und Anatomie konnten mich nicht anleiten; so war meine Freude groß, als ich nach einigen Versuchen den charakteristischen Zug erkannte.

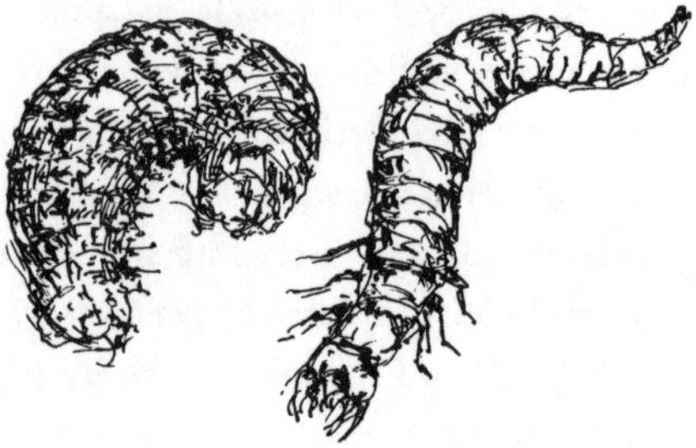

In einer kleinen Schale aus Porzellan, die ich auf heiße Asche stelle, verdampft die Lösung. Auf den Rest schütte ich einige Tropfen Ammoniak oder ganz einfach Wasser. Sofort erscheint ein prächtiges Karminrot. Das Problem ist gelöst: Der eben gebildete Farbstoff ist Murexid und infolgedessen ist die pulverige Substanz, welche die weißen Zellen aufquellen lässt, nichts anderes als Harnsäure, oder genauer Ammoniaksalz.

Eine physiologische Tatsache von solcher Bedeutung kann kein Einzelfall sein. Und tatsächlich habe ich seit diesem grundlegenden Versuch die Harnsäurekörnchen im Fettgewebe der Larven aller heimischen Raubhautflügler gefunden, wie auch bei den Bienenartigen zur Zeit der Verpuppung. Ich habe sie bei vielen anderen Insekten beobachtet, entweder im Larven- oder im Endzustand; aber keines kommt in dieser Beziehung der Made der Beutehautflügler gleich, die von weißen Punkten ganz getigert ist. Ich ahne den Grund.

Betrachten wir zwei fleischfressende Larven, die der Grabwespe und des Wasserkäfers. Die Harnsäure muss sich als unvermeidliches Produkt der Stoffwechselprozesse, oder als einer ihrer Entsprechungen, bei der einen wie bei der anderen bilden. Die Wasserkäferlarve zeigt jedoch in ihrer Fettmasse keine Anhäufung von Harnsäure, während die der Grabwespe voll davon ist.

Bei Letzterer funktioniert die Ausscheidung fester Stoffe noch nicht; der Verdauungsapparat, der an seinem Ende durch eine Einschnürung verschlossen ist, stößt nichts aus. Da die Harnprodukte mangels eines offenen Ausgangs nicht nach draußen abfließen können, häufen sie sich im Fettgewebe an, das auf diese Weise als gemeinsames Zwischenlager für die Überreste der organischen Arbeit und für die formbaren Stoffe der zukünftigen Arbeit dient. Dieser Vorgang entspricht dem, was uns die Höheren Tiere nach Entfernung der Nieren zeigen: Der Harnstoff, der zuerst in unmerklicher Menge im Blut enthalten war, häuft sich dort an und zeigt sich erst, wenn ihm die Abflusswege versperrt werden.

Bei der Wasserkäferlarve dagegen ist der Ausgang für die Ausscheidung von Anfang an frei; die Ausfuhr der Harnprodukte findet in dem Maße statt, wie sie sich bilden, und daher lagern sie sich nicht im Fettgewebe ab.

Da aber während der tiefgreifenden Metamorphose jede Ausscheidung unmöglich ist, häuft sich die Harnsäure an und lagert sich tatsächlich im Fettkörper der verschiedenen Larven ab.

Trotz seiner Bedeutung ist es unangebracht, das Problem der Harnreste weiter zu verfolgen. Unser Thema ist ja die Färbung. Kehren wir mit ihm zur Grabwespe zurück. Ihre fast durchsichtige Larve hat die neutrale Farbe von nicht geronnenem Eiweiß. Unter ihrer dünnen, durchscheinenden Haut ist nur der lange Verdauungsschlauch farbig, aufgebläht von den verzehrten Grillen und weinrot verdunkelt. Aber auf diesem gläsernen unentschiedenen Untergrund heben sich Myriaden undurchsichtiger weißer Harnstoffzellen ab und diesem Punktmuster verdankt sich die sehr bescheidene, darum aber nicht weniger beachtliche Eleganz des Kleides.

Die Larve verschönert sich mit der Harnstoffbrühe, von dersich ihr Darm nicht befreien kann. Die Anthidien haben uns gelehrt, wie sie in ihren Wattesäckchen aus ihrem Schmutz Schmuck machen. Das mit Alabasterkörnchen bestirnte Gewand ist eine nicht weniger einfallsreiche Erfindung.

Sich mit wenig Aufwand durch den eigenen Abfall schön zu machen, ist eine gängige Methode sogar bei den Insekten, die doch mit allem Nötigen ausgerüstet sind, um die Überreste auszustoßen. Während die Larven der Beutehautflügler sich mit Harnsäure tigern, weil sie nicht anders können, fehlt es nicht an Geschickten, die sich ein Prachtkostüm schneidern, indem sie ihre Ausscheidungen trotz freier Kanalisation behalten. Sie horten die Schlacken wie Schätze, die andere sich abzustoßen beeilen. Aus ihrem Schmutz machen sie ihren Schmuck.

Zu ihnen gehört der Weißstirnwarzenbeißer (Decticus albifrons, Fab.), der größte Säbelträger in der provenzalischen Fauna. Ein großartiges Insekt, diese Heuschrecke, mit dem breiten elfenbeinfarbenen Gesicht, dem wohlgenährten cremeweißen Bauch und den langen braun getüpftelten Flügeln. Wenn er im Juli sein Hochzeitsgewand trägt, öffnen wir ihn unter Wasser.

Das reichlich vorhandene gelblich-weiße Fettgewebe ist eine Klöppelarbeit aus unregelmäßigen, locker miteinander verbundenen Maschen, die ein röhrenförmiges Netz ergeben, angeschwollen durch eine pulverige Masse, die sich zu punktförmigen Flecken von kreidigem Weiß verdichtet und sich sehr deutlich von einem durchsichtigen Hintergrund abhebt. Zerdrückt man ein Stückchen dieses Netzes in einem Tropfen Wasser, entsteht eine milchige Wolke, in der man unter dem Mikroskop viele undurchsichtige Atome ohne öligen Umkreis, einem Zeichen für Fettmasse, schwimmen sieht.

Wir haben wieder Ammoniaksalz. Mit Salpetersäure behandelt schäumt das Fettgewebe des Warzenbeißers wie Kreide und sondert genug Purpurfarbe ab, um ein volles Glas Wasser karminrot zu färben. Ein seltsamer Fettkörper, dieser Haufen von Spitzen, die vollgepumpt sind mit Harnstoff ohne eine Spur von Fett! Was soll das Insekt auch mit Nahrungsreserven, ein Tier, das an seinem Ende ist, sobald die Zeit zur Paarung naht? Befreit von allen Zukunftssorgen, muss es nur fröhlich die wenigen Tage verbringen, die ihm bleiben; es muss sich nur noch schön machen für sein höchstes Fest.

Es verwandelt also, was zunächst Vorratslager für Nährstoffe war, in eine Farbfabrik; und mit seiner kreideähnlichen Harnbrühe tüncht es großflächig seinen Bauch, der cremeweiß wird; es überzieht die Stirn, das Gesicht, die Backen, und alles nimmt die Farbe von altem Elfenbein an. Alle diese Teile nämlich, unmittelbar unter der durchscheinenden Oberhaut, werden mit einer Pigmentschicht aus Murexid bedeckt, das dem weißen Pulver in der Fettschicht entspricht.

Die biologische Chemie kennt kein Experiment, das einfacher und zugleich so frappierend ist wie diese Analyse des Sonntagsstaats des Warzenbeißers. Wer die merkwürdige Heuschrecke nicht zur Hand hat, die gerne in den warmen Regionen wohnt, dem möchte ich die Weinberg-Sattelschrecke empfehlen, die weiter verbreitet ist. Ihre ebenfalls cremeweiße Bauchseite verdankt ihre Farbe gleichfalls der Harnstofftünche. In der Familie der Heuschrecken würden viele andere Arten, kleiner und schwieriger zu untersuchen, in verschiedenen Abstufungen dieselben Ergebnisse zeigen.

Die Harnstoffpalette der Heuschrecke ist weiß, ein wenig gelb laviert. Eine Raupe, die des Wolfsmilchschwärmers, wird uns weiterbringen. Mit roten, schwarzen, weißen und gelben Streifen ist sie hinsichtlich der Livree hierzulande die erstaunlichste. Daher taufte Réaumur sie auf den Namen »La Belle«, die Schöne. Die Glorreiche verdient es, ihn zu tragen. Auf dem schwarzen Grund des Tieres Zinnoberrot, Chromgelb und Kreideweiß in Kreisen, Punkten, Linsen und Streifen, so klar abgegrenzt wie die grellen Flicken eines Harlekinkleides.

Öffnen wir die Raupe und richten wir die Lupe auf das Mosaik. An der Innenseite der Oberhaut sehen wir außerhalb der schwarz gefärbten Partien eine Pigmentschicht, einen Überzug, der hier rot, dort gelb und manchmal weiß ist. Trennen wir ein Stück dieser vielfarbigen Tunika ab, nachdem wir ihre Muskelstreifen abgezogen haben, und setzen wir es dem Salpeter aus. Das Pigment, ganz gleich welcher Färbung, löst sich schäumend auf und ergibt hinterher das Purpurrot. Es ist also auch hier wieder die Harnsäure, die übrigens in kleiner Menge auch im Fettgewebe vorhanden ist, die der Raupe ihre üppige Livree verdankt.

Eine Ausnahme bilden die schwarzen Regionen. Unempfindlich gegen das Salpeter, bewahren sie ihre düstere Farbe, während die Partien, von denen das Pigment abgezogen wurde, durch das Reagens fast so durchsichtig werden wie Glas. Die schöne Raupe besitzt hinsichtlich der Färbung zweierlei Häute.

Diejenige von intensivem Schwarz nimmt die Färbemittel auf, ist ganz von ihnen durchtränkt, verschmilzt mit deren Molekülen und ist nicht durch Salpeter zu trennen. Die übrige Haut, ob rot, weiß oder gelb, ist gefärbt: Die durchscheinende Fläche trägt eine Harnstoff-Tünche, die durch Kanälchen aus der Fettmasse zufließt. Wenn die Wirkung des Salpeters aufhört, zeichnen sich auf dem mattschwarzen Grund der ersten die durchsichtigen Kreise der zweiten ab.

Noch ein Beispiel aus einem ganz anderen Zusammenhang. An Eleganz des Kostüms ist der Wespenspinne (Epeira fasciata) das beste Los zugefallen. Auf der oberen Seite ihres dicken Leibes wechseln in Querstreifen ein intensives Schwarz mit einem lebhaften Dottergelb und strahlendem Schneeweiß. An der Unterseite zeigen sich Schwarz und Gelb auch, aber anders angeordnet. Insbesondere das Gelb bildet hier zwei Längsstreifen, die in der Nähe der Spinndrüsen rot-orange werden. An den Flanken verteilt sich diffus ein blasses Amaranthrot.

Untersucht man von außen die schwarzen Partien mit der Lupe, kann man nichts Besonderes erkennen. Da ist alles einheitlich, überall von gleicher Intensität. In den anders gefärbten Partien dagegen zeigen sich kleine vieleckige, körnige Ansammlungen, ein engmaschiges Netz. Mit einer Schere wird der Bauch ausgeschnitten, sodass die hornige Rückenseite leicht, in einem Stück, abgehoben werden kann, ohne Stückchen von den Organen, die sie schützte. Diese große Fläche ist dort durchsichtig, wo im natürlichen Zustand die weißen Streifen lagen; sie ist gelb oder schwarz auf den gelben oder schwarzen Streifen. Die Letzteren verdanken ihre Färbung einer Pigmentierung, die mit der Spitze eines Pinsels ohne Weiteres gelöst und weggewischt werden kann.

Die Ursache der weißen Streifen ist folgende: Wenn die Oberhaut abgehoben wird, zeigt die Rückenseite des Hinterleibs, deren graziöses Mosaik unverletzt blieb, eine Schicht weißer vieleckiger Punkte, die in mehr oder weniger großer Dichte auf Streifen angeordnet sind. Den Streifen mit großer Dichte an solchen Punkten entsprechen die weißen Zonen. Es sind Körnungen von undurchsichtigem Weiß, die am lebenden Tier die schneeweißen Streifen bilden, die man durch die durchscheinende Oberhaut sieht.

Auf dem Objektträger mit Salpeter behandelt lösen sie sich nicht auf und schäumen nicht. Harnsäure kommt also hier nicht in Betracht, die Materie muss Guanin sein, ein Alkaloid, das man als Harnprodukt der Spinnentiere kennt. Dasselbe gilt für die gelben, schwarzen, amaranthroten oder orangenen Pigmente, welche die Schicht unter der Oberhaut bilden. Kurz, indem die großartige Spinne die Abfälle der tierischen Oxydation in einer anderen Kombination verwendet, macht sie das Gleiche wie eine großartige Raupe; sie verschönert sich mit ihrem Guanin, wie die anderen mit ihrer Harnsäure.

Kürzen wir dieses trockene Thema ab; belassen wir es bei diesen Angaben, die andere bei Bedarf bestätigen mögen. Was sagt uns das Wenige, das wir soeben gelernt haben? Es zeigt, dass die Abfälle des Organismus, Guanin, Harnsäure und andere Schlacken, eine bedeutende Rolle bei der Färbung der Insekten spielen.

Zwei Fälle sind zu unterscheiden, Tinktur oder simpler Anstrich. Ein farbiger Überzug, den ein Wisch mit dem Pinsel entfernen kann, bemalt stellenweise die Oberhaut, die als solche farblos und durchscheinend ist. Das ist der Anstrich, eine Zusammensetzung von Harnstoff, die sich an der Innenseite der Körperhülle ablagert, wie die Farben des Glasmalers auf unseren Fensterscheiben.

An anderen Stellen ist die Oberhaut durch und durch farbig; sie ist eins mit der Farbe, ein Pinsel kann sie nicht wegwischen. Das ist die Tinktur und entspricht bei unseren Fensterscheiben den durch Beifügen von Metalloxyden im Schmelztiegel durchgefärbten Gläsern.

Wenn in diesen beiden Fällen die Farbmaterie in ihrer Verteilung unterschiedlich ist, ist sie es auch in ihrer chemischen Beschaffenheit? Das ist kaum anzunehmen. Der Glaser färbt oder malt mit den gleichen Oxyden. Da wird wohl erst recht das Leben, dieser unvergleichliche Künstler, mit den gleichen Mitteln eine unendliche Vielfalt von Ergebnissen erzielen können. Auf dem Rücken der Wolfsmilchraupe zeigen sich schwarze Flecken, abwechselnd mit anderen, weißen, gelben oder roten. Hier grenzt der Anstrich an Tinktur. Kann das sein: Diesseits der Grenzlinie eine aufgemalte Materie und jenseits davon eine gefärbte Materie von völlig anderer Beschaffenheit? Wenn auch die Chemie mit ihren Reagenzien

den gemeinsamen Ursprung der beiden Stoffe nicht beweisen kann, so bekräftigen ihn zumindest einige sich aufdrängende Analogien.

Bei diesem schwierigen Problem der Färbung der Insekten liegt bis jetzt ein einziger Punkt im Bereich der beobachteten Fakten: Das ist der Fortschritt der Farbentwicklung. Der Karfunkel des Pampa-Mistkäfers hat die Frage aufgeworfen. Untersuchen wir also seine nahen Verwandten, die uns vielleicht erlauben, einen Schritt weiterzukommen.

Nachdem der Heilige Pillendreher seine Nymphenhülle abgestreift hat, trägt er ein seltsames Kleid, das nichts mit dem Ebenholzschwarz des reifen Insekts zu tun hat. Kopf, Beine und Brustteil sind von einem lebhaften Rostrot; Deckflügel und Hinterleib sind weiß. Das Rot entspricht ungefähr dem der Wolfsmilch-Raupe, aber es ist aus einer Tinktur, auf die Salpeter keinen Einfluss hat. Dasselbe Prinzip der Färbung muss sich auch in einer anderen molekularen Verbindung finden, in der Oberhaut von Hinterleib und Deckflügeln, die bald das Weiß durch Rot ersetzen werden.

In zwei oder drei Tagen wird das Farblose farbig, so schnell, dass es eher auf einen neuen Aufbau der Moleküle hinweist als auf eine Veränderung in der Zusammensetzung. Die Bausteine sind gleich, aber sie werden anders angeordnet und verleihen dem Bauwerk eine andere Erscheinung.

Der Skarabäus ist jetzt ganz rot. Die ersten braunen Nebelflecken an den Zähnungen des Käppchens und der Vorderbeine treten hervor, Zeichen einer frühzeitigen Reifung der Arbeitswerkzeuge, die sehr hart werden müssen. Die rauchige Färbung breitet sich überallhin aus, wird rostrot, dann braun und am Ende regelrecht schwarz. In weniger als einer Woche geht das Farblose in Rot über, dann in Rußbraun, schließlich in Ebenholzschwarz. Fertig; das Insekt hat seine gewohnte Farbe.

Ebenso verhalten sich Copris, Gymnopleurus, Onitis, Onthophagus und viele andere; ebenso muss das Schmuckstück der Pampas vorgehen, der Phanaeus splendidulus. Als hätte ich ihn vor Augen in dem Moment, da er seine Nymphenwindeln ablegt, sehe ich ihn dunkelrot, rost- oder johannisbeerfarben vor mir, bis auf Hinterleib und Flügeldecken, die zunächst farblos sind, aber schon bald auch diesen Farbton annehmen werden. Auf dieses anfängliche Rot lässt der Skarabäus das Schwarz folgen; der Phanaeus ersetzt es durch das Funkeln des Kupfers und das Glänzen des Smaragds. Haben Ebenholz, Metall und Edelstein also hier den gleichen Ursprung? Offenbar ja.

Der metallische Glanz erfordert keine Veränderung in der Beschaffenheit; ein Nichts genügt, um ihn zu erzeugen. Unter den Mitteln, über welche die Chemie verfügt, ist Silber ein so unscheinbares Pulver wie Ruß. Zwischen zwei harten Körpern zusammengepresst nimmt dieser schmutzige, schlammartige Staub sogleich den metallischen Glanz an, wie wir ihn vom Silber gewohnt sind. Eine simple Annäherung der Moleküle hat dieses Wunder vollbracht.

In Wasser gelöst ist das Murexid, ein Derivat der Harnsäure, von prächtigem Karminrot. Durch Kristallisation fest geworden wetteifert es mit dem Goldgrün der Canthariden. Das weit verbreitete Fuchsin ist ein bekanntes Beispiel solcher Eigenschaften.

Alles scheint zu bestätigen, dass ein und dieselbe Substanz, ein Derivat der Harnausscheidungen, je nach Anordnung ihrer allerkleinsten Teilchen, Verschiedenes ergibt, das metallische Rot des Phanaeus, wie auch das Farblose, das Dunkelrot und das Schwarz des Skarabäus. Sie wird schwarz auf der Rückenseite der Geotrupen Stercorarius und Hypocrita und wandelt sich durch eine plötzliche Wendung am Bauch des Ersten zu Amethyst und am Bauch des Zweiten zu kupfrigem Pyrit. Sie wird zu Goldbronze auf dem Rücken des Cetonia floricola und zu metallischem Purpur an der Unterseite. Je nach Insekt, je nach Körperteil bleibt diese Substanz eine düstere Mischung oder entfacht spiegelnde Schimmer, die kräftiger und vielfältiger sind als die von Metallen.

Das Licht spielt bei der Farbentwicklung offenbar keine Rolle; weder beschleunigt, noch verlangsamt es sie. Da die direkte Sonnenbestrahlung für die Nymphenverwandlung wegen der mit ihr einhergehenden Hitze verhängnisvoll ist, habe ich die Sonnenstrahlen gedämpft, indem ich Wasser zwischen zwei Glasscheiben filterte; so konnte ich meine Skarabäen, Geotrupen und Exemplare von Cetonia während der gesamten Farbentwicklung dem kräftigen Licht bei auf diese Weise gemäßigten Temperaturen aussetzen. Zum Vergleich hielt ich andere in diffusem Licht oder im Dunkeln. Meine Versuche haben nichts Wesentliches erbracht. Die Farbentwicklung vollzog sich an der Sonne wie im Dunkeln, weder schneller, noch langsamer, und ohne eine Veränderung der Farben.

Dieses negative Ergebnis war leicht vorauszusehen. Der Prachtkäfer, der aus den Tiefen des Stammes hervorkriecht, wo er sein Larvenleben verbrachte, der Geotrup und der Phanaeus, der seine heimatliche Erdhöhle verlässt, treten ins Freie in ihrem endgültigen Staat, den die Sonnenstrahlen nicht verändern. Die Insekten brauchen für ihre färbende Chemie kein Licht, nicht einmal die Zikade, die ihr Larvenetui durchbricht und von zartem Grün zu Braun übergeht; in der Finsternis meiner Behälter ebenso wie in der prallen Sonne.

Da die Farbenskala der Insekten Harnabfälle zur Grundlage hat, könnte sie sich sehr wohl bei verschiedenen Tieren höherer Ordnung wiederfinden. Man kennt zumindest ein Beispiel. Das Pigment einer kleinen amerikanischen Eidechse wandelt sich in Harnsäure um durch längere Einwirkung von kochendem Chlorwasserstoff.[6] Dieser Fall dürfte nicht allein stehen und es ist wahrscheinlich, dass die Klasse der Reptilien ihr Kleid mit entsprechenden Produkten färbt.

Vom Reptil ist es nicht weit zum Vogel. Sollten das Schillern der Ringeltaube, die Augen des Pfaus, das Aquamarin des Eisvogels, das Karminrot des Flamingos, der unerhörte Reichtum exotischer Federkleider nicht mit der Harnausscheidung zusammenhängen? Warum nicht? Die Natur in ihrer erhabenen Wirtschaftlichkeit bewältigt solch ungeheure Widersprüche, die unsere Begriffe vom Wert der Dinge verwirren. Aus einem gewöhnlichen Stückchen Kohle macht sie einen Diamanten; aus demselben Lehm, aus dem

der Töpfer eine Schüssel für Katzenfutter formt, macht sie einen Rubin; aus widerlichen Abfällen des Organismus erschafft sie die Pracht der Insekten und Vögel. Metallische Wunder von Pracht- und Laufkäfer, Prunk von Blatt- und Mistkäfer, Amethyst, Rubine, Saphire, Smaragde und Topasen der Kolibri-Arten, ihr Herrlichkeiten, für die es in der Sprache des Goldschmieds keine Worte gibt, was seid ihr in Wirklichkeit? – Antwort: ein wenig Urin.

VII
Die Totengräber. Die Beerdigung

Im April liegt der vom Spaten des Bauern aufgeschlitzte Maulwurf am Wegesrand; am Fuß der Hecke hat das erbarmungslose Kind die Eidechse gesteinigt, die sich gerade mit ihrem grünen Perlengewand neu einkleidete. Der Spaziergänger fand es verdienstvoll, die Natter, der er begegnete, unter seiner Ferse zu zertreten; ein Windstoß hat ein ungefiedertes Vögelchen aus seinem Nest gestoßen. Was soll mit diesen kleinen Kadavern und so vielen anderen beklagenswerten Abfällen des Lebens werden? Auge und Geruchssinn werden nicht lange durch sie behelligt. Ganze Scharen nehmen sich der Hygiene der Fluren an.

Als feurige Freibeuterin, die zu allem bereit ist, eilt die Ameise als Erste herbei und beginnt mit dem Zerstückeln. Bald lockt der Duft des Stücks die Zweiflügler an, die Erzeuger der widerlichen Fliegenmade. Gleichzeitig, man weiß gar nicht, woher sie gekommen sind, drängt in ganzen Schwärmen der flachgedrückte Silpha (Aaskäfer) herbei, der trippelnde Stutzkäfer, der am Bauch schneeweiß gepuderte Speckkäfer, der schmächtige Staphylinus, die alle mit nimmermüdem Eifer bohren, graben und das Unreine verschwinden lassen.

Welch ein Schauspiel im Frühling unter einem toten Maulwurf! Der Schrecken dieses Laboratoriums ist etwas Schönes für den, der zu sehen und zu überlegen versteht. Überwinden wir unseren Ekel, heben wir mit dem Fuß die unreinen Überreste an! Welch ein Gewimmel, welche Aufregung unter den geschäftigen Arbeitern! Die Aaskäfer mit ihren breiten, düsteren Trauer-Deckflügeln fliehen überstürzt und ducken sich in Erdspalten; die Stutzkäfer, poliertes Ebenholz, in dem sich die Sonne spiegelt, verlassen eilig trippelnd die Baustelle; die Speckkäfer, von denen der eine einen schwarz gesprenkelten fahlgelben Umhang trägt, versuchen aufzufliegen, überschlagen sich aber, trunken vor Eifer, und zeigen das fleckenlose Weiß ihres Bauches, das in krassem Gegensatz zum Dunkel ihres Kleides steht.

Was haben sie denn da gemacht, all diese fieberhaft Tätigen? Sie bereiteten den Tod auf, zugunsten des Lebens. Als überragende Alchemisten machen sie aus der furchterregenden Fäulnis etwas Belebtes, Unschädliches. Sie saugen den gefährlichen Kadaver aus, bis er trocken ist und hohl klingt wie ein alter Schuh am Wegrand, gegerbt vom Frost des Winters und der Gluthitze des Sommers. Voller Eifer arbeiten sie an der Beseitigung des Leichnams.

Bald danach werden andere kommen, kleinere, geduldigere, die den Rest in Angriff nehmen, ihn Sehne für Sehne, Knochen für Knochen, Haar für Haar ausbeuten, bis alles in die Schatzkammern des Lebens zurückgekehrt ist. Hochachtung gebührt diesen Straßenfegern! Legen wir den Maulwurf an seinen Platz zurück und gehen wir weiter.

Irgendein anderes Opfer der bäuerlichen Frühjahrsarbeit, Feldmaus, Spitzmaus, Maulwurf, Kröte, Natter oder Eidechse, wird uns den kräftigsten und berühmtesten dieser Säuberer des Erdreichs herbeirufen: den Totengräber, der in Größe, Kleid und Verhalten von der Plebs am Kadaver so verschieden ist. Zu Ehren seiner wichtigen Aufgaben duftet er nach Moschus; er trägt rote Bommeln am Ende der Fühler, einen Nanking-Flanell auf der Brust und quer über seine Deckflügel verlaufend eine doppelte zinnoberrote Schärpe. Ein elegantes, beinahe reiches Kostüm, den anderen weit überlegen, die immer düster aussehen, wie es sich ja auch für Angestellte von Bestattungsunternehmen ziemt.

Er ist kein anatomischer Zergliederer, der seinen Gegenstand öffnet und Fleischstücke mit dem Skalpell der Kieferzange abschneidet; er ist buchstäblich ein Totengräber, ein Bestatter. Während die anderen, Aas-, Speck- und Stutzkäfer, sich am ausgeplünderten Stück gütlich tun, selbstverständlich ohne die Bedürfnisse der Kinderschar zu vergessen, stärkt er sich nur ein wenig und berührt seinen Fund kaum auf eigene Rechnung. Er gräbt ihm an Ort und Stelle eine Gruft, in der das gerade richtig verweste Stück die Nahrung seiner Larven sein wird. Er bringt es unter die Erde, um darin seine Nachkommenschaft unterzubringen.

Dieser Sammler toter Schätze ist in seiner gemessenen, fast trägen Art erstaunlich schnell, wenn es um das Einlagern seiner Fundsachen geht. In nur wenigen Stunden verschwindet ein im Verhältnis ungeheures Stück, ein Maulwurf zum Beispiel ist wie vom Erdboden verschluckt. Die anderen lassen das angenagte trockene Gerippe im Freien liegen, wo es monatelang Spielzeug der Winde ist; er operiert am Ganzen und säubert die Stelle auf Anhieb. Nur ein niedriger Huckel, der Grabhügel, bleibt als sichtbare Spur seiner Arbeit zurück.

Mit seinem raschen Vorgehen ist der Totengräber der Erste unter den Kleinen, die in der Flur für Hygiene sorgen. Er ist auch eines der Insekten, die für ihre psychischen Fähigkeiten berühmt sind. Dieser Leichenbestatter, so behauptet man, besitze intellektuelles Vermögen, das an Vernunft heranreicht, wie es nicht einmal die begabtesten unter den Hautflüglern aufwiesen, die Honig oder Wildbret erbeuten. Er wird in den zwei folgenden Anekdoten gepriesen, die ich der Einführung in die Entomologie von Lacordaire entnehme, der einzigen allgemeinen Abhandlung, über die ich verfüge.

»Clairville«, so der Autor, »berichtet, er habe einen Necrophorus vespillo gesehen, der eine tote Maus eingraben wollte, die Erde, auf welcher der Kadaver lag, zu hart fand und deshalb ein Stückchen weiter weg ein Loch in lockerem Erdreich aushob. Als er fertig war, versuchte er, die Maus in dieser Höhlung zu begraben; da es ihm aber nicht gelang, flog er davon und kam nach einigen Augenblicken zurück, begleitet von vier anderen seinesgleichen, die ihm die Maus befördern und eingraben halfen.« Angesichts solcher Handlungen, fügt Lacordaire hinzu, kann man Vernunft nicht abstreiten.

»Die folgende Geschichte«, so sagt er weiter, »von Gledditsch erzählt ebenfalls vom Eingreifen der Vernunft. Einer seiner Freunde, der eine Kröte trocknen wollte, hatte sie auf einen in den Boden gesteckten Stock gespickt, um zu vermeiden, dass die Totengräber kommen und sie wegnehmen. Aber diese Vorsichtsmaßnahme nützte nichts; weil die Insekten die Kröte nicht erreichen konnten, gruben sie den Stock aus und, nachdem dieser zu Fall gebracht war, bestatteten sie den Kadaver.«[7]

Wer dem Intellekt von Insekten die Kenntnis von Wirkung und Ursache, von Mittel und Zweck bescheinigt, wagt eine Behauptung von großer Tragweite. Ich kenne kaum eine, die sich mit den philosophischen Grobschlechtigkeiten meiner Zeit besser verträgt. Aber sind die beiden Geschichten wirklich wahr? Tragen sie die Schlussfolgerungen, die man aus ihnen zieht? Sind diejenigen, die sie für zuverlässige Zeugenaussagen halten, nicht ein wenig naiv?

Gewiss, in der Entomologie ist Naivität nötig. Wer könnte sich mit den kleinen Tieren beschäftigen ohne eine gehörige Dosis dieser Eigenschaft, die in den Augen pragmatischer Leute dumm ist? Ja, seien wir naiv, ohne kindisch zu sein und alles für wahr zu nehmen. Bevor wir das Tier überlegen lassen, wollen wir selber ein wenig überlegen; befragen wir vor allem das Experiment. Eine zufällig aufgeschnappte Tatsache, die man nicht kritisch prüft, macht noch kein Gesetz.

Ihr wackeren Totengräber, ich will eure Verdienste nicht schmälern; dieser Gedanke liegt mir fern. Im Gegenteil, meine Notizen bergen Dinge, die euch mehr rühmen als ein Kröten-Galgen; ich habe Heldentaten gesammelt, die eurem Ansehen neuen Glanz verleihen.

Nein, es ist nicht meine Absicht, euren guten Ruf zu mindern. Ein unvoreingenommener Bericht dient im Übrigen nicht dazu,

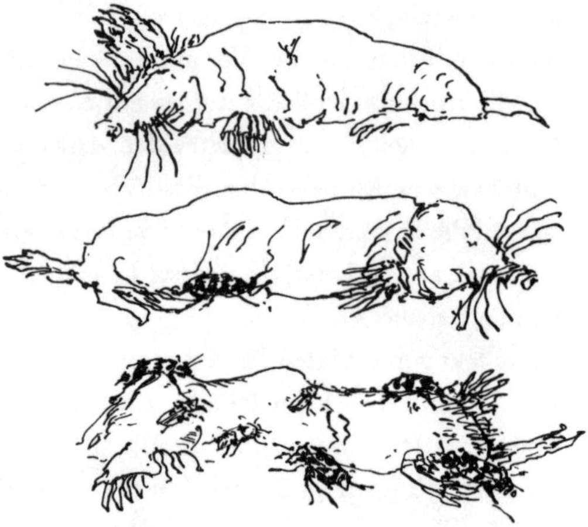

eine vorab festgelegte These zu stützen; er geht den Fakten nach, von denen er sich lenken lässt. Ich möchte euch einfach zu der Logik befragen, die man euch zuschreibt. Habt ihr diese Geistesblitze oder habt ihr sie nicht? Tragt ihr den Keim menschlicher Vernunft in euch? Das ist das Problem.

Um es zu lösen, wollen wir nicht auf zufällige Begegnungen bauen. Ein Käfer muss her, der häufige Besuche, fortlaufende Untersuchungen und wechselnde Versuchsanordnungen erlaubt. Aber wie ihn ansiedeln? Die Olivenregion ist arm an Totengräbern. Soweit ich weiß, hat sie nur eine einzige Art, den Necrophorus vestigator, Hersch.; und auch dieser Nacheiferer der nördlichen Totengräber ist selten. Drei oder vier davon im Frühjahr, mehr gaben meine früheren Jagden nicht her. Und auch heute wäre ich kaum erfolgreicher, obwohl ich doch mindestens ein Dutzend brauche. So greife ich denn zu einer Trapperlist.

Der Trick ist simpel. Einen Bestatter zu suchen, der sich in der Flur rar macht, ist meist vergeblich; der günstige Monat April wäre verstrichen, bevor ich meinen Käfig ausreichend bevölkert hätte. Ihm nachzulaufen, ist zu sehr dem Zufall überlassen; also wollen wir ihn dazu bringen, dass er kommt, indem wir in der Einfriedung eine üppige Sammlung toter Maulwürfe verteilen. Das Insekt wird nicht umhinkommen, zu diesem in der Sonne gärenden Massengrab aus allen Himmelsrichtungen herbeizueilen, denn der Duft solcher Trüffel ist für die Liebhabernase zu verlockend.

Ich verbünde mich mit einem benachbarten Gärtner, der zwei- oder dreimal pro Woche mein kleines Geröllfeld beackert und mich mit Gemüse aus besserer Erde versorgt. Ich erläutere ihm meinen dringenden Bedarf an Unmengen von Maulwürfen. Täglich mit Falle und Spaten gegen den unbequemen Wühler kämpfend, der seine Anpflanzungen durcheinanderbringt, kann er mich besser als jeder andere versorgen und dies ist mir momentan wichtiger als ein Bund Spargel oder ein Kohlkopf.

Der wackere Mann lacht zunächst über meine Bitte, sehr überrascht, welche Wichtigkeit ich dem von ihm verabscheuten Tier, dem »*darboun*«, beimesse; schließlich willigt er ein, vermutlich in dem Glauben, ich wolle mir daraus einen großartigen Pelz aus samtweichen Maulwurfsfellen nähen. Das müsse doch gut sein gegen die Schmerzen. Seis drum! Hauptsache, ich bekomme die *darbouns*.

Ja, sie kommen pünktlich, zu zweit, zu dritt, zu viert, eingewickelt in einige Kohlblätter auf dem Boden eines Gemüsekorbs. Der ausgezeichnete Mann, der meine seltsamen Wünschen erfüllte, wird nie erahnen, wie sehr ihm die vergleichende Psychologie zu Dank verpflichtet ist. In wenigen Tagen war ich Besitzer von etwa dreißig Maulwürfen, die ich sogleich auf freien Flächen meiner Einfriedung unter Rosmarin, Erdbeerbäumen und Lavendel verteile.

Jetzt gilt es, abzuwarten und mehrmals am Tag bei jedem kleinen Aas vorbeizusehen, ein stumpfsinniger Dienst für den, dem nicht das heilige Feuer durch die Adern fließt. Als einziger meiner Hausgenossen bietet mir Paulchen seine behände Hilfe beim Einfangen der Flüchtigen an. Ich hatte recht: Für die Beschäftigung mit der Entomologie braucht es Naivität. Bei dieser schwierigen Sache mit den Totengräbern waren meine Mitarbeiter ein Kind und ein Analphabet.

Da Paulchen und ich uns mit den Visiten abwechseln, wird das Warten nicht lang. Die vier Himmelswinde trugen den Geruch des Massengrabs in alle Richtungen, und die Leichenbestatter eilten so flink herbei, dass die mit vier Exemplaren begonnene Versuchsreihe mit vierzig weiterging, einer Anzahl, die ich auf meinen früheren Jagdstreifzügen ohne Plan und Köder nie erreicht hatte. Meine Trapperlist war ein voller Erfolg.

Bevor ich die in meiner Voliere erzielten Ergebnisse darlege, wollen wir uns kurz mit den gewöhnlichen Umständen der Arbeit der Totengräber beschäftigen. Das Insekt wählt sein Stück Jagdwild nicht gemäß seinen Kräften wie die Hautflügler; es akzeptiert die Beute so, wie der Zufall sie ihm auftischt. Unter seinen Funden gibt es kleine wie die Spitzmaus, mittlere wie die Feldmaus, gewaltige wie den Maulwurf, die Kanalratte oder die Natter, die einzugraben die Kraft eines einzigen Bestatters überschreiten würde. Meist ist der Transport unmöglich, die Last steht in krassem Missverhältnis zu den Kräften des Speditors. Ein leichtes Von-der-Stelle-Rücken mit aller Kraft der Lenden, das ist alles, was er erreichen kann.

Sand- und Knotenwespen, Grab- und Wegewespen graben ihre Erdhöhlen, wo es für sie günstig ist; dorthin befördern sie ihren Fang im Flug; ist er zu schwer, schleppen sie ihn zu Fuß. Der Totengräber hat diese Möglichkeiten nicht. Unfähig, den ungeheuren Kadaver zu transportieren, den er irgendwo gefunden hat, muss er das Grab dort schaufeln, wo der Tote liegt.

Diese zwangsläufige Grabstelle kann in lockerem wie in steinigem Erdreich liegen, an einem freien Platz, oder einem, an dem Kraut, vor allem die Quecke, das unentwirrbare Netz ihrer Wurzeln im Boden versenkt. Es kann auch sein, dass stachliges Gestrüpp das Stück auf einige Zoll über der Erde festhält. Hier, dort, irgendwo, völlig zufällig, liegt der Maulwurf, vom Spaten des Bauern hingeschleudert, der ihm soeben das Kreuz gebrochen hat; und an der Stelle, ganz gleich, wenn nur die Hindernisse nicht unüberwindlich sind, muss der Totengräber ihm das Grab schaufeln.

Die verschiedenartigen Schwierigkeiten bei der Beerdigung lassen bereits erahnen, dass der Necrophorus keine festgelegte Methode für den Fortgang seiner Arbeit hat. Dem Zufall ausgeliefert muss er fähig sein, die Taktik im Rahmen seiner bescheidenen Urteilskraft den Umständen anzupassen. Sägen, Brechen, Freischarren, Aufrichten, Hochziehen, Rütteln, Von-der-Stelle-Rücken – lauter unverzichtbare Mittel für einen Totengräber in Verlegenheit. Wäre es dieser Hilfsmittel beraubt und auf ein einheitliches Vorgehen beschränkt, könnte das Insekt seiner Berufung nicht nachgehen.

Man sieht folglich, wie unklug es wäre, von einer einzelnen Tatsache, bei der scheinbar rationale Vorgehensweisen im Spiel sind, ausgeklügelte Absichten abzuleiten. Zweifellos hat jede Instinkthandlung ihren Grund; aber urteilt das Tier zunächst darüber, ob diese Handlung angebracht sei? Machen wir uns zuerst einmal die ganze Arbeit klar, stützen wir jeden Beweis durch andere Beweise und dann wird es vielleicht erlaubt sein, die Frage zu beantworten.

Vorab ein Wort über die Nahrung. Als Generalreiniger lehnt der Necrophorus keinen verwesten Kadaver ab. Ihm schmeckt alles, gefiedertes wie haariges Wildbret, wenn nur das Stück seine Kräfte nicht übersteigt. Er nimmt die Lurche mit nicht weniger Schwung aus als die Reptilien. Er akzeptiert ohne Zögern außergewöhnliche Fundstücke, die ihm wahrscheinlich unbekannt waren; das bezeugt ein besonderer roter Fisch, ein Goldkarpfen aus China, der in meinen Käfigen augenblicklich als hervorragendes Stück beurteilt und nach allen Regeln eingegraben wurde. Lammkotelett, ein Fetzen Beefsteak, beide gut gereift, verschwanden ebenso unter der Erde wie Maulwurf und Maus. Kurz, der Necrophorus hat keine Vorlieben; in sein Silo kommt alles, was verdorben ist.

Für den Unterhalt seines Gewerbes zu sorgen, bereitet also keine Schwierigkeit. Wenn es an einem bestimmtem Wildbret mangelt, wird es durch das nächstbeste ersetzt. Auch kein großes Getue bei seiner Unterbringung. Es genügt eine weiträumige Drahtglocke, die auf einer Schüssel ruht, randvoll mit frischem festem Sand. Um Missetaten von Katzen vorzubeugen, die der Jagdbeute nicht widerstehen könnten, wird der Käfig in einen verschlossenen Wintergarten gestellt, im Winter Refugium für Pflanzen, im Sommer ein Laboratorium für Tiere.

Frisch ans Werk! Der Maulwurf liegt mitten im Gehege. Der lockere homogene Boden ist die beste Vorraussetzung für leichte Arbeit. Vier Totengräber, drei Männchen und ein Weibchen, machen sich gleich daran. Sie verstecken sich unter dem Stück, das von Zeit zu Zeit lebendig zu werden scheint, wenn die Arbeiter mit ihren Rücken es von unten leicht anheben und erzittern lassen. Wer nichts über die Sache weiß, ist überrascht zu sehen, dass das Tote sich bewegt. Von Zeit zu Zeit taucht einer der Bestatter auf, fast jedes Mal ein Männchen, dreht eine Runde um das Tier und erkundet es, indem er ihm den Samtpelz krault. Er eilt zurück, taucht erneut zu einem Kundschaftergang auf und gleitet wieder unter das Stück.

Das Beben wird stärker; der Kadaver schwankt und wankt, während ein Wulst aus Erde ringsum angehäuft wird. Durch sein eigenes Gewicht und durch die Anstrengungen der geschäftigen Bestatter unter ihm sinkt der Maulwurf allmählich in die Tiefe, der ausgehöhlte Boden bietet ihm keinen Halt.

Bald setzt sich der nach außen geräumte Sand durch Stöße der unsichtbaren Erdarbeiter in Bewegung, rutscht in den Abgrund und bedeckt das begrabene Tier. Es ist ein heimliches Begräbnis. Der Kadaver verschwindet dem Anschein nach von selbst, wie in einem Moorauge. Das Hinuntergleiten setzt sich noch längere Zeit fort, bis die Tiefe als ausreichend erachtet wird.

Kurz, eine sehr einfache Sache: In dem Maß, wie die Totengräber den Hohlraum vertiefen, in den der Kadaver, an dem kräftig gerüttelt und gezogen wird, hinabsinkt, schließt sich das Grab selbst durch Nachrutschen der gelockerten Erde, ohne Eingreifen der Bestatter. Gute Schaufeln am Ende der Beine, kräftige Rücken, die ein kleines Erdbeben auslösen können, mehr braucht es nicht für diese Arbeit. Fügen wir hier noch den wichtigen Punkt der Kunstfertigkeit hinzu, den Toten mit zahlreichen Stößen auf ein kleineres Volumen zusammenzupressen und ihn so auch durch schwierige Engpässe auf den Grund seines Grabes manövrieren zu können. Wir werden bald sehen, dass diese Kunst eine besondere Rolle bei der Arbeit der Nekrophoren spielt.

Obwohl der Maulwurf verschwunden ist, ist er noch lange nicht an seinem Bestimmungsort. Lassen wir die Bestatter ihr Geschäft vollenden. Jetzt wird unter Tage vollendet, was über Tage begonnen wurde. Neues erfahren wir dabei nicht. Warten wir zwei oder drei Tage.

Der Augenblick ist gekommen: Erkunden wir, was dort unten vor sich geht, besuchen wir den Ort der Verwesung. Nie würde ich jemanden zur Exhumierung einladen. Allein Paulchen ist beherzt genug, mir zur Hand zu gehen.

Der Maulwurf ist kein Maulwurf mehr, sondern eine grünliche Abscheulichkeit, ekelhaft, enthaart und geschrumpft zu einem molligen Balg. Das Ding muss eine gründliche Bearbeitung erfahren haben, wie ein Geflügel unter der Hand der Köchin, derart kurz und dicklich wie es nun ist, und vor allem so schnell völlig enthaart. Geschah dies zum kulinarischen Vergnügen der Larven, das der Pelz trüben könnte? Ist es eine unbeabsichtigte Begleiterscheinung, durch die Fäulnis verursachter Haarausfall? Ich bin unentschieden. Beim Exhumieren stoße ich indessen stets auf enthaartes Wildbret oder auf bis auf die Schwungfedern der Flügel und des Schwanzes gerupftes Geflügel. Kriechtiere und Fische behalten hingegen ihre Schuppen.

Kehren wir zurück zu dem unkenntlichen Ding, das der Maulwurf nun ist. Das Stück ruht in einer geräumigen Gruft mit festen Wänden, einer richtigen Werkstatt, die der Bäckerei eines Copris würdig ist. Bis auf den in Flocken verstreuten Pelz ist das Stück intakt. Die Totengräber haben es nicht angeschnitten. Es ist das Erbe der Kinder und nicht der Vorrat der Eltern, die allenfalls ein wenig an den austretenden Eitersekreten nippen.

Neben dem Stück, das sie überwachen und kneten, befinden sich zwei Nekrophoren, ein Paar, mehr nicht. Vier haben sie eingegraben. Was ist aus den beiden anderen geworden, den zwei Männchen? Ich finde sie ins Erdreich geduckt, etwas entfernt, fast an der Oberfläche.

Diese Beobachtung ist nicht außergewöhnlich. Jedes Mal, wenn ich einer Beerdigung durch ein Geschwader beiwohne, in dem die Männchen vorherrschen, die alle sehr eifrig mitarbeiten, finde ich später, wenn die Bestattung vollzogen ist, nur ein Paar in der Totengruft. Nachdem die anderen ihre Handlangerdienste geleistet haben, ziehen sie sich diskret zurück.

Bemerkenswerte Familienväter, diese Bestatter, fürwahr. Wie weit entfernt sie sind von der väterlichen Unbekümmertheit, der allgemeinen Regel bei den Insekten, die kurz mit der Mutter tändeln und ihr dann die Sorge um das Schicksal der Kinder überlassen! So untätig die anderer Kasten auch sein mögen, diese hier mühen sich wacker, bald im Interesse der eigenen Kinderschar, bald im Interesse der eines anderen, ohne Unterschied. Gerät ein Paar in Verlegenheit, kommen andere, vom Geruch benachrichtigt, zu Hilfe und dienen der Dame des Hauses; sie gleiten unter das Stück,

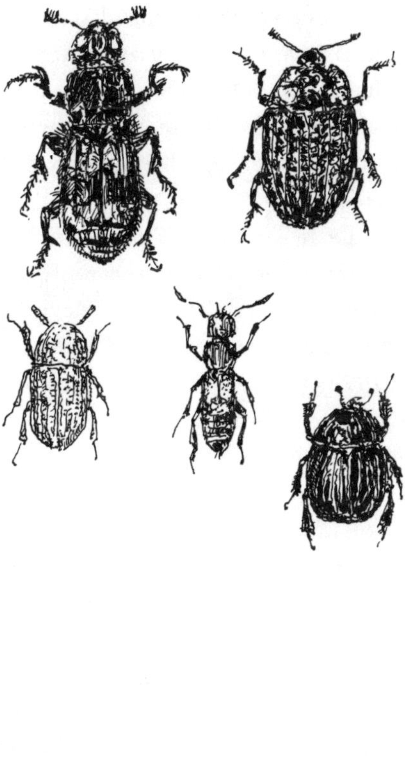

bearbeiten es mit Rücken und Beinen, graben es ein, machen sich dann wieder auf und überlassen den Hausherren seinen Freuden.

Diese bearbeiten das Stück noch längere Zeit gemeinsam mit ihrer Angetrauten, enthaaren es, drücken es zusammen und lassen es ganz nach dem Geschmack der Made verwesen. Ist alles in Ordnung, geht das Paar hinaus, trennt sich und jeder beginnt anderswo, je nach Lust und Laune, von vorn, zumindest als einfache Hilfskraft.

Zweimal, nicht öfter, sind mir bislang Väter vorgekommen, die für die Zukunft und das Wohl der Kinder arbeiten: bei bestimmten Mistkäfern und den Nekrophoren, die Kadaver ausbeuten. Straßenfeger und Totengräber zeigen beispielhafte Sitten. Wo sich die Tugend auch einnistet!

Das Übrige, Larvenstadium und Metamorphose, ist ein zweitrangiges Detail und zudem bereits bekannt. Dieses trockene Thema werde ich nur kurz aufgreifen. Ende Mai grabe ich eine Wanderratte aus, welche die Bestatter zwei Wochen zuvor eingegraben hatten. Sie ist zu einem schwarzen schmierigen Brei geworden; das grässliche Stück liefert mir fünfzehn Larven, die meist schon ihre volle Größe erreicht haben. Einige Erwachsene, sicher die Eltern der Brut, wimmeln auch in dem Gestank herum. Die Zeit der Eiablage ist jetzt vorbei und Nahrung reichlich vorhanden. Da die Ernährer nichts weiter zu tun haben, sitzen sie neben den Säuglingen zu Tisch.

Die Totengräber betreiben eine rasche Aufzucht der Kinderschar. Es sind höchstens fünfzehn Tage vergangen, seit die Wanderratte beerdigt wurde, und schon verwandelt sich die kraftvolle Population. Diese Frühreife erstaunt mich. Es ist wahrscheinlich, dass der Kadaver, der für jeden anderen Magen tödlich wäre, für sie eine Speise mit hohem Nährwert ist, die den Organismus anregt und das Wachstum beschleunigt, damit der Nahrungsvorrat verzehrt wird, bevor er sich in Humus verwandelt. Die lebendige Chemie hat es eilig, um der Zersetzung durch die mineralische zuvorzukommen.

Die Larve ist weiß, nackt und blind, gewöhnliche Merkmale eines Lebens im Dunkeln, und erinnert durch ihre lanzenförmige Gestalt an diejenige der Laufkäfer. Schwarze kräftige Kieferzange, die hervorragend zur Autopsie geeignet ist; kurze und doch flinke Beine; die Hinterleibsegmente sind oben mit einer schmalen rostroten Platte gepanzert, bestückt mit vier Spießchen; deren Aufgabe ist es offenbar, die Larve abzustützen, wenn sie die heimatliche Kammer verlässt und sich in die Erde eingräbt, wo sie sich verwandelt. Die Panzerung der Brustsegmente ist dicker, aber unbestückt.

Die Erwachsenen, die ich in Gesellschaft ihrer Larvenkinderschar in der verfaulten Wanderratte antreffe, sind alle grässlich verlaust. Die Nekrophoren, unter den ersten Maulwürfen im April herrlich glänzend und in tadellosem Kleid, sehen im Juni abscheulich aus. Eine Schicht von Parasiten umgibt sie, kriecht in die Gelenke und bildet fast eine geschlossene Hülle. Das Insekt ist unförmig unter dieser Läusejacke, die mein Pinsel nur mit Mühe wegwischen kann. Verjage ich die Horde vom Bauch, umrundet sie den Patienten, lagert auf seinem Rücken und lässt nicht locker.

Ich erkenne die Käfermilbe, die so häufig den amethystfarbenen Bauch unserer Geotrupen beschmutzt. Nein, das große Los haben diese Nützlichen mit ihrem Leben wahrlich nicht gezogen. Nekrophoren und Geotrupen widmen sich der allgemeinen Sauberkeit; und diese beiden Zünfte, so zweckmäßig durch ihren Hygienedienst und so bemerkenswert in ihrem Familienverhalten sie auch sein mögen, sind diesem elenden Gewürm ausgeliefert. Ach, dass gemeinnützige Dienste mit nichts als den Mühen des Daseins vergolten werden, dafür gibt es auch außerhalb der Welt der Totengräber und Straßenfeger Beispiele zuhauf!

Ein vorbildliches Familienverhalten, ja, aber bei den Nekrophoren nicht bis zum Schluss. In der ersten Junihälfte, sobald die Kinderschar ausreichend versorgt ist, werden die Beerdigungen rar und meine Käfige auf der Erdoberfläche bleiben verwaist, trotz immer wieder dargebotener Mäuse und Sperlinge. Von Zeit zu Zeit verlässt ein Totengräber das unterirdische Reich und schleppt sich träge an die frische Luft.

Da zieht ein recht erstaunliches Phänomen meine Aufmerksamkeit auf sich. Alle, die aus dem Erdreich hervorkommen, sind verstümmelt und haben bald weiter oben, bald weiter unten amputierte Glieder. Ich sehe einen Verkrüppelten, an dem nur ein einziges Bein unversehrt geblieben ist. Mit diesem letzten gesunden Glied und den Stummeln der übrigen strampelt er sich auf der staubigen Fläche ab, jämmerlich zerfetzt, ganz schuppig vor Läusen. Ein Kamerad taucht auf, der etwas besser beieinander ist, und gibt dem Invaliden den Rest, er nimmt seinen Bauch aus. So verenden die dreizehn Nekrophoren, die noch übrig sind, halb aufgefressen von ihren Gefährten oder amputiert. Auf die anfänglichen friedlichen Beziehungen folgt der Kannibalismus.

Die Geschichte berichtet uns von gewissen Völkern, Massageten und anderen, die ihre Alten töteten, um ihnen die Nöte des Greisenalters zu ersparen. Der Keulenschlag auf den schlohweißen Schädel war in ihren Augen ein Werk kindlicher Pietät. Die Nekrophoren teilen diese antike Grausamkeit. Ist ihre Zeit abgelaufen, sind sie unnütz geworden und schleppen nurmehr ihr ausgelaugtes Leben mit sich herum, vernichten sie sich gegenseitig. Wozu die Agonie der Hilflosen und das Verkalken noch verlängern?

Der Massaget konnte sich als Entschuldigung für seine rohen Sitten auf den Hunger berufen, diesen üblen Ratgeber; die Nekrophoren nicht, denn dank meiner Großzügigkeit sind die Vorräte reichlich, unter der Erde wie oberhalb. Der Hunger gilt nichts bei dieser Metzelei. Es handelt sich um eine Verirrung aus Erschöpfung, um einen krankhaften Wahn des zur Neige gehenden Lebens. Die allgemeine Regel gilt auch hier: Arbeit macht den Totengräber friedlich, Untätigkeit weckt perverse Neigungen. Weil er nichts zu tun hat, bricht er Seinesgleichen die Beine und frisst ihn auf, ohne daran zu denken, dass auch er selbst amputiert und aufgefressen wird. Dies wird dann die endgültige Befreiung vom verlausten Greisendasein bedeuten.

Diese mörderische Besessenheit, die so spät ausbricht, ist nicht nur ihm zueigen. Ich habe anderswo von der Perversität der Mauerbiene gesprochen, die doch anfangs so friedlich ist. Sobald sie merkt, dass ihre Eierstöcke erschöpft sind, bricht sie die Zellen ihrer Nachbarinnen auf, sogar ihre eigenen; sie verstreut den pulvrigen Honig, schlitzt das Ei auf und vertilgt es. Die Mantis verschlingt den Liebhaber, sobald er seinen Dienst getan hat; die Warzenbeißer-Mutter knabbert gerne einen Schenkel ihres kraftlosen Gatten; die gutmütigen Grillen haben heftigen Ehestreit, sobald das Ei im Boden abgelegt ist, und brechen skrupellos den Leib des anderen auf. Gibt es keine Sorgen mehr um die Brut, sind auch die Freuden des Lebens zu Ende. Manchmal pervertiert dann das Tier und seine defekte Maschine erzeugt den Irrsinn.

Die Larve zeigt keine Auffälligkeiten. Hat sie die gewünschte Größe erlangt, verlässt sie das Massengrab der heimischen Krypta und steigt ins Erdreich hinunter, weit weg vom Gestank. Dort arbeitet sie mit Beinen und Rückenpanzer; sie drängt den Sand um sich herum zurück und schafft sich eine enge Kabine für die Ruhezeit der Umwandlung. Ist die Unterkunft bereitet und befällt sie die Starre der nahen Häutung, liegt sie reglos da; bei der geringsten Störung aber rührt sie sich und dreht sich um ihre eigene Achse.

Wenn sie gestört werden, bewegen sich verschiedene Nymphen auf diese Weise im Kreis wie eine Turbine, vor allem jene der Aegosoma scabricornis, die ich jetzt, im Juli, vor Augen habe. Es ist immer wieder überraschend zu sehen, wie diese Mumien aus ihrer Reglosigkeit erwachen und sich um sich selbst drehen durch einen geheimnisvollen Mechanismus, der verdiente, genauer untersucht zu werden. Die Mechanik könnte hier ihre schönsten Theorien überprüfen. Die Lenden eines Clowns könnten sich an Kraft und Geschmeidigkeit mit denen dieses werdenden Fleisches, einer kaum starr gewordenen Eiweißmasse, nicht messen.

Isoliert in ihrer Kammer wird die Nekrophoruslarve in etwa zehn Tagen zur Nymphe. Hier fehlen mir die Belege durch direkte Beobachtung; aber die Geschichte erzählt sich selbst zu Ende. Der Nekrophorus muss die erwachsene Gestalt im Lauf des Sommers annehmen; wie der Mistkäfer feiert er im Herbst etliche Jubeltage, frei von Familiensorgen. Wenn die Fröste nahen, gräbt er sich in sein Winterquartier ein, aus dem er hervorkriecht, sobald Frühling ist.

VIII
Die Totengräber. Experimente

Kommen wir zu den Heldentaten der Vernunft, die dem Totengräber seinen guten Ruf beschert haben, und prüfen wir zunächst die von Clairville erzählte Beobachtung vom zu harten Boden und dem Herbeirufen von Verstärkung.

Zu diesem Zweck lege ich ins Zentrum des Geheges unter der Glocke einen Ziegelstein bündig in die Erde, den ich mit einer dünnen Sandschicht bestreue. Dies ist der Bereich, der nicht aufgegraben werden kann. Ringsumher erstreckt sich weit und breit, auf demselben Niveau, der lockere, leicht zu bearbeitende Boden.

Nun brauche ich eine Maus; der schwerfällige Maulwurf würde beim Transport vielleicht zu viele Schwierigkeiten machen. Um sie zu bekommen, schicke ich Freunde und Nachbarn auf die Suche, die über meine Marotte lachen und dennoch ihre Mausefallen spannen. Aber was sofort gebraucht wird, macht sich rar, auch wenn es sonst nie mangelt. Mit seinen Worten den Anstand vor den Kopf stoßend, nach dem Vorbild des Lateiners, seinem Ahnherren, sagt der Provenzale gröber noch, als ich es übersetze: »Brauchst du Mist, haben die Esel Verstopfung.«

Schließlich halte ich mein begehrtes Stück, die Maus, in Händen. Sie kommt aus jenem mit einem Bund Stroh möblierten Refugium, in dem die offizielle Nächstenliebe den Elenden, die auf der fruchtbaren Erde umherirren, für einen Tag Gastfreundschaft gewährt: aus dem Gemeindehaus, das man unvermeidlich verlaust verlässt. Lieber Réaumur, der Ihr Edelfrauen zum Hautwechsel Eurer Raupen einludet; was hättet Ihr von einem zukünftigen Schüler gehalten, der dieses Elend kennt? Vielleicht muss man es genau kennen, um das Elend der Tiere nachempfinden zu können.

Ich habe sie, die ersehnte Maus. Ich lege sie mitten auf den Ziegelstein. Die Bestatter unter der Glocke sind jetzt zu siebt, drei davon sind Weibchen. Alle sind in der Erde, die einen untätig nahe der Oberfläche, die anderen beschäftigt in ihren Grüften. Unverzüglich macht die Kunde vom neuen Kadaver die Runde. Um sieben Uhr früh eilen drei Nekrophoren herbei, ein Weibchen und zwei Männchen. Sie schlüpfen unter die Maus, die sich stoßweise bewegt, ein Zeichen für die Anstrengungen der Bestatter. Sie versuchen, in der Sandschicht zu graben, die den Ziegelstein bedeckt. So häuft sich rings um die Tote ein Wulst von Aushub an.

Zwei Stunden lang wiederholen sich die Erschütterungen, ohne Ergebnis. Ich nutze den Umstand, um herauszufinden, wie die Arbeit vor sich geht. Der kahle Ziegelstein zeigt, was die aufgewühlte Erde verbirgt. Wenn der Kadaver bewegt werden muss, dreht das Insekt sich um; es klammert sich mit seinen sechs Beinen an den Flaum der Toten, stützt sich auf seinen Rücken, bildet aus Stirn und Unterleib einen Hebel und teilt damit Stöße aus. Muss gegraben werden, wird die normale Stellung wieder eingenommen. So plagt der Bestatter sich im Wechsel, bald mit den Beinen in der Luft, wenn der Kadaver verschoben oder weiter in die Tiefe gezogen werden muss, bald mit den Beinen auf dem Boden, wenn es nötig ist, die Grube zu vergrößern.

Schließlich wird die Stelle, an der die Maus liegt, als undurchdringlich erkannt. Ein Männchen kommt hervor. Es erkundet den Gegenstand, umrundet ihn, kratzt ein wenig aufs Geratewohl. Dann verschwindet es wieder und die Tote beginnt sogleich zu schwanken. Unterrichtet es die Kollegen über seine Entdeckung? Wird es sie dazu bewegen, sich anderswo einzurichten, auf geeigneterem Boden?

Die Beobachtungen bestätigen das nicht. Wenn er die Masse erschüttert, ahmen ihn die anderen nach und stoßen, allerdings ohne einheitliche Stoßrichtung; denn nachdem die Last auf die Kante des Ziegelsteins zugerückt ist, bewegt sie sich rückwärts und gelangt wieder an die vormalige Stelle. Ohne Einvernehmen sind die Hebelstöße umsonst. Fast drei Stunden vergehen mit verschiedenen Schwankungen, die sich gegenseitig wieder aufheben. Die Maus kommt nicht über die kleine Sanddüne hinweg, die sich unter dem Rechen der Arbeiter aufgehäuft hat.

Zum zweiten Mal kommt ein Männchen hervor und forscht ringsumher. Dicht am Ziegelstein wird im lockeren Erdreich gebohrt. Es ist eine Probebohrung, um die Beschaffenheit des Bodens zu erkennen, ein schmaler, niedriger Schacht, in den das Insekt zur Hälfte eintaucht. Der Bohrer kehrt zum Arbeitsplatz zurück, arbeitet mit dem Rücken, und das Stück bewegt sich einen Fingerbreit auf den als günstig erkannten Punkt zu. Ist es diesmal so weit? Nein, denn kurz darauf kehrt die Maus zurück. Kein Fortschritt bei der Lösung des Problems.

Nun gehen zwei Männchen auf Erkundung aus, jedes für sich. Statt an der bereits sondierten Stelle stehenzubleiben, die so klug gewählt war, durchqueren sie überstürzt die ganze Käfigfläche, beklopfen den Boden hier und dort und durchziehen ihn mit oberflächlichen Furchen. Sie entfernen sich so weit vom Ziegelstein, wie das Gehege es zulässt.

Mit Vorliebe graben sie am Glockenrand; hier führen sie verschiedene Bohrungen aus. Ohne dass ich einen Grund erkennen kann, insofern die Erdschicht neben dem Ziegelstein ja überall gleich locker ist, wird die erste gewählte Stelle für eine zweite aufgegeben, die ebenfalls verworfen wird. Es folgen eine dritte, eine vierte; dann eine fünfte und noch eine sechste. Auf diese sechste fällt die Wahl. Es kommt hier nicht zur Aushebung einer Grube für die Maus, sondern es wird lediglich ein einfacher Probeschacht gegraben, sehr flach und gerade so breit wie der Ausgräber.

Zurück zur Maus, die plötzlich wackelt, schwankt, vorwärts, rückwärts, in eine Richtung, dann in eine andere, bis schließlich die kleine Sanddüne doch überwunden ist. Jetzt sind wir neben dem Ziegelstein, auf hervorragendem Gelände. Allmählich bewegt sich das Stück vorwärts. Es ist keine suchende Bewegung mehr, sondern eine ruckartige Verschiebung durch unsichtbare Hebel. Der Kadaver scheint sich von selbst zu bewegen.

Diesmal, nach so vielen Verzögerungen, sind die Bemühungen aufeinander abgestimmt; das Stück erreicht die erkundete Gegend viel rascher, als ich erwartet hatte. Dann beginnt das Eingraben nach der üblichen Methode. Es ist ein Uhr. Die Nekrophoren benötigten einen halben Tag, um das Gelände zu erkunden und die Maus an eine andere Stelle zu bringen.

Aus diesem Experiment erkennt man zunächst, dass die Männchen in Haushaltsangelegenheiten eine wichtige Rolle spielen. Vielleicht besser begabt als ihre Gefährtinnen gehen sie auf Erkundigungen aus, wenn der Fall misslich ist; sie inspizieren das Gelände, erkennen, wo es klemmt, und wählen die Stelle aus, an der die Grabung durchgeführt wird. In dem langwährenden Versuch mit dem Ziegelstein haben allein die beiden Männchen außerhalb geforscht und an der Lösung des Problems gearbeitet. Im Vertrauen auf seine Helfer wartete das Weibchen reglos unter der Maus auf das Ergebnis ihrer Untersuchungen. Die folgenden Versuche werden die Verdienste dieses wackeren Hilfspersonals bestätigen.

Des Weiteren sieht man, dass, wenn der Ort, an dem die Maus liegt, als undurchdringlich erkannt wird, keineswegs ein wenig entfernt in lockerem Erdreich ein neues Graben einsetzt, sondern alles, wiederholen wir's, sich auf oberflächliche Untersuchungen beschränkt, mit denen sich das Insekt immerhin über eine Möglichkeit des Eingrabens unterrichtet.

Es wäre unsinnig, eine Grube auszuheben, in die der Kadaver später transportiert wird. Um den Boden aufzugraben, müssen unsere Bestatter auf dem Rücken die Last ihres Toten spüren. Sie arbeiten nur, wenn sie durch den Kontakt mit seinem Flaum angeregt werden. Nie und nimmer heben sie das Grab aus, wenn die Leiche nicht das Loch bereits besetzt. Dies bestätigen meine zwei Monate und länger gemachten täglichen Bobachtungen.

Der Rest der Clairville'schen Anekdote hält der Prüfung nicht besser stand. Man sagt uns: Gerät der Nekrophorus in Verlegenheit, sucht er Hilfe und kehrt mit Gefährten zurück, die ihm beim Beerdigen der Maus beistehen. Dies ist eine Variante der unterhaltsamen Geschichte vom Skarabäus, dessen Pille in eine Spurrille gekippt ist. Da er es nicht schafft, seine Beute aus dem Abgrund herauszuholen, ruft der schlaue Mistkäfer drei oder vier seiner

Nachbarn, die bereitwillig die Kugel herausziehen und nach der Rettung an ihre Arbeit zurückkehren.

Diese falsche Deutung der Handlungen des Pillendrehers macht mich vorsichtig gegenüber der des Leichenbestatters. Ist es zu viel verlangt, wenn ich den Beobachter frage, welche Maßnahmen er getroffen hat, um den Eigentümer der Maus bei seiner Rückkehr zwischen den vier Helfern zu erkennen? Woran erkennt er denjenigen unter den fünfen, der so vernünftig war, Verstärkung herbeizuholen? Ist man wenigstens wirklich sicher, dass der Verschwundene in der Schar zurückkehrt? Nichts deutet darauf hin, und dies wäre der wesentliche Punkt, den ein guter Beobachter nicht vernachlässigen dürfte. Sind es nicht eher irgendwelche Nekrophoren, die vom Geruch angelockt und ohne jegliches Einvernehmen untereinander zu der liegengelassenen Maus eilen und sie für sich ausbeuten? Ich bin dieser Ansicht; sie ist sehr wahrscheinlich, da genaue Auskünfte fehlen.

Die Annahme wird zur Gewissheit, wenn man den Vorgang einem Experiment unterwirft. Der Versuch mit dem Ziegelstein brachte Klarheit. Sechs Stunden lang haben meine Versuchstiere sich abgemüht, bevor es ihnen gelang, die Beute zu versetzen und sie in lockeres Erdreich zu bringen. Hilfsbereite Genossen waren nicht allzu weit entfernt. Vier weitere hier unter ein wenig Sand vergrabene Nekrophoren besetzten dieselbe Glocke, Bekannte, gestern noch Mitarbeiter; und keiner der Geschäftigen kam darauf, sie um Hilfe zu bitten. Trotz ihrer äußersten Verlegenheit haben die Mausbeisetzer ihr Geschäft zu Ende geführt, ohne die geringste Hilfe, die so einfach zu holen gewesen wäre.

Man könnte sagen: Sie waren zu dritt, wähnten sich stark genug; weitere Schultern schienen ihnen unnötig. Der Einwand trägt nicht. Wieder und wieder habe ich unter schwereren Bedingungen als einem harten Boden einzelne Nekrophoren beobachtet, die sich unter großen Anstrengungen an meinen Versuchskniffen verausgabten, und nicht ein einziges Mal haben sie den Arbeitsplatz verlassen, um Helfer zu rekrutieren. Freilich kommen oft Mitarbeiter daher, aber sie sind vom Geruch herbeigelockt und nicht vom ersten Besatzer. Es sind Gesandte des Zufalls, keine in die Pflicht genommenen Arbeiter. Man empfängt sie zwar ohne Arg, aber auch ohne besondere Dankbarkeit. Man ruft sie nicht, man duldet sie.

Im Wintergarten, der mir zur Aufbewahrung der Voliere dient, habe ich einen dieser zufälligen Mitarbeiter auf frischer Tat ertappt. Als er nachts des Weges kam und das tote Fleisch roch, trat er dort ein, wo noch keiner seiner Kumpanen aus freien Stücken eingetreten war.

Ich überraschte ihn auf der Wölbung der Glocke. Hätte ihn das Drahtgitter nicht davon abgehalten, wäre er unweigerlich mit den anderen ans Werk gegangen. Meine Gefangenen sollen ihn herbeigerufen haben? Sicher nicht. Er kam, weil der Geruch des Maulwurfs ihn lockte, nicht weil ihn die Sorgen anderer kümmerten. Wie all die anderen, deren freundliche Unterstützung in höchsten Tönen gepriesen wird. Zu diesen herbeifantasierten Heldentaten möchte ich wiederholen, was ich an anderer Stelle über die des Skarabäus gesagt habe: Ammenmärchen, wie Allerleirauh, zum Vergnügen der Naiven.

Ein harter Boden, der das Versetzen des Kadavers verlangt, ist nicht die einzige Schwierigkeit der Nekrophoren. Meist ist der Boden bewachsen, vor allem von der Quecke, mit ihrem unentwirrbaren Netz von zähen Wurzelschnüren unter der Erde. In den Zwischenräumen zu graben, ist möglich, aber den Toten dort hineinzuziehen, ist etwas anderes: Die Maschen des Netzes sind zu eng für einen Durchgang. Fühlt sich der Bestatter einem solchen äußerst häufigen Hindernis gegenüber ohnmächtig? Das kann nicht sein.

Auf diese oder andere Behinderungen, die in seinem Gewerbe normal sind, ist das Tier stets vorbereitet; sonst könnte es nicht arbeiten. Kein Ziel wird ohne Mittel und Fähigkeiten erreicht. Außer der Kunst der Erdarbeit kennt der Totengräber gewiss noch eine andere: die Kunst, Stränge durchzuschneiden, Wurzeln, Ausläufer, dünne Rhizome, die den Abstieg in die Grube verhindern.

Zu Schaufel und Hacke gesellt sich das Schneidewerkzeug. All dies ist ganz logisch und klar. Machen wir trotzdem ein Experiment, um den besten aller Zeugen zu befragen.

Vom Küchenherd leihe ich mir einen Dreifuß, auf dessen eisernen Füßen die von mir ersonnene Vorrichtung fest stehen wird. Sie besitzt ein grobes Netz aus geflochtenem Raphiabast, eine recht genaue Nachahmung der Queckenwurzeln. Die unregelmäßigen Maschen sind nirgends groß genug für die Leiche, diesmal ein Maulwurf. Die drei Füße des Gerätes werden in den Boden der Volière gerammt. Etwas Sand verbirgt die Stränge. Der Maulwurf wird mitten daraufgelegt und meine Totengräberschar auf den Kadaver losgelassen.

Die Bestattung wird ohne weitere Probleme an einem Nachmittag vollzogen. Das Raphiageflecht, das dem Flechtwerk der Quecke gleicht, stört kaum. Die Dinge gehen ein wenig langsamer voran, das ist alles. Ebendort, wo der Maulwurf liegt, versinkt er in der Erde, ohne dass der Versuch, ihn an eine andere Stelle zu versetzen, unternommen wird. Als die Operation beendet ist, hebe ich den Dreifuß hoch. An der Stelle, wo der Kadaver lag, ist das Geflecht zerrissen. Einige wenige Streifen sind durchgenagt, gerade so viele, wie für die Passage des Stücks nötig war.

Sehr gut, meine Totengräber! Das hatte ich von euch erwartet! Ihr habt die List des Experimentators vereitelt, indem ihr eure Werkzeuge gegen natürliche Hindernisse angewandt habt. Statt mit Scheren habt ihr mit den Kieferzangen geduldig meine Stränge zerrissen, so wie ihr die Stränge der Queke zerrissen hättet. Das ist verdienstvoll, aber keine außergewöhnliche Ruhmestat. Noch der beschränkteste Erdarbeiter unter den Insekten hätte es unter ähnlichen Bedingenen ebenso gemacht. Erhöhen wir die Schwierigkeit. Mit einem Raphiaband wird der Maulwurf hinten und vorne an einem leichten waagerechten Querstab befestigt, der auf zwei unerschütterlich feststeckenden Gabeln ruht. Ein Stück Jagdwild, auf ausgefallene Weise aufgespießt. Der Kadaver berührt seiner ganzen Länge nach den Erdboden.

Die Nekrophoren verschwinden unter der Leiche und sobald sie den Kontakt mit seinem Pelz spüren, machen sie sich ans Graben. Die Grube wird tiefer, bildet einen Hohlraum, aber das begehrte Ding kommt nicht herunter, der Querstab hält es, seinerseits von den Gabeln gehalten. Das Graben verlangsamt sich, die Pausen werden länger.

Unterdessen kommt einer der Bestatter an die Oberfläche, spaziert auf dem Maulwurf herum, inspiziert ihn und entdeckt schließlich das hintere Band. Er kaut hartnäckig und zerfasert es. Ich höre den Schnitt der Schere, der das Zerren beendet. Krack! Es ist geschafft. Vom eigenen Gewicht gezogen, sinkt der Maulwurf in die Grube, aber schräg, der Kopf ist immer noch draußen, festgehalten vom zweiten Band.

Man beerdigt das Hinterteil; dann zieht man sehr lange, schüttelt hin und her. Nichts tut sich: Die Sache kommt nicht voran. Wieder taucht einer auf, um zu erkunden, was da oben los ist. Das zweite Band wird entdeckt, seinerseits zerkaut, von da an geht alles nach Wunsch.

Mein Kompliment, ihr scharfsichtigen Kabelschneider, aber kein allzu großes! Die Bänder am Maulwurf sind euch vertraut vom grasüberwachsenen Gelände. Ihr habt sie zerrissen, wie zuvor die Bastmatte, so wie ihr mit den Schnitten eurer Scheren gegen jedes natürliche Gewirr vorgeht, das quer über eure Katakomben gespannt ist. Eine für euer Gewerbe unabdingbare Fertigkeit. Wenn ihr durch Erfahrung lernen, überlegen müsstet, bevor ihr zur Tat schreitet, wäre eure Art schon verschwunden, ausgestorben durch die Verzögerungen der Lehrzeit; denn die Orte, an denen sich viele Maulwürfe, Kröten, Eidechsen und andere Nahrung nach eurem Geschmack finden, sind meist grasbewachsen.

Ihr seid zu Besserem fähig; bevor wir dies darlegen, wollen wir den Fall prüfen, wenn niedriges Gestrüpp das Erdreich bedeckt und den Kadaver in geringem Abstand über dem Boden hält. Bleibt solch ein Fundstück, das der Zufall derart auftischte, ohne Verwendung? Lassen die Nekrophoren es liegen, sind sie gleichgültig gegen das prächtige Stück, das sie einige Zoll über ihrem Kopf sehen und riechen, oder bringen sie das Wildbret dazu, vom Galgen zu fallen?

So reichlich ist Jagdbeute nicht, als dass man sie verschmähen dürfte, nur weil es Mühe macht, ihrer habhaft zu werden. Bevor ich es beobachtet habe, glaubte ich an den Sturz, überzeugt, dass die Nekrophoren, die häufig dem Problem eines nicht auf dem Boden liegenden Toten ausgesetzt sind, den Instinkt haben müssen, ihn auf den Boden purzeln zu lassen. Das so häufig in der Flur anzutreffende Hindernis von einigen Halmen oder verhakten Dornen kann sie nicht abbringen. Das Stück herunterzuholen, mag es noch so hoch hängen, muss sicherlich zu den Möglichkeiten des Instinkts gehören. Schauen wir ihnen bei der Arbeit zu.

Ich pflanze in den Sand des Käfigs ein dürres Thymianbüschel. Der Strauch misst höchstens eine Spanne. Auf das Gezweig lege ich eine Maus und verschlinge ihren Schwanz, die Beine und den Hals mit den Ästchen, um den Schwierigkeitsgrad zu erhöhen. Die Population der Drahtglocke besteht zurzeit aus vierzehn Nekrophoren und das wird bis zum Abschluss meiner Forschungen so bleiben. Wohlgemerkt: Nicht alle beginnen ihr Tagwerk gleichzeitig; die meisten bleiben eingegraben, dösen oder bringen Vorratskammern in Ordnung. Manchmal ist es ein Einziger, oft sind es zwei, drei oder vier, selten mehr, die sich mit der Leiche beschäftigen. Heute eilen zwei zu der Maus, die sie da oben auf dem Thymianbüschel gleich bemerkt haben.

Vom Drahtgitter des Käfigs aus erklimmen sie den Wipfel des Strauchs. Hier wiederholt sich, wenn auch etwas zögerlicher, weil die Stütze schwankt, die Taktik, die angewandt wird, um bei ungünstigem Terrain das Stück zu versetzen. Das Insekt stützt sich auf einen Zweig, stößt abwechselnd mit Rücken und Beinen, schüttelt, stößt kräftig, bis sich die bearbeitete Stelle aus ihren Fesseln löst. In kurzer Zeit ziehen die zwei Arbeiter die Tote aus dem Dickicht. Noch eine Erschütterung, und die Maus ist unten. Nun wird eingegraben.

Nichts Neues: Mit dem Fundstück ist genau das passiert, was sich bei einem für die Beerdigung ungeeigneten Terrain ereignet. Der Sturz ist die Konsequenz eines Transportversuchs.

Jetzt ist es an der Zeit, den Krötengalgen aufzustellen, den Gleditsch erwähnt. Ein Lurch ist nicht unbedingt nötig; ein Maulwurf wird es ebenso tun, und sogar besser. Mit einem Raphiaband befestige ich ihn mit den Hinterbeinen an einem Zweig, den ich senkrecht und nicht sehr tief in den Erdboden stecke. Das Tier hängt der Länge nach lotrecht vom Galgen herab und berührt mit Kopf und Schultern die Erde.

Die Bestatter gehen unter dem Stück ans Werk, gleich am Fuß des Pfahls; sie höhlen einen Trichter aus, in den nach und nach Schnauze, Kopf und Hals des Maulwurfs abtauchen. Der Pfosten lockert sich und fällt schließlich um, vom Gewicht seiner schweren Last gezogen. Ich bin Zeuge des stürzenden Pfostens, einer der erstaunlichsten Verstandesleistungen, die man je einem Insekt zugesprochen hat.

Für den, der das Problem des Instinkts wälzt, ist dies ein bewegendes Ereignis. Hüten wir uns trotzdem noch vor einer Schlussfolgerung: Das wäre voreilig. Fragen wir uns zunächst, ob der Sturz des Pfahls beabsichtigt oder zufällig gewesen ist. Haben die Nekrophoren den Zweig mit dem ausdrücklichen Ziel freigelegt, ihn zu Fall zu bringen? Oder haben sie im Gegenteil an seiner Basis nur gewühlt, um den auf der Erde ruhenden Teil des Maulwurfs einzugraben? Eine Frage, die übrigens leicht zu beantworten ist.

Wiederholen wir das Experiment; diesmal steht der Träger schief und der Maulwurf, der senkrecht von ihm herabhängt, berührt den Erdboden zwei Zoll vom Fuß des Pfahls entfernt. Unter diesen Umständen wird nicht ein Versuch unternommen, ihn umzustürzen. Der Galgen bekommt keinen einzigen Fußtritt. Gegraben wird ein Stückchen weiter weg, unter dem Kadaver, wo er mit den Schultern die Erde berührt. Hier und nur hier wird ein Loch gegraben, um das Vorderteil des Toten aufzunehmen, der den Bestattern zugängliche Teil.

Ein Zoll Abstand macht die berühmte Legende zunichte. Oft genug reicht das einfachste Sieb aus, man muss es nur mit einigem Verstand zu schwingen verstehen, um in einem konfusen Haufen von Behauptungen das gute Samenkorn der Wahrheit zu finden.

Schwingen wir es noch einmal, dieses Sieb des Verstandes. Der Träger steht schräg oder senkrecht, egal; aber der Maulwurf, immer noch mit dem Hinterbein oben am Zweig befestigt, berührt den Erdboden nicht; er hängt einige Fingerbreit darüber, außer Reichweite der Totengräber.

Was werden sie tun? Werden sie am Fuß des Galgens kratzen, um ihn zu Fall zu bringen? Keineswegs; und der Naive, der eine solche Taktik erwartet, wird schwer enttäuscht. Dem Fuß des Pfahls wird keine Aufmerksamkeit gewidmet. Nicht einmal ein Strich mit dem Rechen. Keinerlei Abrissarbeiten, nichts und wieder nichts. Die Nekrophoren bemächtigen sich des Maulwurfs durch andere Methoden.

Diese wichtigen und in vielen Varianten wiederholten Experimente zeigen, dass niemals, nie und nimmer, am Fuß des Trägers gegraben, nicht einmal oberflächlich gekratzt wird, es sei denn das von ihm herabhängende tote Tier berührt an diesem Punkt den Boden. Fällt der Zweig um, ist dies kein absichtliches Ergebnis, sondern einfach eine zufällige Folge des Grabens.

Was hat also der Mann an der Kröte gesehen, von der Gleditsch spricht? Wenn sein Stab umgestürzt worden ist, musste das außerhalb der Reichweite der Nekrophoren aufgehängte Stück den Boden berühren: eine merkwürdige Vorsichtsmaßnahme gegen Räuber und Feuchtigkeit! Man darf wohl dem Krötenpräparator mehr Scharfblick zugestehen und annehmen, dass er sein Tier einige Zoll vom Erdboden entfernt aufgehängt hat. In diesem Fall, das bestätigen all meine Experimente, ist der Sturz des durch die Totengräber unterminierten Pfahls ein Ausbund an Fantasie.

Ein weiteres schönes Argument für die tierische Vernunft, das sich im Licht des Experiments auflöst und im Schlammloch der Irrtümer versinkt. Ich bewundere euren naiven Glauben, ihr Herren, die ihr die Worte eines zufälligen Beobachters ernstnehmt, aus denen mehr Einbildung als Wahrheit spricht; ich bewundere eure Leichtgläubigkeit, wenn ihr eure Theorien kritiklos auf solche Dummheiten stützt.

Machen wir weiter. Der Galgen ist nunmehr senkrecht eingesteckt, aber das daranhängende Stück erreicht nicht die Basis, was genügt, um jede Grabung an dieser Stelle zu vermeiden. Ich nehme eine Maus, die sich durch ihr geringes Gewicht besser für die Manöver des Insekts eignet. Das tote Tier wird mit einem Raphiaband an den Hinterbeinen oben am Galgen angebunden. Es hängt lotrecht herab.

Bald haben zwei Nekrophoren das Stück entdeckt. Sie erklimmen den Klettermast; sie erkunden das Stück und durchwühlen mit Stößen des Käppchens seinen Pelz. Ein prachtvolles Stück. Also ans Werk! Hier wird wieder, aber unter erschwerten Bedingungen, dieselbe Taktik wie beim ungünstig liegenden Kadaver angewandt: Die zwei Arbeiter drängen sich zwischen Maus und Pfosten und, indem sie sich am Zweig festhalten, wölben sie ihren Rücken, erschüttern und stoßen den Kadaver, der hin und herschwingt, sich im Kreis dreht, vom Pfahl weg und zurück. Der ganze Vormittag vergeht über vergeblichen Versuchen, die von Suchgängen auf dem Körper des Tieres unterbrochen werden.

Am Nachmittag wird endlich der Grund für den Misserfolg erkannt, wenn auch nicht gleich; die beiden verbissenen Galgenplünderer stürzen sich zunächst auf die Hinterbeine der Maus, etwas unterhalb des Bandes. Sie enthaaren sie, ziehen die Haut ab und zerschneiden das Fleisch um die Ferse. Sie waren schon am Knöchel, als einer der beiden den Raphiastrick unter seiner Kieferzange findet. Das ist ihm vertraut und gleicht den Graswurzeln, wie sie in krautigem Gelände häufig vorkommen. Also malmt die Schere hartnäckig; das pflanzliche Hindernis wird durchtrennt und die Maus fällt zu Boden, wo sie sofort eingegraben wird.

Für sich genommen wäre das Zerreißen des Bandes eine glanzvolle Tat; wenn man sie aber im Zusammenhang der gewöhnlichen Arbeit betrachtet, verliert sie an Bedeutung. Bevor sich das Insekt auf die unverborgene Bindung stürzte, hat es sich einen ganzen Vormittag lang mit Stößen verausgabt, seiner ihm geläufigen Methode. Als es zum Schluss das Band entdeckte, hat es dieses zerrissen wie jede hinderliche Queckenwurzel, die es unter der Erde findet.

Unter den Bedingungen, die dem Insekt gegeben sind, muss die Schere sich zur Schaufel gesellen, und immerhin führt sein geringes Unterscheidungsvermögen dazu, dass es zur Schere greift. Es schneidet ab, was hinderlich ist, ohne mehr Überlegung als beim Eingraben seines Kadavers. Es erfasst die Beziehung zwischen Ursache und Wirkung so wenig, dass es versucht, den Beinknochen zu zerbeißen, bevor es den Raphiaknoten gleich daneben zerkaut. Das Schwierige wird vor dem ganz Leichten versucht.

Schwierig, ja, aber nicht unmöglich, wenn die Maus jung ist. Ich beginne noch einmal mit einem Eisendraht, an dem die Schere des Insekts keinen Halt findet, und einem zarten Mäuschen, halb so groß wie eine erwachsene Maus. Diesmal wird am Schienbein genagt, mit der Kieferzange an der Stelle, wo der Knöchel beginnt, bis es durchgesägt ist. Das abgetrennte Bein gibt Platz frei für das andere, das sich leicht aus der metallenen Schlinge löst, und durch Stöße fällt der Kadaver zur Erde.

Ist aber der Knochen zu hart, ist das aufgehängte Stück ein Maulwurf, eine erwachsene Maus oder ein Sperling, bedeutet der Eisendraht für das Geschäft der Totengräber ein unüberwindliches Hindernis; fast eine Woche lang bearbeiten sie das Stück, zupfen ihm die Federn aus, enthaaren es, zerrupfen es, verwandeln es in ein jämmerliches Ding und lassen schließlich ab, sobald es vertrocknet. Ein einziger vernünftiger und unverkennbarer Ausweg bleibt noch: den Galgen umzustürzen. Keiner denkt daran, selbstredend.

Ein letztes Mal wollen wir unsre Versuchsanordnung abändern. Der obere Teil des Pflocks besteht aus einer kleinen weit offenen Gabelung, deren Zweige kaum einen Zentimeter lang sind. Mit einer Hanfschnur, stärker als Raphia, binde ich die Hinterbeine einer erwachsenen Maus etwas oberhalb der Knöchel zusammen und stecke zwischen beide eine Zacke der Gabel. Leichtes Hochrutschen wird ausreichen, um das Stück hinunterfallen zu lassen, das da wie ein junges Kaninchen in der Auslage des Wildverkäufers feilgeboten wird.

Fünf Nekrophoren kommen zu meinem Präparat. Nach langem vergeblichen Schütteln werden die Schienbeine angegriffen. Das ist offenbar die geläufige Methode, wenn der Kadaver an einem seiner Glieder an einer engen Gabelung im Gestrüpp zurückgehalten wird. Nachdem alles versucht wurde, den Knochen durchzunagen, harte Arbeit diesmal, drängt sich einer der Arbeiter zwischen die zusammengebundenen Beine. Dort spürt er am Rücken das Haar des Tiers. Mehr braucht es nicht, damit die Neigung erwacht, mit dem Rücken zu stoßen. Mit einigen Hebelstößen ist es so weit: Die Maus rutscht ein wenig hoch, gleitet über den Zapfen, an dem sie hängt, und fällt zu Boden.

Ist das wirklich ein überlegtes Manöver? Hat das Insekt tatsächlich in einer plötzlichen Eingebung der Vernunft begriffen, dass es das Stück durch Rutschen entlang des Zapfens zu Fall bringen kann? Hat es wirklich den Mechanismus der Aufhängung durchschaut? Ich kenne viele, die davon überzeugt waren, ohne nach weiteren Information zu fragen.

Ich bin nicht so leicht zu überzeugen und wandle das Experiment ab, bevor ich einen Schluss ziehe. Ich vermute, dass der Totengräber ohne Vorwissen um die Folgen seiner Tat allein deshalb mit dem Rücken gestoßen hat, weil er über sich die Beine des Tieres spürte. Bei der hier angewandten Art der Aufhängung hat das Stoßen mit dem Rücken, das in allen beschwerlichen Fällen üblich ist, gerade ausgereicht, um das tote Tier über den es haltenden Zapfen zu hieven, und dieses glückliche Zusammentreffen führte zum Sturz. Dieser Punkt, an dem das tote Tier der Länge nach über den Haken rutscht, müsste sich etwas weiter weg von der Maus befinden, sodass diese nicht mehr durch Stöße vom Haken gelöst werden kann.

Der Eisendraht verknüpft einmal die Krallen eines Sperlings, dann die Knöchel einer Maus und krümmt sich zwei Zentimeter entfernt zu einem kleinen Ring, in dem mit sehr freiem Spiel eine Zweiggabel steckt, wobei diese sehr kurz ist und beinahe horizontal absteht. Um das aufgehängte Tier zu Fall zu bringen, genügte ein kleiner Stoß gegen diesen Ring, dessen Form dem Werkzeug des Insekts angepasst ist. Kurz, die Anordnung ist wie zuvor, mit dem Unterschied, dass der Haltepunkt außerhalb des aufgehängten Tieres liegt.

Meine boshaften und doch harmlosen Tricks haben vollen Erfolg. Die Stöße werden über lange Zeit wiederholt, vergeblich; die Schienbeine, die harten Krallen geben dem geduldigen Sägen nicht nach. Ohne Verwendung vertrocknen Sperling und Maus auf dem Träger. Meine Nekrophoren kapitulieren vor dem unlösbaren mechanischen Problem, der eine früher, der andere später, statt die bewegliche Halterung ein wenig anzustupsen und das begehrte Tier so abzuhängen.

Merkwürdige Denker, meiner Treu! Wenn sie vorher eine klare Vorstellung von der Wechselbeziehung zwischen den gebundenen Beinen und dem Aufhängehaken hatten, wenn sie die Maus durch vernünftige Überlegung zu Fall brachten, wie kommt es dann, dass die gegenwärtige, ebenso einfache Versuchsanordnung für sie ein unüberwindliches Hindernis darstellt? Tagelang bearbeiten sie das Stück, untersuchen es von oben bis unten, ohne den Haltepunkt zu beachten, die Ursache ihres Missgeschicks. Vergeblich dehne ich meine Überwachung aus; ich sehe nicht einen Einzigen, der die Halterung mit dem Bein stößt oder mit der Stirn zurückschiebt.

Ihr Scheitern liegt nicht in ihrer Unfähigkeit. Wie die Geotrupen sind sie kräftige Erdarbeiter. Hält man sie in der Faust, drängen sie sich zwischen die Finger und schinden einem derart die Haut, dass man bald loslässt. Mit ihrer Stirn, einer starken Pflugschar, könnten sie ohne Weiteres den Ring von seiner kurzen Halterung herunterschubsen. Sie können es nicht, weil sie nicht daran denken; sie denken nicht daran, weil sie nicht besitzen, was ihnen der Transformismus in seiner in die Irre führenden Großzügigkeit zugesteht, um seine eigene These zu stützen.

Göttliche Vernunft, Sonne des Intellekts, wie sich dein erhabenes Antlitz verfinstert, wenn die Verherrlicher des Tiers dich mit ihrer Plumpheit verschmähen!

Prüfen wir nun unter einem anderen Blickwinkel die Umnachtung der Nekrophoren. Meine Gefangenen sind nicht so zufrieden in ihrem aufwändigen Logis, als dass sie nicht ständig zu fliehen versuchten, vor allem wenn es keine Arbeit gibt, die als selbstherrliche Trösterin sowohl im Reich der Tiere als auch im Reich der Menschen die Niedergeschlagenen besänftigt. Das Eingesperrtsein unter der Glocke macht ihnen zu schaffen. Wenn der Maulwurf beerdigt und im Untergeschoss alles in Ordnung gebracht ist, laufen sie unruhig in ihrem Gittergewölbe umher; sie klettern am Gitter hinauf und hinunter, steigen wieder hoch, schwingen sich auf und stürzen sofort wieder ab, weil sie gegen die Drähte stoßen. Sie rappeln sich wieder auf und beginnen aufs Neue. Der Himmel ist prachtvoll; ruhiges, warmes Wetter, wie bestellt für die Suche nach einer am Wegesrand zertretenen Eidechse. Vielleicht dringt der köstliche Geruch eines guten Stücks von weither und nur die feine Nase des Totengräbers wittert ihn. Daher möchten meine Nekrophoren gerne fort.

Schaffen sie es? Nichts wäre für sie leichter, wenn sie nur einen Schimmer von Vernunft besäßen. Bei den häufigen Streifzügen durch das Gitter haben sie da draußen den freien Boden gesehen, das Gelobte Land, das man erreichen muss. Nicht nur ein Mal, hundert Mal haben sie am Fuß des Ringwalls gegraben. Dort haben sie sich in senkrechten Schächten aufgehalten und ganze Tage gedöst, wenn es nichts zu tun gab. Wenn ich ihnen einen neuen Maulwurf anbiete, kommen sie aus ihrem Schlupfwinkel heraus und ducken sich dann unter den Bauch des Tieres. Ist das Eingraben beendet, kehren sie, der eine hierhin, der andere dorthin, zurück an die Ränder des Geheges und verschwinden unter der Erde.

Nun gut, in den zweieinhalb Monaten Gefangenschaft ist es trotz der langen Aufenthalte am Fuß des Drahtgitters, das zwei Zentimeter tief im Sand steckt, einem Totengräber nur sehr selten gelungen, das Hindernis zu umgehen, seinen Schacht unter der Barriere hindurch zu verlängern und ihn dann in einer Biegung auf der anderen Seite wieder an die Oberfläche zu führen, eine lächerlich geringe Mühe für diese Kräftigen. Von vierzehn hat nur einer die Flucht geschafft.

Eine zufällige, ungeplante Befreiung; denn wäre das glückliche Entkommen das Ergebnis eines vernünftigen Plans, hätten die anderen Gefangenen, die ungefähr den gleichen Scharfblick besitzen müssen, sämtlich, vom ersten bis zum letzten, den krummen Fluchtgraben nach draußen gewählt, und der Käfig wäre rasch verödet. Der Misserfolg der großen Mehrheit bestätigt, dass der einzig Entronnene ganz einfach auf gut Glück gegraben hat. Die Umstände haben ihm geholfen, das war's. Gestehen wir ihm also nicht das Verdienst zu, dort erfolgreich gewesen zu sein, wo alle anderen gescheitert sind.

Hüten wir uns aber auch davor, dem Totengräber weniger Unterscheidungsvermögen zuzubilligen, als es in der entomologischen Psychologie die Regel ist. Die Unfähigkeit des Leichenbestatters finde ich bei allen Insekten unter einer Drahtglocke, die an den Rändern in das Sandbett eintaucht. Bis auf sehr wenige zufällige Ausnahmen ist keines darauf gekommen, das Hindernis an der Basis zu umgehen; keinem ist es gelungen, das Draußen mithilfe der Schaufel zu erreichen, auch keinem berufsmäßigen Schachtgräber wie dem Mistkäfer. Sind sie unter dem Gitter gefangen und voller Sehnsucht zu fliehen, sehen die Skarabäen, Geotrupen, Copris-, Gymnopleurus- und Sisyphusarten um sich den freien Raum, die leuchtende Sonne und nicht einer kommt auf den Gedanken, den Ringwall durch das Erdreich hindurch zu umgehen – was für ihre Grabwerkzeuge kein Problem wäre!

Auch in den höheren Rängen der Tierwelt fehlt es nicht an Beispielen ähnlicher Umnachtung. Audubon[8] erzählt uns, wie man zu seiner Zeit in Nordamerika wilde Truthähne fing.

Auf einer Waldlichtung, von der man wusste, dass sich die Vögel dort häufig aufhielten, wird mit in den Boden geschlagenen

Pfosten ein großes Gehege erbaut. In der Mitte desselben öffnet sich ein kurzer unterirdischer Gang, der unter der Palisade hindurch außerhalb des Käfigs sanft ansteigend wieder zur Erdoberfläche führt. Die Öffnung in der Mitte ist groß genug, damit der Vogel hindurchschlüpfen kann, beansprucht aber nur einen Teil der Einzäunung und lässt um sich herum, auf den Kreis der Pfähle zu, einen weiten unberührten Platz frei. Im Inneren der Falle wie auch außen herum werden etliche Handvoll Mais verstreut, besonders am Eingang zur Unterführung, die in die Mitte des Käfigs führt. Kurz, die Truthahnfalle hat immer eine offene Tür. Die findet der Vogel beim Hineinkommen; kommt aber nicht darauf, sie auch fürs Herauskommen zu benutzen.

Nach dem berühmten amerikanischen Ornithologen steigen die von den Maiskörnern lüstern gemachten Truthähne tatsächlich den hinterhältigen Gang hinab, gelangen in das Untergeschoss und sehen am Ende das Gangs Futter und Licht. Noch ein paar Schritte, und die Gierhälse tauchen einer nach dem anderen unter der Brücke wieder auf. Mais ist überreich vorhanden und die Kröpfe füllen sich.

Ist alles aufgepickt, möchte die Schar sich auf den Rückweg begeben; aber keiner der Gefangenen beachtet das Loch in der Mitte, durch das sie hereingekommen sind. Mit unruhigem Glucksen staksen sie wieder und wieder im Gehege hin und her, in dessen Mitte das offene Loch gähnt, sie wenden sich der Palisade zu auf einer hunderte Male immer wieder abgelaufenen Strecke; sie strecken ihren Hals mit dem roten Gehänge zwischen die Holzpfähle und verharren dort, mit dem Schnabel im Freien, bis zur Erschöpfung.

Du Dummkopf, erinnere dich doch, was anfangs war! Denk an den Gang, der dich hierhergeführt hat! Wenn es in deinem armseligen Gehirn ein bisschen Kraft gibt, dann verbinde die zwei Gedanken miteinander und sage dir: Die Tür zum Hinausgehen ist die, durch die du hineinkamst, ganz nah und offen! Du tust es nicht. Das Licht zwingt dich gegen die Palisade, aber der Halbschatten in dem offenen Loch, das dich vorhin hereinließ und dich ebenso leicht wieder hinausließe, lässt dich kalt. Um zu erkennen, wie günstig dieses Loch ist, müsstest du ein bisschen nachdenken, dich an das Vergangene erinnern; aber dieser kleine rückwärtsgewandte Gedanke übersteigt deine Möglichkeiten. So findet der Fallensteller bei seiner Rückkehr nach einigen Tagen reiche Beute: Die ganze Bande ist ihm in die Falle gegangen.

Verdient der als dumm verschriene Truthahn seinen Ruf? Offenbar ist er nicht beschränkter als andere. Audubon zeigt uns, dass er ausgefeilte List anwendet, besonders, wenn er die Angriffe seines nächtlichen Feindes, der in Virginia heimischen Eule, vereiteln muss. Was er in der Falle mit dem unterirdischen Durchgang tut, täte jeder andere Vogel als leidenschaftlicher Anhänger des Lichts auch.

Unter etwas schwierigeren Bedingungen wiederholt der Totengräber die Unfähigkeit des Truthahns. Wenn das Insekt, nachdem es sich in einer kleinen Erdhöhle am Rand der Glocke ausgeruht hat, ans Tageslicht zurückkehren will und sieht, dass durch die nachgerutschte Erde ein wenig Licht schimmert, klettert es durch das Eingangsloch hoch; es ist unfähig, sich zu sagen: Es würde genügen, den Gang um dieselbe Strecke in umgekehrter Richtung zu verlängern, um draußen auf die andere Seite der Mauer zu gelangen und sich zu befreien. Noch einer, bei dem man vergeblich nach einem Anzeichen sucht, das auf ein Nachdenken schließen ließe. Trotz seines legendären Ansehens besitzt er, wie die anderen, nur den unbewussten Anstoß des Instinkts.

IX
Der Südliche Warzenbeißer. Das Verhalten

Als Sänger wie als Insekt von stattlichem Aussehen steht der Warzenbeißer mit der weißen Stirn (Decticus albifrons, Fab.) an der Spitze der Heuschreckenfamilie meiner Region. Er trägt ein graues Kleid, besitzt eine kräftige Kieferzange und ein breites elfenbeinfarbenes Gesicht. Obschon nicht weit verbreitet, ermüdet er einen nicht durch nutzlose Suchgänge. Im Hochsommer findet man ihn, wie er im Grasgestrüpp umherspringt, vor allem am Fuß besonnter Felsen, wo die Terebinthe steht.

Ende Juli gründe ich eine Warzenbeißer-Menagerie. Als Käfig nehme ich eine geräumige Drahtglocke, die auf festgeklopfter Erde ruht. Die Population beläuft sich auf ein Dutzend, beide Geschlechter sind paritätisch vertreten.

Die Nahrungsfrage bringt mich einige Zeit in Verlegenheit. Die gängige Nahrung muss allem Anschein nach vegetarisch sein, wie die der Heuschrecke, die alles Grüne frisst. Ich biete also meinen Gefangenen die saftigsten und zartesten Gartengewächse aus meiner Einfriedung an: Salatblätter, Chicoree und Feldsalat. Die Warzenbeißer haben dafür nur Verachtung übrig und rühren es kaum an. Das ist nicht ihre Speise.

Vielleicht passt etwas Zäheres besser zu ihren kräftigen Kieferzangen. Ich versuche es mit verschiedenen Gräsern, darunter dem blaugrünen Fennich, dem »Mianco« des provenzalischen Bauern, der Setaria glanc der Botaniker, einer Wildform der Hirse, einem schlimmen Gewächs, das sich nach der Ernte auf den Feldern ausbreitet. Der Fennich wird akzeptiert; es ist aber nicht das Blattwerk, auf das sich die Hungrigen stürzen: Sie rühren nur die Ähren an, deren noch zarte Samenkörner sie mit sichtbarer Zufriedenheit verschlingen. Die Speise ist gefunden, wenigstens vorläufig. Später wird man weitersehen.

Am Morgen, wenn die Sonnenstrahlen in den Käfig auf dem Fensterbrett meines Arbeitszimmers fallen, serviere ich ihnen die Tagesration, grüne Ähren gewöhnlichen Grases, die ich vor meiner Haustür einsammle. Die Warzenbeißer laufen zu dem Bündel herbei und scharen sich darum herum; und dann stoßen sie ganz friedlich, ohne jeden Streit, die Kieferzangen zwischen die Spelzen der Ähren, um die unreifen Körner herauszuholen und zu knabbern. Wegen ihres Kleids ist man versucht zu sagen: Ein Trupp Perlhühner, der das von der Bäuerin hingestreute Korn aufpickt. Der Rest, die von ihren zarten Körnchen befreiten Ähren, werden verschmäht, so groß der Hunger auch sein mag.

Um die Eintönigkeit der Nahrung, soweit wie es zur Zeit der alles verdorrenden großen Sommerhitze möglich ist, abzuwenden, ernte ich von einer Pflanze mit dickem, fleischigem Blattwerk, der die Sommerglut nichts ausmacht. Es ist der Gemeine Portulak, ein anderer Schädling der Gärten. Das neue Kraut wird wohlwollend angenommen, doch auch diesmal beißen die Warzenbeißer nicht in die saftigen Blätter und Stängel, sondern ausschließlich in die Kapseln, die von halbausgewachsenen Körnern angeschwollen sind.

Diese Vorliebe für den zarten Samen überrascht mich. δηκτικός (dektikos), – der, der gerne zubeißt, sagt uns das Griechische. Ein nichtssagender Name, ein simpler Zuordnungsbegriff, gefällt allein dem Namensgeber; meiner Meinung nach ist es besser, wenn der Name etwas Charakteristisches bezeichnet und noch dazu gut klingt. Das ist hier der Fall. Der Warzenbeißer ist par excellence ein Insekt, das gerne beißt. Wehe dem Finger, den die kräftige Heuschrecke gepackt hat! Sie beißt bis aufs Blut.[9]

Und dieser kräftige Kiefer, vor dem ich mich in Acht nehmen muss, wenn ich das Tier handhabe, hätte allein die Aufgabe, weiche Körnchen zu kauen?! Eine solche Mühle hätte nichts zu mahlen als kleine unreife Samenkörner? Irgendetwas entgeht mir da. Mit solch kräftigen Kieferzangen und wangenblähenden Kaumuskeln muss der Warzenbeißer irgendeine Beute zerstückeln, die hart ist.

Diesmal habe ich die richtige Ernährung gefunden, wenn nicht die einzige, so doch offenbar die maßgebliche. Schöne große Feldheuschrecken werden in den Käfig gesteckt. Zufällig mit dem Netz gefangen, werden bald diese, bald jene Arten aufgetischt.[10] Ebenfalls, wenn auch weniger gern, werden einige andere Grashüpfer angenommen.[11] Man könnte meinen, dass alle Gattungen der Heuschrecken und Grashüpfer, die mir zufällig ins Netz gegangen sind, dran glauben müssen, wenn nur ihre Größe vielversprechend scheint.

Alles Frischfleisch, das nach Heuschrecken schmeckt, ist meinen Ungeheuern genehm. Das beliebteste Opfer ist die Blauflügelige Ödland-Schrecke. Es ist zum Erbarmen, wie sie im Käfig aufgefressen wird.

Sobald das Wildbret hineingebracht ist, tobt die Stubengemeinschaft, vor allem, wenn die Warzenbeißer seit einiger Zeit fasten. Die Schrecken torkeln von ihren hohen Stelzen behindert umher und stürzen linkisch vorwärts; in verzweifelten Sprünge schwingen sie sich zur Wölbung der Glocke hinauf, um sich dort festzuklammern, denn der Warzenbeißer ist zu dick, um ihnen hinterherzuklettern. Etliche werden sofort am Eingang gepackt. Die anderen, die sich in die Höhe der Kuppel flüchten konnten, zögern das Schicksal, das sie erwartet, nur ein wenig hinaus. Sie kommen auch bald an die Reihe. Steigen sie hinab, aus Erschöpfung, oder weil das Grün da unten sie lockt, heften sich ihnen die Warzenbeißer sogleich an die Fersen.

Von den Vorderbeinen des Jägers festgehalten, wird das Wild zuallererst im Nacken verwundet. Immer dort, gleich hinter dem Kopf, knackt der Panzer der Schrecke zuerst und immer dort beißt sich der Warzenbeißer hartnäckig fest, bevor er ablässt, um dann nach Lust und Laune zu fressen.

Ein sehr kluges Vorgehen. Die Ödlandschrecke ist zäh. Selbst wenn er schon geköpft ist, macht ihr Rumpf noch große Sprünge. Ich habe welche gesehen, die, schon halb zernagt, verzweifelt ausschlugen, sich mit letzter Kraft befreiten und sich ein wenig entfernten. Im Gestrüpp wäre dies ein verlorenes Stück.

Offenbar kennt sich der Warzenbeißer in der Sache aus. Um seine Beute, die mithilfe ihrer zwei kräftigen Hebelbeine so rasch fliehen kann, möglichst schnell unbeweglich zu machen, kaut er zuerst die Gehirnganglien und vertilgt damit das Hauptnervenzentrum.

Ist dieses Vorgehen rein zufällig, ohne dass der Halsabschneider sich dazu entschieden hätte? Nein, denn ich sehe, dass der Mord unveränderlich in dieser Weise begangen wird, zumindest wenn das Beutetier noch im Vollbesitz seiner Kräfte ist. Nein, denn wenn die Ödlandschrecke als frischer Kadaver angeboten wird, oder auch nur geschwächt, sterbend und unfähig zur Verteidigung ist, geschieht der Angriff an irgendeiner Stelle, der ersten, die sich dem Reißzahn des Angreifers darbietet, am liebsten an der Keule, bald am Bauch, am Rücken oder an der Brust. Der Biss in den Nacken ist den schwierigen Fällen vorbehalten.

Es gibt also bei dieser Heuschrecke bei allem stumpfen Intellekt eine Kunst des Mordens, wie wir sie auch anderswo gesehen haben; aber es ist eine grobe Kunst und gehört mehr ins Gebiet des Abdeckers als des Anatomen.

Zwei, drei Blauflügelige Ödlandschrecken sind keine allzu große Tagesration für einen Warzenbeißer. Alles kommt an die Reihe, bis auf die Flügel und Deckflügel, die als zu zäh verschmäht werden. Das Aufpicken der zarten Fennichsamen wechselt mit dem Wildbretgelage. Sie sind große Fresser, meine Pensionsgäste; ihre Unersättlichkeit erstaunt mich, und mehr noch ihr unbeschwertes Hin und Her zwischen tierischer und pflanzlicher Nahrung.

Mit ihrem willfährigen nicht spezialisierten Magen könnten sie der Landwirtschaft einige kleine Dienste erweisen, wenn sie zahlreicher wären: Sie vernichten die Feldheuschrecken, die sogar auf unseren Fluren einen üblen Ruf genießen. Sie knabbern in der unreifen Ähre die Samenkörner einiger Pflanzen, die dem Landwirt verhasst sind.

Um die Ehren meines Käfigs zu verdienen, hat der Warzenbeißer weitaus mehr zu bieten als seinen kleinen Beitrag zum Ertrag der Felder; in seinem Gesang, in seinem Paarungsverhalten und in seinen sonstigen Bräuchen bewahrt er uns Erinnerungen an weit zurückliegende Zeiten.

Wie lebten die Ahnen der Insekten im frühen Erdzeitalter? Man ahnt Grausamkeiten und Seltsamkeiten, die aus der gegenwärtigen ausgewogeneren Fauna verbannt sind; man vermutet Bräuche, die heute so gut wie unüblich sind. Es ist ärgerlich für unsere Wissbegierde, dass die versteinerten Blätter über dieses großartige Thema nicht sprechen können.

Glücklicherweise ist uns eine Quelle geblieben: Wir können die Nachkommen der Insekten aus der Steinkohlezeit befragen. Man darf annehmen, dass die Heuschreckenartigen unserer Zeit einen

Widerhall antiker Sitten bewahrt haben und uns über das Verhalten von einst berichten können. Fragen wir zunächst den Warzenbeißer.

Im Käfig streckt die gesättigte Schar den Bauch der Sonne entgegen und verdaut glückselig, als einziges Lebenszeichen das sanfte Schwanken der Fühler. Das ist die Stunde der Siesta, die Stunde der nervtötenden Hitze. Ab und zu erhebt sich ein Männchen, macht schwerfällig einige ziellose Schritte, hebt die Deckflügel ein wenig und stößt manchmal ein »tik-tik« aus. Es belebt sich, trällert sein Liedchen etwas flotter und geigt das schönste Stück seines Repertoires.

Feiert es seine Hochzeit? Singt es ein Epithamalion? Das wage ich nicht zu behaupten, denn der Erfolg ist mager, sollte es sich tatsächlich um einen Aufruf an die Nachbarinnen handeln. In der Gruppe der Zuhörerinnen kein Aufhorchen. Keine bewegt sich, nicht eine gibt ihren schönen Platz an der Sonne auf. Manchmal wird das Solo zu einem Konzert mit zwei oder drei Sängern. Die mehrstimmige Einladung hat keinen größeren Erfolg. Freilich lassen sich auf diesen leidenschaftslosen Elfenbeingesichtern keine intimen Gefühle ablesen. Falls das Couplet der Bewerber verführerisch wirken sollte, ist davon nichts zu erkennen.

So wie es aussieht, richtet sich das Zirpen an Gleichgültige. Es erhebt sich mit leidenschaftlichem Crescendo und mündet in ein fortlaufendes Spinnrad-Geräusch. Es erstirbt, wenn die Sonne hinter einer Wolke verschwindet; es hebt an, sobald sie sich von Neuem zeigt; die Nachbarinnen aber kümmert's nicht.

Die eine verharrt reglos, ihre Stelzen auf dem kochend heißen Sand ausgestreckt, ohne das kleinste Schwanken ihrer fadendünnen Fühler. Die andere benagt die Oberfläche einer Schrecke: Sie lässt nicht von ihrem Stück ab, versäumt keinen Bissen. Sieht man diese Gefühllosen, möchte man meinen, der Sänger töne nur um des Vergnügens willen, sich am Leben zu fühlen.

Nicht anders geht es zu, wenn ich Ende August dem Anbahnen der Hochzeiten beiwohne. Ganz zufällig, ohne das geringste lyrische Vorspiel, findet sich das Paar einander gegenüber. Reglos, wie versteinert, beinahe Stirn gegen Stirn, streicheln sie einander mit den langen Fühlern, fein wie Haar. Das Männchen scheint recht unternehmungslustig zu sein. Es wäscht sich die Krallen, mit den Enden der Kieferzange kitzelt es an seinen Fußsohlen. Von Zeit zu Zeit macht es einen Bogenstrich, »tick«, mehr nicht.

Dies wäre der beste Moment, die eigenen Vorzüge herauszukehren. Doch statt seine Liebeserklärung in einem zärtlichen Couplet anzustimmen, kratzt es sich die Füße! Der Bräutigam unternimmt nichts; hockt stumm vor der Begehrten, die selbst völlig ungerührt bleibt.

Diese Unterredung, ein simples Austauschen von Grüßen zwischen zweien, die sich begegnen, währt nur kurz. Was sagen sie da einer dem anderen, Stirn gegen Stirn? Offenbar nichts Bewegendes; denn bald lassen sie einander einfach stehen und jeder geht seiner Wege.

Am nächsten Tag trifft sich dasselbe Paar. Diesmal ist der Gesang, so kurz er auch ist, weitaus ausdrucksvoller als am Vortag, aber erreicht bei Weitem nicht den Glanz, den der Warzenbeißer seinem Vortrag vor der Paarungszeit verleiht. Sonst wiederholt sich, was ich gestern gesehen habe: Gegenseitiges Streicheln mit den Fühlern, die sanft die fetten Flanken beklopfen.

Das Männchen wirkt nicht sehr begeistert. Es knabbert an seinen Füßen und überlegt. So verlockend das Unternehmen ist, vielleicht ist es nicht ohne Gefahr. Sollte auch hier die hochzeitliche Tragödie stattfinden, wie sie uns die Gottesanbeterin gezeigt hat? Ist die Sache von großer Tragweite? Geduld, wir werden sehen. Im Augenblick nichts weiter.

Einige Tage später kommt Licht in die Sache. Das Männchen liegt unten, niedergeworfen auf den Sand und beherrscht von seiner mächtigen, ihren Säbel schwingenden Gattin, die ihn in einer Umklammerung ihrer hocherhobenen hinteren Stelzen zu Boden drückt. Nein, in dieser Stellung sieht der arme Warzenbeißer nicht aus wie ein Sieger! Sie reißt ihm, ohne Rücksicht auf sein Musikinstrument, brutal seine Deckflügel auseinander und übersät sein Fleisch am Bauchansatz mit ihren Bissen.

Wer von beiden hat da die Initiative ergriffen? Sind die Rollen nicht vertauscht? Diejenige, die für gewöhnlich herausgefordert wird, tut dies nun ihrerseits mit rauen Liebkosungen, die den anderen umbringen können. Sie hat nicht nachgegeben; sie hat sich aufgedrängt, verstörend und herrschsüchtig. Der Niedergestreckte strampelt, er scheint zu widerstreben. Was spielt sich da ab? Für heute kann ich noch nichts sagen. Der Besiegte macht sich frei und flieht.

Endlich, diesmal haben wir es. Meister Warzenbeißer liegt rücklings am Boden. Auf ihren Stelzen über ihm in voller Größe aufgerichtet, hält sie den Niedergeworfenen mit senkrecht gezücktem Säbel auf Abstand. Die Leibesenden beider krümmen sich zu einem Haken, suchen einander, verbinden sich und bald sieht man aus den zuckenden Flanken des Männchens mühselig etwas Ungeheures Unerhörtes herausquellen, als presste das Tier all seine Eingeweide heraus.

Es ist ein opalartiger Schlauch, in Größe und Farbe einer Mistelbeere ähnlich, ein Schlauch mit vier durch schwache Furchen voneinander abgegrenzten Taschen, zwei größeren unten und zwei kleineren oben. In manchen Fällen gibt es mehr Kammern; das Ganze gleicht dem Eierpaket, das die Weinbergschnecke in der Erde ablegt.

Das erstaunliche Ding bleibt am Säbelschaft der künftigen Eierlegerin hängen, die sich mit dem außergewöhnlichen Bettelsack vorsichtig zurückzieht, diesem Samenpaket, dem *Spermatophor*, wie die Physiologen sagen. Lebensquell der Eizellen. Mit anderen Worten: Der Behälter, der jetzt von sich aus alles, was für die Entwicklung der Keime nötig ist, an den richtigen Ort überbringt.

Eine solche Ampulle ist etwas Seltenes, in der heutigen Welt gar etwas unendlich Seltenes. Soweit ich weiß, sind in unserer Zeit die Kopffüßler und die Tausendfüßler die einzigen Tiere, die von dem bizarren Apparat Gebrauch machen. Aber Kraken und Tausendfüßler stammen aus den frühesten Zeitaltern. Der Warzenbeißer sagt uns offenbar als weiterer Repräsentant der alten Welt, dass die seltsame Ausnahme von heute sehr wohl die allgemeine Regel von gestern gewesen sein könnte, umso eher, als wir Ähnliches auch bei den übrigen Heuschreckenartigen finden.

Nachdem das Männchen sich von seinem Schlag erholt hat, klopft es sich den Staub ab und verfällt schon bald wieder in sein fröhliches Zirpen. Lassen wir ihn für jetzt mit seinen Freuden allein und folgen wir der künftigen Mutter, die schwerfällig mit ihrer Bürde umherläuft, die mit einem Tupfen Gelee, durchsichtig wie Glas, an ihr befestigt ist.

Ab und zu reckt sie sich auf ihren Stelzen, krümmt sich zu einem Ring und fasst mit der Kieferzange ihre opalfarbene Last, an der sie sanft herumbeißt und die sie zusammendrückt, ohne die Hülle zu zerreißen und ohne das Geringste von ihrem Inhalt zu verlieren. Jedes Mal trennt sie von der Oberfläche ein Stückchen ab, das sie bedächtig wieder und wieder kaut und schließlich herunterschluckt.

Etwa zwanzig Minuten lang wiederholt sich der Vorgang; dann wird die inzwischen leere Ampulle in einem einzigen Stück bis auf die Unterlage, den Tupfer Gelee, abgerissen. Das ungeheure Stück, zäh und klebrig, wird keinen Augenblick losgelassen; es wird gekaut, geknetet und schließlich restlos verschlungen.

Zuerst hielt ich das schauerliche Festmahl für nichts weiter als eine vereinzelte Verirrung, einen Unfall, so außergewöhnlich und beispiellos war das Benehmen des Warzenbeißers. Ich musste mir Klarheit verschaffen. Vier Mal habe ich, eine nach der anderen, meine Gefangenen dabei überrascht, wie sie ihre Handtasche schleppten; und vier Mal habe ich sie diese bald danach abreißen, stundenlang gewissenhaft mit der Kieferzange bearbeiten und schließlich verschlingen sehen. Es ist also die Regel: Ist der Inhalt der befruchtenden Ampulle an sein Ziel gelangt, wird diese vielleicht kräftigende Speise als unerhörte Leckerei durchgekaut, ausgekostet und verschluckt.

Sollte dies, möglich ist es, ein Rest urtümlichen Verhaltens sein, so müssen wir doch zugeben, dass die Insekten von einst sehr sonderbare Gepflogenheiten hatten. Réaumur beschreibt die unge-

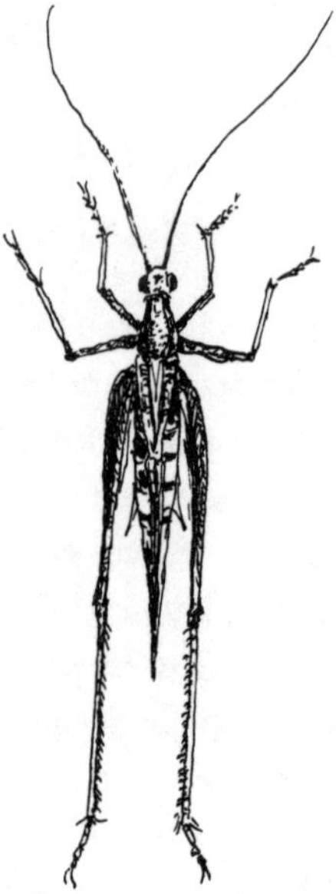

wöhnlichen Manöver der Libellen zur Brunstzeit. Eine weitere exzentrische Hochzeit aus Urzeiten.

Hat der Warzenbeißer sein befremdliches Festmahl beendet, befindet sich noch die Unterlage der Ampulle an ihrem Platz, deren sichtbarer Teil aus zwei kristallhellen Warzen von der Größe eines Pfefferkorns besteht. Um sich von diesem Tropfen zu befreien, nimmt das Insekt eine merkwürdige Haltung ein. Der Legestachel wird zur Hälfte senkrecht in die Erde gesteckt. Das ist der Haltestab. Die langen Hinterbeine strecken die Schienbeine zur Seite und heben das Tier so hoch wie möglich, sodass zusammen mit dem Säbel ein Dreifuß entsteht.

Danach krümmt sich das Insekt zu einem Ring und reißt mit den Spitzen der Kieferzange stückweise die Unterlage des Apparats ab, den durchsichtigen Geleetupfer. Alle Stücke werden gewissenhaft verschluckt. Nicht ein Fitzel darf verloren gehen. Schließlich wird der Legebohrer abgewaschen, gesäubert und mit den Enden der Taster geglättet. Alles wird in Ordnung gebracht; von der hinderlichen Last bleibt nichts zurück. Die normale Haltung wird wieder eingenommen und das Insekt macht sich daran, die Ähren des Fennichs abzupicken.

Kehren wir zum Männchen zurück. Schlaff, ausgelaugt, nach seiner Heldentat wie vom Blitz getroffen, liegt er noch zusammengekauert am Platz. Wegen seiner Reglosigkeit halte ich ihn bereits für tot. Damit ist nichts. Der Bursche kommt wieder zu sich, rappelt sich auf, putzt sich und macht sich davon. Eine Viertelstunde später, nachdem er einige Bissen zu sich genommen hat, geigt er schon wieder. Gewiss, dem Liedchen fehlt alle Begeisterung. Es hat längst nicht den Glanz und die Ausdauer wie vor der Hochzeit; aber alles in allem versucht der Erschöpfte sein Bestes.

Will er sich wieder verlieben? Das ist kaum wahrscheinlich. Eine Sache von solch ruinöser Anstrengung darf sich nicht wiederholen: Der Organismus besäße nicht die Kraft. Obschon, am nächsten Tag und in den darauffolgenden Tagen, nachdem die Kräfte dank einer Heuschrecken-Diät zurückgekehrt sind, kratzt der Warzenbeißer mit seinem Bogen so laut wie eh und je. Man möchte ihn für einen Neuling halten und nicht für einen gesättigten Veteran. Seine Beharrlichkeit erstaunt mich.

Wenn er wirklich singt, um die Aufmerksamkeit der Nachbarinnen zu erregen, was soll er denn mit einer zweiten Gattin anfangen, er, der eben erst einen ungeheuerlichen Bettelsack aus seinem Leib gepresst hat, in dem die gesamten Ersparnisse für das Leben angehäuft waren? Er ist ganz und gar verschlissen. Nein, noch einmal, bei der großen Heuschrecke sind diese Ereignisse zu kräftezehrend, um noch mal von vorn zu beginnen. Nein, dieser Gesang, so jubelnd er auch sein mag, ist sicherlich kein Epithamalion.

Und tatsächlich: Beobachtet man den Sänger genau, reagiert er nicht mehr auf die Avancen, die ihm die Vorübergehenden mit den Fühlern machen. Von Tag zu Tag werden die Couplets leiser und seltener. Nach einem halben Monat verstummt das Insekt. Die Zimbel schweigt, dem Bogenstrich fehlt die Kraft.

Schließlich rührt der ruinierte Warzenbeißer kein Essen mehr an, sucht sich einen friedlichen Schlupfwinkel, sinkt vor Müdigkeit zu Boden, streckt mit einem letzten Zucken seine Stelzen aus und stirbt. Zufällig kommt die Witwe vorbei, sieht den Toten und beginnt, in tiefer Trauer, an seinem Schenkel zu nagen.

Die Grüne Heuschrecke verhält sich genauso. Ein unter der Glocke vereinzeltes Paar wird gesondert beobachtet. Ich bin zugegen, als die Paarung vollzogen wird und die werdende Mutter an der Basis ihres Legestachels die elegante Himbeere trägt, mit der wir uns bald beschäftigen werden. Das Männchen ist, geschwächt von den Ereignissen, verstummt. Am folgenden Tag kehren seine Kräfte zurück und siehe da, er singt so eifrig wie ehedem. Er geigt, während sie die Eier in die Erde legt; er lärmt auch immer noch, als die Eiablage längst beendet ist und die Erhaltung der Rasse nichts mehr erfordert.

Es ist klar: Dieses beharrliche Singen hat keinen amourösen Zweck: Zu dieser Stunde ist alles vollbracht. Noch ein, zwei Tage und das Leben verebbt, die Zimbel schweigt. Der leidenschaftliche Sänger ist tot. Die Überlebende bereitet ihm die Begräbnisfeier nach der Art der Warzenbeißer: Sie frisst seine besten Stücke. Sie hatte ihn zum Fressen gern.

Diese kannibalischen Sitten finden sich bei der Mehrheit der Heuschreckenartigen wieder, wenn auch weniger grässlich als bei der Mantis religiosa, die ihre Liebhaber bei lebendigem Leibe verschlingt. Die Warzenbeißer-Mutter, das Heupferd und die anderen warten wenigstens, bis die armen Kerle tot sind. Davon ausnehmen möchte ich die Sattelschrecke, die einen so gutmütigen Eindruck macht. Naht die Eiablage, schlägt sie in meinen Käfigen gerne ihren Zahn in den Gefährten, ohne durch Hunger entschuldigt zu sein. Die Mehrzahl der Männchen verendet auf diese klägliche Weise, halb aufgefressen.

Der Zerstückelte protestiert; er möchte, er könnte noch leben. Ohne sich anders verteidigen zu können, ringt er seinem Bogen noch ein letztes Zirpen ab, diesmal ganz bestimmt kein Epithalamion. Der Sterbende mit zerfetztem Bauch beklagt sich auf die gleiche Weise, wie er sich an der Sonne erfreut hat. Sein Instrument schlägt immer denselben Ton an, in allen Leiden wie in allen Freuden.

X
Der Südliche Warzenbeißer. Die Eiablage. Der Schlupf

Der Südliche Warzenbeißer ist ein afrikanisches Insekt, das sich bei uns kaum über die Provence und den Languedoc hinauswagt. Er braucht die Sonne, in der die Olive reift. Sollte ihn große Hitze zu seinem außergewöhnlichen Eheverhalten reizen oder sind seine Familiensitten unabhängig vom Klima? Gehen die Dinge in eisigen Gefilden ebenso vor sich wie in der heißen Zone?

Ich wende mich einem anderen Warzenbeißer zu, dem Analota alpina, Yersin, er lebt auf den Höhen des Mont Ventoux, die das halbe Jahr über von Schnee bedeckt sind. Oft hatte ich bei meinen früheren botanischen Streifzügen das dicke Insekt aufgespürt, das im Geröll von einem grünen Polster zum anderen hüpft. Diesmal gehe ich diesen Warzenbeißer nicht suchen: Er kommt mit der Post. Ein gutmütiger Waldhüter[12] steigt in der ersten Augusthälfte zweimal zum Berg hinauf und versorgt mich so reichlich, dass ich eine Voliere bevölkern kann.

In Farbe und Gestalt ist er ein merkwürdiger Heuschreck. Der Bauch weiß wie Satin, die Oberseite erstrahlt mal in dunklem Olivgrün, mal in grellem Grün, mal in hellem Kastanienbraun. Die Flugorgane sind nur noch Stummel. Die Deckflügel des Weibchens sind zwei kurze weiße Blättchen, die mit einigem Abstand nebeneinanderliegen; das Männchen versteckt unter dem Rand des Brustpanzers zwei kleine, ebenfalls weiße konkave Schuppen, die aber übereinanderliegen, die linke auf der rechten.

Diese zwei winzigen Käppchen, Zimbel und Bogen, erinnern entfernt an den Gesangsapparat der Sattelschrecke, der das Gebirgsinsekt im Aussehen etwas ähnelt.

Ich kenne das Lied nicht, das diese verkleinerten Zimbeln ertönen lassen. Ich erinnere mich nicht, es gehört zu haben; während der dreimonatigen Aufzucht habe ich in dieser Hinsicht keine Auskunft bekommen. Obwohl meine Gefangenen ein schönes Leben haben, bleiben sie stumm.

Die Entwurzelten haben offenbar kein großes Heimweh nach den frostigen Gipfeln, wo sie unter den orangenen Mohnblumen und dem arktischen Steinbrech lebten. Was weiden sie da oben ab? Das Gras der Ahnen, das Mont-Cenis-Veilchen oder die Allioni-Glockenblume?[13] Ich weiß es nicht. Aus Mangel an alpinen Kräutern serviere ich ihnen gewöhnliche Endivien aus meinem Garten. Sie werden ohne Zögern angenommen.

Auch die Heimchen, die nur schwachen Widerstand leisten können; so wechselt die Nahrung zwischen Pflanzlichem und Tierischem ab. Sogar Kannibalismus kommt vor. Schleppt sich einer meiner Bergbewohner verstümmelt dahin, fressen die anderen ihn auf. Bis hierher nichts Auffälliges: Das gewöhnliche Verhalten von Heuschreckentieren.

Interessanter ist das Schauspiel der Paarung, die jäh vollzogen wird, ohne jedes Vorspiel. Sie findet entweder auf dem Boden oder am Gitter der Glocke statt. Im letzteren Fall trägt die Stachelträgerin, festgeklammert an den Draht, das gesamte Gewicht des Paares. Der andere hängt an ihr, kopfüber. Mit den langen fleischigen Schenkeln seiner Hinterbeine hält er sich an den Flanken der Gattin fest; mit seinen vier vorderen Beinen, oft auch mit der Kieferzange, packt und umfasst er den steil aufgestellten Legestachel. Derart an diesem Klettermast hängend, operiert er im freien Raum.

Findet die Zusammenkunft auf dem Boden statt, ist das Paar genauso angeordnet, nur liegt das Männchen dann mit dem Rücken auf der Erde. In beiden Fällen ist das Ergebnis ein opalenes Korn, dessen sichtbarer Teil in Form und Größe an das dicke Ende eines Traubenkerns erinnert.

Sobald das Ding hervorgepresst ist, macht sich das Männchen flugs aus dem Staub. Ist es hier für ihn gefährlich geworden? Vielleicht, nach dem was ich, wenn auch nur ein einziges Mal, gesehen habe.

Die Schöne musste sich in diesem Fall mit zwei Rivalen auseinandersetzen. Der eine hing am Legestachel und mühte sich in der üblichen Weise; den anderen nahm sich die Megäre indessen mit ihren Krallen von vorne vor, um gleichmütig an ihm, der mit aufgeschlitztem Wanst heftig gestikulierend protestierte, in kleinen Bissen zu nagen. Unter noch grässlicheren Umständen hatte ich hier die Schrecken vor Augen, die mir einst die Mantis religiosa gezeigt hatte. Leidenschaftliche Brunst, Gemetzel und Wollust zugleich, vielleicht ein Anklang antiker Wildheiten.

Für gewöhnlich beeilt sich das relativ zwergenhafte Männchen zu fliehen, sobald sein Werk vollbracht ist. Die Verlassene bewegt sich nicht. Dann, nach etwa zwanzigminütigem Warten, krümmt sie sich und schreitet zum abschließenden Festmahl. Sie reißt den klebrigen Kern stückweise heraus, den sie feierlich kaut, genießt und verschluckt. Sie braucht mehr als eine Stunde, um die Stücke hinunterzubringen. Wenn nichts mehr übrig ist, steigt sie vom

Drahtgitter hinunter und mischt sich unter die Schar. Zwei Tage später folgt die Eiablage.

Der Beweis ist erbracht. Die Familiensitten des Südlichen Warzenbeißers sind keine durch glühende Hitze hervorgerufene Ausnahme; der Heuschreck der kalten Gipfel teilt sie und ist dabei weitaus grausamer.

Kehren wir zurück zum großen Warzenbeißer mit dem Elfenbeingesicht. Die Eiablage folgt kurz nach den eben erwähnten Merkwürdigkeiten: auf Raten, je nach Reife der Eier. Die Mutter stellt sich fest auf die sechs Beine, krümmt den Bauch zu einer Sichel und steckt den Legestachel senkrecht in den Boden, der in meinen Käfigen aus gestampfter Erde besteht und keinen ernsthaften Widerstand bietet. Der Legestachel gleitet also ohne Zögern hinab und gräbt sich bis zu seinem Schaft ein, ungefähr einen Zoll tief.

Etwa eine Viertelstunde lang herrscht Reglosigkeit. In dieser Zeit werden die Eier abgesetzt. Schließlich wird der Legestachel ein wenig hochgezogen und der Leib schwankt nun lebhaft von rechts nach links, das Werkzeug macht eine Querbewegung. Auf diese Weise wird das Bohrloch aufgeschabt und vergrößert, von den Wänden löst sich Erde, die den Grund der Höhlung ausfüllt.

Dann klopft der halb herausgezogene Legestachel diese Erdkörnchen fest. Er hebt sich ein kleines Stückchen und stößt dann wiederholt in einer plötzlichen ruckartigen Bewegung hinunter. Um in einem senkrechten Loch die Erde mit einem Stab zu festigen, würden wir es nicht anders machen. Indem die Eierlegerin so zwischen dem Hin- und Herschwanken des Legestachels und den festklopfenden Stößen abwechselt, ist der Schacht rasch verschüttet.

Nun müssen die Spuren der Arbeit verwischt werden. Ich hatte erwartet, dass die Beine dies tun; aber sie verharren untätig in der Stellung, die zur Eiablage eingenommen wird. Nur der Legestachel kratzt, fegt und ebnet, wenn auch in linkischen Bewegungen.

Alles in Ordnung. Bauch und Legestachel werden in die normale Stellung gebracht. Die Mutter gönnt sich einen Augenblick Ruhe und dreht eine Runde in der näheren Umgebung. Bald kommt sie

wieder an die Stelle der Eiablage; nah der ursprünglichen Stelle, die sie wiedererkennt, steckt sie erneut ihr Werkzeug in die Erde. Das Ganze wiederholt sich.

Danach eine weitere Ruhepause, ein anschließender Erkundigungsgang ringsumher und wiederholte Rückkehr zur bereits befruchteten Stelle. Zum dritten Mal stößt der Stachel hinab, nahe bei den früheren Silos. So sehe ich in einer knappen Stunde und immer an sehr dicht beisammenliegenden Stellen die Eiablage sich fünfmal wiederholen, jeweils nach einem kurzen Spaziergang in die nahe Umgebung.

An den folgenden Tagen wiederholt sich die Eiablage in unregelmäßigen Abständen, die ich nicht genauer bestimmen kann. Für jede wird ein Platz ausgewählt, bald hier, bald dort, je nachdem, welche Stelle für günstig befunden wird.

Als alles fertig ist, grabe ich die Silos des Warzenbeißers auf. Keine Päckchen in schaumiger Hülle, wie bei der Feldheuschrecke, auch keine Kammern. Die Eier liegen einzeln da, ohne jeden Schutz. Ich sammle das gesamte Gelege einer Mutter ein, etwa sechzig Stück. Sie sind von blassem Grau, lilienfarbig, und verlängern sich zu einem Schiffchen, einem schmalen Ellipsoid von fünf oder sechs Millimetern Länge.

Ebenso vereinzelt liegen die schwarz gefärbten Eier des Grauen Warzenbeißers, die aschfarbenen der Weinberg-Sattelschrecke und die blass fliederfarbenen des Analota alpina. Diejenigen der Grünen Heuschrecke, von sehr dunklem Olivbraun und etwa sechzig an der Zahl wie beim Südlichen Warzenbeißer, liegen bald einzeln, bald in kleinen Gruppen aneinanderklebend.

Diese verschiedenen Beispiele zeigen uns, dass die Springschrecken Sämänner sind, die mit dem Pflanzholz arbeiten. Statt ihre Samenkörner nach dem Vorbild der Feldheuschrecke in Gehäusen aus härtendem Schaum zusammenzudrängen, entlassen sie sie eines nach dem anderen oder in kleinen Grüppchen in die Erde.

Der Schlupf verdient eine genaue Untersuchung; ich werde gleich sagen, warum. Die Eier des großen Warzenbeißers werden gegen Ende August im Übermaß gesammelt und in ein kleines Glasgefäß mit einer Sandschicht gelegt. Dort bleiben sie acht Monate lang ohne jede sichtbare Veränderung im Trockenen, geschützt vor Frösten, Platzregen und heftiger Sonnenbestrahlung, die sie unter natürlichen Umständen erwartet hätten.

Als der Juni gekommen ist, treffe ich in der Flur häufig junge Warzenbeißer an. Manche sind sogar schon halb so groß wie erwachsene Tiere, der Beweis für ein frühzeitiges Erwachen, bereits in den ersten schönen Tagen im Jahr. Trotzdem: In meinem Gefäß kein Anzeichen für einen baldigen Schlupf. Genauso, wie ich die Eier acht Monate zuvor gesammelt habe, finde ich sie wieder vor, tadellos, weder runzelig noch braun. Woher diese sich endlos in die Länge ziehende Verzögerung?

Mir kommt ein Verdacht. Die Eier der Springschrecke werden wie Samenkörner in die Erde gesteckt. Dort sind sie schutzlos Schnee- und Regenfällen ausgeliefert. Die in meinem Gefäß haben zwei Drittel des Jahres in relativer Trockenheit verbracht. Vielleicht fehlt ihnen zum Schlüpfen, was das Samenkorn zum Keimen braucht. Als tierische Samenkörner brauchen sie vielleicht unter der Erde dieselbe Feuchtigkeit wie pflanzliche Samen. Versuchen wir's.

Auf den Boden einiger Glasröhren, die mir genaue Beobachtung ermöglichen, lege ich einige Eier aus meinem Vorrat und drücke eine dünne, mit Wasser beträufelte Schicht von feinem Sand obenauf. Das Ganze wird mit einem befeuchteten Baumwollpfropfen verschlossen, der die Feuchtigkeit im Inneren hält. Die Sandsäule misst etwa einen Zoll; das entspricht ungefähr der Tiefe, in die der Legebohrer seine Eier ablegt. Wer meine Vorrichtung sieht, ohne sich auszukennen, käme kaum auf Schlupfapparate; er hielte sie eher für Geräte eines Botanikers, der mit Samenkörnern experimentiert.

Meine Vermutung war richtig. Begünstigt von der hohen Temperatur der Sommersonnenwende lässt das Keimen der Heuschrecken-Saat nicht lange auf sich warten. Die Eier schwellen an; das vordere Ende wird fleckig. Zwei dicke dunkle Punkte, die künftigen Augen. Das Aufbrechen der Hülle steht nahe bevor.

Zwei Wochen verstreichen mit unentwegter, langweiliger Beobachtung. Ich muss sehen, wie der jungen Warzenbeißer aus dem Ei schlüpft, wenn ich eine Frage beantworten will, die mir schon lange keine Ruhe lässt. Hier ist sie.

Das Ei eines Heuschreckentieres wird in unterschiedlicher Tiefe in die Erde gelegt, je nachdem, wie lang der Legebohrer oder das Pflanzholz ist. Ein Zoll bei den Samenkörnern der Größten in unserer Region, kaum tiefer.

Aber das Neugeborene, das bei Sommeranfang linkisch in den Wiesen umherhüpft, ist wie das Erwachsene mit sehr langen Tentakeln gehörnt, fein wie Haar; es hat zwei ungewöhnliche Hinterbeine, enorme geknickte Hebel oder Stelzen zum Springen, die beim gewöhnlichen Gehen eher hinderlich sind.

Wie schafft es das schwächliche Tierchen, mit diesem sperrigen Zeug aus dem Boden aufzutauchen? Mit welchem Trick bahnt es sich erfolgreich einen Weg durch die grobe Erde? Mit seinem Federbusch von Fühlern, den ein winziges Sandkorn zerbrechen kann, und mit seinen übergroßen Schenkeln, die durch die kleinste Bewegung ausgerenkt werden können, ist das Tierchen unfähig, die Oberfläche zu erreichen und sich zu befreien.

Der Minenarbeiter zieht Schutzkleidung an, wenn er in die Erde hinabsteigt. Auch die kleine Heuschrecke muss eine Kutte zum Hervortauchen anlegen, wenn sie das Erdreich in umgekehrter Richtung durchbohrt. Sie muss eine einfachere, geschlossenere Übergangsform haben, die ihr ermöglicht, durch den Sand hindurchzugelangen, eine Gestalt für die Befreiung, der ähnlich, wie sie die Zikade und die Mantis religiosa zu dem Zeitpunkt haben, an dem sie auftauchen, erstere an ihrem Zweig, letztere aus dem Nestlabyrinth.

Wirklichkeit und Logik stimmen hier überein. Der Warzenbeißer kommt tatsächlich nicht so aus dem Ei, wie ich ihn sehe, wenn der am Vortag Geborene im Gras herumhüpft; er besitzt eine vor-

läufige Gestalt, die gegen die Schwierigkeiten des Auftauchens besser gewappnet ist. Das Tierchen steckt in einem zartweißen Behälter, in dem die sechs Beine reglos nach hinten ausgestreckt sind. Um unter der Erde besser zu gleiten, hat es seine Stelzen entlang der Körperachse eingepackt. Die Fühler als zusätzlich störende Anhängsel sind untätig in diesen Packen eingezwängt.

Der Kopf ist stark auf die Brust hinuntergebeugt. Mit seinen dicken schwarzen Augenflecken, seiner ausdruckslosen Maske, die etwas angeschwollen ist, erinnert es an einen Taucherhelm.

Im Nacken ist der Hals stark gewölbt und schwillt in langsamen Pulsschlägen abwechselnd an und wieder ab. Das ist der Motor. Das Neugeborene bewegt sich mithilfe einer Spalte am Hinterhaupt vorwärts. Ist der vordere Teil abgeschwollen, drängt er den feuchten Sand etwas zurück und indem er so eine kleine Grube gräbt, zwängt er sich in sie hinein; dann schwillt er wieder an und wird zu einem Knauf, der diese Vertiefung ausweitet und in ihr seinen Halt findet. Nun zieht sich der hintere Teil zusammen und damit wäre ein Schritt geschafft. Mit jedem An- und Abschwellen dieser Lokomotiven-Blase wird in etwa eine Wegstrecke von einem Millimeter bewältigt.

Es ist furchtbar anzusehen, wie dieses werdende Fleisch, noch nicht einmal rosa, sich an seinem wassersüchtigen Nacken stößt und an den Rauheiten des Bodens abarbeitet. Das noch nicht fest geronnene Eiweiß des Tieres kämpft schmerzgepeinigt gegen das Gestein; es arbeitet so wacker nach seinen Kräften, dass sich im Lauf eines Vormittags ein gerader oder gewundener Stollen von einem Zoll Länge öffnet, vom Durchmesser eines mittleren Strohhalms. Schließlich gelangt das erschöpfte Insekt an die Erdoberfläche.

Noch halb in seinem Ausgangsschacht steckend, macht das Tier Halt und schöpft Kraft; dann bläht es zum letzten Mal seine Hinterkopfblase bis an die Grenzen des Möglichen auf und bringt den Behälter zum Platzen, der es bisher geschützt hat. Das Tierchen streift seinen Schutzanzug ab.

Dies ist nun endlich der Warzenbeißer in seiner jugendlichen Form, ganz bleich noch; am folgenden Tag aber wird er braun und, verglichen mit dem Erwachsenen, zu einem richtigen Mohren. Als farbliches Vorspiel für die Elfenbeinfarbe des reifen Alters trägt er unter den Hinterschenkeln eine schmale weiße Borte.

Mein kleiner Warzenbeißer, der du unter meinen Augen geschlüpft bist, dein Leben beginnt mit aller Härte. Viele deinesgleichen sterben aus Erschöpfung, noch bevor sie frei werden. In meinen Röhren sehe ich zahlreiche, die, von einem Sandkorn aufgehalten, auf halbem Weg unterliegen und bald von feinen Pilzfäden überzogen sind. Der Schimmel besorgt den Rest. Ohne meine Fürsorge muss es weitaus gefährlicher sein, ans Licht zu kommen. Das gewöhnliche Erdreich ist grob und von der Sonne gebacken. Wie machen es diese unter hartgebranntem Lehm Eingekerkerten, wenn kein Regenschauer kommt?

In meinen Röhren mit festgeklopftem und feuchtem Kompost hast du es besser mit dem Herauskommen, du kleiner Mohr mit deinen weißen Borten; du knabberst das Salatblatt, das ich dir anbiete, springst fröhlich in der Glocke herum, in der ich dich untergebracht habe. Deine Aufzucht wäre ein Leichtes, das sehe ich schon, brächte aber keine neuen Erkenntnisse. Ziehen wir also aus. Ich gebe dir die Freiheit zurück. Zum Lohn für das, was du mir soeben beigebracht hast, überlasse ich dir das Grün und die Heuschrecken im Garten.

Dank dir weiß ich, dass die Heuschreckentiere für das Hervorkommen aus dem Erdreich, wo das Gelege abgesetzt war, eine vorläufige Gestalt annehmen; die einer *Primärlarve*, die ihre Fühler und langen Beine, diese sehr hinderlichen Stücke, mit einem Futteral ummantelt; ich weiß, dass diese Art Mumie, die sich nur ein wenig länger oder kürzer machen kann, als Fortbewegungsorgan einen Spalt im Nacken hat, eine pulsierende Blase, einen originellen Mechanismus, den ich nirgendwo sonst als Fortbewegungsmittel gesehen habe.

XI
Der Südliche Warzenbeißer. Der Gesangsapparat

Im Reich der Dinge hat die Kunst drei Wirkungsfelder: die Form, die Farbe, den Ton.

Der Bildhauer arbeitet an der Form, deren Vollkommenheit er nachahmt, soweit der Meißel das Leben nachahmen kann. Der Zeichner, ein weiterer Kopist, versucht, mit Weiß und Schwarz auf einer ebenen Fläche die Vorstellung eines Reliefs zu erwecken. Zum Problem der Zeichnung fügt der Maler noch das der Farbe hinzu, das nicht weniger groß ist.

Vor dem einen wie vor dem anderen steht ein unerschöpfliches Modell. So reich die Palette des Malers auch ist, sie wird immer hinter jener der Wirklichkeit zurückbleiben. So wie der Meißel des Bildhauers niemals die Schatzkammer der natürlichen Formen ganz ausschöpfen wird. Form und Farbe, die Schönheiten der Konturen und das Spiel des Lichts lehrt uns allein der Anblick der Dinge. All das lässt sich nachahmen und frei nach unserem Geschmack miteinander kombinieren, aber es lässt sich nicht erfinden.

Der Symphonie des Seins mangelt es allerdings an Vorbildern für unsere Musik. Gewiss, es fehlt nicht an Tönen, schwachen oder kräftigen, sanften oder feierlichen. Der Sturm, der brüllend durch zerzauste Wälder fegt, die Woge, die über den Strand ihre Wirbel spült, der Donner, der im Echo der Wolken widerhallt, sie berühren uns durch ihren majestätischen Klang; der von dünnen Kiefernadeln gesiebte Windhauch, das Summen der Bienen über dem Frühlingsblust bezaubern jedes empfindliche Ohr; aber das sind eintönige Klangfarben, ohne Verbindung untereinander. Die Natur kennt wunderschöne Töne – aber keine Musik.

Jaulen, schreien, knurren, wiehern, muhen, meckern und kreischen, darauf beschränkt sich die Phonetik derer, die uns dem Körperbau nach am nächsten stehen. Eine aus diesen Bestandteilen zusammengesetzte Partitur wäre ein Tohuwabohu. Als überraschende Ausnahme kam der Mensch in der Nachfolge dieser ungeschlachten Kehlen auf die Idee zu singen. Eine Eigenschaft, die niemand mit ihm teilt, das Vermögen, Töne zu ordnen, woraus sich die unvergleichliche Gabe der Sprache ableitet, stachelte ihn zu richtigen Koloraturen an, deren Erlernen in Ermangelung natürlicher Vorbilder mühsam gewesen sein muss.

Wenn unser vorgeschichtlicher Ahn seine Heimkehr von der Mammutjagd feierte und sich mit einem Gebräu aus Himbeeren und Zwetschgen berauschte, was kam dann aus seiner heiseren Kehle? Eine regelrechte Melodie? Sicher nicht, sondern eher raues Gebrüll, unter dem das Gewölbe seines felsigen Unterschlupfs erzitterte. Zur Gewalt gehört der Schrei. In den Wirtsstubenhöhlen, wenn die Kehlen heißgelaufen sind, hört man noch heute diesen primitiven Gesang.

Und dieser Tenor mit seinen ungehobelten Lauten verstand es schon sehr gut, die Spitze des Feuersteins zu führen, um das Bild des ungeheuren Tieres in Elfenbein zu gravieren, das er eben erlegt hatte; er verstand es, sich selbst mit gefärbtem Fett zu bemalen. Für Farbe und Form gab es Vorbilder im Überfluss; für das Tonmaß gab es keines.

Den Versuchen der Kehle fügte der Fortschritt das Musikinstrument hinzu. Man blies auf Rohren, die man in einem Stück aus frischen Zweigen schnitt. Man brachte den Gerstenhalm zum Tönen und den Schilfrohrzylinder zum Pfeifen. Das zwischen zwei Fingern der hohlen Hand gehaltene Schneckenhaus ahmte den Warnruf des Rebhuhns nach; das aus Rindenstreifen zu einem breiten Kornett gerollte Horn gab das Muhen des Stieres wieder; einige Schnüre aus Darm, gespannt über den leeren Bauch einer Kalebasse, ließen die ersten Saiten erklingen; eine Blase vom Steinbock, befestigt auf einem soliden Rahmen, war die erste tönende Membran; zwei flache Kiesel, rhythmisch gegeneinandergeschlagen, waren der Auftakt zum Klappern der Kastagnetten. Von solcher Art muss das ursprüngliche musikalische Material gewesen sein, wie es das Kind von heute noch kennt, das in seiner künstlerischen Naivität an das große Kind von damals erinnert.

Die klassische Antike hat kaum etwas anderes gekannt, das bezeugen die Hirten von Theokrit und Vergil. Sylvestrem tenui musam meditaris avena,[14] sagt Meliboeus zu Tityrus. Was soll man von diesem Haferhalm halten, dieser einfachen Schalmei, wie man das uns in der Jugend übersetzen ließ? Hat der Dichter avena tenui als rhetorische Floskel verwendet oder beschrieb er etwas Reales? Ich bin für die Realität, weil ich selbst ein Schalmei-Konzert gehört habe.

Es war auf Korsika, in Ajaccio. Aus Dank für eine Handvoll Bonbons kamen eines Tages einige Nachbarskinder, um mir ein Ständchen zu bringen. Unerwartet erklangen Töne von seltener Schönheit in einer wild improvisierten Harmonie. Ich lief ans Fenster. Da unten stand die Blaskapelle; Knirpse in einem Kreis, der Anführer in ihrer Mitte. Die meisten hielten den Schaft einer Frühlingszwiebel an den Lippen, die sich am Bauch zur Spindel wölbt, andere einen Halm oder ein Stück Schilfrohr, das noch nicht reif und hart geworden war.

Darauf bliesen sie, oder vielmehr, sie sangen ein Vocero in einer schwermütigen Weise, vielleicht ein Relikt der alten Griechen. Gewiss, das war keine Musik, wie wir sie sonst hören; aber auch kein formloser Lärm; es war eher ein Singsang, unbestimmt, wogend, von naiver Unschärfe, eine Mischung aus schönen Klängen, zu denen das Pfeifen der Halme und das Zirpen der bauchigen Zwiebeln einen Kontrast bildete. Ich war voller Bewunderung für diese Symphonie für Zwiebelstiele. So ungefähr mussten die Hirten der Ekloge auch verfahren sein: avena tenui; und so muss in den Zeiten, als man bei uns Rentiere jagte, das Epithalamion für die Brautleute gesungen worden sein.

Ja, die Kantilene meiner korsischen Gören war wie Bienensummen am Rosmarin und hat in meiner Erinnerung einen tiefen Eindruck hinterlassen. Ich habe sie heute noch im Ohr. Sie hat mir den Klang der ländlichen Hirtenflöten nahegebracht, die in einer aus der Mode gekommenen Literatur so gerühmt werden. Wie weit entfernt sind wir von diesen Naivitäten! Um das gewöhnliche Volk

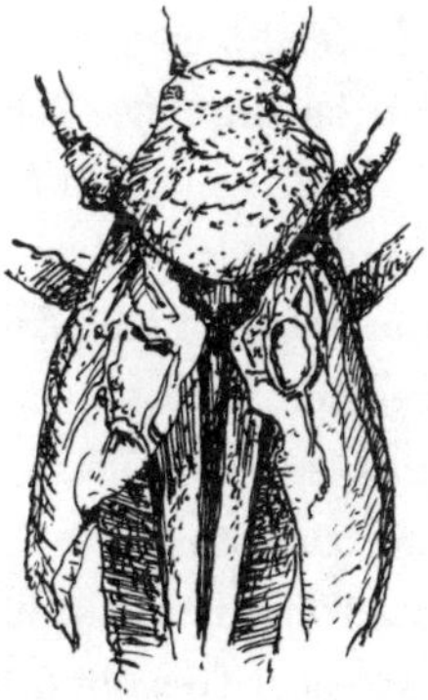

zu bezaubern, braucht man in unseren Zeiten Ophikleide, Saxhorn, Posaune, Kornett, überhaupt alle Blechblasinstrumente, die man sich nur vorstellen kann, dazu Trommel und Pauke und als Höhepunkt einen Kanonenschuss. Das ist der Fortschritt.

Vor dreiundzwanzig Jahrhunderten versammelte sich ganz Griechenland in Delphi, um den Sonnengott zu feiern, *Phoibos* mit den goldenen Haaren. Dort lauschte das Volk mit religiöser Inbrunst der Hymne des Apoll, einer schlichten Melodie, hie und da unterstützt von leisen Akkorden der Flöte und Kithara. Als gefeiertes Meisterwerk wurde dieser Gesang in Marmortafeln gemeißelt, die Archäologen vor kurzer Zeit ausgegraben haben.

Diese ehrwürdigen Lieder, die ältesten der Musikarchive, wurden im antiken Theater zu Orange zu Gehör gebracht, dieser steinernen Ruine, die den Tonruinen würdig ist. Ich wohnte der Feierlichkeit nicht bei, aus reiner Gewohnheit, nach Westen zu laufen, wenn im Osten ein Feuerwerk abgebrannt wird. Einer meiner Freunde war dort, der mit einem feineren Gehör begabt ist: »Es ist sehr zweifelhaft«, sagte er mir, »dass unter den zehntausend Zuhörern, die das ungeheure Halbrund fassen konnte, auch nur ein einziger diese Musik eines anderen Zeitalters hat begreifen können. Auf mich wirkte es wie das Klagelied eines Blinden, und gegen meinen Willen suchte ich nach dem Hündchen, das die Bettelschale hält.«

Ach, dieser Barbar, der das griechische Meisterwerk ein stumpfsinniges Klagelied nennt! War es mangelnde Ehrfurcht seinerseits? Nein, nur Unfähigkeit. Sein nach anderen Regeln geschultes Ohr fand keinen Gefallen an der Einfachheit, die ihm fremd geworden war und auch durch ihr Alter schockierte. Es fehlt meinem Freund, es fehlt uns allen der Sinn für diese von den Jahrhunderten erstickten Kostbarkeiten der ältesten Zeit. Um die Hymne des Apoll genießen zu können, müsste man bis zu jener Einfalt der Seele zurückgelangen, die mich eines Tages das Summen der Zwiebelstiele als schön empfinden ließ. Wir werden nicht so weit kommen.

Wenn auch unsere Musiker sich nicht von den Marmortafeln aus Delphi inspirieren lassen können, werden unsere Bildhauer und Architekten in den Werken der Griechen doch immer Vorbilder von unvergleichlicher Vollkommenheit finden. Die Tonkunst ist veränderlich, da sie kein Vorbild in der Natur hat; bei unserem wankelmütigen Geschmack wird das Perfekte von heute zum Trivialen von morgen. Die Kunst der Formen dagegen, die auf die unwandelbaren Grundfesten der Realitäten gründet, sieht das Schöne immer dort, wo es frühere Jahrhunderte auch gesehen haben.

Nirgends finden sich musikalische Vorbilder, nicht einmal im Gesang der Nachtigall, den Buffon gepriesen hat. Warum sollte ich nicht meine Meinung sagen, ohne jemanden beleidigen zu wollen? Buffons Stil und das Nachtigallenlied selbst lassen mich beide kalt. Beim Ersten spüre ich die Rhetorik zu sehr und vermisse wahres Gefühl. Das Zweite, ein prächtiges Schmuckkästchen schlecht zusammenpassender Perlen von Tönen, spricht so wenig zur Seele, wie ein kleiner Krug für einen Sou, voll Wasser und mit einer Pfeife versehen, zwischen den Lippen eines Kindes an die schönsten Koloraturen eines großen Sängers heranreicht. Jedes Tonpfeifchen, auf dem nach Belieben herumgeblasen wird, nimmt es mit der Nachtigall auf.

Jenseits der Vögel mit ihrer vortrefflich schwingenden Luftsäule, wird geheult, gebrüllt, gegrunzt, bis man schließlich zum Menschen gelangt, der als Einziger spricht und wirklich singt. Weiter unten quakt man oder ist stumm. Der Blasebalg der Kehle treibt zwei Blüten aus, zwischen denen eine unermessliche Lücke klafft, in der es ungehobelt lärmt. Noch weiter unten steht das Insekt, das viel älter ist. Dieser Erstgeborene der Festlandbewohner ist auch der erste Sänger. Da sein Atem keine Stimmbänder vibrieren lassen kann, erfindet er den Bogen und das Streichen, woraus der Mensch später wunderbaren Gewinn zieht.

Verschiedene Käfer erzeugen Geräusche, indem sie eine raue Fläche über die andere gleiten lassen. Der Hausbock reibt das erste Brustsegment im Gelenk gegen den Rest des Brustteils; der Walker mit seinen blätterigen Fühlern raspelt mit der Kante der Deckflügel den hintersten Rückenbogen; der Copris und viele andere kennen keine andere Methode. Um es genau zu sagen: Diese Reibungen ergeben keinen musikalischen Ton, sondern eher etwas wie das Quietschen einer Wetterfahne, die sich um ihre rostige Achse dreht: Das klingt dünn, schroff, ohne Resonanz.

Von diesen unerfahrenen Knirschern möchte ich den Bolboceras (Bolboceras gallicus, Muls) ausnehmen, der besondere Erwähnung verdient. Rund wie eine Murmel, mit einem Horn auf der Stirn wie der Spanische Copris, dessen Vorliebe für Kot er nicht teilt, liebt das anmutige Insekt die hiesigen Kiefernwälder; es gräbt sich im Sand eine Erdhöhle, aus der es in der Abenddämmerung herauskriecht, um ein sanftes Piepsen anzustimmen, wie ein sattes Vögelchen, das sich unter den Flügel seiner Mutter duckt. Für gewöhnlich ist er still, bei der kleinsten Störung aber macht er sein Geräusch. Mit einem Dutzend Gefangener in einer Schachtel erklingt eine entzückende Symphonie, wenn auch sehr leise. Man muss die Schachtel nah ans Ohr halten, um sie zu hören. Im Vergleich dazu sind Hausbock, Copris, Walker und die anderen lärmende Kratzer. Alle diese Musikanten bringen nicht eigentlich Gesang hervor, sondern vielmehr handelt es sich um den Ausdruck eines Schocks, ich möchte fast sagen, um einen Angstschrei, ein Aufschrecken. Das Insekt lässt nur im Augenblick der Gefahr seinen Laut ertönen, und niemals in der Paarungszeit, soviel ich weiß.

Der wahre Musikant, der seine ausgelassene Freude mit Bogen und Zimbeln zum Ausdruck bringt, steht viel weiter unten. Er ist dem Insekt Höherer Ordnung vorangegangen, dem Käfer, der Biene, der Fliege, dem Schmetterling, deren höherer Entwicklungsgrad sich in der vollständigen Verwandlung zeigt; er gehört zu den einfachen Geschöpfen früher Erdzeitalter.

Das singende Insekt zählt nämlich ausschließlich entweder zur Ordnung der Halbflügler (Zikade) oder zu jener der Geradflügler (Heuschrecke, Grille); durch seine unvollständige Metamorphose ist es mit jenen ursprünglichen Arten verwandt, deren Geschichte in die Schichten der Steinkohle eingeschrieben sind. Es gehört zu den ersten, die dem unbestimmten Lärm der leblosen Dinge Laute des Lebens beigemischt haben. Es sang, noch bevor das Reptil zu atmen lernte.

Hier, an diesem einfachen Beispiel der Klänge, zeigt sich die Unzulänglichkeit unserer Theorien, die mit der schicksalhaften Entwicklung des Fortschritts, wie er bereits in der allerersten Zelle angelegt sei, die Welt erklären wollen. Alles ist noch stumm, nur das Insekt zirpt schon exakt so, wie es das heute immer noch tut. Die Tonbildung beginnt mit einem Apparat, den die Zeitalter weitergeben, ohne ihn wesentlich zu verändern. Danach, obwohl die Lunge bereits da ist, herrscht Stillschweigen – bis auf das Schnauben der Nüstern. Eines Tages dann quakt der Lurch, und bald, völlig unvorbereitet, mischen sich unter dieses unausstehliche Konzert die Triller der Wachtel, die gepfiffenen Lieder der Amsel und der Zungenschlag der Grasmücke. Der Kehlkopf ist geboren. Was machen die Spätgeborenen damit? Esel und Wildschwein geben uns die Antwort. Das ist nicht nur Stillstand; das ist ein ungeheurer Rückschritt, bis dann ein letzter Sprung zum Kehlkopf des Menschen führt.

In der Entstehungsgeschichte der Töne kann man nicht von Fortschritt sprechen, der das Mittelmäßige auf das Schlechte und das Hervorragende auf das Mittelmäßige folgen lässt. Man erkennt nichts als plötzliche Aufschwünge, Pausen, Rückschritte und schlagartige Entfaltungen, die nicht durch Vorhergegangenes angekündigt und nicht durch das Folgende fortgesetzt wurden; man steht hier vor einem Rätsel, das mit der Zellanlage allein, diesem bequemen Ruhekissen für den, der nicht den Mut hat, tiefer zu forschen, nicht zu entziffern ist.

Aber lassen wir die Ursprünge, diesen unzugänglichen Bereich, und kommen wir zu den Fakten: Befragen wir einige Vertreter dieser alten Arten, die in der Tonkunst den Anfang machten und auf den Gedanken kamen zu singen, als die ersten Schlammschichten der Kontinente sich verfestigten; befragen wir sie über den Aufbau ihres Instruments und den Zweck ihres Liedchens.

Die Heuschreckenartigen, bemerkenswert durch ihre langen dicken Schenkel und durch ihren Legestachel, den Säbel oder das

Pflanzholz zur Aussaat der Eier, haben den wichtigsten Part im Insektenkonzert, nach der Zikade, mit der sie so oft verwechselt werden. Ein einziger Geradflügler übertrifft sie: Die Grille, ihr nächster Verwandter. Hören wir zunächst den Südlichen Warzenbeißer.

Es beginnt mit einem trockenen spitzen, fast metallischen Geräusch, dem sehr ähnlich, das die wachsame Drossel ertönen lässt, wenn sie Oliven frisst. Es ist eine Abfolge kurzer einzelner Laute, »*tik-tik*«, mit langen Pausen dazwischen. Danach schwillt der Gesang in allmählichem Crescendo zu einem raschen Klickern an, bei dem das grundlegende »*tik-tik*« von einem fortlaufenden dumpfen Bass begleitet wird. Am Schluss wird das Crescendo derart stark, dass der metallische Klang erlischt und der Ton sich in ein simples Knistern verwandelt, in ein »*frr-frr-frr*« von rasanter Geschwindigkeit.

Zwischen Strophen und Pausen wechselnd, fährt der Virtuose stundenlang fort. Bei ruhigem Wetter kann man den Gesang auf seinem Höhepunkt auf etwa zwanzig Schritt Entfernung hören. Das ist recht wenig. Der Ton der Grille und der der Zikade haben eine ganz andere Reichweite.

Wie wird der Ton produziert? Die Bücher, die ich in dieser Hinsicht befragen kann, lassen mich verwundert zurück. Sie sprechen zwar vom *Spiegel*, einer dünnen, vibrierenden Membran, die wie ein Glimmerblättchen schimmert; aber wie wird diese Membran in Schwingung versetzt? Das sagen sie nicht oder sie sagen es auf sehr unbestimmte, ungenaue Weise. Reiben der Deckflügel, gegenseitiges Scheuern der Flügelrippen, das ist alles.

Ich möchte eine deutlichere Erklärung; denn auch das Instrument einer Heuschrecke muss einen präzisen Mechanismus haben, davon bin ich überzeugt. Informieren wir uns also und scheren wir uns nicht darum, ob wir vielleicht bereits gemachte Beobachtungen wiederholen, die dem Einzelgänger, dessen gesamte Bibliothek aus wenigen unvollständigen Schmökern besteht, noch nicht zu Ohren gekommen sein mögen.

Die Deckflügel des Warzenbeißers verbreitern sich an der Basis und bilden auf dem Rücken eine ebene Vertiefung in Form eines länglichen Dreiecks. Dies ist das Klangfeld. Der linke Deckflügel überlappt hier den rechten und verbirgt in Ruhestellung den gesamten Musikapparat. Der am besten zu unterscheidende und seit undenklichen Zeiten bekannteste Teil dieses Apparats ist der *Spiegel,* der wegen des Glanzes seiner dünnen ovalen Membran so genannt wird, die in einen Rahmen von Nervenrippen eingelassen ist. Das ist die Haut einer Trommel, ein Trommelfell von erlesener Feinheit, mit dem Unterschied, dass es ertönt, ohne geschlagen zu werden. Nichts berührt den Spiegel, wenn der Warzenbeißer singt. Die Vibrationen werden ihm mitgeteilt, kommen also anderswoher. Aber woher?

Sein Rand verlängert sich im inneren Winkel der Grundfläche zu einem stumpfen, breiten Zahn, an dessen Ende sich eine vorspringende Falte zeigt, die kräftiger ist als die übrigen, da und dort verteilten Rippen. Diese Falte bezeichne ich als *Reiberippe.* Von diesem Punkt geht die Erschütterung aus, die den Spiegel zum Tönen bringt. Das wird vollends klar werden, sobald der Rest des Apparats bekannt ist.

Dieser Rest, der Bewegungsmechanismus, befindet sich am linken Deckflügel, der mit seinem flachen Rand auf dem anderen Flügel aufliegt. Von außen betrachtet ist da nichts Bemerkenswertes, außer, und auch das erkennt man nur, wenn man es weiß, eine Art schräger Querwulst, den man für eine etwas stärkere Rippe halten könnte.

Betrachten wir die untere Seite mit der Lupe. Der Wulst ist weitaus besser als eine gewöhnliche Rippe. Er ist ein Instrument von hoher Präzision, ein prächtiger Zahnrad-Bogen, in seiner Winzigkeit von wunderbarer Regelmäßigkeit. Die feinsten Metallteile der menschlichen Uhrindustrie erlangen nicht seine Perfektion. Er gleicht einer gekrümmten Spindel. Von einem Ende zum anderen sind etwa achtzig dreieckige Zähne quer eingekerbt, wunderbar gleichmäßig, aus hartem Material, nicht abzunützen, von einem dunklen Kastanienbraun.

Der Zweck dieses mechanischen Schmuckstücks ist augenfällig. Hebt man am toten Warzenbeißer den ebenen Rand der zwei Deckflügel an, um sie in die Position zu bringen, die sie beim Widerhallen einnehmen, sieht man den Bogen mit seinen Zähnen in die abschließende Rippe einrasten, die ich eben die Reiberippe genannt habe; man sieht, wie die Zähne aneinander vorbeigleiten, wie sie sich von einem Ende der Reihe bis zum anderen nie von den in Erschütterung zu versetzenden Stellen entfernen; und wenn das Manöver geschickt durchgeführt wird, singt der Tote, das heißt, er bringt einige seiner knarzenden Laute hervor.

Die Klangerzeugung des Warzenbeißers liegt nicht mehr im Dunkeln. Der gezähnte Bogen des linken Deckflügels ist der bewegende Teil; die Reiberippe des rechten Deckflügels wird bewegt; das gespannte Häutchen des Spiegels ist das Resonanzorgan, das durch das Rütteln an seinem Rahmen zum Schwingen gebracht wird. In unserer Musik gibt es wohl vibrierende Membranen, sie werden aber immer direkt berührt. Der Warzenbeißer verbindet den Bogen und die Trommel weitaus kühner als unsere Lautenspieler.

Die gleiche Verzahnung findet man bei den anderen Heuschreckentieren. Das berühmteste unter ihnen ist das Grüne Heupferd (Locusta viridissima, L.), wegen seiner Größe und schönen grünen Farbe die klassische Schrecke. Für La Fontaine war dies die Zikade, die bettelnd zur Ameise kam, als der kalte Nordwind blies. Da Mücke und Würmchen fehlten, bat sie um einige Körner, um bis zur neuen Saison durchzuhalten. Die zweifache Ernährung, die tierische und die pflanzliche, ist eine glückliche Erfindung des Fabeldichters.

Das Heupferd teilt tatsächlich die Geschmacksvorlieben des Warzenbeißers. In meinen Käfigen stärkt es sich mit einem Salatblatt, wenn es nichts Besseres hat; zieht aber die Ödlandschrecke vor, die sie bis auf Deckflügel und Flügel ganz auffrisst. In freier Flur entschädigt seine Jagd auf den hungrigen Fresser, die Feldheuschrecke, vollauf den Bauern für die wenigen Happen Grünzeug, die sie ihm stiehlt.

Bis auf wenige Details entspricht sein Musikinstrument dem des Warzenbeißers. Es besitzt an der Basis der Deckflügel eine weite Vertiefung, die ein gekrümmtes Dreieck bildet, bräunlich und dunkelgelb umrandet. Es sieht aus wie ein adliges Wappenschild mit heraldischen Hieroglyphen. Der linke, über dem rechten liegende Deckflügel ist an der Unterseite von zwei parallelen Querfurchen durchzogen, deren Zwischenraum nach unten vorspringt und den Bogen bildet. Dieser gleicht einer braunen Spindel, hat feine, sehr regelmäßige und zahlreiche Zähne. Der Spiegel des rechten Deckflügels ist fast kreisrund, deutlich eingerahmt von einer kräftigen Reiberippe.

Das Insekt zirpt im Juli und August in der Abenddämmerung bis gegen zehn Uhr. Es klingt wie das Schnurren eines sich schnell drehenden Spinnrads, begleitet von einem zarten metallischen Zirpen – kaum hörbare Töne. Der tief gesenkte Bauch pulsiert und schlägt den Takt. Das geht in unregelmäßigen Perioden so und hört plötzlich auf; setzt sich in Ansätzen fort, die nur aus einigen Bogenstrichen bestehen, ein Zögern, und alles beginnt wieder von vorn.

Kurz, eine recht dünne Musik, in ihrer Klangfülle der des Warzenbeißers weit unterlegen, nicht zu vergleichen mit dem Gesang der Grille, und noch weniger mit dem rauen Lärm der Zikade. In der Abendstille, ein paar Schritte entfernt, brauche ich das feine Ohr von Paulchen, um es überhaupt zu bemerken.

Noch armseliger klingt es bei den hiesigen zwei Zwergwarzenbeißern, dem Platycleis intermedia, Serv., und dem Platycleis grisea, Fab., die beide häufig Wiesen mit hochstehendem Gras bevölkern, sich dort mit Vorliebe auf sonnenwarmem Gestein einrichten, aber flugs im Gestrüpp verschwinden, wenn man sie erhaschen will. Die beiden dickbäuchigen Sänger kommen, jeder für sich, in den Genuss und die Langeweile meiner Käfige.

Bei glühender Sonne, die voll zum Fenster hereinscheint, sind meine kleinen Warzenbeißer satt von grünen Fennichkörnern und Wildbret. Die meisten liegen da, wo es am heißesten ist, auf dem

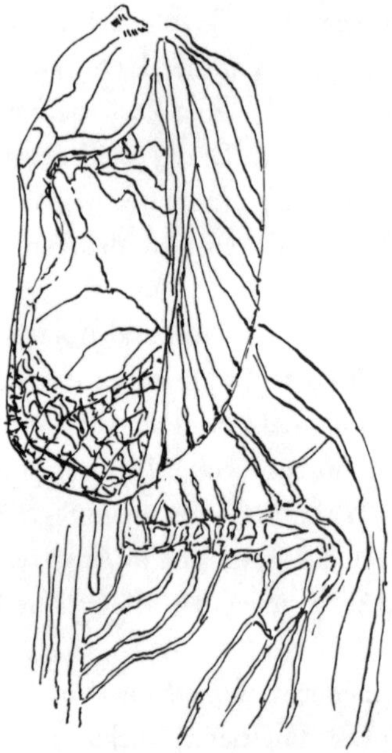

Bauch oder auf der Seite, und strecken ihre Hinterbeine aus. Stundenlang verdauen sie so reglos und dösen in ihrer wollüstigen Stellung. Manche singen. Ach, dieser dünne Gesang!

Das Lied des Decticus intermediarius, der regelmäßig zwischen Strophen und Pausen wechselt, ist ein rasches »*frr*«, ähnlich dem der Kohlmeise; das des Grauen Warzenbeißers besteht aus abgesetzten Bogenstrichen und ahmt ein wenig den Singsang der Grille nach, wenn auch mit einem raueren und mehr verschleierten Ton. Beide Sänger kann ich wegen der Schwachheit der Töne auch aus zwei Metern Abstand kaum hören.

Und für diese Musik, diese Lieder des Nichts, gerade noch hörbar, besitzen die beiden Zwerge alles, was ihr großer Kollege besitzt: den gezähnten Bogen, das baskische Tamburin und die Reiberippe. Am Bogen des Grauen Warzenbeißers zähle ich ungefähr vierzig Zähne, und achtzig beim Mittleren Warzenbeißer. Außerdem weist bei beiden der rechte Deckflügel um den Spiegel herum einige durchscheinende Flächen auf, die zweifellos die Fläche der vibrierenden Partie vergrößern. Tut nichts zur Sache; denn so prachtvoll das Instrument auch ist, man kann das Klangergebnis nur als höchst mittelmäßig bezeichnen.

Wo bleibt der Fortschritt bei dem immer gleichen Mechanismus, der eine Trommel durch einen gezähnten Bogen zum Schwingen bringt? Keines der langflügeligen Heuschreckentiere schafft das. Alle, von den größten, den Heupferden, Warzenbeißern und Conocephalusarten (Schwertschrecken), bis hin zu den Kleineren, den Platycleis-, Xiphidion- und Phaneropterusarten, versetzen mit dem gezähnten Bogen den Rahmen eines vibrierenden Spiegels in Schwingung; alle sind »Linkshänder«, das heißt, sie tragen den Bogen an der Unterseite des linken Deckflügels, der den rechten mit der Trommel überlappt; alle pflegen den dünnen, gedämpften, manchmal kaum hörbaren Gesang.

Ein einziges Heuschreckentier produziert einen kräftigeren Ton, indem es Einzelheiten des Apparats verändert, ohne den allgemeinen Aufbau zu erneuern. Das ist die Weinberg-Sattelschrecke, welche die Flügel aufgibt und die Deckflügel auf zwei gewölbte Schuppen reduziert, die mit einem eleganten Waffelmuster versehen und ineinander verschachtelt sind. Diese beiden Halbkugeln sind die Reste der Flugorgane, die ausschließlich zu Tonorganen geworden sind. Um besser zirpen zu können, verzichtet das Insekt auf den Flug.

Es verbirgt sein Instrument unter einer Art Wölbung, die der sattelförmige Brustpanzer bildet. Wie immer besetzt die linke Schuppe den oberen Platz und trägt an der Unterseite einen Zahnstab, an dem unter der Lupe achtzig querlaufende Zähnungen zu erkennen sind, kräftig ausgebildet und so sauber gefräst wie bei keinem anderen Heuschreckentier. Die rechte Schuppe besetzt den unteren Platz. Oben auf ihrer Wölbung schimmert, etwas eingedrückt und von einer kräftigen Rippe eingerahmt, der Spiegel.

An Eleganz des Aufbaus ist dieses Instrument dem der Zikade überlegen, welche die Höhlung der beiden kargen Zimbeln durch das Zusammenziehen der zwei Muskelsäulen abwechselnd verformt und entspannt. Was dem Instrument fehlt, sind Klangkammern, Resonanzkörper, die es dem Apparat ermöglichten, richtig Lärm zu machen. Wie die Dinge liegen, bringt er ein schleppendes klagendes *»tschiii-tschiii-tschiii«* in Moll hervor, das von weiter entfernt zu hören ist als der muntere Bogenstrich des Südlichen Warzenbeißers.

Werden der Warzenbeißer und die übrigen Heuschreckenartigen in ihrer Ruhe gestört, schweigen sie sofort, stumm vor Schreck. Bei ihnen ist der Gesang immer Ausdruck ausgelassener Freude. Auch die Sattelschrecke hat Angst, gestört zu werden, und verwirrt den, der nach ihr sucht, durch plötzliches Verstummen. Aber nehmen wir sie in die Hand, nimmt sie ihr Zirpen oft wieder auf, in ungeordneten Bogenstrichen. Dann allerdings erzählt das Lied gewiss nicht mehr von Freude, sondern vielmehr von Furcht und Angst vor Gefahr.

Ebenso lärmt die Zikade greller denn je, wenn ihr ein Kind erbarmungslos den Bauch aufreißt und die Kapellen auseinanderklaffen lässt. In beiden Fällen wird das fröhliche Lied des jubilierenden Tieres zum Klagegesang des gequälten Tieres.

Bei der Sattelschrecke verdient eine zweite Besonderheit, die bei den anderen singenden Insekten unbekannt ist, unser Augenmerk. Beiderlei Geschlecht besitzt einen Klangapparat. Das Weibchen, bei den übrigen Heuschreckenartigen immer stumm, ohne eine Spur von Bogen oder Spiegel, besitzt hier ein Instrument, das demjenigen des Männchens sehr ähnlich ist.

Die linke Schuppe bedeckt die rechte. Ihre Kanten sind von einem Waffelmuster dicker blasser Rippen überzogen, die ein feinmaschiges Netz bilden; das Zentrum dagegen ist glatt und schwillt zu einer Haube, rot wie Zwiebelschale. An der Unterseite ist diese Haube mit zwei zusammenlaufenden Rippen ausgestattet, die größere der beiden ist überwiegend leicht angeraut. Die rechte Schuppe hat einen ähnlichen Aufbau, bis auf folgendes Detail: Die zentrale Haube, ebenfalls rot wie eine Zwiebelschale, wird von einer Rippe in Form eines gebogenen Äquators durchzogen und weist unter der Lupe fast über die ganze Länge sehr feine querstehende Zähne auf.

An diesem Merkmal erkennt man den Bogen, hier in umgekehrter Stellung als die uns bekannte. Das Männchen ist Linkshänder und operiert mit dem oberen Deckflügel; das Weibchen ist Rechtshänder und kratzt mit dem unteren. Bei ihr gibt es übrigens keinen Spiegel, das heißt, kein glänzendes Häutchen wie ein Glimmerblättchen. Der Bogen reibt quer zu der rauen Rippe der gegenüberliegenden Schuppe, und auf diese Weise werden die beiden verschachtelten runden Hauben gleichzeitig erschüttert.

Das vibrierende Teil ist also doppelt, aber es ist zu starr, zu grob, um einen lebhaften Klang zu erzeugen. Der ziemlich dünne Gesang ist noch klagender als der des Männchens. Das Insekt ist nicht verschwenderisch. Wenn ich nicht einschreite, würden meine Gefangenen ihre Töne niemals dem Konzert ihrer Käfiggenossen hinzufügen; wenn man sie dagegen anfasst und beunruhigt, beginnen sie sogleich zu wimmern.

Es ist anzunehmen, dass dies in Freiheit anders verläuft. Die Stummen in meinen Drahtglocken sind nicht umsonst mit doppeltem Becken und Bogen begabt. Das Instrument, das stöhnt vor Schreck, muss auch bei fröhlichen Gelegenheiten erklingen.

Wozu dient der Klangapparat der Heuschreckentiere? Ich möchte nicht so weit gehen, ihm eine Rolle bei der Paarbildung abzustreiten, ihm ein verführendes Flüstern abzusprechen, das dem Zuhörer angenehm ist; das hieße, sich gegen das auflehnen, was offensichtlich ist. Aber seine maßgebliche Funktion liegt nicht darin. Vor allem anderen benutzt das Insekt ihn dazu, seine Freude am Leben auszudrücken, um die Wonnen des Daseins zu besingen: mit vollem Bauch und dem Rücken in der Sonne. Dies bezeugen der große Warzenbeißer und das männliche Heupferd, die nach der Hochzeit, wenn sie endgültig erschöpft sind und keine Lust mehr zur Paarung haben, weiterhin fröhlich zirpen, bis ihre Kräfte versagen.

Die Heuschreckenartigen drängt es zum Jubel; noch dazu haben sie den Vorteil, ihn durch einen einzigen Ton darzustellen, ein leichtes Spiel für den Künstler. Der Tagelöhner, den ich jeden Abend von der Arbeitsstelle in sein Haus heimkehren sehe, wo die Suppe auf ihn wartet, pfeift und singt für sich allein, ohne die Absicht oder das Begehren danach, gehört zu werden. In seinem naiven, fast unbewussten Bedürfnis, sich auszudrücken, spricht er von seiner Freude über das Ende des harten Tagwerks und dass der Teller mit duftendem Kohl dasteht. So zirpt auch das singende Insekt: Es feiert das Leben.

Manche gehen noch weiter. Wenn das Dasein auch seine angenehmen Seiten hat, so fehlt es doch nicht an Nöten. Der Mann der Weinberg-Sattelschrecke weiß die einen wie die anderen auszudrücken. In schleppendem Singsang erzählt er den Büschen von seinem Glück; mit einem kaum merklich veränderten von seinen Schmerzen und Schrecken. Seine Gefährtin, ebenfalls Musikerin, tut es ihm gleich. Mit zwei jeweils anders gebauten Becken vermag auch sie, entweder zu jauchzen oder zu klagen.

Die Trommel mit dem Zahnstab ist nicht zu verachten. Sie belebt die Wiese, sie flüstert von den Freuden und Plackereien des Lebens, sie lässt die Einladung zur Liebe in der Runde ertönen, sie verzaubert die langen Wartezeiten der Einsiedler und redet von der höchsten Blütezeit im Tierleben. Ihr Bogenstrich ist beinahe schon eine Stimme.

Und diese großartige Mitgift voller Verheißungen ist nur diesen niederen Rassen, diesen grobschlächtigen Naturen zugestanden, aus dem Zeitalter der Steinkohle, wo alles noch ein rauer Entwurf war. Warum haben die Höheren Insekten, wenn sie doch, wie man behauptet, von stufenweise veränderten Vorfahren abstammen, dieses schöne Erbteil der Anfangszeit, die tönende Stimme, nicht bewahrt?

Weil die Theorie vom Fortschritt nichts als ein großartiger Schwindel ist? Muss man auf die brutale Vernichtung des Schwächeren durch den Stärkeren, des weniger Begabten durch den Talentierteren, verzichten? Ist Zweifel angebracht, wenn die Evolutionslehre uns erzählt, dass die mit den größeren Vorteilen überleben? Oh ja, und zwar sehr.

Das rät uns eine gewisse Libelle der Steinkohlenzeit, Meganeura monyi, Brong., mit ihren mehr als sechzig Zentimetern Spannweite. Sie ist verschwunden, die riesige Jungfer, die mit ihrer sägeartigen Kieferzange das kleine geflügelte Volk terrorisierte; während die schwächliche Azurjungfer (Coenagrion puella) mit ihrem bronzefarbenen und himmelblauen Leib immer noch kreuz und quer über den Binsen unserer Bäche fliegt.

Verschwunden sind ihre Zeitgenossen, die ungeheuren Saurierfische mit ihrem Panzer aus Emaille und ihren entsetzlichen Waffen. Ihre wenigen Nachfolger sind Missgeburten. Die prächtige Reihe der Kopffüßler mit ihrem in Kammern unterteilten Gehäuse, unter ihnen manche Ammoniten von der Größe eines Wagenrads, hat in den gegenwärtigen Meeren keinen anderen Vertreter als den Nautilus, eine bescheidene Taucherhelm-Muschel. Der Megalosaurus, ein Saurier von fünfundzwanzig Metern Länge, machte hierzulande eine andere Figur als die graue Mauereidechse. Einen Zeitgenossen des Menschen, das Mammut, ein kolossales Tier, kennt man nur noch durch seine Überreste; aber sein naher Verwandter, der Elefant, neben ihm ein mickriges Schaf, lebt immer noch. Welche Verstöße gegen das Gesetz vom Überleben des Stärkeren! Die Starken sind zugrundegegangen, die Schwachen sind an ihre Stelle getreten.

XII
Das Grüne Heupferd

Wir haben Mitte Juli. Dem Kalender nach beginnen erst jetzt die Hundstage; aber in Wirklichkeit ist die Zeit der glühenden Hitze dem Kalender voraus und seit einigen Wochen schon ist die Temperatur niederschmetternd.

Heute Abend feiert das Dorf den Nationalfeiertag. Während die jungen Leute um ein Freudenfeuer tollen, dessen Widerschein ich am Glockenturm der Kirche undeutlich erkenne, und der Trommler das Aufsteigen jeder Rakete mit einigen Wirbeln feierlich begleitet, lausche ich allein in einer dunklen Ecke, in der Abendkühle gegen neun Uhr dem Festkonzert der Fluren, dem Fest der Erntezeit, das an Majestät jenem weit überlegen ist, das in diesem Moment auf dem Dorfplatz gefeiert wird mit seinem Pulver, den Fackeln, Papierlaternen und vor allem dem Alkohol. Es ist einfach wie das Schöne, es ist ruhig wie das Starke.

Es ist spät, die Zikaden schweigen. Von Licht und Wärme erfüllt, haben sie sich den ganzen Tag ihrer Symphonie hingegeben. Die Nacht ist gekommen und mit ihr die Ruhe, wenn auch eine oftmals gestörte Ruhe. Im dichten Gezweig der Platanen plötzlich ein Angstschrei, schrill und kurz. Das ist die verzweifelte Klage der Zikade, die aus ihrer Ruhe aufgeschreckt wird durch das Grüne Heupferd, den leidenschaftlichen nächtlichen Jäger, der sie anspringt, an der Flanke packt, ihr den Bauch aufreißt und sich durch sie hindurchfrisst. Nach der musikalischen Orgie das Gemetzel.

Dass ich den höchsten Ausdruck unseres Nationalgefühls, die Militärparade von Longchamp, nie gesehen habe und auch nie sehen werde, bedaure ich nicht. Die Zeitungen zeigen mir genug davon. Sie geben mir eine Vorstellung.

Da sehe ich zwischen den Büschen hier und dort das unheilvolle Rote Kreuz mit dem Hinweis »Militär-Ambulanz«, »Zivil-Ambulanz«. Da werden also gebrochene Knochen wieder gerichtet und Sonnenstiche gelindert, vielleicht Tote beklagt. Damit wird gerechnet, das gehört zum Programm.

Sogar hier in meinem Dorf, das für gewöhnlich friedlich ist, wird das Fest nicht, dafür lege ich die Hand ins Feuer, ohne etliche Faustschläge enden, diese obligatorische Würze eines Jubeltages. Um das Vergnügen richtig genießen zu können, braucht es anscheinend die Würze des Schmerzes.

Lauschen und betrachten wir, abseits vom Tumult. Während die aufgeschlitzte Zikade protestiert, geht oben auf den Platanen das Konzert mit einem anderen Orchester weiter. Jetzt sind die nächtlichen Künstler an der Reihe. Nahe beim Blutbad, im grünen Dickicht, vernimmt ein feines Ohr das Flüstern der Heupferde. Es ähnelt dem Geräusch eines Spinnrads, ein zurückhaltendes unbestimmtes Reiben an trockenen, knittrigen Schuppen. Über diesem dumpfen durchgängigen Bass schrillt in Abständen ein überstürztes, sehr spitzes, fast metallisches Zirpen. Das ist der Gesang, das ist die von Pausen unterbrochene Strophe. Alles Übrige ist Begleitung.

Trotz dieser Verstärkung durch den Bass ist es alles in allem ein schwachstimmiges, ein sehr schwachstimmiges Konzert, obwohl es, ganz in meiner Nähe, von ungefähr zehn Musikanten gegeben wird. Es fehlt dem Ton an Intensität. Mein altes Trommelfell ist nicht immer fähig, die Feinheiten dieser Töne zu erfassen. Das Wenige, das ich vernehme, ist von einer Zartheit, wie sie nicht besser zur Stille der Abenddämmerung passen könnte. Noch ein wenig mehr Fülle mit deinem Bogenstrich, meine liebe grüne Heuschrecke, und du wärst als Künstler der rauen Zikade vorzuziehen, deren Namen und Ruf man dir im Norden gegeben hat.

Du wirst es jedoch nie deiner Nachbarin gleichtun, der niedlichen Kröte, jenem Glöckner, der es ringsum zu Füßen der Platane läuten lässt, während du dort oben zirpst. Sie ist der kleinste unter meinen Lurchen, aber auch der Unternehmungslustigte.

Wie oft bin ich ihr begegnet, wenn ich am Abend im letzten Dämmer auf der Jagd nach Ideen aufs Geratewohl im Garten herumlaufe! Da läuft irgendetwas davon, rollt, überschlägt sich vor meinen Füßen. Ist das ein totes Blatt, das der Wind bewegt? Nein, es ist eine kleine Kröte, die ich gerade auf ihrer Wanderschaft gestört habe. Sie bringt sich unter einem Stein in Sicherheit, einem Erdhäufchen, einem Grasbüschel, erholt sich von ihrer Aufregung und stimmt sogleich ihren klaren Ton wieder an.

Während dieser abendlichen Feier des nationalen Jubels sind es etwa ein Dutzend, die da um mich herum so schön tönen, wie sie nur können. Die meisten verstecken sich zwischen den Blumentöpfen, die in dichten Reihen aufgestellt die Eingangshalle meines Hauses bilden. Jede hat ihren Klang, immer denselben, bei der einen tiefer, bei der anderen höher, einen kurzen deutlichen Ton, wohlklingend und von herrlicher Klarheit.

In seinem langsamen, gleichmäßigen Rhythmus klingt es, als würden Litaneien psalmodiert. *»Cluck«*, tönt diese da; *»click«* antwortet die andere dort aus zarterer Kehle; *»clock«*, fügt die dritte hinzu, der Tenor der Truppe. Und so wiederholt sich das endlos, wie das dörfliche Glockenspiel an einem Feiertag: *»cluck, click, clock – cluck, click, clock«*.

Das Krötenorchester erinnert mich an ein Instrument, das ich für meine sechsjährigen Ohren unbedingt hatte haben wollen, als ich für den Zauber der Töne sensibel zu werden begann. Es bestand aus einer Reihe von Glasplättchen unterschiedlicher Länge, die zwischen zwei Stoffstreifen gespannt waren. Ein Pfropfen aus Kork am Ende eines Drahtes diente als Schlegel. Stellt Euch eine ungeübte Hand vor, die auf dieser Klaviatur drauflosklimpert in plötzlichen ungeordneten Oktavsprüngen, Dissonanzen, umgekehrten Akkorden, und schon habt Ihr ein recht deutliches Bild von der Krötenlitanei.

Diese Litanei hat keine Melodie; aber als reiner Klang ist sie wunderschön. So verhält es sich mit aller Musik in den Konzerten der Natur. Unser Ohr findet hier wunderbare Töne, verfeinert sich dabei und erwirbt schließlich außerhalb der tönenden Realitäten ein Gespür für eine Ordnung, die Grundlage alles Schönen ist.

Aber dieses liebliche Läuten von einem Versteck zum anderen ist das Hochzeitsoratorium, eine diskrete Einladung, wie sie jeder Kröterich an seine Angehimmelte richtet. Die unmittelbaren Folgen des Konzerts lassen sich ohne Weiteres erraten; unmöglich vorauszusehen ist aber der Ausgang der Hochzeit. Wenn nämlich der Vater, in diesem Fall ein wahrer *Pater familias*, ein Familienvater im besten Sinne, eines Tages seinen Schlupfwinkel verlässt, ist er nicht wiederzuerkennen.

Er trägt die Zukunft an seinen Hinterbeinen; schleppt die Bürde einer Traube von Eiern in der Größe von Pfefferkörnern umher. Die voluminöse Last umschließt seine Waden und Schenkel, thront auf dem Rücken wie ein Bettelsack. Er ist völlig verunstaltet.

Wohin schleppt er sich, er, der nicht mehr hüpfen kann, da seine Last ihn derart niederdrückt? In seiner Fürsorge geht er dorthin, wohin die Mutter zu gehen sich geweigert hat; er geht zum nächsten Tümpel, dessen lauwarmes Wasser für das Ausschlüpfen und das Leben der Kaulquappen unbedingt notwendig ist. Wenn die Brut um seine Beine in dieser klammen Bleibe unter einem Steine gereift ist, sucht er Wasser und Tageslicht auf, obwohl er die trockne Dunkelheit so liebt; in kleinen Etappen marschiert er vorwärts, die Kehle gerötet vor Erschöpfung. Der Tümpel mag weit entfernt sein; das macht nichts: Der hartnäckige Pilger wird ihn finden.

Jetzt ist er da. Unverzüglich taucht er unter, trotz seiner tiefen Abneigung gegen das Baden, und im selben Augenblick löst sich die Eiertraube durch Aneinanderreiben der Beine. Jetzt sind die Eier in ihrem Element. Alles Übrige geschieht von selbst. Hat der Vater seine Pflicht erfüllt, eilt er ins Trockene. Kaum hat er ihnen den Rücken zugekehrt, sind die kleinen schwarzen Kaulquappen ausgeschlüpft und zappeln umher. Sie haben nur auf das Wasser gewartet, um ihre Hülle zu durchstoßen.

Unter den Sängern der Dämmerung im Juli könnte nur einer es mit dem harmonischen Glockenklang der Kröten aufnehmen, wenn er denn verschiedene Töne hätte. Es ist die Zwergohreule, ein graziöser nächtlicher Greifvogel mit runden goldenen Augen. Sie trägt auf dem Kopf zwei Hörnchen aus Federn, die ihr hierzulande den Namen »Machoto banarudo«, das gehörnte Käuzchen, eingebracht haben. Ihr Gesang, voll genug, um ganz allein das Schweigen der Nächte auszufüllen, ist von zermürbender Eintönigkeit. Mit unerschütterlicher Regelmäßigkeit macht der Vogel *»tscho... tscho...«*, wenn er stundenlang den Mond besingt.

Just diesen Moment bittet einer, vom Lärm des Festes aus den Platanen am Dorfplatz verjagt, um meine Gastfreundschaft. Ich höre ihn im Wipfel einer nahen Zypresse. Von dort oben beherrscht er die singende Versammlung und unterbricht immer wieder das konfuse Orchester der Heupferde und Kröten.

Sein zarter Klang wird immer wieder aus einer anderen Richtung von einem katzenhaften Maunzen kontrastiert. Dies ist der Ruf des gewöhnlichen Käuzchens, dem nachdenklichen Vogel der Pallas Athene. Nachdem es sich den ganzen Tag im Unterschlupf eines hohlen Olivenbaums versteckt hielt, geht es nun, da die Schatten der Nacht herabfallen, auf Wanderschaft. In sanftem, schwankenden Flug kommt es aus der Umgebung herbei und lässt sich auf einer der alten Kiefern der Einfriedung nieder. Von dort aus mischt es dem allgemeinen Konzert seinen schiefen, maunzenden Ton bei, der nur durch die Entfernung etwas gedämpft wird.

Das Zirpen des Heupferds ist zu zart, um inmitten der Lärmenden wirklich gehört zu werden; ich höre nur schwache, eben noch wahrnehmbare Töne, wenn es für einen Augenblick etwas stiller wird. Sein Klangapparat ist nur eine bescheidene Trommel mit Kratzer; die anderen, die Begünstigten, sie haben den Atem und die Lunge, die eine Luftsäule vibrieren lässt. Man kann das eine nicht mit dem anderen vergleichen. Kehren wir zu den Insekten zurück.

Eines von ihnen, kleiner und ebenso spärlich ausgerüstet, übertrifft das Heupferd im nächtlichen Gesang um einiges. Es ist die blasse, schmächtige Italienische Grille (Oecanthus pellucens, Scop.). Sie ist so schwächlich, dass man nicht wagt, sie anzufassen, aus Furcht sie zu zerquetschen. Sie konzertiert überall auf den Rosmarinbüschen, während die Glühwürmchen die bläulichen Leuchtfeuer ihrer Laternen entzünden und so das Fest vollkommen machen.

Der zarte Instrumentalist besteht vor allem aus großen feinen Flügeln, die wie Glimmerlamellen schimmern. Mittels dieser trockenen Tragfläche zirpt er mit einer Intensität, die die Kantilene der Kröten übertönen kann. Mit etwas mehr Glanz und Tremolo im Bogenstrich könnte man es für den Gesang der gewöhnlichen Schwarzen Grille halten. Die Verwechslung ist unvermeidlich für jeden, der nicht weiß, dass in dieser Zeit der Gluthitze die echte Grille, der Orchestermusiker des Frühlings, verschwunden ist. Ihre graziöse Violine ist durch eine andere ersetzt, die noch anmutiger ist und eine eigene Studie verdient. Zu gegebener Zeit werde ich darauf zurückkommen.

Das wären also, wenn man sich auf die Besten beschränkt, die wichtigsten Sänger dieser musikalischen Soirée: Die Zwergohreule mit ihren schmachtenden Soli; die Kröte mit ihren Glockenspielsonaten; die Italienische Grille, die auf der höchsten Saite ihrer Violine kratzt; das Heupferd, das auf einem winzigen Triangel aus Stahl zu schlagen scheint.

Wir feiern heute, mit mehr Krach als Überzeugung, die neue politische Ära, die mit der Erstürmung der Bastille begonnen hat; sie feiern mit herrlicher Gleichgültigkeit gegenüber den Belangen des Menschen das Fest der Sonne. Sie besingen das Glück zu leben, rufen das Hosianna der Sommergluten.

Was bedeuten ihnen der Mensch und seine lärmenden Festlichkeiten! Für wen, für was, für welche Idee werden in einigen Jahren unsere Raketen knallen? Nur ein Hellseher könnte das sagen. Die Mode wechselt und bringt Unvorhersehbares herbei. Die willfährige Rakete prahlt im Namen der Abscheu von gestern, die zum Idol von heute wird, mit ihrer Funkengarbe am Himmel. Und morgen schon steigt sie für ein anderes Idol auf.

Wird in einem oder zwei Jahrhunderten außer den Gebildeten noch jemand nach der Erstürmung der Bastille fragen? Ich bezweifle das. Wir werden andere Freuden haben und auch andere Sorgen.

Blicken wir in die Zukunft. Es wird der Tag kommen, an dem der Mensch, alles deutet daraufhin, vor lauter Fortschritt ausstirbt, getötet durch den Exzess, den er Zivilisation nennt. Zu sehr Feuer und Flamme, den Gott zu spielen, kann er die gelassene Langlebigkeit des Tieres nicht erhoffen; er wird verschwunden sein, wenn die kleine Kröte noch immer ihre Litanei singt, mit dem Heupferd, der Zwergohreule und anderen zusammen. Sie sangen vor unserer Zeit auf diesem Planeten, sie werden nach uns singen und das Unwandelbare preisen, die glühende Pracht der Sonne.

Halten wir uns nicht weiter auf bei dieser Festlichkeit; werden wir wieder zum Naturforscher, den das Privatleben des Tieres interessiert. Das Grüne Heupferd (Locusta viridissima, L.) ist in meiner Gegend offenbar nicht sehr verbreitet. Als ich mir im vergangenen Jahr vornahm, dieses Heuschreckentier zu studieren und meine Jagden erfolglos blieben, musste ich auf die Hilfsbereitschaft eines Forstwächters zurückgreifen, der mir zwei Paare aus dem Plateau von Lagarde zukommen ließ, einer kalten Gegend, wo die Buche die Hänge des Ventoux zu erklimmen beginnt.

Ein Bonmot sagt: Das Glück ist mit den Ausdauernden. Was im letzten Jahr noch unauffindbar war, ist in diesem Sommer fast überall. Ohne meine Einfriedung zu verlassen, bekomme ich so viele Heupferde, wie ich mir nur wünschen kann. In allen Büschen höre ich am Abend welche lärmen. Nutzen wir dieses Geschenk des Himmels, das vielleicht nicht wiederkehrt.

Seit Juni sind meine zahlreichen Paare in einer Glocke aus Metalldraht untergebracht, die auf dem Sandbett in einer Schüssel ruht. Ein prächtiges Insekt, meiner Treu, ganz und gar zartgrün mit zwei weißlichen Streifen entlang der Flanken. Mit seiner vorteilhaften Größe, seinen schlanken Proportionen und seinen großen Flügeln wie aus Gaze ist es das eleganteste unserer Heuschreckentiere. Ich bin begeistert über meine Gefangenen. Was werden sie mir beibringen? Wir werden sehen. Zunächst muss man sie ernähren.

Wieder gerate ich in die Verlegenheit, in die mich der Warzenbeißer schon gebracht hatte. Der Geradflügler frisst für gewöhnlich Gras, also biete ich den Eingesperrten Salatblätter an. Sie beißen tatsächlich hinein, aber sehr zurückhaltend und voller Verachtung. Man sieht es gleich: Ich habe es nicht mit überzeugten Vegetariern zu tun. Sie brauchen etwas anderes, offenbar Wildbret. Aber welches? Ein glücklicher Zufall zeigt es mir.

Eben mache ich meine hundert Schritte in der Morgendämmerung vor der Haustür, als mit spitzem Schrei etwas von der nahen Platane herabfällt. Ich laufe hin. Ein Heupferd frisst einer erbeuteten Zikade den Bauch leer. Sie lärmt und zappelt umsonst; die andere lässt nicht los, taucht den Kopf tief in die Eingeweide und reißt sie in kleinen Stücken heraus.

Jetzt wusste ich: Der Überfall dort oben hatte bei Tagesanbruch stattgefunden, während die Zikade ruhte; und durch die Zuckungen der Unglücklichen, die bei lebendigem Leib zerstückelt wird, sind Angreifer und Angegriffene als ein Packen heruntergefallen. Später sollte sich noch häufig die Gelegenheit bieten, einem solchen Massaker beizuwohnen.

Als Gipfel an Kühnheit habe ich sogar beobachtet, wie ein Heupferd sich an die Verfolgung einer verzweifelt fliehenden Zikade machte. So jagt der Sperber die Lerche hoch am Himmel. Der Greifvogel ist hier dem Insekt unterlegen. Er packt etwas, das schwächer ist als er. Das Heuschreckentier dagegen greift einen Koloss an, der viel größer und stärker ist; dennoch ist der Ausgang dieses unverhältnismäßigen Nahkampfs unzweifelhaft. Mit seinem kräftigen Kiefer und der scharfen Zange misslingt es dem Heupferd nur selten, seinem Fang den Bauch aufzuschlitzen, der keine Waffen hat und nur schreien und zappeln kann.

Das Wesentliche ist, sie zu packen; ein Leichtes während des nächtlichen Schlummers. Jede Zikade, die nachts von dem wilden

Heuschreckentier aufgeschreckt wird, muss jämmerlich zugrundegehen. So erklären sich die unvermittelten Angstquietscher, die manchmal zu später Stunde im Gezweig losbrechen, dann, wenn die Zimbeln schon lange schweigen. Der blassgrün gekleidete Bandit hat eine noch schlafende Zikade gepackt.

Die Speise meiner Pensionsgäste ist gefunden: Ich werde sie mit Zikaden füttern. Sie finden so sehr Geschmack daran, dass der Boden des Käfigs in zwei, drei Wochen ein Massengrab ist, übersät von Köpfen, ausgefressenen Brustteilen, abgerissenen Flügeln und ausgerenkten Beinen. Nur der Bauch verschwindet fast ganz. Dies ist das Stück erster Wahl; es ist nicht viel dran, aber offenbar von ausgezeichnetem Geschmack.

Hier, im Magen des Tieres, ist nämlich der süße Saft, den der Bohrer der Zikade aus zarten Rinden quellen lässt. Ist diese Leckerei der Grund dafür, dass der Bauch der Beute jedem anderen Stück vorgezogen wird? Das könnte sein.

Um Abwechslung in die Nahrung zu bringen, serviere ich schön süße Früchte, Birnenschnitze, Weinbeeren, Melonenstücke. Alles wird mit Freuden angenommen. Das Grüne Heupferd ist wie der Engländer: Er liebt sein blutiges Beefsteak mit Marmelade. Vielleicht ist das der Grund, warum es, sobald es die Zikade gepackt hat, ihr zuallererst den Wanst aufbricht, eine Mischung aus Fleisch und Süßigkeit.

Zikaden mit Süßem zu verzehren, ist nicht in jedem Land möglich. In den nördlichen Gegenden, wo dieses Heuschreckentier sehr häufig vorkommt, würde es die Speise nicht finden, für die es hier schwärmt. Es muss dort andere Quellen haben.

Um mich davon zu überzeugen, biete ich ihm Anoxien an (Anoxia villosa, Fab.), das sommerliche Gegenstück zum Maikäfer im Frühling. Der Käfer wird ohne Zögern akzeptiert. Nur Deckflügel, Kopf und Beine bleiben übrig. Das gleiche Ergebnis beim prächtigen beleibten Pinien-Maikäfer (Melolontha fullo, L.), einem dicken Stück, das ich am nächsten Tag wiederfinde, aufgeschlitzt von meinem Abdeckertrupp.

Diese Beispiele sagen uns genug. Sie lehren uns, dass das Heupferd ein leidenschaftlicher Insektenfresser ist und vor allem diejenigen verzehrt, die nicht von einem allzu harten Panzer geschützt sind; sie haben große Lust auf Fleisch, aber nicht ausschließlich, wie die Mantis religiosa, die alles außer Wildbret ablehnt. Der Henker der Zikaden gleicht die stopfende fleischliche Nahrung mit Pflanzlichem aus. Nach Fleisch und Blut der süße Fruchtbrei, manchmal auch, wenn es nichts Besseres gibt, ein wenig Grünzeug.

Doch auch der Kannibalismus kommt vor. Freilich beobachte ich in meinem Heuschreckenkäfig nie die Grausamkeiten einer Mantis religiosa, die ihre Rivalen harpuniert und ihre Liebhaber auffrisst. Wenn aber ein Schwacher zusammenbricht, versäumen die Überlebenden nicht, seinen Kadaver auszunehmen wie eine gewöhnliche Beute. Mangel an Nahrung entschuldigt sie nicht, sie fressen den toten Genossen. Übrigens neigt der gesamte Stamm der Säbelträger dazu, wenn auch in unterschiedlichem Ausmaß, verletzte Kameraden zu vertilgen.

Abgesehen davon wohnen die Heupferde unter meinen Drahtglocken sehr friedlich beisammen. Nie entbrennt unter ihnen ernsthafter Streit. Höchstens ein wenig Gerangel ums Futter. Gerade habe ich ein Birnenstück serviert. Sogleich stürzt sich eines darauf. Eifersüchtig stößt es jeden beiseite, der in das köstliche Stück beißen möchte. Egoismus herrscht überall. Sobald es satt ist, überlässt es den Platz einem anderen, das nun seinerseits niemanden duldet. Eins nach dem anderen labt sich die gesamte Menagerie. Ist der Bauch voll, kratzt man sich ein bisschen mit der Kieferzange an der Fußsohle, poliert sich Stirn und Augen mit dem spuckefeuchten Bein; dann, angeklammert an das Gitter oder in nachdenklicher Stellung auf dem Sand, verdaut man zufrieden und hält den größten Teil des Tages Siesta, vor allem in der Mittagshitze.

Am Abend, nach Sonnenuntergang, wird die Schar munter. Gegen neun Uhr ist das Treiben am lebhaftesten. In überstürztem Schwung erklimmt man die Höhe der Kuppel, steigt mit der gleichen Hast herunter wie wieder hinauf. Aufgeregt läuft man hin und her; man rennt, springt auf der Rundstrecke und nascht nebenbei von den guten Sachen am Wegesrand.

Die Männchen, das eine hier, das andere dort, zirpen ein wenig abseits und necken die Vorübergehenden mit den Fühlern. Die künftigen Mütter stolzieren auf und ab, den Säbel halb erhoben. Für diese Geschäftigen, diese Fiebernden, ist die Paarung jetzt das Allerwichtigste. Ein geübter Blick täuscht sich da nicht.

Sie ist auch für mich der wichtigste Gegenstand meiner Beobachtung. Als ich die Käfige bevölkerte, wollte ich vor allem herausfinden, inwieweit sich das befremdliche Paarungsverhalten verallgemeinern lässt, das der Südliche Warzenbeißer uns zeigte. Mein Wunsch wird befriedigt, wenn auch nicht ganz; denn die späte Stunde hat mir nicht erlaubt, bei der Hochzeitsnacht anwesend zu sein. Das Ereignis trägt sich zu sehr vorgerückter Nachtstunde oder im ersten Morgengrauen zu.

Das Wenige, das ich gesehen habe, beschränkt sich auf nicht enden wollende Vorspiele. Einander gegenüber, beinahe Stirn an Stirn, betasten sich die Verliebten lange Zeit und befragen einander mit ihren zärtlichen Fühlern. Man könnte meinen, zwei Gegner, die wieder und wieder ihre Florette friedlich kreuzen. Ab und an zirpt das Männchen ein bisschen, macht einige wenige kurze Bogenstriche und verstummt, vielleicht zu erregt, um fortzufahren. Es schlägt elf Uhr und die Liebeserklärung ist noch nicht beendet. Mit großem Bedauern, aber von Müdigkeit überwältigt, verlasse ich das Paar.

Früh am nächsten Tag trägt das Weibchen an der Basis seines Legestachels das fremdartige Gerät, das uns beim Warzenbeißer schon überrascht hat. Es ist eine opalfarbene Ampulle vom Umfang einer dicken Erbse, undeutlich unterteilt in eine kleine Anzahl eiförmiger Blasen. Wenn das Heupferd sich fortbewegt, schleift das Ding über den Erdboden, sodass Sandkörnern an ihm kleben bleiben und es verschmutzen.

Das abschließende Festmahl der Warzenbeißermutter wird hier wieder in seiner ganzen Grauenhaftigkeit begangen. Ist nach zwei Stunden die befruchtende Ampulle leer, beißt das Heupferd sie stückweise ab; lange kaut sie wieder und wieder das klebrige Stück und verschluckt schließlich das Ganze. In weniger als einem halben Tag ist die opale Last verschwunden, ausgekostet und verzehrt bis zum letzten Stückchen.

Das Unvorstellbare, so weit entfernt von irdischen Gebräuchen, als käme es von einem anderen Planeten, taucht also ohne bemerkenswerte Veränderung nach dem Warzenbeißer auch beim Heupferd wieder auf. Wie eigenartig diese Welt der zu den ältesten Festlandtieren gehörenden Heuschrecken doch ist! Es ist anzunehmen, dass diese Seltsamkeiten in der gesamten Familie üblich sind. Befragen wir einen weiteren Säbelträger.

Ich wähle die Sattelschrecke (Ephippigera vitium, Serv.), deren Aufzucht mit Birnenstückchen und Salatblättern so einfach ist. Die Dinge geschehen im Juli und August.

Das Männchen zirpt ein wenig abseits. Seine leidenschaftlich skandierten Bogenstriche lassen den ganzen Tierkörper vibrieren. Dann ist es still. Ganz allmählich, mit langsamen, fast zeremoniellen Schritten nähern sich der Einladende und die Eingeladene. Sie befinden sich einander gegenüber, Kopf an Kopf, beide stumm, reglos, mit sanft schwankenden Fühlern, von Zeit zu Zeit heben sie linkisch die Vorderbeine, als schüttelten sie sich die Hände. Das friedliche Tête-à-Tête dauert Stunden. Was sagen sie einander? Welche Schwüre leisten sie? Was bedeuten ihre Blicke?

Aber der Augenblick ist noch nicht gekommen. Man trennt sich, entzweit sich, und jeder geht seiner Wege. Das Schmollen dauert nicht lange. Da sind sie schon wieder beisammen. Die zärtlichen Erklärungen beginnen von vorn, ohne mehr Erfolg. Endlich, am dritten Tag, erlebe ich das Ende des Vorspiels. Das Männchen schiebt sich vorsichtig, rückwärtsgehend, unter seine Gefährtin, wie es bei den Grillen Brauch ist. Ausgestreckt auf dem Rücken liegend, klammert es sich an den Legestachel, seine Haltestange. Die Paarung wird vollzogen.

Das Ergebnis ist ein ungeheurer Samenträger, eine Art opale Himbeere mit großen Fruchtkörnern. Farbe und Form erinnern an ein Paket Schneckeneier, wie es mir der Warzenbeißer einmal gezeigt hat, wenn auch weniger markant, und wie ich es beim Grünen Heupferd wiederfinde. Eine schwache Mittelfurche teilt das Ganze in zwei symmetrische Trauben, jede besteht aus sieben oder acht Kügelchen. Die beiden Knötchen rechts und links von der Basis des Legestachels sind durchsichtiger als die anderen und enthalten einen lebhaft rot-orangenen Kern. Der Apparat ist mit einem breiten Füßchen befestigt, einem Sockel aus durchsichtiger Materie.

Sobald das Ding an seinen Ort gebracht ist, flieht das abgemagerte Männchen und erholt sich bei einem Birnenviertel von der ruinösen Heldentat. Sie, lässig und ziemlich beladen, irrt in kleinen Schritten am Gitter der Glocke umher und hebt dabei ihre Himbeere etwas an, diese monströse Last, halb so groß wie der Bauch des Tieres.

So vergehen zwei, drei Stunden. Dann krümmt sich die Sattelschrecke zu einem Ring und beginnt, mit den Enden der Kieferzange Parzellen des hubbeligen Behälters abzupflücken, selbstverständlich ohne sie zu zerreißen und so einen Erguss herbeizuführen. Sie häutet ihn oberflächlich, schabt kleine Fetzen ab, die sie lange kaut und dann hinunterschluckt. Einen ganzen Nachmittag lang wird dieser sorgfältige Verzehr in winzigen Stückchen fortgeführt. Am nächsten Tag ist die Himbeere verschwunden; über Nacht wird sie vollständig verschluckt.

Andere Male ist das Ende weniger prompt und vor allem weniger widerlich. Ich habe Notizen über eine Sattelschrecke, die ihren Behälter auf der Erde schleifte und immer wieder daran knabberte. Der Boden ist uneben, holprig, frisch mit der Messerspitze bearbeitet. An der Himbeer-Ampulle kleben Sandkörner und Erdklumpen, die das Gewicht der Bürde bedeutend vergrößern, ohne dass das Insekt darauf zu achten scheint.

Klebt die Masse an einem unbeweglichen Erdbrocken, ist die Fuhre mitunter beschwerlich. Trotz aller Mühe, das Ding wieder freizubekommen, löst es sich nicht von dem Punkt, an dem es unter dem Legestachel hängt, ein Beweis dafür, wie fest es daran haftet.

Den ganzen Abend lang, bald am Drahtgitter, bald auf dem Erdboden, läuft die Sattelschrecke ziellos umher und wirkt besorgt. Oft bleibt sie auch reglos stehen. Die Ampulle welkt etwas, ohne ihr Volumen merklich zu verringern. Die anfänglichen Bisse wiederholen sich nicht mehr und es wird nur wenig von der Oberfläche weggenommen.

Am Tag darauf derselbe Stand der Dinge. Auch am übernächsten Tag nichts Neues, außer dass die Ampulle weiter welkt, dabei aber ihre zwei roten Punkte behält wie am Anfang. Nachdem der Apparat achtundvierzig Stunden dort gehangen hat, löst er sich schließlich ohne Zutun des Insekts.

Das Krüglein hat seinen Inhalt vergossen. Es ist eine trockene, verschrumpelte und unkenntliche Ruine, die am Wegesrand liegenbleibt und früher oder später Beute der Ameisen wird. Warum bleibt sie so liegen, wenn ich doch gesehen habe, dass die Sattelschrecke in anderen Fällen so begierig auf das Stück war? Vielleicht hatte sich die Hochzeitsspeise zu stark mit Sandkörnern durchsetzt, und das ist unangenehm zwischen den Zähnen.

Ein weiteres Heuschreckentier, die Gemeine Sichelschrecke (Phaneroptera falcata, Scop.), die einen kurzen, sichelförmig gebogenen Türkensäbel trägt, hat mich für die Mühen der Aufzucht teilweise entschädigt. Einige Male, aber immer unter für eine genaue Beobachtung unzureichenden Bedingungen, habe ich sie dabei überrascht, wie sie unterm Säbelschaft das Befruchtungsgerät trug. Es ist ein durchscheinendes ovales Fläschchen, drei bis vier Millimeter groß, von einem Kristallfaden gehalten, einem Hals, der beinahe so lang ist wie der angeschwollene Teil. Ohne sie zu berühren, lässt das Insekt sie versiegen und an Ort und Stelle austrocknen.[15]

Belassen wir es dabei. Diese fünf Beispiele aus solch unterschiedlichen Gattungen, Warzenbeißer, Gebirgsschrecke, Heupferd, Sattel- und Sichelschrecke, bestätigen, dass die Heuschreckentiere wie die Hundert- und Kopffüßler späte Vertreter früher Verhaltensweisen sind. Sie sind wertvolle Beispiele für die Merkwürdigkeiten der Fortpflanzung aus der Urzeit.

XIII
Die Grille. Der Bau. Das Ei

Fast so berühmt wie die Zikade, gehört die Feldgrille, ein Gast der Wiesen, zu der kleinen, aber ruhmreichen Zahl der klassischen Insekten. Diese Ehre verdankt sie ihrem Gesang und ihrer Behausung. Nur eines fehlt ihrem Ansehen. Durch ein bedauerliches Versäumnis hat der Meister in der Kunst, die Tiere sprechen zu lassen, ihr kaum zwei Zeilen gewidmet.

In einer seiner Fabeln erzählt er uns von einem Feldhasen, der beim Anblick des Schattens seiner Ohren von der Furcht erfasst wird, schlimme Zungen könnten diese für Hörner halten, just in dem Moment, in dem es gefährlich ist, Hörner zu tragen. Das vorsichtige Tier packt seine Siebensachen und stiehlt sich davon.

Adieu, Nachbar Grille, ich nehm Reißaus von hier;
Sie machen zu Hörnern noch meine Ohren mir.

Die Grille antwortet:

Hörner – das?! Ihr glaubt, mir fehlts an Verstand!
Ohren sinds, und von Gottes Hand!

Der Hase bleibt stur:

Man wird sie als Hörner ansehn.

Das ist alles. Schade, dass La Fontaine das Insekt keine längeren Rede hat halten lassen! In zwei Versen, in denen ihre Meisterschaft kurz aufblitzt, zeichnet er die Grille als gutmütig. Nein, ihr fehlt's gewiss nicht an Verstand; ihr kluger Kopf hätte Hervorragendes zu sagen gewusst. Nach allem hatte der Hase vielleicht nicht Unrecht, den Abschied zu verkürzen. Wem üble Nachrede auf den Fersen ist, der sollte besser schnell fliehen.

Florian räumt ihr mehr Platz ein, im Rahmen eines anderen Themas; aber wie weit ist er vom Esprit des Meisters entfernt! In seiner Fabel »Die Grille« gibt es blühendes Kraut und das Himmelsblau; es gibt den kleinen Herren und die Frau Natur, all die

Fadheiten einer blutleeren Rhetorik, die über den Worten die Sache vergisst. Hier fehlt die Naivität des Wahren, und dann die Prise Salz, dieses unerlässliche Gewürz.

Außerdem, welch abwegige Idee, die Grille als eine Unzufriedene zu zeichnen, die sich über ihre Lage beklagt! Wer sie oft aufsucht, der weiß im Gegenteil, dass sie sehr glücklich ist über ihr Talent und ihr Erdloch. Immerhin lässt sie der Fabeldichter selbst, nach dem beklagenswerten Ende des Schmetterlings, gestehen:

Wie werd' ich sie lieben, meine Heimchenbleibe!
Trautes Heim bringt Glück der Seele und dem Leibe.

Mehr Kraft und mehr Wahrheit finde ich in der Parabel eines anonymen Freundes, dem ich bereits das provenzalische Stück »La Cigalo et la Fouruigo« verdanke. Er möge bitte entschuldigen, dass ich ihn zum zweiten Mal gegen seinen Willen der gefährlichen Ehre aussetze, gedruckt zu werden. Hier ist das Stück:

Die Grille

Die Geschichte der Tiere weiß
Von einem armen Grillenmann,
Der saß vorm Haus im Sonnengleiß,
Als Ihn ein Falter zog in Bann,

Ein Falter mit langem Schwanze.
Auf ihm, der so prächtig geschmückt,
Gabs blaue Möndchen beim Tanze
Und Schwarze Tressen goldbestückt.[16]

»Flieg'«, so der Klausner zum Falter,
»Du nur nach den Blumen zum Schmaus.
Nein, keine Rose, mein Alter,
Lockt mich aus meinem schlichten Haus.«

Wie wahr. Denn hört! Es gewittert!
Seht! Den Falter reißts zu Boden
Und der Schlamm ihn ganz zerknittert.
Im Morast modert sein Loden.

Die Grille ist dagegen gefeit.
In ihrem Heime lebts sich leicht,
Ob es regnet, stürmt oder schneit.
Und ein Zirpen ihr leis entweicht.

Ziehn wir nicht in die Welt hinaus,
Lust und Rosen zu gewahren!
Nurs traute Heim, nicht Saus und Braus,
Wird uns manche Zähr' ersparen.

Hier erkenne ich mein Tier wieder. Ich sehe die Grille, wie sie sich auf der Schwelle ihrer Erdhöhle die Fühler frisiert, den Bauch im Kühlen und den Rücken an der Sonne. Sie beneidet den Schmetterling nicht; im Gegenteil, sie bemitleidet ihn mit dem spöttischem Erbarmen des Spießbürgers, der den Giebel zur Straße hat und vor seiner Haustür jemanden vorübergehen sieht, der zwar einen aufsehenerregenden Putz trägt, aber kein Dach über dem Kopf hat. Weit entfernt davon, sich zu beklagen, ist die Grille sehr zufrieden mit ihrer Behausung und ihrer Geige.

Als wahrer Philosoph weiß sie um die Eitelkeit der Dinge, sie schätzt den Charme eines bescheidenen Zuhauses, fernab vom Tumult der Genussmenschen.

Ja, das ist es ungefähr; aber es reicht längst nicht aus; der Münze ist noch kein dauerhaftes Bild aufgeprägt. Und da La Fontaine es versäumte, der Grille einige Zeilen zu weihen, in denen ihre Verdienste angemessen gewürdigt wären, werden ihr zur Ehre gereichende Verse noch immer erwartet.

Als Naturforscher interessiert mich an den beiden Apologen der Grille die Hervorhebung ihrer Erdhöhle, wie ich sie zweifel-

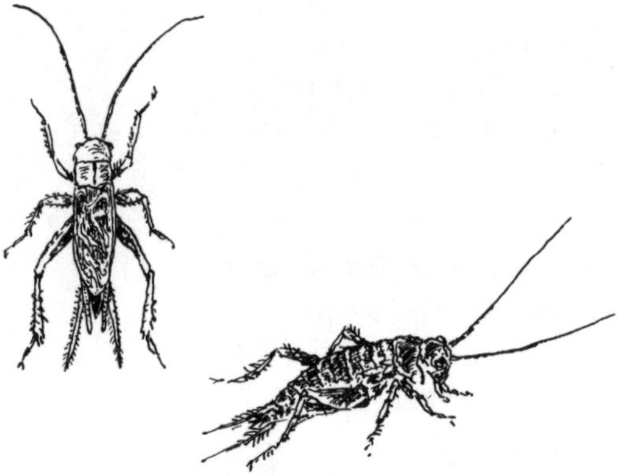

los auch andernorts entdeckte, wenn ich nicht auf einige zusammengewürfelte, auf einem Fichtenbrett gereihte Bücher beschränkt wäre. Florian spricht von einer Heimchenbleibe, der zweite preist die bescheidene Wohnstatt. Wenn es um die Grille geht, findet also vor allem anderen ihre Behausung besondere Beachtung, sogar vom Poeten, der sich im Allgemeinen wenig um die Realitäten kümmert.

In dieser Beziehung ist sie tatsächlich ganz außergewöhnlich. Als Einziges unserer Insekten hat sie im reifen Alter einen festen Wohnsitz, den sie sich selbst gebaut hat. In der schlechten Jahreszeit graben die meisten sich ein, verkriechen sich im Innern einer vorübergehenden Zuflucht, die sie mit wenig Arbeit gebaut haben und ohne Bedauern wieder verlassen. Einige erschaffen mit Blick auf die Unterbringung der Kinderschar wahre Wunderwerke: Baumwollschläuche, Körbe aus Blättern, Türmchen von Zement.

Etliche beutejagende Larven bewohnen einen dauerhaften Hinterhalt, in dem sie dem Wildbret auflauern. Jene des Sandlaufkäfers höhlt sich, wie dies auch einige andere tun, einen senkrechten Schacht, den sie mit ihrem flachen bronzefarbenen Kopf verschließt. Wer sich über diesen heimtückischen Steg wagt, verschwindet durch die nachgebende Falltür im Abgrund. Der Ameisenlöwe gräbt im Sand einen Trichter mit sehr lockerem Abhang, auf dem die Ameise in die Tiefe gleitet; der Jäger auf dem Grund des Kraters verwandelt sich in ein Katapult und schleudert mit dem Nacken eine Kanonade von Steinchen wie Geschosse hinauf. Aber das sind immer nur zeitweilige Unterschlupfe, Nester oder Fallen.

Die mühevoll erbaute Wohnstatt, in der das Insekt fortan bleibt, um nicht mehr umzuziehen, weder im glücklichen Frühling noch im elenden Winter, die richtige Bleibe, gebaut für die eigene Ruhe, ohne sich mehr um die Jagd oder die Kinderschar zu sorgen, kennt allein die Grille. An irgendeinem grasigen, von der Sonne beschienenen Hang ist sie Besitzerin einer Einsiedelei. Während all die anderen ein Vagabundenleben führen, unter freiem Sternenhimmel schlafen oder unter dem zufällig vorgefundenen Vordach einer rissigen Rinde, einem toten Blatt oder einem Stein, ist sie durch ein einmaliges Vorrecht sesshaft.

Das schwierige Problem der Behausung, die Grille hat es gelöst, das Kaninchen und schließlich der Mensch. In meiner Gegend haben Fuchs und Dachs Schlupflöcher, meist Vertiefungen im Fels. Ein wenig Ausbesserungsarbeit vervollständigt den Unterschlupf. Klüger ist das Kaninchen; es gründet seinen Wohnsitz selbst und gräbt dort, wo es ihm gutdünkt, wenn der natürliche Gang fehlt, der ihm eine Unterkunft ohne weiteren Aufwand erlaubt.

Die Grille übertrifft sie alle. Sie verachtet zufällig vorgefundene Schlupfwinkel und wählt den Bauplatz für ihre Hütte immer in ausgezeichnetem Terrain und guter Lage. Sie nutzt keine zufällige Höhlungen; die sind unbequem und unansehnlich; sie gräbt ihr Landhaus im Ganzen aus, vom Eingang bis zum Innenraum.

In der Kunst des Hausbaus ist ihr nur der Mensch überlegen; wobei auch er, bevor er Mörtel anrührte, um aus Steinen Mauern zu bauen, bevor er Lehm knetete, um die Buschhütte zu verkleiden, den wilden Tieren Felsunterschlupf oder Höhle streitig machte.

Wie verteilen sich also die Instinkte? Hier ist unter den Geringsten einer, der es versteht, sich perfekt einzurichten. Die Grille hat ein Daheim, wie es viele Zivilisierte nicht haben; sie hat einen friedlichen Zufluchtsort, die erste Bedingung des Wohlergehens, während um sie herum niemand in der Lage scheint, sesshaft zu sein. Man muss schon bis zu uns heraufsteigen, um Nacheiferer zu finden.

Woher hat sie diese Gabe? Hat sie eine spezielle Ausrüstung? Nein, die Grille ist kein außergewöhnlicher Ausgräber; man ist sogar einigermaßen erstaunt über das Ergebnis, wenn man die dürftigen Werkzeuge bedenkt.

Hat sie vielleicht außergewöhnlich zarte Haut? Nein, bei ihren nahen Verwandten ist diese nicht weniger empfindlich und doch fürchten sie das Leben im Freien nicht.

Ist es die Folge des Körperbaus, ein den geheimen Antrieben des Organismus eingeschriebenes Talent? Nein, in meiner Gegend finden sich drei weitere Grillenarten (Gryllus bimaculatus, de Geer, Gryllus desertus, Pallas, und Gryllus burdigalensis, Latr.), die der Feldgrille derart in Farbe und Körperbau ähneln, dass man sie auf den ersten Blick mit ihr verwechselt. Erstere hat den gleichen Körperumfang oder ist mitunter sogar etwas größer. Die zweite ist etwa halb so groß, die dritte noch kleiner. Nun gut, diese getreuen Nachbildungen, diese Doppelgänger der Feldgrille, verstehen es alle nicht, sich eine Erdhöhle zu graben. Die Bimaculatus bewohnt Blätterhaufen, die an feuchten Stellen verrotten; die Desertus vagabundiert in den Spalten trockener Erdhaufen, die der Spaten des Gärtners aufgeworfen hat; die Grille von Bordeaux scheut sich nicht, in unsere Wohnungen einzudringen, wo sie in irgendeinem dunklen kühlen Winkel im August und September bescheiden zirpt.

Es nützt nichts, fortzufahren: Jede unserer Fragen zöge einen ablehnenden Bescheid nach sich. Nein, der Instinkt, der sich hier zeigt und dort nicht, trotz gleichen Körperbaus, wird uns nie seine Ursachen offenbaren. Vom Werkzeug hängt er so wenig ab, dass die anatomische Anlage ihn weder erklärt noch verrät. Die vier fast identischen Grillenarten, von denen eine einzige die Kunst des Höhlenbaus kennt, stützen durch ihre Zeugenaussagen die bereits mehrfach vorgelegten Beweise; sie bestätigen auf frappierende Weise unser tiefes Unwissen über die Herkunft der Instinkte.

Wer kennt nicht die Behausung der Grille! Wer ist in dem Alter, da man über die Wiesen springt, nicht vor der Hütte des Einsiedlers stehengeblieben! So leicht euer Schritt auch ist, er hat euer Kommen gehört und ist plötzlich zurückgewichen und ins Innere seines Verstecks hinuntergekrabbelt. Wenn ihr dort eintrefft, liegt die Hausschwelle schon verlassen.

Wie man den Verschwundenen zum Herauskommen lockt, ist allseits bekannt. Ein Strohhalm wird in die Höhle gesteckt und sanft hin- und herbewegt. Das Insekt, überrascht und gereizt davon, was da oben vor sich geht, steigt aus seiner verborgenen Wohnung herauf; es bleibt im Vorraum stehen, zögert, erkundigt sich durch Bewegungen seiner feinen Fühler; es kommt ins Helle, tritt heraus und ist nun leicht zu fangen, so sehr haben die Ereignisse seinen armen Kopf verwirrt. Ist es ein erstes Mal misslungen und das Insekt misstrauischer geworden, widersteht es den Kitzelbewegungen des Halms, dann treibt es die Flutung seiner Behausung mit einem Glas Wasser, seiner Hartnäckigkeit zum Trotz, aus seinem Logis.

Oh, ihr wundervollen Zeiten, als man die Grille in einen Käfig gesteckt und mit einem Salatblatt gefüttert hat, als man sie unschuldig an den grasigen Wegrändern jagte, ich sehe euch vor mir, wenn ich heute die Erdhöhlen nach Forschungsobjekten für meine Käfige auskundschafte; ich erinnere mich an euch fast in eurer ersten Frische, wenn Paulchen, mein Begleiter, der schon ein Meister in der Taktik mit dem Halm ist, nach langem, geduldigem und geschicktem Kampf gegen den Widerstrebenden seine geschlossene Hand in der Luft schwenkt und aufgeregt ruft: »Ich hab ihn, ich hab ihn!« Schnell in eine Papiertüte, kleine Grille! Du wirst liebevoll versorgt werden, aber bringe uns etwas bei und zeige uns deinen Bau.

Er liegt im Gras, an einem besonnten Hang, damit das Regenwasser gut abfließen kann; ein schräger Gang, kaum fingerbreit, gekrümmt oder gerade, je nach den Erfordernissen des Terrains. Die Länge beträgt eine Spanne oder mehr.

In der Regel lässt das Insekt, wenn es zum Weiden am nahen Grün herauskommt, ein Grasbüschel stehen, der das Logis zur Hälfte verdeckt, ihm als Vordach dient und einen diskreten Schatten auf den Eingang wirft. Die Schwelle, die gewissenhaft gerecht und gekehrt wird, verlängert sich ein Stück in sanfter Neigung. Ist ringsum alles ruhig, hält sich die Grille an diesem Aussichtspunkt auf und schabt mit dem Bogen.

Das Innere des Domizils ist ohne Luxus; es hat nackte Wände, die jedoch nicht grob wirken. In langen Mußestunden werden missfällige Unebenheiten entfernt. Am Ende des Ganges ist die Ruhekammer, ein Alkoven als Sackgasse, ein wenig schöner geglättet als das Übrige und im Durchmesser leicht geweitet. Kurz, eine sehr einfache Behausung, sehr sauber, trocken, im Einklang mit den Bedürfnissen einer wohlverstandenen Hygiene. Übrigens eine ungeheure Leistung, ein wahrer Kyklopentunnel im Blick auf die bescheidenen Grabewerkzeuge. Versuchen wir, der Arbeit beizuwohnen. Informieren wir uns auch über die Zeitspanne, wann das Unternehmen beginnt, gehen wir also bis zum Ei zurück.

Wer bei der Eiablage der Grille dabei sein möchte, muss keine Vorbereitungen treffen: Es genügt ein wenig von jener Geduld, die Buffon das Genie nannte, die ich aber bescheidener die Tugend des Beobachters nennen möchte. Im April, Mai oder später bringen wir das Insekt in einzelnen Paaren in Blumentöpfen mit festgestampfter Erdschicht unter. Die Nahrung besteht aus von Zeit zu Zeit erneuerten Salatblättern. Eine Glasscheibe bedeckt den Unterschlupf und verhindert die Flucht.

Erstaunliche Beobachtungen macht man in dieser recht einfachen Einrichtung, die, wenn nötig, durch die Drahtglocke, einen besseren Käfig, unterstützt wird. Wir werden darauf zurückkommen. Für jetzt wollen wir die Eiablage beobachten; möge unserer Wachsamkeit die günstige Stunde nicht entgehen!

In der ersten Juniwoche stellen mich meine fleißigen Visiten zufrieden. Ich treffe die Mutter reglos an, mit einem senkrecht in den Boden gesteckten Legestachel. Schließlich zieht sie ihr Pflanzholz zurück, entfernt, ohne sich dabei zu sehr aufzuhalten, die Spuren des Bohrlochs, ruht sich einen Augenblick aus, läuft umher und beginnt anderswo aufs Neue, hier und dort, auf der ganzen ihr zur Verfügung stehenden Fläche. Es ist, in etwas langsameren Bewegungen, die Wiederholung dessen, was uns der Warzenbeißer gezeigt hat. In vierundzwanzig Stunden scheint die Eiablage beendet zu sein. Um sicherzugehen, warte ich zwei Tage.

Dann grabe ich die Erde im Topf auf. Die strohgelben Eier sind an beiden Enden abgerundete Zylinder und etwa drei Millimeter lang. Sie liegen einzeln im Erdreich, senkrecht und mehr oder weniger dicht beisammen, entsprechend den aufeinanderfolgenden Aussaaten. Auf der gesamten Fläche des Topfes finde ich welche, zwei Zentimeter tief. Soweit es mir die mit der Lupe durchforschte

Erdmasse erlaubt, schätze ich das Gelege einer einzigen Mutter auf fünf- oder sechshundert. Eine derart große Kinderschar wird sicher in kurzer Zeit dezimiert.

Das Ei der Grille ist ein kleines mechanisches Wunder. Nach dem Schlupf ist es ein Behälter von undurchsichtigem Weiß, der oben eine sehr regelmäßige runde Öffnung hat, an deren Rand eine Halbkugel hängt, der Deckel. Anstatt aufs Geratewohl unter den Stößen oder dem Zwicken des Neugeborenen zu zerbrechen, öffnet sich das Ei entlang einer Linie des kleinsten Widerstandes, die eigens dafür vorbereitet war. Es ist angemessen, diesen außergewöhnlichen Schlupf näher zu betrachten.

Ungefähr fünfzehn Tage nach der Eiablage verdunkeln zwei große Augenpunkte, rund und von rötlichem Schwarz, den vorderen Pol. Etwas oberhalb dieser beiden Punkte, ganz am Ende des Zylinders, zeichnet sich ein dünner Ringwulst ab. Hier bereitet sich die Bruchlinie vor. Bald kann man durch die durchscheinende Eischale die zarte Segmentierung des Tierchens erkennen. Dies ist der Moment, die Wachsamkeit zu verdoppeln und die Visiten zu vervielfachen, vor allem in der Früh.

Das Glück ist mit den Geduldigen und entschädigt mich für meinen Eifer. Entlang des Wulstes, wo durch unendlich sorgfältige Feinarbeit die Sollbruchstelle vorbereitet wurde, beginnt die Spitze des Eis unter dem Druck der Stirn des Eingeschlossenen sich abzuheben und fällt seitlich zurück wie der Deckel einer kleinen Phiole. Die Grille kommt heraus wie ein Springteufelchen.

Ist die Grille ganz draußen, bleibt aufgebläht, glatt, unbeschädigt und in makellosem Weiß, mit der Deckel-Kalotte an der Öffnung, das Ei zurück. Das des Vogels zerbricht grob unter den Stößen einer Warze am Schnabelende des Neugeborenen; jenes der Grille öffnet sich durch einen überlegenen Mechanismus wie ein Elfenbeinkästchen. Ein Stoß mit der Stirn genügt, um das Scharnier aufspringen zu lassen.

Das Ausschlüpfen, das so rasch wie beim Mistkäfer vor sich geht, begünstigt durch die schönsten Tage des Jahres, stellt die Geduld des Beobachters kaum auf die Probe. Die Sommersonnenwende ist noch nicht da, als die zehn für meine Studien unter Glas gefangen gehaltenen Haushalte schon von einer zahlreichen Kinderschar wimmeln. Die Lebensdauer des Eis beträgt also etwa zehn Tage.

Ich sagte gerade, dass die junge Grille aus dem Elfenbeinkästchen mit Deckel herauskommt. Das stimmt so nicht ganz. Was sich da aus dem Ei schält, ist ein Tierchen in Windeln, unkenntlich noch unter einer zarten, eng anliegenden Hülle. Diese Säuglingskleidung hatte ich erwartet, so wie ich sie beim Warzenbeißer voraussah.

Die Grille, so sagte ich mir, wird unter der Erde geboren. Auch sie trägt sehr lange Fühler und übertrieben große Schenkel, Anhängsel, die im Augenblick des Auszugs nur stören. Also muss sie beim Herauskommen eine Tunika tragen.

Meine im Prinzip zutreffende Erwartung hat sich gleichwohl nur halb bewahrheitet. Die neugeborene Grille hat tatsächlich eine vorübergehende Gestalt; aber weit entfernt davon, sie zu benutzen, um sich nach draußen hochzuarbeiten, entkleidet sie sich gleich an der Öffnung des Eis.

Welchen Umständen soll man diese Ausnahme zuschreiben? Vielleicht folgenden: Vor dem Schlupf ist das Ei der Grille nur für wenige Tage im Boden, jenes des Warzenbeißers acht Monate. Ersteres, bis auf seltene Ausnahmen in der Zeit der Trockenheit, liegt unter einer dünnen trockenen, pulvrigen Erdschicht, die keinen Widerstand bietet; das zweite dagegen ruht in einem Boden, der durch dic langen Regenfälle im Herbst und Winter fest geworden ist und ein ernsthaftes Hindernis darstellt.

Außerdem ist die Grille gedrungener als der Warzenbeißer und hat nicht so steife Stelzen. Solcherart könnten die Gründe für den Unterschied zwischen den beiden Insekten im Hinblick auf die Art des Auftauchens sein. Der Warzenbeißer, der tiefer im Boden unter einer verfestigten Schicht geboren wird, braucht eine Jacke zur Befreiung, welche die Grille weglassen kann, die weniger behindert ist, näher an der Oberfläche liegt und nur eine pulvrige Schicht durchqueren muss.

Wozu also dieser Aufzug, der abgelegt wird, sobald die Mündung des Eis überwunden ist? Auf diese Frage will ich mit einer anderen antworten: Wozu sind die zwei weißen Stummel gut, die beiden blassen Entwürfe von Flügeln, welche die Grille unter den Deckflügeln trägt, die zu einem großflächigen Klangapparat umgewandelt sind? Sie sind so armselig, so mickrig, dass das Insekt sicherlich keinen Gebrauch davon macht, nicht mehr als der Hund von seinem Daumen, der ihm schlaff hinten am Bein hängt.

Aus Gründen der Symmetrie malt man manchmal auf die Hauswand als Pendants Abbilder von Fenstern. So will es die Ordnung, die oberste Bedingung für das Schöne. Ebenso pflegt das Leben seine Symmetrien, seine Wiederholungen eines allgemeinen Prototyps. Wird ein Organ unterdrückt, das nicht mehr verwendet wird, hinterlässt es dennoch Spuren, welche die grundlegende Ordnung erhalten.

Der rudimentäre Daumen beim Hund weist auf ein Bein mit fünf Zehen hin, Kennzeichen der Höheren Tiere; die Flügelstummel der Grille bezeugen ein Insekt, das normalerweise fliegen kann; die Häutung auf der Schwelle des Eis ist eine Reminiszenz an die Windel, wie sie die Heuschreckentiere tragen, die unter der Erde geboren werden und sie beim beschwerlichen Herauskommen brauchen. Das sind Überflüssigkeiten der Symmetrie, Überreste eines Gesetzes, das nun zwar nutzlos geworden, aber gleichwohl nicht abgeschafft worden ist.

Sobald die junge Grille, ganz bleich, fast weich, ihre zarte Tunika abgestreift hat, plagt sie sich mit der Erde ab, die über ihr liegt. Sie stößt mit der Kieferzange; sie recht und schiebt stoßweise das pulvrige Hindernis nach hinten, das keinen Widerstand leistet. Und jetzt ist sie an der Oberfläche, in den Freuden der Sonne und den Gefahren des Gewimmels aller Lebewesen, sie, die so schwach ist, kaum größer als ein Floh. Innerhalb von vierundzwanzig Stunden färbt sie sich und wird ein prächtiger Mohr, dessen Ebenholzfärbung mit jener der Erwachsenen wetteifert. Von ihrer anfänglichen Blässe bleibt ihr ein Gürtel, der die Brust umschließt und an den Streifen der ersten Kindheit denken lässt.

Munter sondiert sie den Raum mit ihren langen vibrierenden Fühlern; sie trippelt und macht Sprünge, die ihr die künftige Beleibtheit nicht mehr erlauben wird. Dies ist auch das Lebensalter, in dem der Magen so empfindlich ist. Was braucht sie als Nahrung? Ich weiß es nicht. Ich biete ihr die Erwachsenenspeise an, das zarte Salatblatt. Sie verschmäht es, oder vielleicht entgehen mir ihre Bisse, so winzig sind sie.

Wenige Tage später trage ich schwer an der Bürde der Kinderschar meiner zehn Familien. Was soll ich tun mit meinen fünf- bis sechstausend Grillen, diesen Scharen, entzückend anzusehen, deren Aufzucht aber in meiner Unwissenheit darüber, was sie brauchen, kaum zu bewerkstelligen ist? Oh meine hübschen Tierchen, ich will euch die Freiheit schenken, will euch der Natur anvertrauen, der allumfassenden Erzieherin.

So wird's gemacht. Hier und dort, an den günstigsten Stellen, entlasse ich meine Legionen in die Einfriedung. Welch ein Konzert vor meiner Haustür im nächsten Jahr, wenn es für alle gut läuft! Aber nein: Wahrscheinlich wird Stillschweigen herrschen, denn der Fruchtbarkeit der Mutter folgt die grausame Dezimierung auf dem Fuße. Einige Paare werden dieses Ausrotten überleben; das ist alles, was ich erwarten darf.

Wie bei den Gottesanbeterinnen sind die ersten und leidenschaftlichsten Plünderer, die zu diesem Manna laufen, die kleine graue Eidechse und die Ameise. Letztere, eine grässliche Freibeuterin, wird mir im Garten nicht eine einzige Grille übriglassen, fürchte ich. Sie erhascht die armen Kerlchen, reißt ihnen den Bauch auf und verschlingt sie gierig.

Ach, dieses satanische Biest! Und wir stellen sie in die erste Reihe! Die Bücher rühmen sie, können sie gar nicht genug loben; die Naturforscher schätzen sie sehr und vergrößern alle Tage ihr Ansehen; beim Tier wie beim Menschen gilt: Das sicherste Mittel, in die Geschichte einzugehen, ist, Schaden anzurichten.

Keiner erkundigt sich nach dem Mistkäfer und dem Totengräber, diesen wertvollen Straßenkehrern; doch jeder kennt die Schnake, diesen Blutsauger, die Wespe, diesen jähzornigen Mörder mit dem vergifteten Dolch, die Ameise, diese Übeltäterin besonderer Art, die in den Dörfern des Midi die Hausbalken mit dem gleichen Ungestüm durchbohrt, mit dem sie eine Feige auffrisst. Ich gehe dem hier nicht weiter nach, jeder wird in den menschlichen Archiven ähnliche Beispiele dafür finden, dass der Nützliche verkannt und der Schädliche gerühmt wird.

Das Massaker der Ameise und anderer Mörder ist derart vernichtend, dass ich mit den Kolonien in meiner Einfriedung, die anfangs so volkreich waren, nicht weitermachen kann. Ich muss auf Auskünfte von außen zurückgreifen.

Im August finde ich unter vermoderten Blättern und bei den kleinen Oasen, in denen die Sommerhitze den Rasen nicht ganz verbrannt hat, die junge Grille. Sie ist herangewachsen, ganz schwarz wie die Erwachsene, ohne eine Spur des weißen Gürtels aus Kindheitstagen. Einen festen Wohnsitz hat sie nicht. Der Unterschlupf eines toten Blattes, das Dach eines flachen Steines genügen ihr; es sind Zelte eines Nomaden, den der Ort nicht kümmert, an dem er ruhen wird.

Das Vagabundenleben währt bis Mitte Herbst. Dann verfolgt die Gelbflügelige Grabwespe die Umherirrenden, eine leichte Beute, und lagert unter der Erde Körbe voller Grillen ein. Sie dezimiert die Schar derer, die der Ausrottung durch die Ameisen entgehen konnten. Eine feste Behausung, einige Wochen vor dieser Zeit gegraben, würde vor den Räubern schützen. Die Leidgeprüften denken nicht daran. Die harte Erfahrung von Jahrhunderten hat ihnen nichts beigebracht. Obwohl kräftig genug, um eine schützende Höhle zu graben, bleiben sie den antiken Bräuchen unerschütterlich treu; sie führen ein Wanderleben, sollte die Grabwespe auch den letzten ihrer Art erstechen.

Die Erdhöhle wird Ende Oktober in Angriff genommen, sobald die ersten Fröste nahen. Die Arbeit ist sehr einfach, nach dem Wenigen, das mich die Beobachtung des Insekts unter der Glocke gelehrt hat. Die Grabung vollzieht sich nie an einem offenen Platz im

Gehege, sondern immer unter einem welken Salatblatt, dem Rest der servierten Nahrung. So wird der Vorhang aus Gras ersetzt, der unverzichtbar ist, um die Unterkunft zu verbergen.

Die Erdarbeiterin kratzt mit den Vorderbeinen; die Kieferzange benutzt sie, um größere Steinchen herauszuziehen. Ich sehe, wie sie mit den starken, von einer doppelten Dornenreihe geschmückten Hinterbeinen stampft. Ich sehe, wie sie rückwärtsgehend den Aushub harkt und fegt und so eine schiefe Ebene schafft. Das ist ihre ganze Methode.

Die Arbeit geht zuerst ziemlich rasch voran. In dem leichten Boden meiner Käfige verschwindet der Gräber binnen zwei Stunden unter der Erde. Ab und an kehrt er zur Öffnung zurück, immerzu rückwärtsgehend und fegend. Wenn die Erschöpfung ihn übermannt, macht er eine Pause auf der Schwelle des begonnenen Logis; sein Kopf ist draußen, die Fühler schwanken sanft. Er geht wieder hinein, nimmt die Arbeit mit Zange und Rechen wieder auf. Bald ziehen sich diese Ruhepausen in die Länge und meine Aufmerksamkeit ermüdet.

Das Nötigste ist geschafft. Mit ihren zwei Zoll genügt die Hütte den momentanen Bedürfnissen. Die weitere Arbeit braucht einen langen Atem, sie wird in der Freizeit wieder aufgenommen, jeden Tag ein bisschen, es wird tiefer und breiter gegraben, wie es die Rauheiten der Jahreszeit und das Wachstum des Bewohners verlangen. Sogar im Winter, wenn das Wetter mild ist und am Eingang der Behausung die Sonne lacht, überrascht man die Grille nicht selten dabei, wie sie den Aushub nach draußen schafft, ein Zeichen für Ausbesserungsarbeiten und erneutes Graben. Noch mitten im Frühling geht das Instandsetzen des Gebäudes weiter, es wird ständig restauriert und vervollkommnet, bis zum Tode des Bewohners.

Es ist Ende April und der Gesang hebt an, zuerst selten und in bescheidenen Soli, bald als allgemeine Symphonie; jedes Grashügelchen birgt einen Mitwirkenden. Ich stelle die Grille an die Spitze der Chorsänger dieses Wiedererwachens. In unseren Garrigues ist bei den Festen des Thymians und des blühenden Lavendels die Haubenlerche ihr Gefährte, eine lyrische Rakete, die aufsteigt, die Kehle voller Töne, und von dort oben, unsichtbar in den Wolken, ihre süße Melodie über die Brachfelder breitet. Von unten antwortet ihr der Singsang der Grillen. Der ist eintönig, kunstlos, aber wie gut passt seine Naivität zum ländlichen Jubelfest des erwachenden Lebens! Es ist das Hosianna der Erweckung, das heilige Halleluja über das keimende Korn und das sprossende Grün. Wem gebührt in diesem Duett die Siegespalme? Ich gäbe sie der Grille. In Zahl und Beständigkeit übertrifft ihr Ton das Lied in den Lüften. Schwiege die Lerche, so empfingen die Fluren, auf denen die blaugrünen Lavendel ihre kampferhaltigen Weihrauchfässer im Sonnenlicht schwenken, allein von ihr, der Bescheidenen, eine feierliche Huldigung.

XIV
Die Grille. Der Gesang. Die Paarung

Da kommt die Anatomie und herrscht die Grille an: »Zeig uns dein Instrument!« Dieses ist sehr einfach, wie alles wirklich Wertvolle; nach dem gleichen Prinzip wie bei den Heuschreckentieren: gezähnter Bogen, vibrierende Häutchen.

Der rechte Deckflügel überlappt den linken und bedeckt ihn fast völlig, bis auf die überraschende Falte, welche die Flanke einfasst. Es ist die Umkehrung dessen, was uns das Grüne Heupferd, der Warzenbeißer, die Sattelschrecke und ihre Verwandten gezeigt haben. Die Grille ist Rechtshänder, die anderen Linkshänder.

Die zwei Deckflügel sind exakt gleich gebaut. Wer den einen kennt, kennt auch den anderen. Beschreiben wir den rechten. Das Flügelchen, auf dem feine, schräge, parallele Rippen zu erkennen sind, liegt fast eben auf dem Rücken auf und grenzt mit einer brüsken rechtwinkligen Falte an den Bauch. Die Rippen auf seiner Rückenseite sind von tiefem Schwarz und bilden ein kompliziertes, seltsames Muster wie aus einem Zauberbuch arabischer Kalligraphie.

Scheint das Licht durch, wirkt es blass rostrot, bis auf zwei nebeneinander liegende Stellen, die vordere dreieckig und größer, die hintere kleiner und oval. Jede ist eingerahmt von einer kräftigen Rippe mit fein geädertem Waffelmuster. Die erste trägt außerdem vier oder fünf Streben zur Verstärkung, die zweite eine einzige, zum Bogen gekrümmt. Diese beiden Stellen bilden den Spiegel der Heuschreckentiere und die Klangfläche. Ihre Membran ist feiner und durchsichtiger, wenn auch ein wenig rauchig.

Das vordere Viertel ist glatt, von verwaschenem Rot und hinten von zwei krummen parallelen Rippen begrenzt; zwischen ihnen liegt eine Senke, in der fünf oder sechs kleine schwarze Falten nebeneinanderliegen wie die Sprossen einer kleinen Leiter. Der linke Deckflügel entspricht exakt dem rechten. Diese Falten bilden die Reiberippen, welche die Erschütterung intensivieren und die Punkte vermehren, die der Bogen streicht.

An der unteren Seite wird die Rippe, welche die Senke mit den Sprossen begrenzt, zu einer Sehne, in die Zähne eingeschnitten sind. Das ist der Bogen. Ich zähle ungefähr einhundertfünfzig Zähne, die in die Sprossen des gegenüberliegenden Deckflügels greifen und alle zugleich die vier Trommelfelle erschüttern; die unteren durch direkte Reibung, die oberen durch die Vibration des Reibewerkzeugs. Was für eine Klangfülle! Den Warzenbeißer, der mit einem einzigen schwächlichen Spiegel ausgerüstet ist, hört man gerade noch einige Schritt weit; die Grille, die vier vibrierende Flächen besitzt, lässt ihr Liedchen hundert Meter weit erschallen.

Sie kann sich mit der Zikade messen, ohne deren unangenehm rauen Ton zu haben. Noch besser: Die Privilegierte kann ihren Ausdruck dämpfen. Beide Deckflügel, sagten wir, verlängern sich an der Flanke zu einem langen Sims. Dies sind die Dämpfer, die durch stärkeres oder schwächeres Niederdrücken die Klangintensität verändern und so ermöglichen, je nachdem wie groß die Berührungsfläche mit dem Bauch ist, bald halblaut, bald mit voller Kraft zu singen.

Es verdient Beachtung, dass die beiden Deckflügel genau gleich sind. Ich erkenne sehr wohl die Rolle, die der obere Bogen und jene der vier Klangflächen spielen, die er zum Vibrieren bringt; wozu aber ist der untere Bogen des linken Flügels gut? Da er auf nichts aufliegt, fehlt ihm der Angriffspunkt für seinen Zahnstab, der ebenso sorgfältig gezähnt ist wie der andere. Er ist völlig unnütz, es sei denn der Apparat könnte die Anordnung seiner zwei Teile umkehren und oben und unten vertauschen.

Bei einer solchen Umkehrung würde die vollkommene Symmetrie des Instruments weiterhin nach dem nötigen Mechanismus arbeiten können und das Insekt wäre dann in der Lage, auch mit dem Zahnstab zu geigen, der zurzeit unbeschäftigt ist. Mit dem unteren, zum oberen gewordenen Bogen würde es zirpen wie gewohnt und der Gesang bliebe derselbe.

Ist ihm diese Veränderung möglich? Kann sich das Insekt abwechselnd des einen oder des anderen Zahnstabs bedienen und so die Arbeit auf beide verteilen, was für einen anhaltenden Gesang günstig wäre? Finden sich Grillen, die immer Linkshänder sind?

Ich hatte es wegen der strengen Symmetrie der Deckflügel erwartet. Die Beobachtung hat mich vom Gegenteil überzeugt. Nie habe ich eine Grille angetroffen, die sich der allgemeinen Regel nicht gefügt hätte. Alle, die ich untersucht habe, und das sind zahlreiche, trugen ohne Ausnahme den rechten Deckflügel auf dem linken.

Schreiten wir ein und versuchen wir, künstlich herbeizuführen, was die natürlichen Umstände verweigern. Mit den Spitzen einer Pinzette bringe ich, selbstverständlich ohne Gewalt, ohne Verdrehung, die Deckflügel in umgekehrte Deckungslage; mit ein wenig Geschick und Geduld gelingt es mir. Fertig. Alles ist in Ordnung. Keine ausgerenkten Schultern, keine Falte in den Membranen. Im normalen Zustand sind die Dinge nicht besser angeordnet. Wird die Grille mit ihrem umgedrehten Instrument musizieren? Ich hoffte das, es sah so vielversprechend aus. Bald wurde ich vom Irrtum befreit. Nach einigen stillen Augenblicken müht sich das Insekt, dem diese Umkehrung unbequem ist, und bringt das Instrument wieder in seine regelrechte Ordnung. Vergeblich beginne ich von vorn; seine Hartnäckigkeit triumphiert über die meine. Die von ihrem Platz entfernten Deckflügel kehren immer in ihre natürliche Stellung zurück. Auf diesem Weg ist nichts zu machen.

Ob ich mehr Glück habe, wenn die Deckflügel gerade entstehen? Zum gegenwärtigen Zeitpunkt sind es starre Membrane, die sich gegen jede Veränderung sträuben. Die Falte hat sich bereits verfestigt, man muss den Stoff am Anfang bearbeiten. Was werden uns frische, noch formbare Organe lehren, wenn man sie gleich nach ihrer Geburt umkehrt? Die Sache muss untersucht werden.

Also wende ich mich der Larve zu und passe den Augenblick ihrer Metamorphose ab, eine Art zweiter Geburt. Die künftigen Flügel und Deckflügel bilden bei ihr vier dünne Rockschöße, welche in ihrer Form, ihrer Kürze, ihrem Auseinanderstreben an die kurze Weste der Käser in der Auvergne erinnern. Ich muss außerordentlich oft nachschauen, um den günstigen Augenblick nicht zu verpassen, schließlich kann ich dem Abstreifen der Hülle beiwohnen. In den ersten Maitagen, gegen elf Uhr vormittags, wirft eine Larve vor meinen Augen ihren rustikalen Anzug ab. Die umgewandelte Grille ist dann kastanienbraun, bis auf die Deckflügel und Flügel, die von einem herrlichen Weiß sind.

Flügel und Deckflügel kommen als kurze zerknitterte Stummel aus ihren Hüllen. Die ersten bleiben in diesem rudimentären Zustand. Die zweiten vergrößern sich allmählich, entfalten sich, breiten sich aus; die inneren Ränder schieben sich in einer Bewegung, die zu langsam ist, um wahrgenommen zu werden, auf derselben Ebene, in derselben Höhe, einer neben dem anderen hervor. Nichts weist darauf hin, welcher der beiden Deckflügel den anderen überlappen wird. Jetzt berühren sich die zwei Kanten. Noch einige Augenblicke, und die rechte Kante wird über die linke gleiten. Das ist der Moment einzugreifen.

Mit einem Strohhalm ändere ich sanft die Reihenfolge des Aufeinanderliegens; ich führe die linke Kante über die rechte. Das Insekt wehrt sich ein wenig und stört meinen Eingriff. Ich bleibe stur, sehr vorsichtig, aus Angst, derart zarte Organe zu beschädigen, die aussehen, als wären sie aus sehr dünnem feuchten Papier. Voller Erfolg: Der linke Deckflügel bewegt sich über den rechten, aber nur kaum, nur einen Millimeter. Lassen wir den Dingen ihren Lauf.

Alles geht nach Wunsch. Der linke Deckflügel breitet sich immerzu aus und bedeckt am Ende den anderen. Um drei Uhr nachmittags hat sich die Grille von rötlich zu schwarz gewandelt; die Deckflügel sind immer noch weiß. Noch zwei Stunden, und sie werden ihre normale Färbung haben.

Es ist so weit. Die Deckflügel sind in ihrer künstlichen Stellung ausgereift; sie sind entsprechend meinen Plänen ausgebreitet und geformt; sie haben ihre Größe und Festigkeit gewonnen und sind sozusagen in einer umgekehrten Stellung übereinander geboren. In diesem Zustand ist die Grille ein Linkshänder. Wird sie es bleiben? Es scheint mir so, und meine Hoffnung wächst am nächsten und übernächsten Tag; die Deckflügel verharren in ihrer ungewohnten Anordnung. Ich erwarte, die Künstlerin bald mit diesem Bogen spielen zu sehen, den ihre Familienmitgleider nie benutzen. Ich verdopple meine Überwachung, um bei der Geigenprobe anwesend zu sein.

Am dritten Tag gibt der Neuling sein Debüt. Einige kurze Quietscher sind zu hören, dann ein Geräusch, als brächte eine kaputte Maschine ihr Räderwerk wieder in die richtige Ordnung. Dann beginnt der Gesang in seinem gewohnten Timbre und Rhythmus.

Verhülle dein Angesicht, du unfähiger Experimentator! Du hast zu sehr auf deinen Strohhalmtrick vertraut. Du glaubtest, einen Musiker der neuen Gattung zu erschaffen und hast nichts erreicht. Die Grille hat deine Machenschaften vereitelt: Sie streicht mit dem rechten Bogen und wird das immer tun. Unter Schmerzen sind ihre Schultern ausgerenkt worden, die dann in der umgekehrten Stellung ausreiften und verhärteten; trotz einer scheinbar endgültigen Ausformung hat sie nach unten gebracht, was unten sein muss, und nach oben, was nach oben gehört. Deine armselige Wissenschaft wollte aus ihr einen Linkshänder machen. Sie verspottet deine Kunststücke und macht sich zum Rechtshänder.

Franklin hat ein beredtes Plädoyer auf die linke Hand hinterlassen, die wie ihre rechte Schwester verdiene, sorgfältig angelernt zu werden. Welch unermesslicher Vorteil, zwei Diener von gleicher Geschicklichkeit zu haben! Das stimmt; aber ist diese Gleichheit in Kraft und Gewandtheit bis auf seltene Ausnahmen möglich?

Nein, antwortet uns die Grille: Die linke Seite ist ursprünglich schwach, weniger wichtig, was Gewohnheit und Erziehung bis zu einem gewissen Grad korrigieren können, ohne dass es jedoch ganz gelingt. Der linke Deckflügel, bei seiner Entstehung durch äußere Einwirkung geformt und über dem anderen fest installiert, kehrt an seinen unteren Platz zurück, sobald das Insekt singen will. Es ist an der Embryologie, uns die Ursache dieser ursprünglichen Unterlegenheit mitzuteilen.

Mein Misserfolg zeigt, dass der linke Deckflügel unfähig ist, von seinem Bogen Gebrauch zu machen, sogar, wenn er künstlich unterstützt wird. Wozu dient dann dieser Zahnstab, dessen Präzision dem anderen in nichts nachsteht? Man könnte Gründe der Symmetrie anführen, oder die Wiederholung eines Prototyps wie bei der Hülle, welche die junge Grille an ihrer Eischale zurücklässt; aber ich gebe lieber zu: Das wäre nur der Anschein einer Erklärung, nur heiße Luft.

Der Warzenbeißer, das Heupferd und die anderen Heuschreckentiere würden kommen und uns ihre Deckflügel zeigen, der eine mit nur einem einzigen Bogen, der andere mit seinem Spiegel, und uns sagen: »Warum gilt die Symmetrie für die Grille, unsere nächste Verwandte, und für uns andere Heuschreckentiere, wie wir da sind, die Asymmetrie?« Auf ihren Einwand gibt es keine überzeugende Antwort. Bekennen wir unser Nichtwissen und sagen wir demütig: »Ich weiß es nicht.« Um den Hochmut unserer Theorien in Verlegenheit zu bringen, genügt der Flügel einer kleinen Schrecke.

Genug vom Instrument; hören wir auf seine Musik. Sie erklingt auf der Hausschwelle, im Jubelfest des Sonnenlichts, niemals im Inneren. Die Deckflügel sind in zwei Ebenen entfaltet und bedecken sich nur teilweise, wenn sie ihr »*cri-cri*« in wohlklingenden Tremoli hören lassen. Es hat Fülle, Klang, einen schönen Rhythmus und währt endlos. So wird das ganze Frühjahr hindurch die Muße der Einsamkeit verzaubert. Der Einsiedler singt zunächst für sich selbst. Begeistert vom Leben, feiert er den Sonnenschein der ihn besucht, das Gras, das ihn ernährt, den friedlichen Unterschlupf, der ihn beschützt. Die Wonnen des Lebens führen seinen Bogen.

Der Einsame singt auch für seine Nachbarinnen. Die Hochzeit der Grille muss eine kuriose Szene sein, meiner Treu, wenn es möglich wäre, ihre Einzelheiten zu verfolgen, außerhalb der Gefangenschaft! Nach dieser Gelegenheit zu suchen, wäre verlorene Liebesmüh, derart furchtsam ist das Insekt. Man muss warten. Werde ich sie eines Tages finden? Trotz der großen Schwierigkeit gebe ich meine Hoffnung nicht auf. Für den Augenblick wollen wir uns mit dem zufriedengeben, was die Wahrscheinlichkeit und der Käfig uns lehren.

Die beiden Geschlechter wohnen jeder für sich allein und beide sind überzeugte Stubenhocker. Wer wechselt den Ort? Geht sie zu ihm oder kommt er zu ihr? Wenn der Ton für die Paarung der einzige Führer zwischen weit auseinanderliegenden Behausungen ist, dann muss die Stumme zum Stelldichein des Musikanten gehen. Aber der Schicklichkeit halber und um mich an das zu halten, was das gefangene Insekt mich lehrt, stelle ich mir vor, dass Herr Grille spezielle Mittel hat, die ihn zur schweigsamen Frau Grille führen.

Wann und wie findet die Zusammenkunft statt? Ich vermute, dass die Dinge im diskreten Schimmer der Abenddämmerung vor sich gehen, und zwar auf der Hausschwelle der Schönen, auf jenem sandigen Vorplatz, dem Ehrenhof am Eingang.

Eine solche Reise, nachts, einige zwanzig Schritt weit, ist für den Herrn ein schwieriges Unterfangen. Ist seine Pilgerschaft beendet, wie soll er dann seine Behausung wiederfinden, er, der Stubenhocker, der sich in der Topographie nicht auskennt? Seine Penaten wieder zu gewinnen, muss für ihn unmöglich sein. Ich fürchte, er irrt obdachlos aufs Geratewohl umher. Da ihm Zeit und Kraft dazu fehlen, eine neue schützende Erdhöhle zu graben, verendet er kläglich als schmackhafter Bissen für die Kröte auf ihrer nächtlichen Runde. Für seine Visite bei der Schönen zahlt er mit Hab und Gut und mit seinem Leben. Was macht ihm das! Er hat als Grillenmann seine Pflicht getan.

So stellen sich mir die Ereignisse dar, wenn ich das, was wahrscheinlich in der freien Flur geschieht, mit der Wirklichkeit in der Voliere kombiniere. Ich habe mehrere Paare unter derselben Glocke. Im Allgemeinen verzichten meine Gefangenen darauf, sich eine Behausung zu bauen. Die Zeit der großen Hoffnungen und der großen Unternehmungen ist vorbei. Man streift im Gehege umher und kümmert sich nicht um ein festes Logis; man versteckt sich unter dem Schutz eines Salatblatts.

In der Stube herrscht Friede, solange nicht der kämpferische Paarungsinstinkt ausbricht. Dann herrscht unter den Anwärtern häufig lebhafter, aber nie ernsthafter Streit. Die beiden Rivalen erheben sich gegeneinander, beißen sich in den Schädel, einen soliden Helm, der die Zangen auf die Probe stellt, kugeln über den Boden, kommen wieder auf die Beine und gehen auseinander. Der Besiegte entfernt sich möglichst rasch; der Sieger beschimpft ihn mit einem musikalischen Bravourstück; dann mäßigt er den Ton und umkreist wieder und wieder die Begehrte.

Er gibt den Schönling, den Unterwürfigen. Mit einem Griff der Kralle zieht er einen Fühler durch die Kieferzange, um ihn zu frisieren, bestreicht ihn mit kosmetischem Speichel. Mit seinen langen, bedornten und rotgestreiften Hinterbeinen trippelt er vor Ungeduld und schlägt ins Leere aus. Er ist stumm vor Aufregung. Seine Deckflügel, die trotzdem rasend zittern, geben keinen Ton von sich oder machen nur ein wirres Reibegeräusch.

Vergebliche Liebeserklärung. Die weibliche Grille läuft weg und versteckt sich in einer Falte des Salatblatts. Sie schiebt jedoch den Vorhang etwas zur Seite, lugt hervor und will gesehen werden.

Et fugit ad salices, et se cupit ante videri,[17] hieß es vor zweitausend Jahren so reizend in der Ekloge. Oh ihr heiligen Liebesneckereien, wie seid ihr überall die gleichen!

Der Gesang beginnt aufs Neue, unterbrochen von Pausen und halblautem Tremolo. Gerührt von so viel Leidenschaft, kommt Galatea, die weibliche Grille, will ich sagen, aus ihrem Versteck. Der andere läuft ihr entgegen, macht plötzlich eine Kehrtwendung, dreht ihr den Rücken zu und drückt seinen Bauch flach auf die Erde. Rückwärts kriechend versucht er mehrmals, unter sie zu gleiten. Endlich hat das eigenartige Manöver des Rückwärtsgangs Erfolg. Sachte, Kleiner, sachte! Ganz flach liegend und bescheiden wird es dir gelingen, dich ihr unterzuschieben. Es ist so weit. Das Paar ist beisammen. Ein Samenträger, ein Körnchen, kleiner als ein Stecknadelkopf, wird an die erforderliche Stelle gehängt. Die Wiesen werden nächstes Jahr wieder ihre Grillen haben.

Die Eiablage folgt kurz darauf. Aber das Beisammensein des Paars auf engem Raum führt zum Ehestreit. Der Vater wird niedergeschlagen, verstümmelt; seine Geige ist zerfetzt. Außerhalb meiner Unterkünfte, in der Freiheit der Fluren, kann der Verfolgte fliehen; und das tut er offenbar nicht ohne Grund.

Diese wilde Abneigung der Mutter gegen den Vater, sogar bei den Friedlichsten, gibt Stoff zum Nachdenken. Eben noch war er der Liebling; gerät er aber zwischen die Zähne der Schönen, wird er rasch aufgefressen; aus diesen letzten Zusammenkünften rettet er sich nur mit abgerissenen Beinen und zerfledderten Deckflügeln. Heuschreckentiere und Grillen, späte Vertreter einer alten Welt, sagen uns: Das Männchen, ein zweitrangiges Rädchen in der Urmechanik des Lebens, muss binnen Kurzem verschwinden und der Erzeugerin weichen, der wahren Schöpferin, der Mutter.

Dass ihm später, bei den Höheren Tieren, manchmal sogar bei den Insekten, die Rolle des Handlangers zukommt, macht es nicht besser: Es nutzt allein der Kinderschar. Aber die Grille, den antiken Überlieferungen treu ergeben, ist noch nicht so weit. Der Ersehnte von gestern ist nun ein widerliches Ding, das man übel zurichtet und verschlingt, nachdem man ihm den Bauch aufgeschlitzt hat.

Gelingt der männlichen Grille auch die Flucht vor ihrer zänkischen Gefährtin, so gerät sie bald schon unter die Räder des Lebens.

Im Juni sind all meine Gefangenen gestorben; eines natürlichen Todes die einen, die anderen durch Gewalt. Manche Mütter überleben noch eine Zeitlang inmitten ihrer geschlüpften Kinderschar. Durch den Zölibat aber können die Dinge einen anderen Gang nehmen, dann erfreuen sich die Männchen eines bemerkenswert langen Lebens. Hier die Fakten:

Man sagt, dass die Griechen aus ihrer Leidenschaft für Musik Zikaden im Käfig aufzogen, um sich an ihrem Gesang zu erfreuen. Ich glaube kein Wort davon. Zunächst ist das scharfe Schrillen der Zikaden aus nächster Nähe eine Qual für ein einigermaßen empfindliches Ohr. Das Gehör der Griechen war zu gut geschult, um an solch rauem Klang Gefallen zu finden, abgesehen vom Konzert der Fluren, das man ja aus größerer Entfernung vernimmt.

Zweitens ist es absolut unmöglich, Zikaden in Gefangenschaft aufzuziehen, wenn man nicht einen ganzen Olivenbaum oder eine Platane unter die Drahtglocke der Voliere bringt, die auf der Fensterbank Platz finden muss – was sich als ein eher schwieriges Unterfangen herausstellt. Nach nur einem Tag auf kleinem Raum geht das Insekt, das sich so gerne in die Höhe aufschwingt, vor Langeweile ein. Hat man nicht die Zikade mit der Grille verwechselt, wie man es schon mit dem Grünen Heupferd getan hat? Die Grille, ja natürlich! Sie, die doch das Leben in Gefangenschaft fröhlich erträgt: Ihre Stubenhockergewohnheiten sind die besten Voraussetzungen. In einem Käfig, nicht größer als eine Faust, lebt sie glücklich und hört nicht auf zu zirpen, solange man ihr nur jeden Tag ein Salatblatt vorlegt. Ist nicht sie es, die von den Kindern Athens in einen zierlichen Drahtkäfig an den Fensterrahmen gehängt wurde?

Ihre Nachfahren in der Provence und im ganzen übrigen Midi haben diese Neigung bewahrt. In den Städten ist der Besitz einer Grille ein Schatz für das Kind. Das liebevoll versorgte Insekt teilt in seinem Liedchen die ländlichen Freuden mit. Sein Tod ist ein Trauerfall für das ganze Haus.

Nun gut, diese Gefangenen im erzwungenen Zölibat werden zu Patriarchen. Wenn ihre Kumpane auf den Wiesen längst gestorben sind, singen sie munter bis in den September hinein. Mit drei zusätzlichen Monaten, einer langen Zeit, verdoppeln sie ihre Lebenszeit als Erwachsene.

Die Ursache für diese Langlebigkeit ist ganz klar. Nichts nützt einen so ab wie das Leben. Die freilebenden Grillen haben ihre Energiereserven bei den Nachbarinnen kräftig verschleudert; je inbrünstiger ihre Leidenschaft, umso schneller gehen sie ein. Die anderen, im Kerker, mit ihrem ruhigen Leben, leben länger, weil sie der aufzehrenden Freuden beraubt wurden. Sie haben ihre Pflicht als Grillenmänner nicht erfüllt, also können sie weiterhin beharrlich so lang wie möglich leben.

Die drei anderen Grillenarten in meiner Gegend, die ich weniger eingehend studierte, haben mir nichts beigebracht, was von Interesse wäre. Ohne festen Wohnsitz, ohne Erdhöhle, streifen sie als Vagabunden von einem behelfsmäßigen Unterschlupf zum anderen; die einen unter trockenem Laub, die anderen in kleinen Erdfurchen. Bei allen der gleiche Klangapparat wie bei der Feldgrille, mit leichten Abweichungen. Der Gesang ist sehr ähnlich, sieht man von der Lautstärke ab. Die Kleinste der Familie, die Südliche Grille, zirpt vor meiner Haustür unter dem Dach einer Buchsrabatte. Sie wagt sich bis in die dunklen Winkel der Küche; aber ihr Gesang ist so leise, dass man sehr aufmerksam hinhören muss, um ihn auszumachen und herauszufinden, wo sich das Insekt versteckt hat.

Wir kennen hier die Hausgrille nicht, die Gast der Bäckereien und ländlicher Herde ist. Aber wenn auch in meinem Dorf die Risse unter der Herdplatte stumm bleiben, so werden doch die Sommernächte in der Flur von einer zauberhaften Melodie erfüllt, die man im Norden nicht kennt. Die Mittagsstunden des Frühlings haben die Feldgrille, die stillen Nächte des Sommers den Occanthus pellucens, Scop., die Italienische Grille.[18]

Die eine ein Tag-, die andere ein Nachttier, so teilen sie sich die schöne Jahreszeit. Verstummt der Gesang der ersten, ertönt unverzüglich die Serenade der anderen.

Die Italienische Grille hat nicht die schwarze Farbe und den cha-

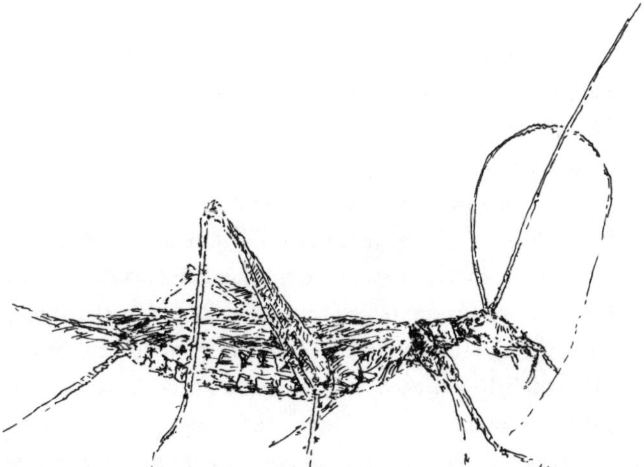

rakteristischen schwerfälligen Körper dieser Familie. Sie ist im Gegenteil ein schmächtiges Insekt, dünn, ganz bleich, fast weiß, wie es zu ihren nächtlichen Gewohnheiten passt. Man fürchtet, sie zu zerdrücken, wenn man sie in die Finger nimmt. Auf Sträuchern und hohen Gräsern jeder Art führt sie ein luftiges Leben und steigt selten zum Erdboden hinab.

Ihr Gesang, ein anmutiges Konzert der ruhigen, warmen Abende von Juli bis Oktober, beginnt bei Sonnenuntergang und erklingt bis spät in die Nacht.

Hier kennt jeder diesen Gesang; denn der kleinste Grasbüschel hat sein Orchester. Er erklingt sogar in den Scheunen, wohin sich das Insekt manchmal verirrt, wenn es zusammen mit dem Futter dorthin gebracht wurde. Das Verhalten der bleichen Grille ist so geheimnissvoll, dass niemand weiß, woher diese Serenade kommt; völlig zu Unrecht wird sie meist der gewöhnlichen Grille zugeschrieben, die aber zu dieser Zeit noch jung und stumm ist.

Der Gesang ist ein *»Gri-i-i, Gri-i-i«*, getragen und sanft, ein leichtes Tremolo macht ihn noch ausdrucksvoller. Man erahnt beim Zuhören die äußerste Zartheit der vibrierenden Membranen. Wenn man das Insekt im unteren Blattwerk nicht stört, verändert sich der Ton nicht; beim geringsten Geräusch aber wird der Musikant zum Bauchredner. Ihr hört ihn hier, ganz nah vor Euch, und plötzlich hört Ihr sein Lied dort hinten, zwanzig Schritte entfernt, durch den Abstand gedämpft.

Ihr geht hin. Nichts. Der Ton kommt vom ursprünglichen Platz. Nein, da ist er auch nicht. Diesmal kommt der Ton von links, wenn nicht von rechts oder von hinten. Man kann überhaupt nicht unterscheiden, es ist unmöglich, mit dem Ohr herauszufinden, an welchem Ort das Insekt zirpt. Es braucht ein ordentliches Maß Geduld und peinlich genaue Vorsichtsmaßnahmen, um den Sänger beim Schein einer Laterne zu fangen. Die wenigen Exemplare, die ich unter diesen Bedingungen sammelte und in Käfige steckte, haben mir das bisschen geliefert, was ich über den Virtuosen weiß, der unser Ohr so gewitzt in die Irre führt.

Beide Deckflügel bestehen aus einer großen trockenen Membran, durchsichtig und dünn wie ein weißes Zwiebelhäutchen, deren gesamte Fläche vibrieren kann. Ihre Form ist die eines am oberen Rand abgeflachten Kreissegments. Dieses faltet sich entlang einer kräftigen Längsrippe im rechten Winkel und bildet einen Rand, der die Flanke des Insekts im Ruhezustand bedeckt.

Der rechte Deckflügel liegt über dem linken. Sein Innenrand trägt unten, nahe der Basis, eine Hornhaut, von der fünf Rippen abgehen; zwei führen nach oben, zwei nach unten und die fünfte verläuft quer. Diese letztere, leicht dunkelrot, ist das Hauptstück, der Bogen mit feinen, quer eingekerbten Zähnungen. Der übrige Deckflügel zeigt einige weitere Rippen von geringerer Stärke; sie halten die Membran gespannt, ohne Teil der Reibeapparatur zu sein.

Der linke oder untere Deckflügel hat den gleichen Aufbau, mit dem Unterschied, dass der Bogen, die Hornhaut und die von dort ausgehenden Rippen sich an der oberen Seite befinden. Bemerkenswert ist, dass beide Bögen, der von rechts und der von links, sich schräg überkreuzen.

Bei vollem Gesang berühren sich die Deckflügel, hoch erhoben und einem Gazeschleier ähnlich, nur am inneren Rand. Die Zähne der beiden Bogen greifen schräg ineinander und ihre wechselseitige Reibung erzeugt den Klang zweier gespannter Membranen.

Der Ton verändert sich, je nachdem ob der Bogen über die raue Schwiele des entgegengesetzten Deckflügels streicht, oder über eine der vier glatten davon abgehenden Rippen. So erklärt sich zum Teil die Illusion, dass der Ton mal von hier, mal von dort, mal von anderswo kommt, wenn das furchtsame Insekt sich in Acht nimmt.

Die Illusion, dass der Ton mal schwach, mal stark, mal klar, mal gedämpft klingt, und damit der Eindruck einer Distanz, das wichtigste Mittel in der Kunst des Bauchredens, hat eine weitere Ursache, die leicht zu entdecken ist. Für die klaren Töne werden die Deckflügel im Ganzen erhoben; für die gedämpften Töne werden sie mehr oder weniger gesenkt. In dieser Stellung ruht ihre Außenkante auf den weichen Flanken des Insekts, so wird die vibrierende Fläche verkleinert und der Ton abgeschwächt.

Nähert man den Finger einem klingenden Glas, wird die Lautstärke gedämpft und ein verschleierter, diffuser Ton erzeugt, der von weither zu kommen scheint. Die blasse Grille kennt dieses akustische Geheimnis. Sie verwirrt den Suchenden, indem sie die Kante ihrer vibrierenden Flächen an die weichen Seiten ihres Bauches legt. Unsere Musikinstrumente haben ihre Dämpfer, ihr sordino; jenes der Weihnhähnchens wetteifert mit ihnen und übertrifft sie an Einfachheit der Mittel und Vollkommenheit der Wirkung.

Die Feldgrille und ihre Verwandten machen ebenfalls Gebrauch vom Dämpfer mittels der Deckflügelkante, die den Bauch mehr oder weniger hoch einfasst; aber keiner erzielt mit dieser Methode derart täuschende Effekte wie das Weinhähnchen.

Zu dieser Täuschung über die Entfernung, Quelle wiederholter Überraschungen, beim geringsten Geräusch unserer Tritte, gesellt sich die Reinheit des Tons in sanftem Tremolo. Ich kenne keinen Insektengesang, der anmutiger und klarer die tiefe Stille der Augustabende durchdringt. Wie oft habe ich mich *per amica silentia Lunae*[19] auf dem Erdboden unter den Rosmarinbüschen ausgestreckt, um dem entzückenden Konzert meines Harmas zu lauschen!

In der Einfriedung wimmelt es von nächtlichen Grillen. Jede Zistrose mit ihren roten Blüten hat ihren Musikanten; jeder Lavendelstrauch beherbergt einen. Die buschigen Erdbeerbäume und Terebinthen werden zu Orchestern. Und mit ihrer hübschen hellen Stimme unterhält sich die ganze kleine Welt, sie fragt und antwortet von einem Strauch zum anderen; oder vielmehr feiert jeder für sich sein Jubelfest, gleichgültig gegen die Kantilenen des anderen.

Dort oben, über meinem Kopf, streckt das Sternbild des Schwans sein großes Kreuz in die Milchstraße; hier unten, rings um mich herum, wogt die Symphonie der Insekten. Über dem Atom, das seine Freuden verkündet, vergesse ich das Schauspiel der Sterne. Wir wissen nichts von diesen himmlischen Augen, die wie mit einem funkelnden Augenzwinkern und doch gelassen und kalt auf uns herabblicken.

Die Wissenschaft berichtet uns von ihren Entfernungen, ihren Geschwindigkeiten, ihrer Masse und ihrer Größe; sie überhäuft uns mit ungeheuren Zahlen, verblüfft uns mit Unermesslichkeiten, aber es gelingt ihr nicht, in uns auch nur eine Regung zu wecken. Warum? Weil dem Funkeln das große Geheimnis fehlt, das des Lebens. Was gibt es denn dort oben? Was wärmen diese Sonnen? Welten, die der unseren entsprechen, versichert uns die Vernunft, Welten, auf denen sich das Leben in seiner unendlichen Vielfalt entwickelt. Eine prachtvolle Vorstellung vom Universum, aber eben nur eine Vorstellung, die nicht auf Fakten gründet, die für jeden erkennbar sind. Das Wahrscheinliche, auch das sehr Wahrscheinliche, ist nicht das Evidente, das sich unwiderstehlich aufdrängt und dem Zweifel keinen Raum lässt.

In eurer Gesellschaft, meine lieben Grillen, fühle ich das Leben beben, die Seele unseres Schlammklumpens; darum gönne ich, gegen die Rosmarinhecke gelehnt, dem Sternbild des Schwans nur einen zerstreuten Blick und schenke eurer Serenade meine ganze Aufmerksamkeit. Ein wenig belebtes Eiweiß, der Freuden und der Leiden fähig, lässt die unermessliche grobe Materie weit hinter sich.

XV
Die Feldheuschrecke. Ihre Rolle. Ihr Klangapparat

»Kinder, seid morgen bereit, bevor die Sonne zu heiß wird, wir gehen auf Heuschrecken aus!« Diese Ankündigung beim Zubettgehen bringt die Hausgemeinschaft in Aufregung. Was sehen sie wohl im Traum, meine kleinen Mitarbeiter? Flügel, blau und rot, plötzlich zu Fächern entfaltet; lange Beine mit sägeartiger Zähnung, himmelblau oder rosa, die zwischen den Fingern ausschlagen; dicke Schenkel, die das Insekt springen lassen wie ein Geschoss, das von im Gras versteckten Zwergen katapultiert wird.

Auch ich sehe bisweilen, was ihnen im sanften Schein der *laterna magica* ihres Schlummers erscheint. In seinen Extremen wiegt das Leben uns in den gleichen Naivitäten.

Wenn es eine für Alt und Jung gleichermaßen leichte, friedliche, gefahrlose Jagd gibt, dann ist es wohl die auf Heuschrecken. Oh, diese entzückenden Vormittage, die wir ihr verdanken! Welch schöne Augenblicke, wenn die Brombeeren schwarz sind und meine Helfer sich im Gestrüpp frei bedienen! Welche unvergesslichen Ausflüge zu den Abhängen mit dem harten, von der Sonne verdorrten Gras! Es sind unauslöschliche Erinnerungen für mich und meine Kinder!

Paulchen hat gelenkige Knie, geschickte Hände und einen bohrenden Blick. Er inspiziert die Büschel der Immortellen, auf denen die Nasenschrecke mit ihrem zuckerhutförmigen Kopf in Gedanken versunken hockt; er durchforscht das Gestrüpp, aus dem plötzlich und mit dem Schwung eines überraschten Vögelchens die große aschgraue Feldschrecke auffliegt. Tiefe Enttäuschung beim Jäger, der zunächst aufsprang, dann überrascht innehielt und dem nachschaute, was wie eine Lerche aufflog. Ein andermal wird er mehr Glück haben. Wir werden nicht heimkehren ohne einige großartige Fänge!

Marie-Pauline, jünger als ihr Bruder, späht geduldig nach der Italienischen Schönschrecke aus, die rosa Flügel und karminrote Hinterbeine hat; ihre Vorliebe gilt allerdings einem anderen Springer, dessen Kostüm noch eleganter ist. Am Rückenansatz schmückt ihn ein Andreaskreuz aus vier weißen schrägen Strichen. Sein Kleid besteht aus graugrünen Platten, wie die Patina auf antiken Medaillen. Die Hand hoch erhoben, zum Zugriff bereit, nähert sie sich sehr sachte, duckt sich, dann: Zack!, hat sie ihn. Rasch ein Tütchen für den Fund, der zuerst seinen Kopf durch die Öffnung steckt und dann mit einem Satz darin verschwindet.

Die Tütchen füllen sich, eines nach dem anderen; die Schachteln werden bevölkert. Bevor die Hitze unerträglich wird, haben wir reichlich vielfältige Exemplare, die uns vielleicht während der Aufzucht im Käfig einiges lehren, wenn wir nur die richtigen Fragen stellen. Wir kehren heim. Ohne viel Aufwand hat die Heuschrecke soeben drei Menschen glücklich gemacht.

Die erste Frage an meine Pensionsgäste ist folgende: »Was für eine Rolle spielt ihr in den Fluren?« Ich weiß, im Allgemeinen habt ihr einen schlechten Ruf; in den Büchern werdet ihr Schädlinge genannt. Verdient ihr diesen Vorwurf? Ich erlaube mir, daran zu zweifeln, mit Ausnahme natürlich der furchtbaren Verwüster, der Geißel des Orients und Afrikas.

Der üble Ruf dieser großen Fresser hat auf euch alle abgefärbt, aber ich ahne im Gegenteil, dass ihr vielleicht eher nützlich als schädlich seid. Soviel ich weiß, haben die Bauern hierzulande sich nie über euch beklagt. Was könnten sie euch auch anlasten?

Ihr knabbert die Spitzen der zähen Gräser ab, die das Schaf verschmäht; ihr zieht die Magerrasen den fetten Kulturkräutern vor; ihr weidet das Unfruchtbare ab, wo kein anderer als ihr Nahrung findet; ihr lebt von dem, was allein für euren robusten Magen verwertbar ist.

Außerdem, wenn ihr in den Feldern erscheint, hat das Einzige, was euch lockt, der junge Weizen, seine Körner längst gebracht und ist verschwunden. Und wenn ihr in die Gärten eindringt und sie ein bisschen plündert, ist der Schaden nicht groß. Über einige angefressene Salatblätter kann man sich hinwegtrösten.

Das Ausmaß der Sache am eigenen Rübenbeet zu messen, ist eine niederträchtige Methode, die über einem unbedeutendem Detail das Wesentliche vergisst. Der kurzsichtige Mensch brächte die Ordnung des Universums durcheinander, nur um ein Dutzend Pflaumen zu retten. Und wenn er sich überhaupt mit Insekten beschäftigt, spricht er nur davon, sie auszurotten.

Glücklicherweise steht das nicht in seiner Macht und er wird es nie tun können. Seht nur einmal, welche Folgen beispielsweise das Verschwinden der Feldschrecke hätte, die man des Diebstahls einiger Bröckchen der Erdengüter bezichtigt.

Im September und Oktober führt ein Kind, ausgerüstet mit zwei langen Schilfrohren, die Truthahnschar auf die Stoppelfelder.

Die Fläche, auf der sich die Schar langsam verteilt und dabei ihr »*Glu-glu*« ausstößt, ist verdorrt, kahl und von der Sonne steinhart gebrannt. Nur einige zerrupfte Disteln recken ihre welken Blütenköpfe in die Höhe. Was tun diese Vögel in einer solchen Wüste des Hungers?

Sie mästen sich hier, um die Weihnachtstafel der Familie zu zieren, sie setzen hier ihr festes, schmackhaftes Fleisch an. Und womit, bitte sehr? Mit Heuschrecken, die sie hier und da aufpicken und von denen ihr Kropf gewaltig anschwillt. Aus diesem herbstliche Manna, das nichts kostet und gut schmeckt, entsteht der saftige Braten und gedeiht für den Abend, an dem man so viel davon isst.

Was sucht das Perlhuhn, dieses zahme Wildbret, so emsig, wenn es mit den quietschenden Lauten einer gefeilten Säge in der Nähe des Bauernhofs umherstreift? Körner, zweifellos, aber vor allem Heuschrecken, die seine Achseln mit Fett aufpolstern und sein Fleisch schmackhaft machen.

Auch das Huhn ist, sehr zu unserem Nutzen, ganz versessen darauf. Es kennt dieses zarte Stück, das ihn zu mehr Eiern anstachelt. Lässt man es frei, führt es seine Kinderschar in die Stoppeln, um ihr beizubringen, wie man rasch an diese köstlichen Bissen kommt. Kurz, kann das Geflügel nach Belieben umherlaufen, findet es in den Feldheuschrecken eine wertvolle Nahrung.

Noch besser ist es bei anderem Geflügel. Wenn Ihr Jäger seid und das Rothuhn schätzt, dieses Prachtexemplar des Midi, dann öffnet einmal den Kropf des eben erlegten Stücks. Ihr werdet darin sehen, was das verleumdete Insekt leistet. Neun von zehn Mal wird er mehr oder weniger mit Heuschrecken vollgestopft sein. Das Rothuhn ist verrückt danach; es zieht die Heuschrecken den Samenkörnern vor, wo immer es sie bekommt. Gäbe es sie das ganze Jahr über, vergäße es sogar über diese würzige, gehaltvolle und sättigende Nahrung die Körner ganz und gar.

Befragen wir jetzt den berühmten Stamm der Schwarzfüßler, der von Toussenell so gerühmt wird. Zunächst den Steinschmätzer, den provenzalischen Weißschwanz, der im September maßlos fett wird und köstliche Bratspieße liefert.

Als ich noch meine ornithologischen Streifzüge unternahm, listete ich den Inhalt von Kröpfen und Mägen auf, um mir über die Nahrung klarzuwerden. Hier die Speisenfolge des Steinschmätzers: vor allem Heuschrecken; an zweiter Stelle viele verschiedenartige Käfer wie Rüssel-, Schwarz-, Blatt- und Schildkäfer, Schnellläufer (eine Art Laufkäfer); drittens Spinnen, Hundertfüßler, Asseln und kleine Schnecken; ferner, aber selten, Beeren der Roten Kornelkirsche und Brombeeren.

Man sieht: Ein Allerlei von kleinem Wildbret, wie es der Zufall bringt. Der Insektenfresser nimmt nur Beeren, wenn er in Zeiten des Mangels nichts Besseres findet. Unter achtundvierzig in meinen Notizen aufgeführten Fällen kommt Pflanzliches nur dreimal vor, als mageres Zubrot. Was an Häufigkeit und Menge vorherrscht, ist die Heuschrecke, kleinere Exemplare, die der Vogel noch schlucken kann.

Genauso ist es bei den anderen Zugvögeln, die im Herbst in der Provence Station machen und sich auf die große Wanderung vorbereiten, indem sie am Steiß eine Wegzehrung von Fett anhäufen. Alle nehmen ein Heuschreckenmahl, diese nahrhafte Gaumenfreude; alle sammeln im Öd- und Brachland, so viel sie nur können von den hüpfenden Happen, dieser Kraftquelle für den Flug. Die Feldheuschrecke ist das Manna der kleinen Vögel auf ihrer Herbstreise.

Der Mensch seinerseits verschmäht sie nicht. Ein arabischer Autor, den General Daumas in seinem Buch »Die große Wüste« zitiert, sagt:

> Das Heupferd[20] ist eine vortreffliche Nahrung für Mensch und Kamel. Man isst sie frisch oder konserviert, nachdem man ihnen Beine, Flügel und Kopf abgerupft hat, gebraten oder gekocht und zubereitet im Couscoustopf.
>
> An der Sonne getrocknet, zerstößt man sie zu Pulver, das man

mit Milch und Mehl verknetet und in Öl oder Butter und Salz bäckt.

Die Kamele sind ganz versessen darauf. Man gibt sie ihnen getrocknet oder gekocht. Zum Backen stapelt man sie in einem großen Loch zwischen zwei Schichten Kohle. So essen sie auch die Afrikaner.

Als *Maryam*[21] Gott um Fleisch ohne Blut bat, sandte Gott ihr Heuschrecken.

Als man den Frauen des Propheten Heuschrecken schenkte, reichten sie Körbe davon an andere Frauen weiter.

Als man eines Tages Kalif Omar fragte, ob der Verzehr von Heuschrecken erlaubt sei, antwortete er: »Ich wünsche einen Korb voll, zum Essen.«

All diese Zeugnisse belegen eindeutig, dass die Heuschrecken dem Menschen durch Gottes Gnade gegeben sind, damit er sich von ihnen ernähre.

Ohne so weit zu gehen wie der arabische Naturforscher, was einen robusten Magen verlangte, der nicht jedem gegeben ist, wage ich zu behaupten, dass die Heuschrecke für viele Vögel ein Himmelsgeschenk ist. Meine lange Liste der befragten Mägen bezeugt es.

Auch viele andere wissen sie zu schätzen, besonders die Reptilien. Die mit Flecken übersäte Perleidechse, der Schrecken kleiner provenzalischer Mädchen, die felsige Schlupfwinkel so liebt, wenn sie von der Sonnenglut in eine Schwitzstube verwandelt werden, hat mir in ihrem Magen welche gezeigt. Oft habe ich die kleine graue Mauereidechse dabei überrascht, wie sie an der Spitze ihrer schmalen Schnauze die Überreste einer lang belauerten Feldheuschrecke trug.

Sogar der Fisch findet Geschmack an ihr, wenn das Glück sie ihm darbietet. Der Sprung der Feldheuschrecke hat kein Ziel. Als willkürlich geschleudertes Geschoss fällt das Insekt dort nieder, wohin es seine blinden Sprungfedern befördern. Stürzt es ins Wasser, ist der Fisch gleich zur Stelle, um die Ertrinkende zu schnappen. Ein bisweilen verhängnisvoller Leckerbissen; denn der Fischer bestückt seinen Angelhaken gern mit einer Feldheuschrecke als Köder.

Ohne mich weiter über die Liebhaber dieses kleinen Beutetiers auszulassen, steht mir der hohe Nutzen der Feldheuschrecke klar vor Augen, die dem Menschen, dem Anspruchsvollsten aller Fresser, das magere Gras über Umwege in erlesene Speisen verwandelt. Gerne würde ich also wie der arabische Schriftsteller sagen: »Die Heuschrecken sind dem Menschen durch Gottes Gnade gegeben, damit er sich von ihnen ernähre.«

Ein einziger Punkt lässt mich zögern: der unmittelbare Verzehr. Was den Verzehr über Umwege anbelangt, in Gestalt eines Rothuhns, Truthahns und vieler anderer, so wird keiner auf den Gedanken kommen, ihr diese Lobrede zu verwehren. Ist der direkte Verzehr aber angenehm?

Der mächtige Kalif Omar, grausamer Brandstifter der Bibliothek von Alexandria, dachte nicht so. Er, dessen Intellekt nicht weniger robust war als sein Magen, sprach von einem Korb Heuschrecken als Gaumenfreude.

Lange vor ihm, allerdings aus weiser Bescheidenheit, gaben andere sich damit zufrieden. Der Heilige Johannes der Täufer, bekleidet mit grobem Wollstoff aus Kamelhaar, Vorläufer der guten Nachricht und großer Volksaufrührer zur Zeit des Herodes, lebte in der Wüste von Heuschrecken und wildem Honig. »Esca autem ejus erat locustae et mel sylvestre«,[22] berichtet uns das Evangelium des Heiligen Matthäus.

Der wilde Honig ist mir bekannt aus den Töpfchen der Mörtelbiene. Er ist sehr schmackhaft. Bleibt die Wüstenheuschrecke, auch Heuschrecke genannt. In meiner Jugend habe ich wie jeder Junge ihre Schenkel roh gekaut. Sie sind nicht ohne Geschmack. Heute wollen wir einen Schritt weiter gehen und die Speise Omars und des Heiligen Johannes des Täufers probieren.

Ich fange große Heuschrecken, die sehr kurz gekocht, dann in Butter und Salz frittiert werden, wie es der arabische Autor beschreibt. Beim Mittagessen werden diese seltsamen Fritten unter uns allen, groß und klein, verteilt. Die Gaumenfreude des Kalifen wird für annehmbar befunden. Sie schmecken weitaus besser als die von Aristoteles hochgelobten Zikaden. Sie schmecken ein bisschen wie Krebse und duften wie gegrillte Krabben; wäre die Hülle um das bisschen essbaren Inhalt nicht so zäh, würde ich sagen, es schmeckt gut, ohne es allerdings noch einmal kosten zu wollen.

Zweimal hat sich meine Wissbegier als Naturforscher von antiken Rezepten verführen lassen, der Zikade und der Heuschrecke. Weder die eine noch die andere haben mich begeistert. Das muss man den kräftigen Kiefern der Neger überlassen oder dem großen Appetit, den der berühmte Kalif an den Tag gelegt hat.

Die Empfindlichkeiten unseres Magens mindern in keinster Weise das Verdienst der Heuschrecken. Diese kleinen Wiederkäuer auf den Wiesen spielen eine große Rolle bei der Erzeugung unserer Nahrung. Sie wimmeln in unermesslichen Mengen, beknabbern die unfruchtbare Heide und verwandeln das Unverwertbare in eine nährende Substanz, die an etliche Verbraucher weitergegeben wird, in erster Linie an die Vögel, die ihrerseits vom Menschen beerbt werden.

Unerbittlich von den Bedürfnissen des Magens getrieben, steht die Nahrungsbeschaffung in der Welt der Lebewesen an oberster Stelle. Jedes Tier verwendet den größten Teil seiner Kraft, seines Geschicks, all seine List und seine Kämpfe darauf, die Speisekammer zu füllen; und das Festbankett, das eine Freude sein sollte, ist für viele eine Qual. Auch der Mensch entkommt dem Kampf um die Nahrung nicht. Ach, ganz im Gegenteil kennt er ihn in seiner ganzen Bitterkeit.

Wird es ihm gelingen, sich davon zu befreien, einfallsreich, wie er ist? Ja, beteuert die Wissenschaft. Die Chemie verspricht uns die Lösung des Nahrungsproblems in naher Zukunft. Die Physik, ihre Schwester, bereitet ihr den Weg. Sie denkt bereits darüber nach, wie die Sonne effektiver arbeiten könnte, dieser große Faulenzer, der meint, seine Schuldigkeit wäre bereits damit getan, wenn er die

Weintraube versüßt und die Ähre vergoldet. Die Physik will ihre Wärme in Fässer packen und ihre Strahlen wie Heringe ins Fass einlegen, um sie zu bündeln und dort wirken zu lassen, wo es uns gutdünkt.

Mit diesen Energievorräten werden Herde heiß werden, Räderwerke sich drehen, Stößel mischen, Raspeln zerbröseln und Walzen Porphyr zermahlen; und die so aufwändige landwirtschaftliche Arbeit, durch schlechtes Wetter erschwert, wird zu einem industriellen Gewerbe, mit weniger kostspieligem und desto gewisserem Ertrag.

Dann wird die Chemie eingreifen mit ihrem Reichtum an komplexen Reaktionen. Sie wird alle Teile der Nährstoffe fabrizieren, zu ihrer Quintessenz verdichten, zur Gänze verwertbar machen, fast ohne schmutzige Rückstände. Das Brot wird eine Pille sein, das Beefsteak ein Tropfen Gelee. Von den Feldarbeiten, der Hölle aus barbarischen Zeiten, wird nur noch eine Erinnerung bleiben, von der einzig die Geschichtsschreiber berichten. Ausgestopft und in die Museen verbannt, werden das letzte Schaf und das letzte Rind Kuriositäten darstellen wie das aus dem sibirischen Eis ausgegrabene Mammut.

Dieser ganze alte Trödel, Herden, Körner, Früchte, Gemüse, müssen eines Tages verschwinden. So will es der Fortschritt, sagt man; so versichert es die Retorte, der in ihrer Anmaßung nichts unmöglich scheint.

Mir fehlt der Glaube an dieses goldene Zeitalter der Ernährung. Soll irgendein neues Gift erfunden werden, ist die Wissenschaft von erschreckendem Einfallsreichtum. Unsere Laboratorien sind Arsenale der Gifte. Wenn man einen Destillierkolben erfinden muss, um mithilfe der Kartoffel Alkohol in Strömen fließen zu lassen, der uns in ein Volk von Idioten verwandelt, kennt die Industrie keinen Halt.

Aber künstlich einen einfachen Bissen wirklich nahrhafter Materie herzustellen, ist eine ganz andere Sache. Nie und nimmer köchelte ein solches Produkt in den Retorten. Die Zukunft wird ohne

Zweifel nichts Besseres bringen. Die organische Materie, die einzig wahre Nahrung, geht an den Kombinationen der Laboratorien vorbei. Das Leben ist sein eigener Chemiker.

Wir werden also gut daran tun, die Landwirtschaft und die Herden zu erhalten. Lassen wir unsere Nahrung durch die geduldige Arbeit der Pflanze und des Tieres vorbereiten; misstrauen wir der brutalen Industrie; wahren wir unser Vertrauen in die feinen Mittel, insbesondere die des Heuschreckenmagens, wie sie mit dem Truthahn zu Weihnachten zusammenarbeiten. Dieser Magen hat Rezepte, auf welche die Retorte immerzu neidisch sein wird, ohne dass es ihr je gelänge, sie nachzuahmen.

Dieser Sammler nahrhafter Atome, die dazu bestimmt sind, eine Menge Bedürftiger am Leben zu erhalten, hat die Musik, um seine Freude auszudrücken. Betrachten wir eine Heuschrecke in Ruhestellung, die bei wohliger Verdauung im prallen Sonnenlicht döst. Mit jähen Bogenstrichen, drei- und viermal mit kleinen Pausen, singt sie ihr Lied. Mit ihren dicken Hinterschenkeln, bald mit dem einen, bald mit dem anderen, bald mit beiden zugleich, reibt sie sich den Bauch.

Ein recht mageres Ergebnis, so schwach, dass ich auf das Ohr von Paulchen zurückgreifen muss, um sicher zu sein, dass es da tatsächlich ein Geräusch gibt. Es ähnelt dem leisen Kratzen einer dünnen Schreibfeder über Papier. Das ist der ganze Gesang, fast ein Schweigen.

Von einem derart rudimentären Instrument kann man nichts Besseres erwarten. Hier gibt es nichts, was dem Instrument der anderen Heuschreckentiere gleicht: kein gezähnter Bogen, keine vibrierende Membran wie auf einer Trommel.

Richten wir unsere Aufmerksamkeit zum Beispiel auf die Italienische Heuschrecke (Caloptenus Italicus, L.), deren Klangapparat dem der übrigen zirpenden Heuschrecken gleicht. Die Hinterschenkel sind oben und unten kielartig geformt. An jeder Seite befinden sich zwei kräftige Längsrippen. Zwischen diesen verlaufen auf beiden Seiten eine Reihe kleiner Rippen wie Dachsparren;

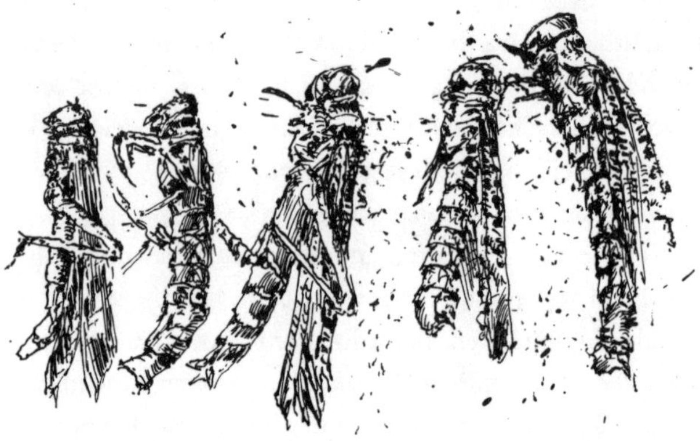

das Ganze springt deutlich hervor, hier auf der äußeren Seite, dort auf der inneren. All diese Rippen sind, und dies erstaunt mich weitaus mehr als die Gleichheit der Flächen, glatt. Der innere Rand der Deckflügel, an den die als Bogen dienenden Schenkel reiben, hat nichts weiter Besonderes. Wie am Rest der Flügelfläche sieht man hier kräftige Rippen, aber ohne die Reibefläche von Feilen und ohne jede Zähnung.

Was kann dieser naive Entwurf eines Klangapparats hervorbringen? Eben das, was eine leicht gestreifte trockene Membran hergibt. Und für dieses Nichts in kurzen lebhaften Stößen, hebt und senkt das Insekt seine Schenkel, vollauf zufrieden mit dem Ergebnis. Es reibt sich die Flanken, wie wir uns die Hände reiben in einem Augenblick der Zufriedenheit, ohne die Absicht, damit einen Ton erzeugen zu wollen. Es ist seine Art, Lebensfreude auszudrücken.

Beobachten wir sie, wenn bewölkter Himmel und Sonnenschein miteinander abwechseln. Es hellt sich auf. Sogleich schaben die Schenkel, je heißer die Sonne wird, umso lebhafter. Die Lieder sind sehr kurz; aber sie wiederholen sich, solange die Sonne scheint. Der Schatten kehrt zurück. Abrupt endet der Gesang, um bei den nächsten Sonnenstrahlen wieder anzuheben, immer in kurzen Stößen. Hier gibt es kein Vertun: Bei diesen leidenschaftlichen Liebhabern des Lichts ist es einfach Ausdruck des Wohlbefindens. Ist der Kropf voll und kitzelt die Sonne, jubelt die Heuschrecke.

Nicht alle Feldheuschrecken schaben so fröhlich. Die Schnabelschrecke (Truxalis nasuta, Lin.), mit ihren übermäßig langen hinteren Hebeln, bleibt sogar bei lebhaftestem Sonnenschein stumm und still. Ich habe nie gesehen, dass sie ihre Schenkel als Bogen benutzt; sie sind so lang, dass sie nur zum Springen taugen.

Stumm bleibt auch, offenbar wegen der zu lang geratenen Vorderbeine, die Große Aschgraue Heuschrecke (Pachytilus cinerascens, Fab.); sie hat eine besondere Art, sich zu freuen. Die Riesin stattet mir in der Einfriedung häufig Besuche ab, sogar mitten im Winter. Ist das Wetter mild und die Sonne warm, treffe ich sie auf den Rosmarinbüschen mit entfalteten und sich viertelstundenlang rasch hin und her bewegenden Flügeln, als wolle sie auffliegen. Ihr Wirbeln ist trotz rasanter Schnelligkeit so sanft, dass es kaum ein wahrnehmbares Brausen ergibt.

Andere sind weitaus spärlicher ausgestattet. Zum Beispiel die zu Fuß gehende Heuschrecke (Pezotettix pedestris, Lin.), eine Genossin der Analota alpina auf den Gipfeln des Ventoux. Diese Spaziergängerin im kurzen Rock, die zwischen den die Alpenregion mit silbernen Matten überziehenden Paronychia serpyllifolia, D.C., umherwandelt und gerne bei der Androsace villosa, Lin.[23], einkehrt, deren kleine Blüten, weiß wie der nahe Schnee, uns mit ihrem rosa Auge zulächeln, ziert sich mit der leuchtenden Färbung der Pflanzen ihrer Umgebung.

Das Licht, in den hohen Regionen kaum vom Dunst verschleiert, verleiht ihr ein ebenso anmutiges wie einfaches Gewand. Der hellbraune Rücken von seidigem Glanz; der Bauch gelb; dicke Schenkel, unten korallenrot; hintere Schienbeine von einem prächtigen Himmelblau, vorn mit einem elfenbeinfarbenen Band. Weil sie das Larvenstadium nicht hinter sich lassen kann, trägt diese Elegante den kurzen Rock.

Als Deckflügel hat sie zwei unebenmäßige, auseinanderstehende Rockschöße, die das erste Hinterleibssegment kaum überragen, als Flügel zwei noch mehr reduzierte Stummel. Das alles bedeckt bei ihr kaum die Blöße oberhalb der Hüften. Wer sie zum ersten Mal sieht, hält sie für eine Larve. Er täuscht sich. Sie ist sehr wohl ein ausgewachsenes paarungsfähiges Insekt und sie bleibt bis zum Schluss so spärlich bekleidet.

Muss man noch erwähnen, dass bei dieser derart sparsam zurechtgestutzten Weste das Zirpen unmöglich ist? Das Tier hat wohl Bogen und dicke Hinterschenkel; aber ihm fehlt fürs Reiben die knarrende Oberfläche, die Kante der Deckflügel. Wenn die übrigen Feldheuschrecken nur wenig lärmen, so ist diese vollständig stumm. Vergeblich hat sich das feinste Ohr in meiner Umgebung vor Aufmerksamkeit verausgabt; in drei Monaten Aufzucht nicht das geringste Geräusch. Die Schweigsame muss andere Mittel haben, ihre Freuden mitzuteilen und zur Hochzeit einzuladen. Welche? Ich weiß es nicht.

Ebensowenig weiß ich, warum das Insekt keine Flugorgane hat und ein schwerfälliger Fußgänger bleibt, wo doch seine nahen Verwandten auf denselben alpinen Wiesen hervorragend fliegen können. Es hat Ansätze von Deckflügeln und Flügeln, eine Mitgift des Larveneis; doch es kommt nicht darauf, diese Ansätze weiterzuentwickeln. Es bleibt dabei zu hüpfen, ohne allen Ehrgeiz; es ist zufrieden damit, zu Fuß zu gehen, eine Fußgänger-Heuschrecke zu bleiben, wie es seinem Namen entspricht, obwohl es offenbar Flügel entwickeln könnte, diese höheren Bewegungsorgane.

Sollten die raschen Flüge über den schneegefüllten Schluchten, von einem Grat zum anderen, der leichte Aufschwung von einer abgefressenen Weide zu einer anderen, noch nicht abgegrasten, diesem Insekt nichts bedeuten? Offenbar nicht. Die anderen Feldheuschrecken, insbesondere seine Artgenossen auf den Gipfeln, besitzen ja Flügel und fühlen sich damit sehr wohl. Warum tut sie es ihnen nicht gleich? Sie hätte großen Nutzen davon, die Tragfläche aus ihren Hüllen herauszuziehen, anstatt sie als nicht verwertbare Stummel zu verwahren, und tut es dennoch nicht. Warum?

Man antwortet mir: »Die Entwicklung wurde abgebrochen.« Einverstanden. Das Leben bricht auf halbem Weg sein Werk ab; das Insekt erreicht nicht die endgültige Form, zu der es den Keim in sich trägt. So gescheit sie auch daherkommt, diese Antwort ist keine Antwort. Die Frage ist eine andere: Wie kommt es zu diesem Abbruch?

Die Larve wird geboren in der Hoffnung, fliegen zu können, sobald sie erwachsen ist. Als Pfand für diese schöne Zukunft trägt sie auf dem Rücken vier Hüllen, in denen die kostbaren Keime schlummern. Alles ist gemäß den Regeln einer normalen Entwicklung angeordnet. Dann, siehe da, löst der Organismus sein Versprechen nicht ein; er scheitert an seinen Verpflichtungen; er lässt das erwachsene Tier ohne Flügel und reduziert sie auf unnützen Zierrat.

Sind die rauen Bedingungen des alpinen Lebens der Grund für diese Nacktheit? Keineswegs, die anderen Hüpfer, Bewohner derselben Wiesen, besitzen sehr wohl einen Flugapparat, den die Larve bereits ankündigt.

Man versichert uns, das Tier entwickle von Versuch zu Versuch, von einem Fortschritt zum anderen und aus lauter Notwendigkeit schließlich doch das eine oder andere Organ. Die Notwendigkeit sei die einzig schöpferische Kraft. So seien zum Beispiel die Heuschrecken vorgegangen, die ich auf den Kuppen des Ventoux flattern sehe. In sturer, jahrhundertelanger Arbeit hätten sie aus ihren sparsamen Rockschößen des Larvenstadiums Deckflügel und Flügel gemacht.

Sehr schön, Ihr großen Meister. Dann sagt mir aber bitte, aus welchen Gründen die Fußgänger-Heuschrecke den sinnlosen Entwurf ihres Flugapparats nicht verbessert hat. Auch sie hat doch gewiss im Lauf der Jahrhunderte und Aberjahrhunderte das dringende Bedürfnis danach verspürt; bei ihren mühsamen Stürzen übers Geröll hat sie gelitten und schmerzlich erfahren, welcher Vorteil in der Überwindung der Schwerkraft durch das Fliegen läge; und alle Versuche ihres Organismus, im Hinblick auf ein besseres Los, haben den Keim der Flügel noch immer nicht dazu gebracht, sich zu entfalten.

Wenn man Euren Theorien glaubt, sind die einen, mit derselben Notwendigkeit, unter denselben Bedingungen der Nahrung, des Klimas und des Verhaltens, erfolgreich und beginnen zu fliegen; die anderen aber scheitern und bleiben träge Fußgänger. Um nicht großspurig daherzureden und niemandem einen Bären aufzubinden, verzichte ich darauf, Erklärungen abzugeben. Und ziehe die Unwissenheit vor, die keine Vorurteile kennt.

Aber lassen wir diesen Zurückgebliebenen, der seinen Verwandten hinterherhinkt, aus welchem Grund auch immer. Im Organismus gibt es Rückschritte, Stillstände und Aufschwünge, die unserer Wissbegier nicht zugänglich sind. Es ist das Beste, sich vor der Unergründlichkeit dieses Problems demütig zu verneigen und weiterzugehen.

XVI
Die Feldheuschrecken. Die Eiablage

Was leisten unsere Heuschrecken? Eigentlich wenig. Sie dienen der Welt als Alchimisten, in der Destillierblase ihres Magens verarbeiten und verfeinern sie Materie, die höheren Zwecken dient. Jetzt, da ich in den mußevollen Abendstunden in der Ofenecke mit dem Bleistift diese Notizen über ihre Rolle niederschreibe, möchte ich nicht behaupten, dass sie direkt oder indirekt zum Erwachen des Denkens, diesem magischen Spiegel der Dinge, etwas beigetragen hätten. Sie sind auf der Welt, um zu gedeihen und sich zu vermehren, so wie es das oberste Gesetz aller nahrhafte Stoffe herstellenden Tiere will.

Hinsichtlich des ersten Aspekts verdienen die Heuschrecken kaum Beachtung, bis auf die fressgierigen Arten, die zuweilen Afrika gefährden. Sie fallen als Esser kaum ins Gewicht und mit einem Salatblatt für die gesamte Belegschaft meiner Glocken geben sie sich vollauf zufrieden. Die Vermehrung hingegen ist eine andere Sache, die sehr wohl verdient, dass wir uns kurz bei ihr aufhalten.

Wir sollten nicht die exzentrischen Hochzeitsbräuche der Wanderheuschrecken erwarten. Trotz der starken Ähnlichkeit im Körperbau offenbart sich hier eine ganz andere Welt des Verhaltens und Charakters. Bei dem friedlichen Völkchen der Feldheuschrecken verläuft die Paarung korrekt, ohne jeden Skandal, den üblichen Gebräuchen in der Insektenwelt gemäß. Wer sie zur Zeit der Zeugungsbrunst aufsucht, der merkt, dass die Heuschrecken nach den großen Locusten auftraten, nachdem die ursprünglichen Geradflügler sich in ihrer leidenschaftlichen Brunst bereits die Hörner abgestoßen haben. Es gibt nichts Auffälliges darüber zu sagen. Das gefällt mir. Gehen wir weiter zur Eiablage.

Gegen Ende August, kurz vor Mittag, wollen wir die Italienische Heuschrecke (Caloptenus italicus, Lin.) aus der Nähe beobachten, den feurigsten Springer in meiner Gegend. Er ist stämmig und schlägt brutal aus; seine kurzen Deckflügel erreichen kaum das

Hinterleibsende. Die meisten tragen ein rötliches Kleid mit braunen Flecken. Die Eleganteren säumen den Brustpanzer mit einem weißlichen Streifen, der sich über Kopf und Deckflügel verlängert. Die Flügel sind am Ansatz rosa, sonst farblos; die hinteren Waden sind weinrot.

Unter der liebkosenden Sonne und immer am Rand der Glocke, deren Drahtgitter der Mutter bei Bedarf Halt gibt, wählt sie die passende Stelle für ihre Eiablage. Mit leichtem Nachdruck taucht sie ihre stumpfe Sonde, den Bauch, der ganz darin verschwindet, in den Sand. Ohne Legestachel ist das Eindringen in die Erde mühsam und braucht Zeit; schließlich, mit Beharrlichkeit, dieser Macht der Schwachen, gelingt es ihr.

Hier haben wir die Mutter an ihrem Arbeitsplatz, halb eingegraben. Immer wieder fährt sie leicht in die Höhe, in regelmäßigen Abständen, die offenbar dem Eiausstoß des Eileiters entsprechen. Der Nacken pulsiert ebenfalls, was den Kopf in schwachen Zuckungen hebt und senkt. Abgesehen von diesem Schwanken des Kopfes ist der Körper, von dem nur die vordere Hälfte sichtbar ist, völlig reglos, so sehr ist die Eierlegerin von ihrer Arbeit in Anspruch genommen. Manchmal schlendert ein relativ zwergenhaftes Männchen vorbei und betrachtet neugierig die Mutter im Kindsbett. Manchmal schauen auch einige Weibchen zu, wenden ihr dickes Gesicht der sich abmühenden Genossin zu. Offenbar interessieren sie die Vorgänge, sie sagen sich vielleicht: »Bald bin ich an der Reihe.«

Nach etwa vierzig reglosen Minuten macht sich die Mutter plötzlich frei und springt fort. Kein Blick zurück auf das Gelege, kein Stoß mit dem Rechen, um den Schacht zu verbergen. Der Verschluss entsteht von selbst, mehr schlecht als recht, durch das natürliche Nachrutschen des Sandes. Das ist überaus oberflächlich, bar jeder mütterlichen Fürsorge. Die Heuschreckenmutter ist kein Vorbild an Zärtlichkeit.

Andere verlassen ihr Gelege nicht so leichtfertig. So zum Beispiel die gewöhnliche Ödlandschrecke mit den blau-schwarz gestreiften Flügeln (Oedipoda caerulescens, Lin.); oder auch die Pachytilus nigrofasciatus, de Geer; ihrem Vornamen fehlt das Charakteristische, er sollte doch wenigstens an die malachitgrünen Flecken ihres Kostüms oder an das weiße Kreuz auf dem Brustpanzer erinnern.

Zur Eiablage nehmen beide die Haltung der Italienischen Heuschrecke ein. Der Bauch ist senkrecht in den Boden gesteckt; der übrige Körper verschwindet zum Teil unter dem Aushub. Ebenfalls lange Reglosigkeit, über eine halbe Stunde; leichtes Auffahren mit dem Kopf, Anzeichen für die unterirdischen Anstrengungen.

Schließlich machen sich die beiden Eierlegerinnen frei. Mit ihren hocherhobenen Hinterbeinen fegen sie etwas Sand über die Schachtöffnung und stampfen ihn mit raschem Trampeln fest. Dieses überstürzte Manöver ihrer dürren Waden, die, himmelblau oder rosa, abwechselnd mit den Fersen die Öffnung treten, die es zu verstopfen gilt, ist ein anmutiges Schauspiel. Der Eingang zum Logis wird durch munteres Kneten verschlossen und so verborgen. Die Eiergrube verschwindet und ist so gut verwischt, dass kein Böswilliger sie auf den ersten Blick entdecken könnte.

Das ist noch nicht alles. Die zwei Wühlerinnen haben dicke Schenkel, die beim Hochheben und Senken ein wenig an der Kante der Deckflügel reiben. Aus diesem Spiel der Bogen ergibt sich ein zartes Zirpen, dem ähnlich, mit dem das Insekt seine friedliche Siesta in der Sonne verzaubert.

Die Henne feiert durch einen Jubelgesang das eben gelegte Ei: Sie verkündet ringsum ihre Freude der Mutterschaft. Ebenso macht es häufig die Heuschrecke. Mit ihrem mageren Reiber begrüßt sie feierlich die Kinderschar. Sie sagt: »›Non omnis moriar‹;[24] ich habe eine Schatzkammer für die Zukunft unter die Erde gebracht; ich habe der großen Brüterin eine Ladung Keime anvertraut, die mich eines Tages ersetzen werden.«

Schon bald ist am Nest alles in Ordnung. Dann verlässt die Mutter den Ort, erholt sich von ihren Mühen mit einigen Bissen Grünzeug und bereitet sich darauf vor, von vorne zu beginnen.

Die größte Heuschrecke hierzulande, die Aschfarbene Heuschrecke, Pachytilus cinerascens, Fab., wetteifert an Größe mit derjenigen aus Afrika, ohne derart zu schaden. Sie ist eine Friedliche, eine Maßvolle, und im Blick auf die Güter der Erde ohne Tadel. Sie lehrt uns einiges, was in Gefangenschaft leicht zu beobachten ist.

Die Eiablage findet gegen Ende April statt, wenige Tage nach der Paarung, die ziemlich lange dauert. Die Mutter ist, wie übrigens in unterschiedlicher Ausprägung die anderen eierlegenden Feldheuschrecken auch, am Leibesende mit vier kurzen Grabwerkzeugen ausgerüstet, paarweise angeordnet und hakenförmig. Das obere, kräftigere Paar richtet seine Haken nach oben; das untere, kleinere, nach unten. Diese Art von Krallen sind hart und an der Spitze schwarz; außerdem sind sie an ihrer konkaven Seite ein wenig löffelartig ausgehöhlt. Das sind die Hacken, die Bohrer, das Grabwerkzeug.

Die Eierlegerin biegt ihren langen Bauch senkrecht zur Körperachse. Mit ihren vier Bohrern packt sie das Erdreich und hebt die trockene Erde etwas an; dann senkt sie in einer sehr langsamen Bewegung, offenbar mühelos, den Bauch hinein, ohne zu wackeln, was auf die harte Arbeit hinwiese.

Das Tier ist reglos, konzentriert. Tauchte die Bohrmaschine in geschmeidigen Kompost, sie würde nicht weniger unauffällig arbeiten. Das geht anscheinend wie durch Butter und dabei ist es doch widerstandsfähiger festgestampfter Boden, den die Sonde durchdringt.

Es wäre interessant, das Bohrgerät, diesen Bohrer mit vier Bohrköpfen, in Funktion zu sehen, leider gehen die Dinge aber in den geheimnisvollen Tiefen des Bodens vor sich. Kein Aushub kommt herauf, nichts weist auf die unterirdische Arbeit hin. Ganz allmählich und sanft gräbt der Bauch sich ein, wie unser Finger in einen weichen Lehmbatzen eindringt.

Die vier Bohrer müssen den Durchbruch schaffen, die Erde zerbröseln, die der Bauch dann seitlich zurückdrängt und festdrückt, so wie es das Pflanzholz eines Gärtners macht.

Eine für die Eiablage günstige Umgebung wird nicht immer auf Anhieb gefunden. Ich habe eine Eierlegerin ihren Bauch ganz einsenken und Schlag auf Schlag fünf Schächte ausheben sehen, bevor sie eine geeignete Stelle entdeckte. Die für mangelhaft befundenen Schächte, bleiben so, wie sie gebohrt wurden, links liegen. Es sind senkrechte zylindrische Löcher vom Durchmesser eines starken Bleistifts und von erstaunlicher Sauberkeit. Ein Drillbohrer macht keine besseren. Sie sind so lang wie der Bauch des Tieres und so groß, wie es die Dehnung der Segmente ermöglicht.

Beim sechsten Versuch wird der Ort für geeignet befunden. Dann vollzieht sich die Eiablage; aber nichts verrät sie nach außen, derart reglos ist die Mutter; ihr Bauch ist ganz eingesunken, wodurch die langen, auf dem Erdreich aufliegenden Flügel etwas zerknittert werden. Der Vorgang dauert eine gute Stunde.

Endlich taucht der Bauch nach und nach wieder auf. Jetzt ist er nahe der Oberfläche und lässt sich beobachten. Die Schalen werden in ständiger Bewegung hin und her bewegt und erzeugen einen Schleim, der zu milchweißem Schaum wird. Dies entspricht ungefähr der Arbeitsweise der Mantis, die ihre Eier in Schaum hüllt.

Die schaumige Masse bildet einen Pfropfen am Eingang des Schachtes, einen Korken, der breit vorspringt und sich durch seine weiße Farbe von dem grauen Untergrund des Bodens abhebt. Er ist weich, klebrig, verhärtet aber recht rasch. Ist dieser Verschluss fertig, entfernt sich die Mutter, ohne sich weiter um ihr Gelege zu kümmern, um nach wenigen Tagen an anderer Stelle weitere Eier abzulegen.

Manchmal erreicht die abschließende schaumige Paste nicht die Oberfläche; sie bleibt in mittlerer Tiefe und wird bald mit Aushub vom Rand bedeckt. Dann weist nichts auf die Stelle des Geleges hin.

Meine unterschiedlichen Gefangenen, ob groß oder klein, die ich fleißig überwachte, konnten mich nicht einmal dadurch, dass sie die Schachtöffnung unter einer darüber gefegten Sandschicht verbargen, täuschen. Ich kenne die Stelle einer jeden. Es ist an der Zeit, sie zu besuchen.

Das Objekt wird mit der Messerspitze in drei oder vier Zentimetern Tiefe schnell entdeckt. Seine Form ist von Art zu Art recht verschieden, aber der grundsätzliche Aufbau ist der gleiche. Es ist immer ein Behälter aus verfestigtem Schaum, wie bei den Nestern der Mantis religiosa. Miteinander verklebte Sandkörner bilden seine unförmige Rinde.

An dieser groben Hülle, der Schutzmauer, hat die Eierlegerin nicht direkt gearbeitet. Die mineralische Hülle entsteht einfach durch das Einsickern des Produkts, das den Ausstoß der Eier begleitet und zunächst halbflüssig und klebrig ist. Die Wand der Grube saugt sich mit ihm voll und sie wird ohne Zutun durch das rasche Erhärten zu einem zementierten Behälter. Im Inneren nichts Besonderes, nur Schaum und Eier. Diese besetzen allein den unteren Teil; hier sind sie von der schaumigen Kruste umschwemmt und ordentlich schräg aufgereiht.

Der obere Teil, mal mehr, mal weniger ausgeformt, besteht aus lockerem Schaum, der nur schwachen Widerstand leistet. Wegen seiner Rolle im Augenblick des Schlupfs der jungen Larven nenne ich ihn den Aufstiegsschacht. Beachten wir schließlich noch, dass alle Behälter ungefähr senkrecht im Erdreich stecken und bis dicht unter die Erdoberfläche reichen.

Betrachten wir nun die Gelege im Käfig genauer.

Jenes von Pachytilus cinerascens ist ein sechs Zentimeter langer und acht Millimeter breiter Zylinder. Wenn das obere Ende aus dem Boden herausschaut, schwillt es zu einer Blase an. Alles Übrige ist einheitlich groß. Die fahlgrauen Eier sind längliche Spindeln. Eingetaucht in den Schaum, schräg aufgereiht, nehmen sie kaum ein Sechstel der gesamten Länge ein. Der Rest des Ganzen ist zarter weißer Schaum, sehr mürbe und außen von Erdkörnchen beschmutzt. Die Anzahl der Eier ist nicht beträchtlich, etwa dreißig; aber die Mutter hat ja mehrere Gelege.

Jenes von Pachytilus nigrofasciatus hat die Form eines leicht gekrümmten Zylinders, der am unteren Ende abgerundet, am oberen glatt abgeschnitten ist. Er hat eine Größe von drei bis vier Zentimeter Länge auf fünf Millimeter Breite. Die Eier, etwa fünfzig, sind orangerot und verziert mit einem zarten Netz aus feinen Pünktchen. Nur eine schwache Schaumkruste hüllt sie ein; darüber steht eine lange, sehr zarte, durchsichtige und leicht zu durchdringende Schaumsäule.

Die Blauflügelige Ödlandschrecke ordnet ihr Gelege in der Form eines dicken Kommas an, bei dem das angeschwollene Ende unten und das dünne oben ist. In seinem kürbisförmigen Wanst beherbergt der untere Teil die Eier; ebenfalls nur wenige, höchstens dreißig, von leuchtendem Rotorange, aber ohne Punkte. Auf dieser Hülle sitzt eine konisch gekrümmte Haube aus Schaum.

Die Freundin der hohen Gipfel, die Fußgänger-Heuschrecke, macht es wie die Bewohnerin der Ebenen, die Blauflügelige Ödlandschrecke. Auch ihr Werk sieht aus wie ein auf dem Kopf stehendes Komma, dessen Spitze nach oben schaut. Die Eier, etwa zwei Dutzend, sind von dunklem Rotbraun und zeigen bemerkenswerte Verzierungen, wie zarte Spitze mit eingedrückten Punkten. Man ist völlig überrascht, wenn man die Lupe über dieses unerwartet elegante Muster führt. Das Schöne hinterlässt überall seine Spuren, selbst auf der bescheidenen Eierschale einer unansehnlichen Feldheuschrecke, die unfähig ist, das Fliegen zu lernen.

Die Italienische Heuschrecke schließt ihre Eier zunächst in ein Fässchen ein; besinnt sich aber, wenn sie es verschließen will: Da fehlt ja etwas Wesentliches, der Aufstiegsschacht! Oben, wo dem Anschein nach das Fässchen endet und verschlossen werden soll, ändert sich der Fortgang der Arbeit, eine plötzliche Verengung entsteht, die in den üblichen schaumigen Anhang ausläuft. So ensteht ein Logis mit zwei nach außen hin durch eine Rinne deutlich abgesetzten Stockwerken. Das untere, von eiförmiger Gestalt, enthält die Keime; das obere, zum Schwänzchen des Kommas verschlankt, besteht nur aus Schaum. Die beiden sind durch ein fast freies Loch miteinander verbunden.

Die Heuschrecke beherrscht gewiss die Kunst, verschiedenartige Schutzgehäuse für das Gelege zu bauen; sie weiß die Eier durch unterschiedliche Gebäude zu schützen, sehr simple oder sehr ausgetüftelte, die alle unsere Beachtung verdienen. Wir wissen wenig im Verhältnis zu dem, was wir nicht kennen. Macht nichts; was die

Volieren uns zeigen, genügt, um über den allgemeinen Aufbau zu unterrichten. Bliebe zu erkennen, wie das Werk errichtet wird, ein Lager für die Eier im unteren Bereich, ein Schaum-Türmchen oben.

Direkte Beobachtung ist hier nicht möglich. Käme man auf den Gedanken, zu graben und den Bauch während der Arbeit freizulegen, würde die Eierlegerin, gereizt durch unsere Rücksichtslosigkeit, weit weg springen, ohne uns etwas zu lehren. Glücklicherweise gibt eine Feldheuschrecke, die seltsamste in meiner Gegend, ihr Geheimnis preis. Es ist die Schnabelschrecke (Truxalis nasuta, Lin.), nach der Aschfarbenen Heuschrecke die größte der Familie.

Ist sie auch kleiner als Letztere, übertrifft sie diese doch weit an Schlankheit der Taille und vor allem durch ihre originelle Gestalt! Auf unseren verbrannten Wiesen hüpft keine mit Sprungfedern, die den ihren vergleichbar wären. Welche Hinterbeine, welche übermäßigen Keulen, welche Stelzen! Sie sind länger als der ganze Körper!

Das Ergebnis entspricht allerdings nicht dieser übertriebenen Gestalt. Am Saum der Weinberge oder auf den Sandflächen mit wenig Gras geht das Insekt linkisch auf und ab, offenbar behindert durch seine Stelzen; sie fügen sich nur zögerlich der Bewegung. Bei einer derartigen durch die übermäßige Länge geschwächten Ausrüstung ist der Sprung ungeschickt und beschreibt nur eine kurze Parabel. Doch der Flug, wenn sie ihn einmal unternimmt, ist dank der hervorragenden Tragflächen von großer Reichweite.

Und dann, welch ein merkwürdiger Kopf! Ein länglicher Kegel, eine Zuckerstange, deren nach oben gerichtete Spitze dem Insekt die bizarre Bezeichnung nasuta – die lange Nase – eingebracht hat. Auf dem Gipfel dieses Schädel-Vorgebirges glänzen zwei große ovale Augen und zwei abgeflachte, aber spitze Fühler erheben sich wie Dolchklingen. Diese Antennen sind die Informationsorgane. Mit einem abrupten Knick klappt die Schnabelschrecke sie herunter, um mit ihrer Spitze den Gegenstand zu erkunden, der sie gerade beschäftigt, den Bissen, den sie knabbern will.

Zu der uneinheitlichen Erscheinung kommt noch ein Charakterzug, der den langen Stelzenläufer zu einer außergewöhnlichen

Feldheuschrecke macht. Die gewöhnlichen Heuschrecken, ein friedliches Völkchen, leben ohne viel Streitigkeiten miteinander, sogar wenn der Hunger sie plagt. Die Schnabelschrecke frönt nur ein wenig dem Kannibalismus der Locusten. Unter meinen Drahtglocken aber, im Schlaraffenland, ändert sie ihre Ernährung und wechselt vom Salat zur Jagdbeute. Des Grünzeugs überdrüssig, benagt sie ihre geschwächten Kameraden ohne Gewissensbisse.

Sie eignet sich gut, uns über die Eiablage Auskunft zu geben. In meinen Käfigen hat sie durch eine Verirrung, die zweifellos der Langeweile der Gefangenschaft geschuldet ist, ihre Eier nie in der Erde abgelegt. Ich habe sie immer frei und offen operieren sehen, sogar wenn sie sich hoch oben niedergelassen hatte.[25] In den ersten Oktobertagen, angeklammert an das Gitter der Glocke, stößt das Insekt sehr langsam sein Gelege aus, das man als einen feinschaumigen Ausfluss hervorquellen sieht, der sogleich zu einem dicken zylindrischen Seil gerinnt, knotig und zufällig gewunden. Es dauert fast eine Stunde, bis alles ausgestoßen ist. Dann fällt das Ding zu Boden, egal wo; der Eierlegerin ist das gleich, sie kümmert sich nicht mehr darum.

Das unförmige Ding, das von einer Eiablage zur anderen von sehr unterschiedlichem Aussehen sein kann, ist zunächst strohgelb, bräunt sich dann und wird am folgenden Tag rostfarben. Die zuerst herausgedrückte vordere Partie besteht gewöhnlich nur aus Schaum; einzig der abschließende Teil ist fruchtbar und enthält, eingebettet in eine schaumige Kruste, die Eier; diese sind bernsteingelb, etwa zwanzig an der Zahl. Es sind stumpfe Spindeln, acht bis neun Millimeter lang.

Das unfruchtbare Ende, fast ebenso lang wie das andere, zeigt uns, dass das schaumbildenende Organ vor dem Eileiter tätig wird und dann die Arbeit des Letzteren begleitet.

Mit welchem Mechanismus lässt die Schnabelschrecke ihr klebriges Produkt zuerst in einer porösen Säule schäumen und dann als Polster sich um die Eier legen? Sicherlich kennt sie die Methode der Mantis religiosa, die mithilfe löffelartiger Drüsen ihr Eiweiß

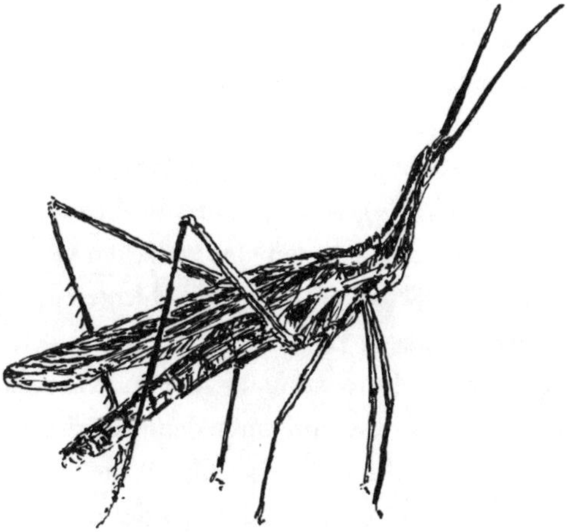

peitscht und schlägt, um es in ein Schaumomelett zu verwandeln; aber bei der Feldheuschrecke geschieht das Schäumen im Inneren, außen ist nichts zu sehen. Wenn der Kleber an die Luft tritt, ist er bereits schaumig.

Im Gebäude der Mantis, diesem komplexen Meisterwerk, zeigt sich kein besonderes Talent der Mutter. Der wundersame Eierbehälter ist einfach Ergebnis ihres Körperbaus und ihrer Werkzeuge. Ebenso wird die Schnabelschrecke zur Maschine, wenn sie ihre grobe Wurst ausstößt. Es geschieht ganz von allein.

Dasselbe kann man von den Heuschrecken sagen. Sie tun nichts, um die Eier in ein Schaumfässchen zu schichten und dieses dann zu einem Aufstiegsschacht zu verlängern. Die mit dem Bauch in den Sand eingetauchte Mutter stößt die Eier und das schaumige Eiweiß zugleich aus. Das Ganze wird durch den Mechanismus der Organe koordiniert: Außen die schaumige Masse, die mit einer Kruste aus Erde verhärtet, im Zentrum und unten die regelmäßig geschichteten Eier, am oberen Ende eine weiche Säule aus Schaum. Die Schnabelschrecke und Aschfarbene Heuschrecke schlüpfen frühzeitig. Die Kinderschar der Letzteren hüpft schon im August auf den gelben Wiesen, und der Oktober ist noch nicht vorbei, da trifft man im Gras bereits auf junge Larven mit ihrem konischen Kopf. Bei der Mehrzahl der übrigen Feldheuschrecken aber überwintern die Eier in den Behältern und schlüpfen erst zu Beginn der schönen Jahreszeit. Sie sind nicht tief in einen anfangs pulvrigen, lockeren Boden eingegraben, den die jungen Larven leicht durchstoßen könnten, wenn er bliebe, wie er ist; aber die Winterregen festigen ihn und verwandeln ihn in eine harte Decke. Wenn auch der Schlupf nur etwa zwei Zoll tief unter der Erde stattfindet, wie diese Kruste durchbohren, wie von da unten hinaufsteigen? Die Mutter hat in ihrer unwissenden Kunst vorgesorgt.

Bei ihrer Geburt findet die Feldheuschrecke keinen groben Sand und verhärtete Erde über sich, sondern einen senkrechten Tunnel, dessen solide Wandung jede Schwierigkeit fernhält, eine durch ein wenig leichten Schaum geschützte Bahn, und schließlich ein Aufstiegsschacht, der das Neugeborene ganz nah an die Erdoberfläche führt. Hier muss als ernsthaftes Hindernis nur noch ein Fingerbreit überwunden werden.

Der größte Teil des Auftauchens vollzieht sich also mühelos, dank dem abschließenden Anhang des Eierfässchens. Wenn ich in meinem Wunsch, den unterirdischen Auszug zu verfolgen, mit Glasröhren experimentiere, und den zur Befreiung verhelfenden Anhang beseitige, sterben fast alle Neugeborenen an Erschöpfung unter einem Zoll Erde. Lasse ich das Nest unversehrt, erreichen alle durch den Ausstiegsschacht das Tageslicht. Obwohl das Machwerk der Heuschrecke ein rein mechanisches Produkt ihres Organismus ist, ohne Zutun des tierischen Intellekts, ist es, das muss man zugeben, außerordentlich gut entworfen.

Wenn die junge Feldheuschrecke ganz nah an die Erdoberfläche gelangt ist, wie befreit sie sich dann vollends? Sie muss immerhin eine etwa fingerdicke Erdschicht durchqueren, eine recht harte Arbeit für eben erst entstehendes Fleisch.

Die Aufzucht der Behälter in Glasröhren zur günstigen Zeit, am Ende des Frühjahrs, gibt Antwort, falls man die nötige Geduld aufbringt. Es ist die Blauflügelige Ödlandschrecke, die sich für meine Wissbegier am besten eignet. Ende Juni überrasche ich sie auf dem Höhepunkt ihrer Befreiungsarbeit.

Das Tierchen ist im Moment des Verlassens seiner Schale weißlich mit hellroten Wölkchen. Um das Vorankommen in wurmhaften Bewegungen möglichst wenig zu stören, schlüpft es als Mumie; das heißt, es ist wie die jungen Locusten mit einem zeitweiligen Überwurf bekleidet, der Fühler, Taster und Beine eng an Brust und Bauch presst. Der Kopf selbst ist stark hinuntergebogen. Die dicken Hinterschenkel liegen Seite an Seite neben den abgeknickten Schienbeinen, die noch unförmig, kurz und wie verdreht sind. Unterwegs machen sich die Beine etwas frei; die hinteren strecken sich längs aus und bilden eine Stütze bei der Grabarbeit.

Das Grabwerkzeug, wie das der Locusten, befindet sich im Nacken. Es gibt da einen Spalt, der an- und abschwillt und mit der Regelmäßigkeit eines Maschinenkolbens gegen das Hindernis klopft und hämmert. Eine kleine Blase im Nacken, unendlich zart, kämpft mit dem Gestein. Wenn ich sehe, wie sich dieses Gefäß aus Eiweiß an dem schroffen Mineral verausgabt, erfasst mich Mitleid. Ich komme dem Armseligen zu Hilfe, indem ich die zu durchquerende Schicht ein wenig befeuchte.

Trotz meines Eingriffs ist das Geschäft so mühselig, dass ich die Unermüdliche binnen einer Stunde kaum einen Millimeter vorankommen sehe. Welche Plackerei, du armes Kleines, welche Ausdauer der Nackenstöße und Lendendrehungen, bevor du einen Durchgang quer durch die dünne Schicht bohrst, die mein mildtätiger Wassertropfen eben etwas aufgeweicht hat!

Die fast unwirksamen Mühen des Tierchens zeigen: Ans Tageslicht zu kommen, ist schwere Arbeit und die meisten dürften sie ohne den Ausstiegsschacht der Mutter nie und nimmer bewältigen.

Freilich, die Locusten haben es mit einer vergleichbaren Ausrüstung noch schwerer, sich aus dem Boden zu befreien. Ihre Eier werden unbedeckt in die Erde gelegt, ohne einen vorbereiteten Weg ins Freie. Bei diesen Unvorsichtigen muss die Sterblichkeit sehr groß sein; während des Auszugs dürften ganze Legionen zugrundegehen.

Das erklärt die relative Seltenheit der Locusten und die große Häufigkeit an Feldheuschrecken. Die Eiablage der beiden hält sich mengenmäßig die Waage. Die Heuschrecke beschränkt sich nämlich nicht auf einen einzigen Behälter mit etwa zwanzig Eiern; sie bringt zwei, drei und mehr in die Erde, was der gesamten Anzahl beim Warzenbeißer, beim Heupferd und anderen entspricht. Wenn sie also zur Freude aller Liebhaber dieses kleinen Wildbrets so gut gedeiht, während die ebenso fruchtbare, aber weniger einfallsreiche Wanderheuschrecke im Niedergang ist, verdankt sie dies dann nicht der prachtvollen Erfindung ihres Ausstiegsschachtes?

Noch ein Wort zu dem Tierchen, das sich tagelang mit seinem Verdrängungsapparat im Nacken abquält. Endlich ist es draußen. Ein Augenblick Ruhe, um sich von dieser Anstrengung zu erholen. Plötzlich zerreißt der provisorische Überwurf unter dem Druck des zuckenden Bläschens. Die Lumpen werden mithilfe der Hinterbeine abgelegt, die sich zuletzt häuten. Es ist so weit: Das Tierchen ist frei; noch zart in der Färbung, aber bereits in seiner endgültigen Larvengestalt.

Sogleich nehmen die Hinterbeine, die bisher längs ausgestreckt waren, die normale Stellung ein; die Schienbeine klappen unter die dicken Schenkel, die Sprungfeder funktioniert. Und wie sie funktioniert! Kaum ist die kleine Heuschrecke auf der Welt, springt sie zum ersten Mal. Ich biete ihr ein Stückchen Salat an, groß wie ein Fingernagel. Sie verschmäht es. Bevor sie sich stärkt, muss sie noch in der Sonne reifen.

XVII
Die Feldheuschrecke. Die letzte Häutung

Eben habe ich etwas Bewegendes beobachtet: Die letzte Häutung einer Heuschrecke, das Auftauchen des erwachsenen Tieres aus seiner Larvenhülle. Es ist großartig. Mein Objekt ist die Aschfarbene Heuschrecke, der Koloss unter unseren Feldheuschrecken, die im September während der Weinlese häufig in den Weinbergen auftritt. Durch ihre Körpergröße, welche die Länge eines Fingers erreicht, ist sie besser als andere zur Beobachtung geeignet.

Die Larve, unansehnlich in ihrer Korpulenz, ein rustikaler Entwurf des erwachsenen Insekts, ist für gewöhnlich von zartem Grün; es gibt aber auch bläulich grüne, schmutzig gelbe, rostrot braune und sogar aschfarben graue Exemplare, die bereits als Larven die Farbe des erwachsenen Tiers aufweisen. Der Brustpanzer ist kräftig gezackt, windschnittig und übersät von feinen weißen warzenartigen Punkten. Die Hinterbeine, kräftig wie im reifen Alter, haben dicke rotgebänderte Keulen und lange, beidseitig gezähnte Schienbeine.

Die Deckflügel, die in wenigen Tagen das Leibesende weit überragen werden, sind im gegenwärtigen Zustand zwei armselige dreieckige Flossen, die sich mit ihrem oberen Rand aneinanderlehnen und die scharfe Kante des Brustpanzers fortsetzen. Ihre freien Enden stehen ab wie eine Art spitzes Vordach: Rockschöße, die offenbar kärglich und lächerlich zugestutzt wurden und eben noch die Blöße des Tieres am unteren Rücken bedecken. Unter ihrem Schutz verstecken sich zwei dünne Streifen, Ansätze noch mehr zurückgebliebener Flügel.

Kurz, die eleganten, schlanken Tragflächen der Zukunft sind Stummel von grotesk übertriebener Sparsamkeit. Was wird aus diesen jämmerlichen Hüllen hervorgehen? Ein Wunder an Eleganz und Größe.

Beobachten wir nun im Einzelnen, wie alles vor sich geht. Fühlt das Tier sich zur Umwandlung reif, klammert es sich mit den vorderen und mittleren Beinen ans Drahtgitter der Glocke. Die vorderen klappen sich zusammen, kreuzen sich auf der Brust und dienen einzig als Halt für das mit dem Rücken nach unten hängende Insekt. Die dreieckigen Flügel, die Futterale der Deckflügel, öffnen ihr spitzes Dach und klappen zur Seite; die zwei schmalen Leisten, die zukünftigen Flügel, heben sich in der Mitte des in dieser Weise abgesteckten Zwischenraumes und entfernen sich ein wenig voneinander. Damit ist die für die Häutung notwendige stabile Stellung eingenommen.

Zunächst muss das alte Hemd zerrissen werden. Hinter dem Brustpanzer, unter dem spitzen Dach des ersten Brustsegments, schwellen Pulsschläge an und ab. Gleiches geschieht am Nacken, und wahrscheinlich ebenso unterm gesamten Panzer des aufzubrechenden Vorderteils. An den unbedeckten Stellen kann man die feinen Membranen erkennen, im mittleren Teil sind sie vom Brustpanzer bedeckt.

Hierhin strömen in Wellen also die Blutvorräte des Tieres. Die aufkommende Flut zeigt sich in den Stößen des hydraulischen Rammbocks. Überdehnt durch dieses Anströmen von Flüssigkeit, diesen Druck, in dem der Organismus all seine Energien konzentriert, reißt endlich die Hülle entlang einer Linie des geringsten Widerstandes, die das Leben in kluger Voraussicht vorbereitet hat. Der Riss führt über den ganzen Brustpanzer und klafft genau auf der scharfen Kante, einer Art Schweißnaht der beiden symmetrischen Hälften. Die überall sonst undurchdringliche Hülle gibt an diesem zentralen Punkt nach, der schwächer ist als alles Übrige. Der Riss verlängert sich etwas nach hinten bis zwischen die Flügelgelenke hinunter; er führt zum Kopf hinauf bis zum Fühleransatz, dort endet er nach rechts und nach links in einer kurzen Verzweigung.

Durch diese Bresche hindurch wird der Rücken sichtbar: ganz weich, blass, kaum aschgrau gefärbt. Langsam schwillt er an und wird nach und nach zu einem Buckel. Jetzt ist er ganz enthüllt.

Es folgt der Kopf, der sich aus seiner Maske herauszieht; diese bleibt an ihrem Platz, unversehrt in all ihren Details, seltsam anzusehen mit ihren großen gläsernen Augen, die nichts mehr betrachten. Faltenlos hängen die Fühlerhüllen unverändert in ihrer natürlichen Position über dem toten, durchsichtig gewordenen Gesicht.

Aus der sie straff umschließenden engen Hülle sind die Fühler also aufgetaucht, ohne jeden Widerstand, der ihre Futterale hätte umstülpen können; sie sind weder verbogen noch verknittert. Ohne die knotige Hülle zu verletzen, ist der gleich große und ebenfalls knotige Inhalt so leicht herausgeschlüpft, als sei ein glatter und gerader Gegenstand aus einem genügend weiten Futteral geglitten. Dieser Schlupfmechanismus ist bei den Hinterbeinen noch erstaunlicher.

Jetzt sind die vorderen und mittleren Beine an der Reihe, Ärmelschoner und Handschuhe abzustreifen; jedes Mal ohne den kleinsten Riss, ohne eine Falte, völlig unverknittert, in seiner natürlichen Stellung. Das Insekt hält sich nur mit den Krallen der langen Hinterbeine an der Wölbung der Glocke fest. Es hängt senkrecht kopfüber und schwankt wie ein Pendel, sobald ich das Gitter berühre. Vier winzige Haken sind sein Halt.

Wenn sie nachgeben, die Haken sich öffnen, ist das Insekt verloren, weil es seine ungeheuren Tragflächen nur im freien Raum voll entfalten kann. Aber sie werden nicht nachgeben: Bevor sich das

Leben aus ihnen zurückzog, hat es sie starr gemacht und dermaßen verhärtet, dass sie unerschütterlich die folgenden Belastungen des Herausreißens bestehen werden.

Jetzt tauchen die Deckflügel und Flügel auf. Es sind vier schmale Stummel, von unbestimmten Furchen durchzogen wie schmale Streifen aus Pappmaschee. Sie erreichen kaum ein Viertel ihrer endgültigen Länge.

Sie sind so weich, dass sie sich unter ihrem eigenen Gewicht biegen und entlang der Flanken in umgekehrter Richtung herabfallen. Ihr freies Ende, das nach hinten zeigen sollte, ist jetzt zum Haupt des kopfüber aufgehängten Tieres hin ausgerichtet. Das erbarmungswürdige Sträußlein der zukünftigen Flügel sieht aus wie vier Blättchen eines vom Gewitterregen zerschlagenen und verkrümmten fleischigen Kräutleins. Es erfordert harte Arbeit, um die Dinge nun zu vervollkommnen. Im Inneren ist ja der Plan weithin entworfen, das flüssige Eiweiß ist verfestigt und das Ungeformte in Form gebracht; aber nach außen hin verrät noch nichts, was in diesem geheimnisvollen Laboratorium vor sich geht. Hier scheint alles leblos zu sein.

Unterdessen befreien sich die hinteren Beine. Die dicken Schenkel zeigen sich; das Blassrosa der Innenseite wird rasch zu lebhaftem Karminrot. Das Auftauchen geht leicht voran, die dicke Keule bahnt dem schmalen Unterarm den Weg.

Anders ist es beim Schienbein. Ist das Insekt ausgewachsen, ist dieses in seiner ganzen Länge mit einer doppelten Reihe spitzer harter Dornen gespickt. Außerdem sitzen am unteren Ende vier kräftige Sporne. Es ist eine richtige Säge, aber mit zwei Reihen paralleler Zähne, und derart robust, dass es, abgesehen von seiner Winzigkeit, einer groben Steinsäge gleicht.

Das Schienbein der Larve hat dieselbe Struktur, es liegt in einem Futteral, das ebenso grimmig gespickt ist. Jeder Sporn ist in einem Sporn wie seinesgleichen eingeschlossen, jeder Zahn steckt in der Höhlung eines Zahns wie seinesgleichen und die Formen entsprechen einander so genau, dass man meint, die Hülle sei wie Lack mit einem Pinsel aufgetragen worden.

Trotzdem kommt diese Schienbeinsäge heraus, ohne an irgendeiner Stelle ihrer engen, langen Scheide den geringsten Riss herbeizuführen. Wenn ich es nicht immer wieder beobachtet hätte, würde ich es nicht glauben; die abgestoßene Schienbeinhülle ist in ihrer gesamten Länge völlig unversehrt. Weder die Sporen am Ende, noch die zweireihigen Dornen haben die zarte Gussform beschädigt. Die Säge hat den zarten Behälter, den ein Atemzug zerreißen könnte, überall verschont; der grausame Rechen ist hindurchgeglitten, ohne den geringsten Kratzer zu hinterlassen.

Das hatte ich nicht erwartet. Ich hatte mir vorgestellt, dass sich das dornenbewaffnete Schienbein aus Schuppen herausschälen würde, die sich von selbst ablösen oder der Reibung nachgeben würden wie abgestorbene Haut. Die Wirklichkeit übertrifft meine Vermutungen. Bei Weitem!

Sporen und Dornen gleiten ohne Gewalt, ohne jedes Hindernis aus der feinen Hülle, ihrer Gussform; Sporen und Dornen, die das Schienbein zu einer Säge machen, die in der Lage ist, zartes Holz auszuschneiden, und auch die abgestreiften Lumpen bleiben an ihrem Platz, sind noch immer mit ihren Krallen an die Wölbung der Glocke angeklammert und haben keine Falte und keinen Riss. Unter der Lupe nicht eine Spur von Gewalteinwirkung. Die tote Schienbeinhülle ist bis ins kleinste Detail ein genaues Abbild des lebendigen Schienbeins.

Demjenigen, der uns vorschlüge, eine Säge aus einer Scheide herauszuziehen, die dünn wie ein Goldschlägerhäutchen ist, passgenau mit den Zacken des Stahls, und dies ohne den kleinsten Riss zu verursachen, antworteten wir mit schallendem Gelächter: Das ist offensichtlich völlig unmöglich! Das Leben aber spielt mit diesen Unmöglichkeiten; es vermag das Absurde wahr werden zu lassen. Das lehrt uns das Bein der Heuschrecke.

Ist sie außerhalb ihrer Scheide, verhärtet die Beinsäge und nun wäre es ihr nicht mehr möglich, herauszukommen; sie würde die sie eng umschließende Hülle zerstückeln. Die Schwierigkeit ist nun entgegensetzt, denn es ist unerlässlich, dass die Schienbeinhüllen, die einzigen Aufhängungen, unversehrt bleiben, um bis zur vollständigen Befreiung festen Halt zu bieten.

Das Bein, das sich eben befreit, ist nicht zum Gehen geeignet; es ist noch nicht steif genug. Es ist weich und sehr biegsam. Kippe ich die Drahtglocke, biegt und krümmt sich der beim Schlupf sichtbare Teil ganz nach meinem Willen unter seinem eigenen Gewicht. Ein dünnes Gummiband ist nicht weniger geschmeidig. Die Verfestigung macht hier indessen rasche Fortschritte, in einigen Minuten wird die angemessene Härte entstanden sein.

Weiter vorn, in dem von der Hülle verborgenen Teil, ist das Schienbein gewiss weicher und von hoher Formbarkeit, fast möchte ich sagen, flüssig, sodass die schwierigen Engstellen leicht überwunden werden können, als ergösse sich Flüssigkeit.

Die Zähnungen der Säge sind hier bereits vorhanden; aber sie haben noch nichts von ihrer Schärfe. Mit der Messerspitze kann ich nämlich ein Schienbein teilweise enthäuten und die Stacheln aus ihrer hornigen Gussform herausziehen. Es sind Anlagen der Dornen, Knospen von weicher Beschaffenheit, die sich unter dem geringsten Druck biegen und ihre Form wieder annehmen, sobald der Druck nachlässt.

Während des Herauskommens legen sich diese Stacheln nach hinten; sie erheben sich wieder und erhärten in dem Maß, wie das Schienbein auftaucht. Ich wohne hier keinem einfachen Abstreifen von Gamaschen bei, die Schienbeine samt ihrer Rüstung umhüllen, sondern einer Art Geburt, die uns durch ihre Schnelligkeit verwirrt.

Ungefähr so, wenn auch viel weniger präzise, befreien zur Zeit der Häutung die Scheren des Krebses ihr zartes Fleisch aus dem alten steinharten Köcher.

Endlich sind die Stelzen frei. Sie klappen sanft zurück in die Rinne der Schenkel, um hier reglos auszureifen. Dann enthüllt sich der Bauch. Sein dünnes Hemd runzelt sich, zerknittert und schiebt sich auf das Leibesende zu, das als einziges noch eine Zeitlang in der Hülle steckenbleibt. Diese Stelle ausgenommen, ist nun die ganze Heuschrecke entblößt.

Sie hängt senkrecht herunter, kopfüber, gehalten von den Krallen der jetzt leeren Schienbeinhüllen. Die vier Haken haben während dieser ganzen sorgfältigen und langwierigen Arbeit nicht nachgegeben, derart behutsam und vorsichtig wurde sie ausgeführt.

Das Insekt rührt sich nicht, mit dem Hinterteil noch durch die Lumpenhülle befestigt. Sein Bauch ist übermäßig drall, offenbar von dem Vorrat an Körperflüssigkeiten aufgebläht, auf den bald schon zur Entfaltung der Flügel und Deckflügel zurückgegriffen wird, um das Werk zu vollenden. Die Heuschrecke erholt sich, sie ruht sich aus. Es vergehen zwanzig Minuten.

Dann richtet sich das aufgehängte Insekt mit einen Ruck des Rückgrats wieder auf und schnappt mit den Krallen der Vorderbeine die über ihm angeklammerte Hülle. Kein Akrobat, der mit den Füßen an der Trapezstange hängt, verwandte je derartige Kraft im Kreuz, um sich wieder aufzurichten. Nach diesem Kraftakt ist das Übrige ein Klacks.

Das Insekt zieht sich mithilfe der Hülle, die es eben gepackt hat, noch etwas höher und stößt auf das Drahtgitter der Glocke; es entspricht dem Gestrüpp in den Fluren, in dem sich die Verwandlung vollzieht. Daran hält es sich mit den vier vorderen Beinen fest. Dann befreit sich das Leibesende vollends, und, nach einem letzten Schütteln, stürzt die Hülle jäh zu Boden.

Dieser Sturz interessiert mich, weil ich mich an die zähe Beharrlichkeit der Puppenhülle der Zikade erinnere, wie sie den Winterwinden trotzt, ohne von dem Zweig zu fallen, an dem sie befestigt ist. Die Verwandlung der Heuschrecke wird doch etwa auf dieselbe Art durchgeführt wie die der Zikade. Warum hat die Feldheuschrecke solch eine schwache Aufhängung?

Die Haken halten, solange die Arbeit des Herausreißens andauert, die doch offenbar alles ins Wanken bringt; einem unbedeutenden Stoß aber geben sie nach, sobald die Arbeit beendet ist. Das Gleichgewicht ist hier also sehr instabil, ein weiterer Beweis dafür, mit welch sorgfältiger Genauigkeit das Insekt aus seiner Hülle schlüpft.

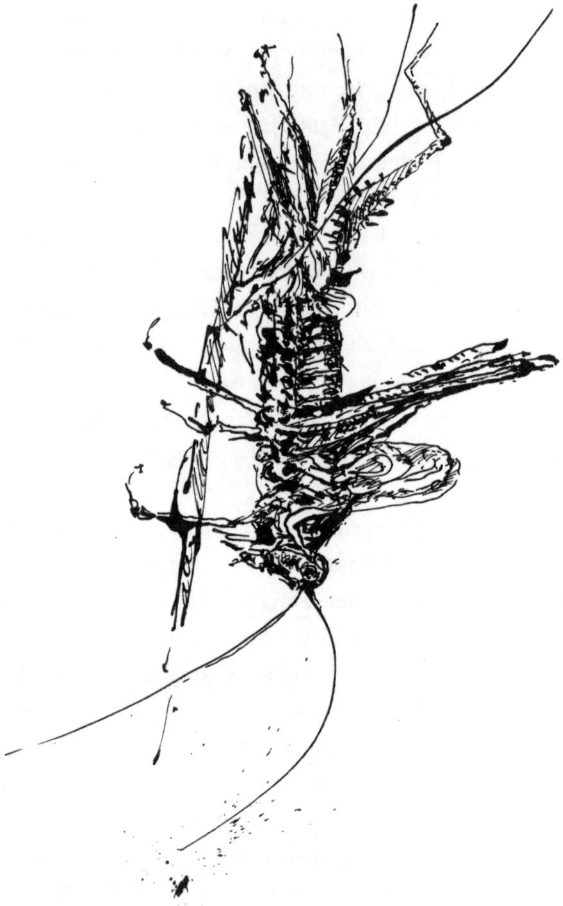

Mangels eines besseren Begriffs habe ich eben vom Herausreißen gesprochen. Das trifft es nicht ganz. Dieser Ausdruck impliziert Gewaltanwendung; und Gewalt kann es hier wegen der Instabilität des Gleichgewichts nicht geben. Kommt es zu Fall, ist es um das Insekt geschehen. Es vertrocknet an Ort und Stelle, oder zumindest bleiben seine Flugorgane armselige Fetzen, da sie sich nicht entfalten können. Die Heuschrecke reißt sich nicht heraus, sie fließt behutsam aus ihrem Behälter. Man möchte sagen, eine sanfte Feder drücke sie hinaus.

Kehren wir zurück zu den Deckflügeln und Flügeln, die seit dem Herauskommen aus ihren Futteralen noch keinen sichtbaren Fortschritt gemacht haben. Es sind immer noch Stummel mit feinen Längsstreifen, wie die Enden einer Schnur. Ihre Entfaltung, die von jetzt an in drei Stunden vollzogen wird, ist abgeschlossen, wenn das Insekt vollständig und entblößt und in seiner normalen Haltung ist.

Wir haben eben gesehen, dass die Heuschrecke sich wieder mit dem Kopf nach oben wendet. Dieses Wiederaufrichten genügt, um Deckflügel und Flügel in ihre natürliche Stellung zurückzubringen. Äußerst geschmeidig und durch ihr Gewicht verbogen, hingen sie hinunter, dem Kopf des umgekehrten Tieres zu. In diesem Augenblick, wieder durch ihr Gewicht, werden sie gerade in die normale Ausrichtung gestreckt. Keine Krümmung mehr wie bei Blütenblättern, keine verkehrte Richtung mehr; das ändert jedoch nichts an ihrer armseligen Erscheinung.

Im vollendeten Zustand ist der Flügel ein Fächer. Ein Strahlenbündel kräftiger Rippen durchzieht ihn der Länge nach und bildet das Gerüst der Tragfläche, die sich ausbreiten und wieder zusammenfalten kann. In den Zwischenräumen liegen unzählige winzige Querverbindungen, die das Ganze als ein Netz mit rechtwinkeligen Maschen erscheinen lassen. Der grobe und viel weniger entfaltete Deckflügel hat ebenfalls diese karierte Struktur.

Weder beim einen noch beim anderen ist während des Stadiums, da sie Schnurenden gleichen, dieses Maschengewebe sichtbar. Alles beschränkt sich auf etliche Falten, einige gewundene Furchen, die zeigen, dass die Stummel ein klug gefaltetes und auf sein kleinstes Volumen reduziertes Stoffpaket sind.

Das Auffalten des Pakets beginnt an der Schulter. Zunächst erkennt man nichts Genaues, dann wird bald eine durchsichtige, in Maschen von eleganter Regelmäßigkeit unterteilte Fläche sichtbar. Sehr langsam, sodass man es unter der Lupe kaum wahrnehmen kann, wird diese Fläche größer, während der unförmige Wulst schrumpft. An der Schnittstelle der beiden Teile – des Wulstes, der sich abwickelt, und der Gaze, die bereits abgewickelt ist – verharrt mein Blick, aber vergeblich: Ich sehe nichts, nicht mehr, als ich bei einer Welle im Wasser sehen würde. Aber warten wir doch einen Moment, und die Karostruktur des Gewebes zeigt sich in aller Deutlichkeit.

Auf den ersten Blick könnte man wahrhaftig meinen, eine aufbauende Flüssigkeit erstarre plötzlich in diesem Rippennetz; man könnte glauben, vor einer Kristallisation zu stehen, die sich so jäh vollzieht wie die einer Salzlösung auf dem Objektträger des Mikroskops. Nun gut, nein: Die Dinge müssen anders vor sich gehen. Das Leben wirkt nicht auf solch jähe Art.

Ich trenne einen halb entwickelten Flügel ab und richte das mächtige Auge des Mikroskops auf ihn. Diesmal bin ich zufrieden. An den Grenzen, wo das Netz scheinbar zu entstehen schien, war dieses Netz in Wirklichkeit schon vorhanden. Ich erkenne dort sehr gut die schon kräftigen Längsrippen; ich sehe dort, wenn auch blass und ohne Relief, die Querverbindungen. Ich finde das alles in dem abschließenden Wulst wieder, von dem ich einige Fetzen ausbreiten kann.

Jetzt ist es klar. Der Flügel ist kein Gewebe, über das just in diesem Moment die schöpferische Kraft auf dem Webstuhl ihr Schiffchen führt; er ist bereits ein vollständiger Flügel. Zu seiner Vervollkommnung fehlt nur die Entfaltung und die Versteifung, wie sie unserer Wäsche durch Bügeleisen und Stärke verliehen wird.

In über drei Stunden ist die Entfaltung vollendet. Flügel und Deckflügel erheben sich auf dem Rücken der Heuschrecke als eine ungeheure Tragfläche, bald farblos, bald zartgrün, wie die Flügel der

Zikade in ihrem Anfangsstadium. Ihre Größe ist erstaunlich, wenn man an die schrumpeligen Päckchen denkt. Wie hat so viel Stoff hier Platz finden können?

Die Märchen erzählen uns, dass ein Hanfkorn die Wäsche einer Prinzesssin enthalte. Hier ist ein anderes, weitaus erstaunlicheres Samenkorn. Jenes im Märchen brauchte, um zu keimen, sich zu vervielfachen und schließlich die für die Aussteuer nötige Menge Linnen abzuwerfen, viele Jahre; jenes der Heuschrecke liefert in kurzer Zeit eine beachtliche Tragfläche.

Langsam nimmt dieses herrliche Schmuckstück, das sich in vier ebenen Flächen erhebt, Gestalt und Farbe an. Am folgenden Tag ist es im erforderlichen Maß getönt. Zum ersten Mal entfalten sich die Flügel zu Fächern und legen sich wieder zusammen; die Deckflügel biegen ihren äußeren Rand zu einer Rinne, die auf den Flanken ruht. Die Verwandlung ist vollbracht. Die große Heuschrecke muss nur noch hart werden und das Grau ihres Kostüms unter der Sonne bräunen. Überlassen wir sie ihrem Glück und gehen noch mal ein wenig zurück.

Die vier Stummel, die kurz nach dem Aufreißen des Brustpanzers entlang der Mittellinie aus ihren Hüllen gekommen waren, enthalten, wir haben es gerade gesehen, die Deckflügel und die Flügel mit ihrem Rippennetz, wenn nicht in perfekter Form, so doch zumindest als Plan in allen unzähligen Einzelheiten. Um diese armseligen Packen zu entfalten und in eine große Tragfläche zu verwandeln, genügt es, dass der Organismus als walkende Pumpe einen Schwall der für diesen anstrengendsten aller Momente in Bereitschaft gehaltenen Säfte in bereits vorhandene Kanälchen presst. Die Entfaltung erklärt sich also durch geschicktes Einspritzen in diese angelegten Rohre.

Aber was waren die vier Gazeflächen, als sie noch in ihren Hüllen eingeschlossen waren? Sind die spatelförmigen Flügel, die dreieckigen Schwingen der Larve, Gussformen, die die zahlreichen gewundenen Falten nach ihrem Bild formen und das Netz der künftigen Deckflügel und Flügel weben?

Wenn wir tatsächlich eine Gussform vor uns haben, kann der Geist ausruhen und pausieren. Wir sagen uns: Es ist doch ganz klar, dass das abgeformte Ding dieselbe Form hat wie die Höhlung der Form. Aber mit dieser trügerischen Erklärung kann man sich nicht abfinden, denn dann wäre die Gussform selbst unentwirrbar kompliziert. Steigen wir nicht so weit hinab. Dort wird für uns alles dunkel. Beschränken wir uns auf die zu beobachtenden Fakten.

Ich prüfe die Flügel einer zur Verwandlung reifen Larve mit der Lupe. Da entdecke ich ein Bündel von recht kräftigen Rippen, die fächerförmig ausstrahlen. Weitere Rippen, blass und dünn, sind in die Zwischenräume eingeschoben. Schließlich vervollständigen das Gewebe noch zahlreiche zartere, abgewinkelte Querlinien.

Das ist durchaus ein summarischer Entwurf des künftigen Deckflügels; aber welch ein Unterschied zum reifen Organ! Die strahlenförmige Anordnung der Rippen, das Gerüst des Ganzen, ist nicht die gleiche; das durch die Querrippen gebildete Netz verrät in keinster Weise die künftige Kompliziertheit. Aus dem Rudimentären entsteht das unendlich Komplizierte, aus dem Groben eine außerordentliche Perfektion. Das Gleiche gilt für die Flügellasche und das Ergebnis seiner Verwandlung, den fertigen Flügel.

Hat man zugleich den vorläufigen und den endgültigen Zustand vor Augen, ist völlig klar: Der Flügel der Larve ist keine simple Gussform, welche die Materie nach ihrem Bild formt und den Deckflügel nach dem Modell ihrer Höhlung ausbildet.

Nein, die erwartete Membran ist noch nicht als Packen darin enthalten, der uns, hat er sich einmal entfaltet, durch seine Größe und die äußerste Kompliziertheit seines Gewebes erstaunt. Besser gesagt, sie befindet sich bereits dort, aber nur in Potenz. Bevor sie real wird, ist sie virtuell, noch nicht existent, aber zum Werden befähigt. Sie befindet sich darin wie eine Eiche in ihrer Eichel.

Ein feiner durchscheinender Wulst begrenzt den freien Rand sowohl des Flügels als auch des Deckflügels. Unter starker Vergrößerung sieht man hier einige unklare Linien der späteren Zähnchen. Dies könnte sehr wohl die Baustelle sein, auf der das Leben sei-

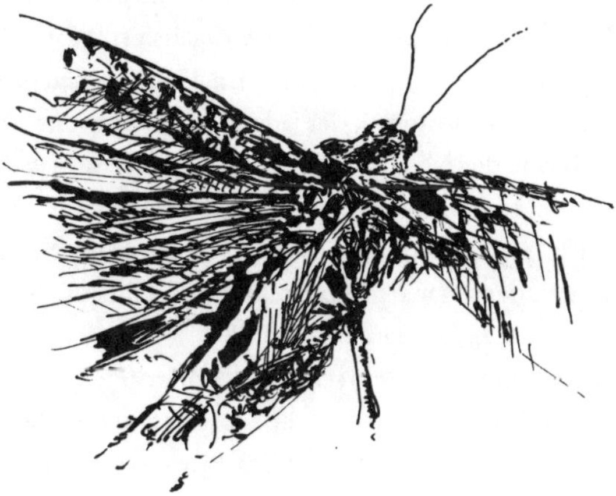

ne Stoffe bewegt. Weiter ist nichts zu sehen, nichts lässt das wunderbare Netz erahnen, in dem mit geometrischer Genauigkeit jede Masche ihre künftige Form und ihren vorbestimmten Platz einnehmen wird.

Damit sich die Materie zu einer Gazefläche und dem unentwirrbaren Labyrinth des Rippengewebes organsiert, gibt es hier also Besseres und Höheres als eine Gussform. Es gibt einen urbildlichen Plan, einen idealen Entwurf, der jedem Atom seinen genauen Platz anweist. Bevor die Materie sich in Schwung setzt, ist die Ausgestaltung bereits virtuell vorgegeben, sind die Wege der formenden Strömungen schon festgelegt. Die Bausteine unserer Häuser ordnen sich nach dem Plan des Architekten; sie sind ein ideelles Gebilde, bevor sie ein reales werden.

Der Flügel einer Heuschrecke, dieses prächtige Gebilde, das aus einer armseligen Hülle hervorkommt, spricht zu uns von einem anderen Architekten, dem Schöpfer des Plans, nach dem das Leben arbeitet.

Die Entstehung des Lebens zeigt uns in mannigfaltiger Weise größere Wunder als das der Heuschrecke; meist aber gehen sie unbemerkt vor sich, im Dunkeln und verborgen vom Schleier der Zeit. Vor einem Geist, der nicht mit zäher Geduld begabt ist, versteckt die Zeit mit ihren langsamen Mysterien ihre erstaunlichsten Schauspiele. Hier aber vollziehen sich die Dinge außergewöhnlich rasch und ziehen damit auch die zögerlichste Aufmerksamkeit auf sich.

Wer ohne ermüdenden Zeitaufwand sehen will, mit welch unbegreiflichem Geschick das Leben arbeitet, muss sich nur der dicken Weinberg-Heuschrecke zuwenden. Das Insekt wird ihm zeigen, was das keimende Samenkorn, das sich entfaltende Blatt und die Gestalt annehmende Blüte uns durch äußerste Langsamkeit verbergen. Man kann den Stiel eines Krauts nicht sprießen sehen; den Deckflügel und den Flügel der Heuschrecke sehr wohl.

Wir wären verblüfft, wenn wir sähen, wie sich ein Hanfkorn in wenigen Stunden zu einem prachtvollen Segel entfaltete. Oh!, das Leben ist ein erhabener Künstler, wenn es mit seinem Schiffchen die Tragfläche der Heuschrecke webt, einem unbedeutenden Insekt, von dem schon Plinius sagte: *»In his tam parvis, fere nullis, quae vis, quoe sapientia, quam inextricabilis perfectio!«*[26]

Was für eine schöne Eingebung der alte Naturforscher doch dieses Mal hatte! Sagen wir es nochmals mit seinen Worten: »Welche Kraft, welche Weisheit, welche unentwirrbare Perfektion zeigt uns die Weinbergschrecke in ihrem abgelegenen Winkel!«

Ich habe sagen hören, ein gelehrter Forscher, der im Leben nichts als den Kampf physikalischer und chemischer Kräfte sieht, könne nicht der Hoffnung entsagen, eines Tages in der Lage zu sein, belebte Materie künstlich herzustellen, das *Protoplasma*, wie es im offiziellen Jargon heißt. Stünde es in meiner Macht, ich beeilte mich, dem Ehrgeizigen Satisfaktion zu erteilen.

Nun gut, meinetwegen, nehmen wir einmal an, dass ihr soeben ganz und gar künstliches *Protoplasma* erzeugt hättet. Kraft eures Nachdenkens, eurer tiefschürfenden Studien, eurer gewissenhaften Sorgfalt und eurer unablässigen Geduld sind eure Wünsche in Erfüllung gegangen. Ihr habt aus euren Apparaten einen eiweißhaltigen Schleim extrahiert, der leicht verderblich ist und in wenigen Tagen stinkt wie der Teufel, kurz, einen Dreck. Und jetzt? Was macht ihr jetzt mit eurem Produkt?

Wollt ihr ihm Leben einhauchen? Eine lebendige Struktur geben? Wollt ihr es mit einer Pravaz'schen Spritze zwischen zwei hauchdünne Lamellen injizieren, und sei es auch nur, um den Flügel eines Mückchens herzustellen?

Die Heuschrecke verfährt ungefähr so. Sie injiziert ihr Protoplasma zwischen zwei Blättchen der Flügelchen, und die Materie wird hier zum Deckflügel, von dem idealen Entwurf geleitet, von dem ich eben sprach. Sie führt durch das Labyrinth nach einem Entwurf, der vor dem Werden existiert, ja, der Materie selbst vorausgeht.

Dieses Urbild der Formen, diesen uranfänglichen Ordner, habt ihr den an der Spitze eurer Spritze? Nein. Nun gut, dann werft euer Zeug weg. Aus diesem chemischen Dreck wird nie und nimmer Leben hervorgehen.

XVIII
Die Raupe des Pinienprozessionsspinners. Die Eiablage. Der Schlupf

Diese Raupe hat bereits ihre Geschichte, von Réaumur geschrieben, es ist allerdings eine Geschichte mit Lücken, die unter den Arbeitsbedingungen des Meisters unvermeidlich waren. Die Arbeitsmaterialien wurden ihm mit einer Kutsche von weither gebracht, aus den Landes bei Bordeaux. Das aus seiner Heimat vertriebene Insekt konnte dem Geschichtsschreiber nur verstümmelte Informationen liefern, ohne biologische Einzelheiten, die in der Entomologie den größten Reiz ausmachen. Die Verhaltensforschung erfordert stundenlange Beobachtung an Ort und Stelle, wo das Objekt, dessen Handlungen man erforscht, unter den für seine Instinkte günstigen Umständen lebt.

An den Raupen vom anderen Ende Frankreichs, denen das Klima von Paris fremd war, musste Réamur gerade die interessanteren Einzelheiten übersehen. Das ist ihm tatsächlich passiert, wie später bei einer anderen Fremden, der Zikade. Was er aus den wenigen Nestern aus den Landes zu ziehen gewusst hat, ist deshalb nicht minder wertvoll.

Unter günstigeren Umständen als den seinen, nehme ich den Faden der Geschichte der Pinienprozessionsspinnerraupe wieder auf. Sollte das Objekt meine Erwartungen nicht erfüllen, dann gewiss nicht aus Mangel an Material. In meinem Harmas-Laboratorium, zurzeit mit etlichen Bäumen und vor allem Gestrüpp bewachsen, erheben sich kräftige Pinien, die Aleppokiefer und die österreichische Schwarzkiefer, die jener in den Landes entspricht. Alle Jahre nimmt die Raupe sie in Besitz und spinnt dort große Beutel. Wegen der verheerenden Schäden am Nadelwerk, das aussieht, als sei Feuer darüber hinweggegangen, muss ich jeden Winter genau nachschauen und die Nester mit einer langen gegabelten Stange zerstören.

Ihr gefräßigen Biester, wenn ich euch machen ließe, wären meine Pinien kahl und ich müsste ihr Rauschen missen. Heute werde ich mich für meinen Ärger entschädigen. Schließen wir einen Pakt: Ihr habt eine Geschichte zu erzählen; erzählt sie mir, und ich lasse euch ein, zwei Jahre und auch länger in Ruhe, bis ich über alles in etwa auf dem Laufenden bin, auch wenn die Pinien erbärmlich darunter leiden werden.

Der Pakt ist geschlossen und die Raupen werden in Frieden gelassen, schon bald habe ich genug für meine Beobachtungen. Meine Duldsamkeit schenkt mir etwa dreißig Nester, nur wenige Schritte vor meiner Haustür. Sollte die Sammlung nicht ausreichen, würden mir die Pinien in der Umgebung die nötigen Exemplare liefern. Aber ich ziehe die Population meiner Einfriedung vor, und zwar bei Weitem, da ihre nächtlichen Gewohnheiten im Schein einer Laterne leichter zu beobachten sind. Mit solchen Schätzen täglich vor Augen, wann auch immer ich sie sehen möchte und unter natürlichen Bedingungen, kommt die Geschichte der Prozessionsraupe nicht umhin, sich ganz zu erzählen. Versuchen wir es!

Zuerst das Ei, das Réaumur nicht gesehen hat. In der ersten Augusthälfte Inspizierung der unteren Pinienäste in Augenhöhe. Schon mit wenig Aufmerksamkeit entdeckt man unverzüglich hier und dort auf den Nadeln kleine weißliche Zylinder wie Flecken auf dem dunklen Grün. Dies ist das Gelege des Prozessionsspinners; jeder Zylinder ist die Ansammlung der Eier einer Mutter.

Die Piniennadeln sind paarweise angeordnet. Das Paar ist am Fuß von einer zylindrischen Manschette umhüllt, die etwa drei Zentimeter lang und vier bis fünf Millimeter breit ist. Diese seidige Manschette von leicht rötlich getöntem Weiß ist von Schuppen überzogen, die sie wie Dachziegel bedecken; ihre Anordnung ist zwar regelmäßig, hat aber trotzdem nichts von einem geometrischen Muster. Im Ganzen ähnelt sie einem noch nicht aufgesprungenen Haselkätzchen.

Oval, durchscheinend weiß, unten etwas braun und oben rot, liegen diese Schuppen am unteren Ende frei, offen und spitz; am oberen Ende aber solide befestigt, breiter und wie abgehackt. Weder der Atem noch das wiederholte Streichen mit einem Pinsel können sie ablösen. Wird die Manschette sanft von unten nach oben gestreift, richten sie sich auf wie gegen den Strich gebürstetes Fell und verharren in dieser piksigen Stellung; durch Streichen in die entgegengesetzte Richtung kehren sie in ihre ursprüngliche Anordnung zurück. Sie sind samtweich. Eine liegt genau über der anderen; so bilden sie für die Eier ein schützendes Dach. Unmöglich, dass unter das Dach dieser flauschigen Ziegel ein Regen- oder Tautropfen dringt.

Die Herkunft dieser Schutzhülle liegt auf der Hand: Die Mutter hat eine Partie ihres Körpers gerupft, um damit ihr Gelege zu schützen. Nach dem Vorbild der Eiderente, die uns Daunen liefert, macht sie aus ihrem eigenen Kleid einen warmen Überrock für ihre Eier. Aufgrund einer sehr auffälligen Besonderheit des Falters hatte Réaumur das schon vermutet. Zitieren wir die Passage.

»Die Weibchen«, sagte er, »haben an der Oberseite des Körpers, nahe am Hinterteil, eine glänzende Platte. Die Form und Leuchtkraft dieses Schilds haben sofort meine Aufmerksamkeit auf sich gezogen, als ich ihn zum ersten Mal sah. Ich hielt eine Nadel in der Hand, mit der ich ihn berührte, um seine Struktur zu untersuchen. Die Berührung mit der Nadel löste ein überraschendes Schauspiel aus: Ich sah plötzlich, wie sich eine Wolke kleiner Plättchen ablöste. Diese Pailletten stoben nach allen Seiten; etliche hoch empor, andere zu den Seiten; der Großteil der Wolke aber schwebte sanft zu Boden.

Jede dieser Pailletten war eine sehr dünne Lamelle, dem Staub der Schmetterlingsflügel sehr ähnlich, aber größer ... Die Platte auf dem Hinterteil dieser Falter ist also eine Ansammlung, und zwar eine ungeheure Ansammlung, dieser Schuppen ... Es sieht so aus, als umhüllten die Weibchen ihre Eier mit ihnen; aber die Falter der Pinienraupen haben bei mir keine Eier legen wollen und infolgedessen haben sie mir nicht gezeigt, ob sie wirklich diese Schuppen verwenden, um ihre Eier zu bedecken, oder was sie sonst mit derart vielen Schuppen an ihrem Hinterleib machen, die ihnen doch nicht unnötig gegeben und dort platziert sein können.«

Ja, Ihr hattet recht, Meister: Diese dichte Masse von Pailletten ist nicht sinnlos auf der Kruppe gewachsen. Ist überhaupt irgendetwas ohne Zweck? Ihr dachtet nicht so, und ich tu's auch nicht. Alles hat seinen Daseinsgrund. Ja, Ihre Vermutung, dass die unter der Spitze Ihrer Nadel aufgeflogene Wolke zum Schutz der Eier dienen müsse, war eine gute Idee.

Mit der Pinzette hebe ich den schuppigen Pelz an. Darunter schimmern die Eier wie kleine weiße Emailleperlen. Eng aneinandergeschmiegt, bilden sie neun längliche Reihen. In einer dieser Reihen zähle ich fünfunddreißig Eier. Da die neun Reihen etwa von gleicher Länge sind, beträgt die Summe des Zylinders ungefähr dreihundert. Eine stattliche Kinderschar für eine einzige Mutter!

Die Eier einer Reihe wechseln mit denen der beiden benachbarten ab, so genau, dass kein Zwischenraum bleibt. Man möchte meinen, es sei eine Perlenstickerei von großer Fingerfertigkeit und vortrefflichem Geschick. Passender ist der Vergleich mit einem Maiskolben und seinen so elegant gereihten Körnern, aber mit einem winzigen Kolben, dessen Kleinwüchsigkeit die schöne geometrische Ordnung noch unterstreicht. Die Körner in der Ähre des Falters wirken ein wenig sechseckig; der Eindruck entsteht durch den wechselseitigen Druck; sie sind miteinander verklebt, so stark, dass man sie nicht vereinzeln kann. Wendet man Gewalt an, so löst sich die Schicht in Bruchstücken von der Piniennadel, in kleinen Platten, die immer aus mehreren Eiern bestehen. Ein klebriger Überzug verbindet also die Perlen des Geleges miteinander und auf diesem Überzug klebt die breite Fläche der schützenden Schuppen.

Zu gegebener Zeit wäre es interessant zu sehen, wie die Mutter diese derart schöne Regelmäßigkeit erzielt, und auch, wie sie dem Ei, sobald es gelegt und noch ganz klebrig ist, sein Dach aus einigen vom Hinterteil abgelösten Schuppen baut. Im Moment verrät uns nur die Struktur des Werkes, wie die Arbeit vor sich geht. Man kann erkennen, dass die Eier nicht in langen Reihen abgelegt werden, sondern offenbar im Rund, in Ringen, die durch die alternierenden Körner übereinanderliegen. Die Eiablage beginnt unten, am unte-

ren Ende des Piniennadelpaares, und endet oben. Die zuerst gelegten Eier sind jene des unteren Ringes, die letzten die des oberen. Die Anordnung der Schuppen in Längsrichtung, die an ihrem der Spitze der Nadel zugewandten Ende befestigt sind, ist ebenso ausgerichtet.

Betrachten wir die elegante Anordnung vor unseren Augen im Licht der Reflexion. Ob jung oder alt, ungebildet oder gebildet, wir alle werden beim Anblick der zierlichen Ähre des Spinners sagen: »Wie schön!« Und was uns am meisten beeindruckt, sind nicht die hübschen Emailleperlen, sondern die unglaubliche Regelmäßigkeit ihrer geometrischen Anordnung. Eine folgenreiche Behauptung: Eine ausgezeichnete Ordnung regiert das Werk eines Bewusstseinslosen, eines Niedrigen unter den Niedrigsten. Ein kümmerlicher Falter folgt den harmonischen Gesetzen der Ordnung.

Wenn dem Micromégas[27] die Idee käme, noch einmal die Welt des Sirius zu verlassen und unseren Planeten zu besuchen, würde er bei uns etwas Schönes finden? Voltaire zeigt ihn uns, wie er aus einem Diamanten seiner Halskette eine Lupe macht, um sich ein wenig genauer den Dreidecker anzusehen, der an seinem Daumennagel auf Grund gelaufen ist. Es kommt zum Gespräch mit der Mannschaft. Ein abgeschnittener Fingernagel, zu einem Schalltrichter gebogen, umfasst das Schiff und dient als Flüstertüte; ein kleiner Zahnstocher, der mit seiner dünnen Spitze das Schiff berührt und mit dem anderen Ende die Lippen des Riesen in einigen tausend Klaftern Höhe, wird zum Telefon. Aus diesem berühmten Dialog folgt, dass, wenn man die Dinge vernünftig beurteilen und sie unter neuen Gesichtspunkten betrachten will, es das Beste wäre, das Sonnensystem zu wechseln.

Es ist wahrscheinlich, dass der Mann vom Sirius die Schönheit unserer Kunst recht armselig fände. Für ihn wären die Meisterwerke unserer Bildhauer, selbst unter dem Meißel eines Phidias, Püppchen aus Marmor oder Bronze, keiner größeren Beachtung wert als uns die Gummipuppen der Kinder; unsere Landschaftsgemälde wären ihm stinkende Spinatgerichte, unsere Opernpartituren nichts als Krach.

All diese Dinge aus dem Bereich der Sinne haben nur einen relativen ästhetischen Wert, abhängig vom Wesen, das sie beurteilt. Gewiss, die Venus von Milo und der Apoll von Belvedere sind Meisterwerke; aber es braucht auch einen geschulten Blick, um sie wertzuschätzen. Wenn Micromégas sie sähe, würde er das Zierliche der menschlichen Formen bemitleiden. Schönheit besteht für ihn in anderem als unserer armseligen Frosch-Muskulatur.

Zeigen wir ihm dagegen diese Art verhinderter Windmühle, mit deren Hilfe uns Pythagoras, das Echo der ägyptischen Weisen, die grundlegende Eigenschaft des rechtwinkeligen Dreiecks lehrt. Erklären wir dem guten Riesen, sollte er wider Erwarten in der Sache nicht bewandert sein, die Bedeutung der Mühle. Wenn ihm ein Licht aufgeht, wird er genau wie wir finden, dass darin Schönheit liegt, wahrhafte Schönheit; sicherlich nicht in der Figur, dieser scheußlichen Hieroglyphe, sondern in dem unveränderlichen Verhältnis der drei Seiten zueinander; er wird ganz genauso wie wir die ewige Geometrie bewundern, die dem Raum das rechte Maß gibt.

Im Bereich der Vernunft gibt es also Schönheit im strengen Sinn, die in allen Welten gleich ist, gleich unter allen Sonnen, seien sie einfach oder vielfältig, weiß oder rot, gelb oder blau. Diese universale Schönheit ist die Ordnung. Alles hat Maß und Gewicht; ein großes Wort, dessen Wahrheit umso klarer hervortritt, je näher man dem Mysterium der Dinge kommt. Ist diese Ordnung, die Grundlage des universellen Gleichgewichts, das zufällige Ergebnis eines blinden Mechanismus? Oder liegt sie im Plan eines Ewigen Geometers, wie Platon sagte? Ist sie die Schönheit eines souveränen Ästheten, der Ursache von allem?

Woher kommt diese perfekte Regelmäßigkeit in der Krümmung der Blütenblätter einer Blume, diese Eleganz in den Ziselierungen der Deckflügel eines Käfers? Ist eine derartige Anmut bis in die winzigsten Einzelheiten vereinbar mit den Brutalitäten der sich selbst überlassenen Kräfte? Das ist, als sei das feine, von einem Künstler gefertigte Medaillon von einem Maschinenhammer gemacht worden, der die Schlacke vom Guss schlägt.

Dies sind nun wohl hochtrabende Erwägungen hinsichtlich des ärmlichen Zylinders, aus dem die Raupen hervorgehen. Das ist allerdings unvermeidlich. Geht man den einzelnen Dingen tiefer auf den Grund, erhebt sich ein Warum, auf das die wissenschaftliche Forschung nicht zu antworten weiß. Das Rätsel der Welt erklärt sich anderswo als in den bescheidenen Wahrheiten unserer Laboratorien. Aber lassen wir Micromégas philosophieren und kehren wir zurück auf den Boden nüchterner Beobachtung.

In der Kunst, die Perlen des Geleges gleichmäßig anzuordnen, hat der Pinienprozessionsspinner Schüler. Zu ihnen gehört der Ringelspinner, dessen Raupe wegen ihres Kostüms unter dem Namen Livree bekannt ist. Seine Eier sind in Ringen um dünne Zweige verschiedener Art gewunden, vor allem beim Apfel- und Birnbaum. Wer dieses anmutige Werk zum ersten Mal sieht, möchte es gerne der Fingerfertigkeit einer tüchtigen Perlenstickerin zuschreiben. Mein Sohn Paulchen reißt erstaunt die Augen auf und stößt jedes Mal ein überraschtes Oh! aus, wenn er das zierliche Band erblickt. Die Schönheit der Ordnung erstrahlt in der Morgenröte seiner Auffassungskraft.

Weniger lang und vor allem ohne jede Hülle erinnert der Ring des Ringelspinners an den Zylinder des anderen, nachdem man dessen schuppige Umkleidung abgestreift hat. Es wäre ein Leichtes, weitere Beispiele dieser anmutigen Ordnung anzuführen, die mal so, mal so, immer aber von vollendeter Kunstfertigkeit sind. Dafür fehlt die Zeit. Beschäftigen wir uns mit dem Pinienprozessionsspinner.

Der Schlupf findet im September statt, ein wenig früher bei diesem Zylinder, ein wenig später beim anderen. Um die Neugeborenen bei ihrer ersten Arbeit gut beobachten zu können, habe ich ans Fenster meines Arbeitszimmers einige Zweige gestellt, die Gelege tragen. Sie stehen in einem Glas Wasser, damit sie eine Weile frisch bleiben.

Früh, gegen acht Uhr, bevor die Sonne durch das Fenster scheint, verlassen die kleinen Raupen ihr Ei. Wenn ich die Schuppen des Zylinders während des Schlupfs etwas anhebe, sehe ich schwarze

Köpfe sich emporrecken, die knabbern, reißen und die aufgebrochenen Decken zurücklassen. Die Tierchen tauchen allmählich auf, eines hier, ein anderes dort, auf der gesamten Oberfläche verteilt.

Nach dem Schlupf ist der schuppige Zylinder so regelmäßig und unverändert, als sei er noch bevölkert. Nur wenn man die Pailletten anhebt, erkennt man, dass er verlassen ist. Die Eier, immer noch in regelmäßigen Reihen, sind dann leere Tässchen von durchscheinendem Weiß; ihnen fehlt aber der halbkugelförmige Deckel, den die Neugeborenen zerstört und zerfetzt haben.

Die schmächtigen Kreaturen sind kaum einen Millimeter lang. Sie ziert noch nicht das lebhafte Rot, das sie bald schmücken wird, sondern ein blasses Gelb. Lauter stachelige Härchen kleiden sie, von denen einige kurz und schwarz, andere lang und weiß sind. Der glänzend schwarze Kopf ist verhältnismäßig stattlich. In seinem Durchmesser ist er zweimal so groß wie der Leib. Dieser übertrieben mächtige Kopf muss der Kraft der Kiefer entsprechen, die gleich zu Beginn fähig sind, zähe Speisen anzupacken. Ein enormer, mit einem kräftigen Horn gepanzerter Kopf ist charakteristisch für das neugeborene Tierchen.

Man sieht: Diese Großköpfe sind von vornherein gut gegen die Härte der Piniennadeln gerüstet, so gut, dass sie fast unmittelbar mit der Mahlzeit beginnen. Nachdem die jungen Raupen einige Augenblicke aufs Geratewohl zwischen den Schuppen der gemeinsamen Wiege umhergeirrt sind, kriechen die meisten auf das Nadelpaar, das dem Zylinder als Achse dient, und strecken sich dort aus. Andere begeben sich zu benachbarten Nadeln. Hier wie dort begibt man sich zu Tisch und die benagte Nadel ist bald von zarten geradlinigen Furchen durchzogen; die Rippen bleiben unversehrt.

Von Zeit zu Zeit bilden drei oder vier Schmausende eine Reihe, bewegen sich ein Stück gemeinsam, trennen sich wieder und gehen jeder seiner Wege. Das ist eine Vorübung für die künftige Prozession. Sobald ich sie nur ein wenig störe, wackeln sie mit der vorderen Körperhälfte und bewegen ruckartig den Kopf hin und her wie eine zeitweilig aussetzende Sprungfeder.

Kaum erreicht die Sonne die Fensterecke, in der die zarte Aufzucht stattfindet, kehrt die nun ausreichend gestärkte kleine Kinderschar zum Fuß des heimischen Nadelpaars zurück, schließt sich dort völlig ungeordnet zusammen und beginnt zu spinnen. Ihr Werk ist ein kugelförmiges Gebilde aus feinster Gaze, das an einigen benachbarten Nadeln Halt findet. Unter diesem Zelt, einem Netz von sehr dünner Zeltbahn, wird in größter Hitze und stechendem Licht Siesta gehalten. Am Nachmittag, wenn die Sonne vom Fenster verschwunden ist, verlässt die Schar ihre Schlupfwinkel, zerstreut sich, läuft im Umkreis von einem Zoll ein wenig in der Prozession und frisst weiter.

So festigen sich vom Schlupf an deutlich die Talente, die sich im Alter entwickeln, ohne dass etwas hinzukäme. Kaum eine Stunde nach Durchbrechen des Eis geht die Raupe in der Prozession und spinnt. Von dem Augenblick an, in dem sie sich durch Nahrung stärkt, ist sie auch lichtscheu. Wir werden bald sehen, dass sie nur noch nachts auf die Weide geht.

Obschon noch schwach, ist die Spinnerin doch so fleißig, dass die Seidenkugel in vierundzwanzig Stunden die Größe einer Haselnuss erreicht, nach zwei Wochen die eines Apfels. Dennoch ist dies nicht die große Unterkunft, in welcher der Winter verbracht wird. Es ist ein provisorischer, leichter Unterschlupf, der nicht viel Material benötigt. Die Milde der Jahreszeit verlangt nichts weiter. Die jungen Raupen benagen unbekümmert die Deckenbalken und Masten, zwischen denen die Fäden gespannt sind, die Nadeln innerhalb des Seidengeheges. Ihr Bauwerk liefert zugleich Nahrung und Dach, hervorragend geeignet für dieses zarte Alter, um gefährliche Ausflüge vermeiden zu können. Die Hängematte der Schmächtigen ist zugleich ihr Speiseschrank.

Abgeknabbert bis auf die Rippen, vertrocknen die Stütznadeln, sie lösen sich leicht vom Zweig, und die Seidenkugel wird zur baufälligen Hütte, die unter einem Windstoß einstürzt. Dann zieht die Kinderschar um und richtet anderswo ein neues Zelt auf, so wenig beständig wie das erste. Wie der Araber, der weiterzieht, wenn die

Weiden rings um seine Kamelhaarzelte abgegrast sind. Diese zeitweiligen Unterkünfte werden immer wieder neu errichtet, in immer größerer Höhe, sodass die Schar, die an den unteren, zu Boden hängenden Zweigen geschlüpft war, schließlich auf höheres Geäst gelangt, manchmal bis zum Wipfel der Pinie hinauf.

Nach einigen Wochen ersetzt eine erste Häutung den bescheidenen blassen, behaarten und unansehnlichen Pelz durch einen anderen von großer Pracht und Eleganz. Am Rücken sind die verschiedenen Segmente, bis auf die ersten drei, mit einem Mosaik von sechs kleinen kahlen johannisbeerroten Platten geziert, die auf dem schwarzen Grund der Haut hervorstechen. Vorn sind die zwei größten, zwei sind hinten und eine fast punktförmige auf jeder Seite des Vierecks. Ihr Ensemble ist von lebhaft roten Haaren umrandet, die auseinanderstehen, aber fast liegen. Die übrigen Haare an Bauch und Flanken sind länger und weißlich.

Im Mittelpunkt dieser purpurnen Einlegearbeit erheben sich zwei Büschel sehr kurzer Härchen, die beisammenstehen wie flache Federbüsche und in der Sonne leuchten wie goldene Punkte. Die Länge der Raupe beträgt dann etwa zwei Zentimeter, auf drei bis vier Millimeter Breite. Sie trägt das Kleid des mittleren Alters, das Réaumur so wenig kannte wie das erste.

XIX
Die Pinienprozessionsspinnerraupe. Das Nest. Die Gesellschaft

Indes sind die Novemberfröste gekommen; es ist Zeit, ein solides Winterhaus zu bauen. Hoch oben in der Pinie wird das äußerste Ende eines dicht mit Nadeln bewachsenen Zweigs ausgewählt. Die Spinnerinnen umhüllen es mit einem losen Netz, das die benachbarten Nadeln etwas zueinanderbiegt, bis sie sich der Achse nähern und in das Gewebe eintauchen. So wird ein halb seidiges, halb nadeliges Gehege geschaffen, das den Witterungsunbilden widerstehen kann.

Anfang Dezember hat das Werk die Größe von zwei Fäusten und mehr. Gegen Ende des Winters, wenn es vollständig fertig ist, erreicht es ein Volumen von mehreren Litern. Es ist ein grobgeformtes Ovoid, das sich nach unten hin verschlankt und zu einer Scheide verlängert, die den tragenden Zweig mit einhüllt. Der Zweck dieser seidenen Verlängerung ist folgender:

Wenn es das Wetter erlaubt, verlassen die Raupen ihr Nest jeden Abend zwischen sieben und neun Uhr und steigen zu dem kahlen Teil des Zweiges hinab, der Achse der Behausung. Dieser Weg ist breit, denn der Zweig hat zuweilen die Dicke eines Flaschenhalses. Der Abstieg geschieht ungeordnet und langsam, sodass die zuerst Herausgekommenen sich noch nicht zerstreut haben, während die letzten bereits zu ihnen stoßen. Der Zweig ist von einer Art zusammenhängender Rinde aus Raupen bedeckt, mit der ganzen Gemeinschaft, die sich allmählich in Gruppen zu beiden Seiten auf die nahestehenden Zweige verstreut, um die Nadeln abzuweiden. Aber keine marschiert, ohne mit der Spinndrüse zu arbeiten. Die breite Bahn des Abstiegs, die auf dem Rückweg zum Aufstieg wird, bedeckt sich also durch dieses unzählig oft wiederholte Hin und Her mit vielen Fäden, welche die Scheide verlängern.

Es springt sofort ins Auge, dass dieses Etui, das von jeder Raupe, die in den Auszugsnächten vor- und wieder zurückläuft, zweimal passiert wird, kein einfacher Wegweiser ist, um das Nest auf dem Rückweg leichter wiederzufinden; dafür genügte ein simples Band. Sein Nutzen besteht vielmehr darin, das Bauwerk zu stabilisieren, ihm ein festes Fundament zu geben und durch eine Menge von Fäden mit dem unerschütterlichen Zweig zu verbinden.

Das Ganze umfasst also oben die zum Ovoid aufgeblähte Behausung und unten die Stütze, die Scheide, die den Träger einschließt und mit seiner Festigkeit die übrigen, bereits zahlreich vorhandenen Verbindungen verstärkt.

Jedes Nest, das noch nicht vom längeren Aufenthalt der Raupen verformt ist, hat im Kern ein geräumiges Gehäuse von undurchsichtigem Weiß, das von durchscheinender Gaze umhüllt ist. Diese zentrale, aus dichten Fäden kompakt gesponnene Masse hat als Wandung einen dichten Molton, in den zur Unterstützung zahlreiche unversehrte grüne Nadeln eingewoben sind. Diese Mauer wird bis zu zwei Zentimetern dick.

Oben auf der Wölbung befinden sich in verschiedener Anzahl und beliebig verteilt offene runde Löcher vom Durchmesser eines gewöhnlichen Bleistifts. Es sind die Haustüren der Unterkunft: Hier gehen die Raupen aus und ein. Rings um die Schale stechen vom Zahn verschonte Nadeln heraus. Von der Spitze einer jeden strahlen anmutig gekrümmte Fäden ab, die locker miteinander verschlungen sind und einen zarten Vorhang bilden; eine vor allem im oberen Teil geräumige und sorgfältig gearbeitete Veranda.

Hier haben wir eine weitläufige Terrasse, auf der die Raupen tagsüber in der Sonne dösen, dicht aneinandergedrängt und zusammengekringelt. Das über ihnen ausgespannte Netz ist der Betthimmel: Es mäßigt die Sonnenstrahlen und bewahrt die Schlummernden vor einem Absturz, wenn der Wind durch die Zweige fährt.

Schlitzen wir mit einer Schere das Netz entlang der Mittellinie auf. Durch dieses weit geöffnete Fenster können wir die Anordnung im Innern betrachten. Zuallererst beeindruckt uns Folgendes: Die vom Gehege eingeschlossenen Nadeln sind unversehrt und voller Lebenskraft. In ihren zeitweiligen Unterkünften benagen die jungen Raupen die von der Seidenhülle umschlossenen Nadeln, bis diese absterben; ist das Wetter schlecht, haben sie so für einige Tage einen gefüllten Speiseschrank, ohne ihren Schlupfwinkel zu verlassen, wie es ihre Schwäche verlangt. Wenn sie erstarkt sind und an ihrem Winterhaus arbeiten, hüten sie sich offenbar, daran zu knabbern. Woher diese Gewissensbisse?

Die Ursache ist offensichtlich. Wären sie zernagt, würden diese Nadeln, die das Gerüst des Hauses bilden, sofort vertrocknen und sich unter dem Nordwind lösen. Der Seidenbeutel bräche ohne sein Gerüst zusammen. Bleiben sie verschont und in vollem Saft, bilden sie einen festen Halt gegen den Ansturm des Winters. Für das Eintageszelt in der schönen Jahreszeit ist eine feste Aufhängung unnötig; hingegen für eine dauerhafte Unterkunft, die vor eisigen Winden Schutz bietet und auf der Schneemassen lasten, ist sie unverzichtbar. Die Spinnerin weiß um diese Gefahr und versagt sich, die Balken ihres Hauses zu zersägen – mag sie der Hunger noch so sehr quälen.

Im Inneren des durch meine Schere geöffneten Nestes sehe ich also eine dichte Reihe grüner Nadeln, mehr oder weniger eingehüllt von einer seidenen Umkleidung, an der Fetzen abgeworfener Haut und die Rosenkränze trockener Kötel baumeln. Dieses Innere, Müllhalde und Lumpensammlung zugleich, ist schlichtweg unschön, und entspricht in keinster Weise dem prachtvollen Äußeren. Ringsum die dicke Mauer, ein Gemisch aus Molton und Nadeln. Keine Kammern, keine durch Zwischenwände abgegrenzten Fächer. Das ganze Ding ist ein einziger Raum, der durch die Säulenreihen der grünen Nadeln, die auf allen Höhen des Ovoids durcheinanderragen, zum Labyrinth wird. Hier begeben sich die Raupen zur Ruhe, scharen sich an den Pfeilern zusammen und klumpen sich zu ungeordneten Haufen.

Wenn man das unüberschaubare Gewirr der oberen Wölbung abhebt, sieht man an einigen Stellen der Halbkugel Licht einsickern. Diese Lichtpunkte entstehen durch die Zugangslöcher. Die Hülle des gesamten Netzes hat keine eigenen Öffnungen. Um es zu durchqueren, müssen die Raupen bloß die spärlichen Fäden etwas zur Seite schieben. Der innere Bereich, ein fester Schutzwall, hat seine Haustüren, der leichte Vorhang draußen nicht.

Gegen zehn Uhr am Vormittag verlassen die Raupen ihr Nachtlager und sonnen sich auf ihrer Terrasse unter dem Vordach, das die Nadelspitzen stützen. Den ganzen Tag über halten sie hier Siesta. Reglos aneinandergedrängt, genießen sie die Wärme und zeigen ihre Glückseligkeit ab und zu durch ruckhaftes Kopfschütteln. Zwischen sechs und sieben Uhr, wenn es ganz finster ist, erwachen die Dösenden und strecken sich; sie lösen sich voneinander und verteilen sich je nach Laune auf der gesamten Oberfläche des Nestes.

Das ist wahrhaftig ein bezauberndes Schauspiel. Lebhaft rote Zebrastreifen bewegen sich wellenförmig in alle Richtungen auf dem weißen Seidentuch. Diese Raupe steigt hinauf, diese hinunter, diese spaziert quer hinüber, andere formen Prozessionen in kurzen Reihen. Und alles marschiert bedächtig, in großartiger Unordnung, und jede verklebt auf ihrem Weg einen weiteren Faden, der ihr ständig von der Lippe hängt.

So wird das Dach durch eine feine Schicht verstärkt, die sich über die vorherige Arbeit legt; die Behausung festig sich durch immer neue Stützpunkte. Die benachbarten grünen Nadeln werden vom Netz erfasst und in die Konstruktion integriert. Zwar bleiben ihre Enden frei, aber Fäden gehen von ihnen aus, die das Netz vergrößern und es weiter entfernt anknüpfen. Wenn das Wetter es erlaubt, herrscht jeden Abend zwei Stunden lang reges Treiben auf der Nestoberfläche; mit unermüdlichem Eifer wird die Befestigung und Verdickung der Behausung vorangetrieben.

Sehen sie die Zukunft voraus, sie, die sich so sorgfältig auf die rauen Wintertage vorbereiten? Das kann nicht sein. Ihre Erfahrung von wenigen Monaten, soweit man bei einer Raupe überhaupt von Erfahrung sprechen kann, besteht in schmackhaften Nadeln und süßem Schlummer in der Sonne auf der Nestterrasse; sie kennen bisher die kalten hartnäckigen Regenfälle nicht, das Eis, den Schnee und die wütenden Stürme.

Und sie, die noch nichts wissen von den Härten des Winters, schützen sich, als wüssten sie voll und ganz, was er ihnen beschert. Sie arbeiten an ihrer Behausung mit einer Entschlossenheit, die zu sagen scheint: »Ah, es wird herrlich sein, hier dicht aneinandergedrängt zu schlafen, während die Pinie ihre Raureif-Kandelaber schwenkt! Arbeiten wir wacker, *laboremus*[28]!«

Ja, meine lieben Raupen, lasst uns wacker arbeiten, groß und klein, Mensch und Wurm, damit wir ruhig in Schlaf sinken können, ihr in jene Starre, die eure Verwandlung zum Schmetterling vorbereitet, wir in jenen letzten Schlummer, der das Leben abbricht, um es zu erneuern. *Laboremus!*

Im Wunsch, die Sitten meiner Raupen auf den Pinien meiner Einfriedung in allen Einzelheiten nicht nur im Schein der Laterne und bei schlechtem Wetter beobachten zu können, habe ich ein halbes Dutzend Nester in einem Treibhaus untergebracht, einem bescheidenen verglasten Winkel, der, wenn auch kaum wärmer als draußen, wenigstens Schutz gegen Wind und Regen bietet. Jedes Nest wird mit dem Zweig, der ihm als Achse und Gerüst dient, in einigen Zoll Höhe in den Sand gesteckt und bekommt als Nahrungsvorrat ein Bündel kleiner Pinienzweige, die erneuert werden, sobald sie abgeweidet sind. Jeden Abend nehme ich die Laterne und besuche meine Pensionsgäste. Auf diese Weise habe ich die meisten meiner Erkenntnisse gewonnen.

Nach der Arbeit die Stärkung. Die Raupen kommen vom Nest herunter, verstärken die silbrige Scheide um den tragenden Ast um etliche Fäden und machen sich an den frischen, grünen Strauß gleich daneben. Ein prächtiger Anblick, diese Schar mit dem roten Pelz, zu zweit, zu dritt auf jeder Nadel, und zwar in derart gedrängten Reihen, dass die Zweiglein des grünen Straußes sich unter der Last biegen.

Die Tischgäste, ganz reglos, alle mit dem Kopf voran, nagen schweigend und einvernehmlich. Ihr schwarzer Schädel funkelt im Schimmer der Laterne. Unten auf dem Sand regnet es Körnchen. Das sind die Überreste der kräftigen, rasch verdauenden Bäuche. Morgen früh wird der Boden unter einer grünlichen Schicht dieses Hagels aus den Eingeweiden verschwunden sein. Ja, ein wahrhaft sehenswertes Schauspiel, interessanter als die bekannten Kammern des Seidenwurms. Wir, jung und alt, sind so begeistert, dass der Abend gewöhnlich mit einer Visite bei den Raupen im Treibhaus beschlossen wird.

Die Mahlzeit währt bis spät in der Nacht. Sind sie dann endlich satt, kehren sie, die eine früher, die andere später, zum Nest zurück; oder sie spinnen gelegentlich auch an der Oberfläche weiter, solange ihre Spinndrüsen noch Vorrat haben. Diese Fleißigen überfiele ein schlechtes Gewissen, wenn sie die weiße Fläche überquerten, ohne einige Fäden hinzuzufügen. Erst gegen ein oder zwei Uhr am Morgen ist die ganze Schar wieder daheim.

Meine Aufgabe als ihr Ernährer besteht darin, jeden Tag das Bündel von Zweiglein zu erneuern, das bis auf die letzte Nadel abgefressen ist; andererseits ist es meine Pflicht als Geschichtsschreiber, herauszufinden, inwieweit die Nahrung verändert werden kann. In der Flur habe ich die Nester der Prozessionsspinnerraupen ausschließlich auf der Föhre, der Strand- und der Aleppokiefer entdeckt, nie auf anderen Nadelbäumen. Allem Anschein nach müsste aber jede nach Harz duftende Nadel passen. Das besagen zumindest die Analysen der Chemie.

Misstrauen wir der Retorte, wenn sie sich ins Kochen einmischt; lassen wir sie Butter bereiten aus Kerzentalg, Kognac aus Kartoffeln, und wenn sie uns versichert, die Produkte seien identisch, lasst uns ihre Scheußlichkeiten schlicht ablehnen. Die Wissenschaft, die so erstaunlich viele Gifte kennt, wird uns nie etwas Essbares bereiten; denn wenn die Rohsubstanz auch ihr Kerngebiet ist, so übersteigt diese Substanz doch ihre Möglichkeiten, wenn es darum geht, sie so zu bearbeiten, zu zergliedern und zu zerteilen, wie es die Arbeit des Lebens verlangt; den Anforderungen unseres Magens werden unsere Reagenzien nicht gerecht. Die Materie der Zelle und der Faser wird sich vielleicht eines Tages künstlich herstellen lassen; die Zelle und die Faser selbst niemals. Hierin besteht die Unmöglichkeit einer Ernährung durch die Retorte.

Die Raupen bestätigen uns deutlich die unüberwindliche Schwierigkeit des Problems. Im Vertrauen auf die Angaben der Chemie biete ich ihnen verschiedene Ersatzpflanzen an, die in meiner Einfriedung wachsen: Tanne, Eibe, Thuja, Wacholder. Beißt hinein, ihr Pinienraupen! Sie hüten sich davor, trotz des lockenden Harzdufts. Lieber gehen sie an Hunger ein, als es anzurühren. Mit einer Ausnahme, der Zeder. Meine Pensionsgäste fressen sie ohne erkennbaren Widerwillen. Weshalb die Zeder und die anderen nicht? Ich weiß es nicht. Wählerisch wie der unsere hat auch der Raupenmagen seine Geheimnisse.

Versuchen wir etwas anderes. Eben habe ich durch einen langen Schnitt entlang der Mittellinie das Nest geöffnet, dessen inneren Aufbau ich erfassen will. Durch das natürliche Zurückweichen des gespaltenen Moltons klafft der Riss in seiner Mitte zwei Finger breit; oben und unten wird er schmaler, spindelförmig. Was werden die Spinnerinnen angesichts eines solchen Schadens tun? Die Operation wird am Tag durchgeführt, während die Raupen in Gruppen auf der Kuppel schlummern. Die Kammer ist dann leer, also kann ich frischheraus mit der Schere schneiden, ohne einen Teil der Population zu verletzen.

Meine Beschädigungen wecken die Schlafenden nicht auf: Den ganzen Tag über erscheint keine an der Bresche. Diese Gleichgültigkeit kommt wahrscheinlich daher, dass die Gefahr noch nicht erkannt wurde. Das wird heute Abend anders sein, wenn sich wieder alles belebt. So beschränkt die Raupen auch sind, sie werden doch sicherlich dieses ungeheure Fenster bemerken, das den tödlichen Zugwinden des Winters freien Zutritt gewährt; da sie im Überfluss Material zum Abdichten besitzen, werden sie sich um den gefährlichen Spalt drängen und ihn in ein oder zwei Arbeitsgängen zustopfen. So denke ich und vergesse darüber die Beschränktheit des Tieres.

Als die Nacht anbricht, bleibt nämlich die Gleichgültigkeit bestehen. Die Bresche im Zelt verursacht keinerlei Aufregung. Die Raupen laufen auf der Nestoberfläche hin und her; sie arbeiten und spinnen wie gewöhnlich. Nichts, rein gar nichts, hat sich in ihrer Handlungsweise geändert. Die Zufälligkeiten des Weges bringen manche an die Ränder des Abgrunds. Dort keinerlei Hast, kein Anzeichen von Angst, kein Versuch, die beiden Ränder des Risses einander anzunähern. Sie versuchen einfach, die schwierige Passage zu überwinden und ihren Spaziergang fortzusetzen, als liefen sie auf unversehrtem Gewebe umher. Das gelingt ihnen mehr schlecht als recht, indem sie den Faden so weit entfernt anheften, wie es ihre Körperlänge erlaubt.

Ist die Schlucht überwunden, verfolgen sie unbeirrbar ihren Weg, ohne sich an der Bresche weiter aufzuhalten. Andere kommen hinzu, welche die bereits gespannten Fäden als Steg benutzen, den Riss überqueren, ihren eigenen Faden hinterlassen und weitermarschieren. So spannen sie im ersten Anlauf eine feine Gaze über den Spalt, die kaum zu sehen ist und gerade eben für die Bewegungen der Kolonie ausreicht. Ähnliches wiederholt sich in den folgenden Nächten und schließlich ist der Riss mit einem mageren Spinnennetz wieder geschlossen. Das ist alles.

Am Ende des Winters nichts weiter. Das durch meine Schere geöffnete Fenster klafft immer noch weit, nur dürftig verschleiert; schwarz zeichnet sich seine Spindelform von der Basis bis zum Gipfel des Nestes ab. Der zerrisssene Stoff wird nicht gestopft, kein Stück Molton zur Reparatur des Daches zwischen die beiden klaffenden Ränder eingeschoben. Wenn sich das Unglück im Freien und nicht hinter schützendem Glas ereignet hätte, wären die unfähigen Spinnerinnen in ihrem rissigen Haus vor Kälte eingegangen.

Das zweimal mit den gleichen Ergebnissen wiederholte Experiment bestätigt, dass die Pinienraupen die Gefahr ihres aufgeschlitzten Hauses nicht erkennen. Sie, diese tüchtigen Spinnerinnen, sind sich offenbar des Ruins ihres Werkes so wenig bewusst wie die Webspulen einer Manufaktur ihres gerissenen Fadens. Wenn sie die Seide, die sie sonst ohne Notwendigkeit verschwenden, zum Reparieren des Schadens verwendeten, könnten sie die Behausung leicht wieder verschließen; sie könnten an dieser Stelle einen Stoff weben, der ebenso dicht und solide ist wie die übrige Wandung.

Aber nein, friedlich setzen sie das alltägliche Geschäft fort; sie spinnen heute, wie sie gestern gesponnen haben und morgen spinnen werden. Sie verfestigen die bereits festen Stellen, sie verdichten, was bereits dicht genug ist, und keine denkt daran, den verhängnisvollen Spalt zu stopfen. Ein Stück in diese Lücke einzusetzen, hieße, das Gewebe des Spalts neu zu knüpfen, aber das Insekt kehrt nicht zu dem zurück, was es bereits getan hat.

Mehrmals habe ich diesen Punkt der tierischen Psychologie beleuchtet; insbesondere anhand der Unfähigkeit der Raupe des Nachtpfauenauges. Wenn der Experimentator die reusenartige

Verlängerung am spitzen Ende des Kokons abschneidet, verwendet diese Raupe die restliche Seide für zweitrangige Arbeiten, statt die Reihe der ineinandergreifenden Kegel zu reparieren, die für den Schutz der Eingeschlossenen so unerlässlich ist; unbeirrt setzt sie ihr normales Geschäft fort, als sei nichts Außergewöhnliches passiert. Ebenso verfährt der Pinienprozessionsspinner mit seinem aufgerissenen Zelt.

Eine weitere Schikane deines Züchters, meine liebe Prozessionsspinnerraupe, diesmal aber zu deinem Vorteil. Ich hatte gleich bemerkt, dass die Winternester oft eine viel größere Population bergen als die zeitweiligen Unterkünfte, die von den sehr jungen Raupen gewebt werden; ich stelle auch fest, dass die voll ausgebauten Nester von unterschiedlicher Größe sind. Die größten entsprechen fünf oder sechs kleineren. Woher diese Unterschiede?

Gewiss, wenn alle Eier gediehen, würde der schuppige Zylinder, in dem sich das Gelege einer Mutter befindet, ausreichen, um ein ansehnliches Gehäuse zu bevölkern: Darin sind dreihundert Schlupf-Emailleperlen. Aber diese übermäßig wimmelnden Kinderscharen werden immer drastisch dezimiert, wodurch das Gleichgewicht nicht aus den Fugen gerät; die Berufenen sind Legion, die Auserwählten[29] eine stark dezimierte Schar; das bezeugen die Zikade, die Mantis religiosa und die Grille.

Die Pinienprozessionsspinnerraupe, eine weitere Fabrik organischer Materie, von der unterschiedliche Mäuler profitieren, schlüpft also in beschränkter Zahl. Von den zarten Bissen überleben nur einige Dutzend rings um die leichten kugeligen Netze, in denen die Kinderschar die schönen Herbsttage verbringt. Es wird Zeit, an das feste Winterzelt zu denken. Dabei wäre es vorteilhaft, zu vielen zu sein, denn Zusammenhalt macht stark.

Ich habe eine einfache Vermutung, wie es zur Vereinigung verschiedener Kinderscharen kommt: Auf ihren Pilgerpfaden auf dem Baum werden die Raupen von ihrem Seidenstreifen geleitet, dem sie auf dem Rückweg folgen und dabei einen Haken beschreiben. Sie können ihn allerdings auch verfehlen und auf einen anderen stoßen, der sich in nichts von dem ihren unterscheidet. Diese Bahn ist der Weg zu irgendeinem in der Nähe gelegenen anderen Nest. Die Verirrten folgen ihm treu, da sie ihn vom eigenen nicht unterscheiden können, und gelangen in eine fremden Behausung. Nehmen wir an, dass sie friedlich aufgenommen werden. Was geschieht dann?

Durch diese Verschmelzung werden die verschiedenen Gruppen, welche die zufällig befolgten Wege zusammenführten, eine mächtige Stadt bilden, die zu großen Werken fähig ist; vereint werden die Schwachen zu einer starken Gemeinschaft. Das erklärt die dicht bevölkerten riesigen Nester hier und die anderen, armseligeren, dort. Erstere sind das Werk eines Zusammenschlusses vereinigter Spinner verschiedener Herkunft; Letztere sind das Werk der Kinderscharen, die durch die Zufälle des Weges allein blieben.

Bleibt noch zu wissen, ob die von einem fremden Band verleiteten Zugezogenen in der neuen Behausung freundlich aufgenommen werden. In meinem Treibhaus ist es einfach, das Experiment durchzuführen. Am Abend, zur Zeit des Weidens, schneide ich mit einer Gartenschere die verschiedenen, von der Population eines Nestes bedeckten Zweiglein ab und bringe sie zu dem Nachbarnest, das ebenfalls von Raupen bedeckt ist. Um dies abzukürzen, kann ich auch das ganze dicht bevölkerte Bündel des ersten Beutels wegnehmen und es gleich neben dem Bündel des zweiten einstecken, sodass das Nadelwerk der beiden sich an den Spitzen berührt.

Nicht die geringste Zwietracht zwischen den wahren Eigentümern und den Zugezogenen. Beide fahren fort zu fressen, als ob nichts wäre. Wenn es an der Zeit ist, zurückzukehren, begeben sich alle zum Nest, ohne zu zögern, wie Geschwister, die immer schon zusammengelebt haben; alle spinnen gemeinsam, bevor sie schlafen gehen, und alle verdicken etwas das Dach; dann schlüpfen sie ins Schlafzimmer. Indem ich am nächsten und, wenn nötig, am übernächsten Tag das gleiche Experiment wiederhole, um die Nachzügler einzusammeln, gelingt es mir ohne Weiteres, das erste Nest völlig zu entvölkern und seine Raupen in das zweite umzuquartieren.

Ja, ich gehe noch weiter. Die gleiche Beförderungsmethode erlaubt mir, eine Spinnerei zu vervierfachen, indem ich ihr die Arbeiter aus drei weiteren Nestern zuführe. Und wenn ich es bei dieser Vergrößerung belasse, dann nicht, weil sich bei diesem ganzen Durcheinander irgendein Problem zeigte, sondern weil ich für dieses Experiment kein Ende sehe, derart gutmütig nehmen die Raupen jeden Neuankömmling auf. Je mehr Spinnerinnen, desto mehr wird gesponnen: eine sehr vernünftige Verhaltensregel.

Fügen wir hinzu, dass die Umgesiedelten sich nicht nach ihrer ersten Behausung zurücksehnen; sie sind bei den anderen wie daheim; sie versuchen nie, in das Nest zurückzukehren, aus dem meine List sie vertrieben hat. Es ist nicht die Entfernung, die sie entmutigt; die leerstehende Behausung ist höchstens zwei Zoll weit entfernt. Wenn ich für meine Studien das verlassene Nest wieder bevölkern will, muss ich erneut auf die Methode der Umsiedelung zurückgreifen, die immer Erfolg hat.

Später, im Februar, wenn ein schöner Tag von Zeit zu Zeit lange Prozessionen auf dem Sandweg und an den Wänden des Gewächshauses erlaubt, kann ich beobachten, wie zwei Gruppen miteinander verschmelzen, ohne dass ich eingegriffen hätte. Es genügt, die Entwicklung einer Marschreihe geduldig zu verfolgen. Sind sie aus ihrem Nest herausgekommen, sehe ich sie manchmal, gelenkt von einem zufälligen Richtungswechsel, in ein anderes zurückkehren. Die Neuankömmlinge sind von nun an Teil der Gemeinschaft wie die Alteingesessenen. Wenn die Raupen nachts auf der Pinie spazierengehen, müssen auf dieselbe Weise die anfangs schwachen Gruppen allmählich anwachsen, bis schließlich ausreichend Spinnerinnen vorhanden sind, um große Konstruktionen bauen zu können.

Alles gehört allen, sagt die Pinienprozessionsspinnerraupe, wenn sie das Nadelwerk ohne den geringsten Zwist mit dem fressenden Nachbarn abweidet, oder auch wenn sie in das Domizil der anderen eindringt, als beträte sie das eigene Haus, und dabei immer freundlich aufgenommen wird. Ob Fremde oder Stammesmitglied,

jede hat Platz im Schlaf- und Speisesaal. Das Nest der anderen ist ihr Nest; das Weideland der anderen ist ihr Weideland, zu gleichen Teilen, ihr steht weder mehr noch weniger zu als ihren Gefährtinnen, sei es nun die altbekannte Trift oder die, auf welche sie zufällig gestoßen ist.

Alle für einen und einer für alle, sagt die Prozessionsraupe, die jeden Abend ihr kleines Vermögen an Seide spendiert, um die Zuflucht zu vergrößern, die sie manchmal noch nicht einmal kennt. Was könnte sie allein anfangen mit ihrem winzigen Faden? Fast nichts. In der Spinnerei aber sind Hunderte und Aberhunderte; und aus ihren zu einem gemeinsamen Stoff verwebten winzigen Vorräten wird eine dichte Bedachung, die dem Winter die Stirn bieten kann. Indem jede für sich arbeitet, arbeitet sie für die anderen und diese arbeiten ihrerseits mit gleichem Eifer für jede. Oh, die glücklichen Tiere, die das Eigentum, die Mutter aller Schlachten, nicht kennen! Oh, die beneidenswerten Zönobiten, die vollkommenen Kommunismus, im eigentlichen Sinne, leben.

Diese Sitten der Raupen stimmen nachdenklich. Große Geister, die eher mit Fantasie als Logik begabt sind, empfehlen uns den Kommunismus als mächtiges Heilmittel gegen das menschliche Elend. Ist er beim Menschen zu verwirklichen? Glücklicherweise haben sich zu allen Zeiten Gemeinschaften gefunden, finden sich noch und werden sich immer finden, in denen es möglich ist, gemeinsam die Härten des Lebens ein wenig zu vergessen; aber kann man das verallgemeinern?

Die Pinienprozessionsspinnerraupe kann uns in dieser Hinsicht wertvolle Auskünfte geben. Erröten wir nicht: Das Tier teilt ja unsere materiellen Bedürfnisse; es kämpft wie wir um seinen Platz an der Tafel des Lebens; und die Art, in der es sein Existenzproblem löst, ist kein zu verachtender Gegenstand einer Untersuchung. Fragen wir also nach den Gründen für den Gemeinsinn der Prozessionsraupe.

Eine erste Antwort drängt sich auf: Das Problem der Nahrungsvorräte, dieser furchtbare Unruhestifter in der Welt, spielt hier keine Rolle. Es herrscht Frieden, sobald der Bauch sich kampflos füllen lässt. Eine Piniennadel, nicht mehr, reicht der Raupe als Mahlzeit; und diese Nadel ist immer da, unter dem Zahn, in unerschöpflicher Zahl, gleich vor der Haustür. Kommt der Appetit, geht man hinaus an die frische Luft und läuft ein wenig in der Prozession; dann nimmt man Platz an der Tafel, ohne mühsames Suchen und eifersüchtige Zankereien. Die Pinie ist derart ausladend und großzügig, dass es der prall gefüllten Speisekammer an nichts fehlt; es genügt, von einem Abend zum anderen am Tisch ein wenig weiterzurücken. Hinsichtlich der Nahrungsvorräte also keine Sorge in Gegenwart und Zukunft: Die Raupe findet beinahe ebenso leicht zu essen wie zu atmen.

Die Atmosphäre versorgt jede Kreatur so großzügig mit Luft, dass man sich nicht darum sorgen muss. Unbewusst, mühelos, ohne dafür etwas tun zu müssen, empfängt das Tier das lebensspendende Element. Die geizige Scholle dagegen gewährt ihre Güter nur, wenn sie mühsam dazu gezwungen wird. Zu wenig fruchtbar, um allen Bedürfnissen zu genügen, überlässt sie die Aufteilung der Speise dem Konkurrenzkampf.

Ein Bissen, den man sich erobern muss, schafft Krieg zwischen den Bedürftigen. Sieh her: Zwei Laufkäfer treffen gleichzeitig auf ein Stück vom Regenwurm. Wem von beiden gehört das Ding? Der erbitterte, hitzige Kampf wird es entscheiden. Zwischen diesen Hungrigen, die ab und zu etwas fressen und dennoch meist hungrig bleiben, ist ein gemeinsames Leben unmöglich.

Die Pinienraupe kennt diese Nöte nicht. Der Erdboden ist ihr gegenüber so großzügig wie die Atmosphäre; die Nahrung kostet sie nicht mehr als das Atmen. Es gibt weitere Beispiele für vollkommenen Kommunismus. Sie alle sind unter pflanzenfressenden Arten zu finden, unter der ausdrücklichen Bedingung, dass Vorräte reichlich vorhanden sind und man sie nicht erst mühsam suchen muss. Tierische Nahrung dagegen, Beute, die immer schwierig zu erlangen ist, verbannt den Gemeinschaftssinn. Wozu noch Tischgenossen, wenn es schon für einen Einzigen nicht reicht?

Die Prozessionsspinnerraupe kennt keinen Mangel. Auch von der Nachkommenschaft weiß sie nichts, eine weitere Quelle erbitterter Konkurrenz. Sich selbst einen Platz an der Sonne zu verschaffen, ist nur eine Seite des Lebenskampfes; man muss auch – im Rahmen der Möglichkeiten – den Platz für seine Nachkommen vorbereiten; und da die Erhaltung der Art schwerer wiegt als die des Einzelnen, tobt der Kampf um die Zukunft noch heftiger als der in der Gegenwart. Für jede Mutter steht das Wohl der Ihren an erster Stelle. Mag alles Übrige zugrundegehen, wenn nur die Brut gedeiht! Jeder für sich, so lautet die ihr auferlegte Pflicht im harten Lebenskampf; so lautet das Gesetz der Zukunft.

Bei der Mutterschaft und ihren strengen Pflichten hört der Kommunismus auf. Auf den ersten Blick bestätigen gewisse Hautflügler scheinbar das Gegenteil, zum Beispiel die Schuppen-Mörtelbiene, die in Myriaden auf demselben Ziegeldach nistet, auf dem alle Mütter zusammen ein monumentales Bauwerk errichten. Aber ist das wahrhaftig eine Gemeinschaft? In keiner Weise.

Es ist eine Stadt, in der man Nachbarn, aber keine Mitarbeiter hat. Jede Mutter formt hier ihre eigenen Honigtöpfe; jede häuft die Mitgift für die Ihren an, und nichts als die Mitgift für die Ihren; jede arbeitet bis zur Erschöpfung für ihre Kinderschar, und für nichts als ihre Kinderschar. Oho, das wäre eine schwerwiegende Angelegenheit, wenn eine sich einfach auf den Rand einer Zelle setzen wollte, die ihr nicht gehört: Die Hausherrin würde ihr schon durch heftige Rippenstöße begreiflich machen, dass solche Manieren hier nicht geduldet werden. Man müsste schleunigst verschwinden, damit es nicht zum Kampf kommt. Eigentum ist hier etwas Heiliges.

Obwohl die Honigbiene um einiges geselliger veranlagt ist, stellt nicht einmal sie eine Ausnahme vom mütterlichen Egoismus dar. Für jeden Bienenstock eine einzige Mutter. Gibt es zwei, bricht Krieg aus; eine von ihnen stirbt unter dem Dolchstoß der anderen oder wandert aus, gefolgt von einem Teil des Schwarms. Obwohl physisch in der Lage, Eier zu legen, verzichten die übrigen Bienen, etwa zwanzigtausend an der Zahl, auf die Mutterschaft und leben im Zölibat, um die zahlreiche Kinderschar der einzigen Mutter aufzuziehen. Unter gewissen Aspekten regiert auch hier Kommunismus; dafür wird allerdings die eigene Mutterschaft von der überwiegenden Mehrheit unterdrückt.

Ebenso bei den Wespen, Ameisen, Termiten und anderen in Gesellschaft lebenden Insekten. Das gemeinsame Leben kommt ihnen teuer zu stehen. Tausende und Abertausende bleiben unvollständig und werden bescheidene Handlanger für einige Wenige, die ein Geschlechtsleben haben. Ab dem Moment, in dem die Mutterschaft allen vergönnt ist, taucht der Individualismus wieder auf, trotz scheinbar kommunistischer Lebensweise, wie bei den Mörtelbienen. Die Pinienprozessionsspinnerraupe ist befreit davon, die Art zu erhalten. Sie hat kein Geschlecht, oder vielmehr, sie bereitet es im Verborgenen vor, unentschieden, ansatzweise, wie alles, was noch nicht ist und eines Tages werden soll. Wo Mutterschaft, diese Blüte des Erwachsenenalters, aufblüht, fehlen auch das individuelle Eigentum und die Rivalität nicht. Das Insekt, eben noch friedfertig, ist nun von egoistischer Intoleranz, wie die anderen. Die Mütter sondern sich ab und wachen eifersüchtig über die doppelte Nadel, an die der Eierzylinder befestigt werden muss; die Männchen kämpfen flügelschlagend um die Erwählte, bei diesen Gutmütigen ist es kein ernster Streit, aber doch ein blasses Abbild der tödlichen Schlachten, die so häufig in der Paarungszeit ausbrechen. Die Liebe beherrscht die Welt durch den Kampf; sie entfacht heftige Konkurrenz.

Fast geschlechtslos ist die Raupe gleichgültig gegen den Liebesinstinkt und erfüllt damit die Hauptbedingung für ein friedliches Leben in Gemeinschaft. Das ist noch nicht alles. Vollkommene Eintracht verlangt eine gleichmäßige Verteilung der Kräfte und Talente, der Neigungen und der Arbeitsfähigkeit. Diese Bedingung, die vielleicht über allen anderen steht, ist über alle Maßen erfüllt. Ob Hundert oder Tausend im selben Nest, es gibt zwischen ihnen keinen Unterschied.

Alle haben die gleiche Größe, die gleiche Kraft, tragen das gleiche Kleid; alle haben dasselbe Talent zum Spinnen und alle verwenden den Inhalt ihrer Seidenkrüglein für das Wohl der Gemeinschaft. Keine ist arbeitslos oder müßiggängerisch, wenn es gilt zu schuften. Allein aus Pflichterfüllung spinnen sie in der günstigen Jahreszeit jeden Abend, die eine so fleißig wie die andere, und leeren bis zum letzten Tropfen ihren Seidenvorrat, der den Tag über angeschwollen ist. In ihrem Volksstamm gibt es nicht Geschickte und Ungeschickte, Starke und Schwache, Maßvolle und Gierige, Wackere und Faule, Sparsame und Verschwender. Was die eine tut, tut die andere auch, mit demselben Eifer, weder besser noch schlechter. Wahrhaftig, eine herrliche Welt der Gleichheit, aber ach, eine Welt der Raupen!

Wenn wir bei der Prozessionsspinnerraupe Unterricht nehmen könnten, führte sie uns die Gehaltlosigkeit unserer gleichmacherischen kommunistischen Ideen vor Augen. Gleichheit, ein großartiges politisches Schlagwort, aber nicht mehr! Wo steckt sie denn, diese Gleichheit? Fänden wir denn in unserer Gesellschaft auch nur zwei Personen, die von gleicher Kraft wären, von gleicher Gesundheit, gleicher Intelligenz? Die gleich fähig wären zu arbeiten? Von gleicher Voraussicht? Gleich an so vielen anderen Gaben, die für das Gedeihen entscheidend sind? Wo fänden wir eine Entsprechung zur völligen Gleichheit unter den Raupen? Nirgends. Die Ungleichheit ist unser Los. Und das ist gut so.

Ein Ton, immer derselbe, noch so oft wiederholt, ergibt noch keine Harmonie. Dazu braucht es unterschiedliche, schwache und kräftige, tiefe und hohe Töne; ja, es braucht disharmonische, die durch ihre Ungeschliffenheit erst die Süße der Akkorde zur Geltung bringen. So sind auch die menschlichen Gesellschaften nur harmonisch durch die Ungleichheit. Wenn der Traum von der Gleichheit wahr würde, herrschte die Eintönigkeit einer Raupengesellschaft; Künste, Wissenschaften, Fortschritt, Gedankenflüge würden ewig in der langweiligen Ödnis der Mittelmäßigkeit vor sich hindämmern.

Und sollte diese allgemeine Gleichheit Wirklichkeit werden, wären wir immer noch sehr weit entfernt vom Kommunismus. Um dahin zu gelangen, müsste man die Familie abschaffen, so lehren es uns die Raupen und Plato; es müsste mühelos zu erlangende Nahrung im Überfluss geben. Solange aber der Bissen Brot schwierig zu bekommen ist und ein Gewerbe verlangt, eine Arbeit, zu der wir nicht alle gleicherweise taugen, solange die Kinderschar der geheiligte Beweggrund unserer Vorkehrungen ist, wird die großartige Theorie des Alle für einen und einer für alle nicht zu verwirklichen sein.

Würde es überhaupt gelingen, sich von der Mühe um das tägliche Brot für uns und die Unseren zu befreien? Das ist sehr zweifelhaft. Damit schafften wir die zwei großen Freuden auf dieser Welt ab, Arbeit und Familie, die einzigen Freuden, die dem Leben einen gewissen Wert verleihen; wir würden ersticken, was unsere Größe ausmacht. Und das Ergebnis dieses bestialischen Sakrilegs wäre eine Gemeinschaft menschlicher Raupen. Das lehrt uns die Pinienprozessionsspinnerraupe.

XX
Die Pinienprozessionsspinnerraupe. Die Prozession

Die Schafe des Händlers Dindenaut folgten dem einen, das Panurge heimtückisch ins Meer gestoßen hatte, und eines stürzte kopfüber dem anderen nach; denn, sagt Rabelais, »es liegt in der Natur des Schafs, diesem blödesten und unfähigsten Tier auf der Welt, immer dem Leithammel zu folgen, wohin auch immer der geht«. Die Pinienraupe ist noch schafshafter, nicht aus Unfähigkeit, sondern aus Notwendigkeit: Den Weg, den die Erste nimmt, nehmen alle anderen auch, in geordnetem Hintereinander, ohne eine Lücke.

Sie krabbeln in einer einzigen Reihe, einem fortlaufenden Band, jede berührt mit dem Kopf das Hinterteil der Vorangehenden. All die verschlungenen Kurven, welche die den Marsch anführende Raupe in ihrer Vagabundenlaune nimmt, ziehen die anderen peinlich genau nach. Nie hat sich im Altertum ein Zug zu den Festtagen nach Eleusis in schönerer Ordnung bewegt. Daher haben die Piniennager den Namen Prozessionsspinner.

Ihre Charakteristik wird erst vollständig, wenn man erwähnt, dass sie Seiltänzer sind, ihr Leben lang; sie laufen auf einem gespannten Seil, einer Schiene aus Seide, deren Strecke in ihrer Länge so gelegt wird, wie die erste Raupe sich vorwärtsbewegt. Diese erste Raupe, die zufällig den Kopf der Prozession bildet, lässt unablässig ihren Speichelfaden fließen und heftet ihn auf die Bahn, die ihre willkürlichen Launen sie nehmen heißen. Der Faden ist so dünn, dass der Blick durch die Lupe ihn mehr ahnt als sieht.

Aber da kommt schon die zweite auf dem zarten Steg daher und verdoppelt ihn durch ihren Faden; die nächste verdreifacht ihn; alle weiteren, so viele es sind, kleben den Ausstoß ihrer Spinndrüsen darauf, sodass, wenn die Prozession vorbeigezogen ist, als Spur ihres Durchmarsches ein schmales Band zurückbleibt, dessen gleißendes Weiß das Sonnenlicht spiegelt. Ihr Straßenbau ist aufwändiger als der unsere; sie verwenden einen Belag aus Seide, nicht aus Schotter. Wir befestigen unsere Straßen mit Kies und ebnen sie unter dem Druck einer schweren Walze; sie legen auf ihre Strecke eine sanfte Schiene aus Satin, ein gemeinsames Werk, aus einem Faden gesponnen.

Wofür dieser Luxus? Können sie nicht laufen wie die anderen Raupen, ohne kostspielige Vorkehrungen? Ich sehe zwei Gründe. Es ist Nacht, wenn die Prozessionsspinnerraupen losziehen, um die Kiefernnadeln abzuweiden. In tiefer Dunkelheit kommen sie aus ihrem Nest vom Ende eines Astes; entlang der abgenagten Achse kriechen sie hinab bis zur nächsten, noch nicht abgeweideten Verzweigung, und so nach und nach tiefer hinunter, je nachdem wie weit die Fresser die oberen Stockwerke bereits geschoren haben; von dort klimmen sie den nächsten noch unberührten Zweig hinauf und zerstreuen sich dort auf den grünen Nadeln.

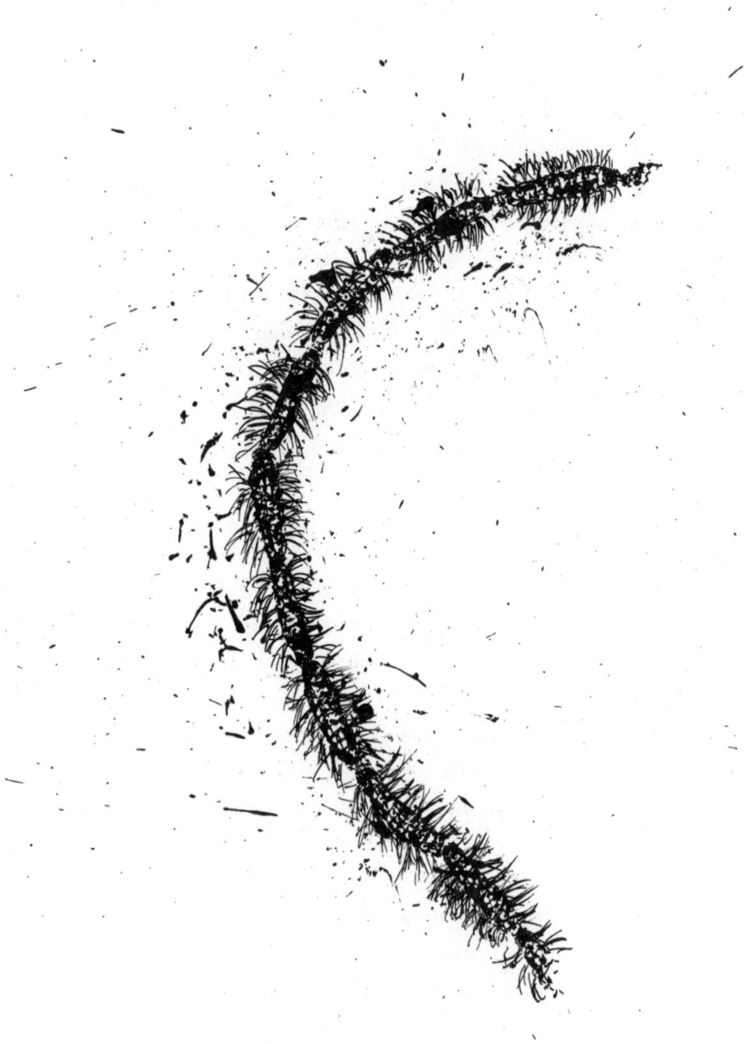

Ist die Mahlzeit beendet und naht die Kühle der Nacht, muss der Schutz der Behausung wieder aufgesucht werden. Auf direktem Weg ist die Entfernung nicht groß, kaum eine Armlänge, aber die Fußgänger können sie nicht überwinden. Man muss wieder hinuntersteigen von einer Abzweigung zur anderen, von der Nadel auf das Zweiglein, vom Zweiglein auf den Zweig, vom Zweig auf den Ast, und von diesem auf den nicht weniger verwinkelten Pfad wieder zur Behausung hinauf. Als Führer bei dieser so langen, wechselhaften Reise ist es sinnlos, sich auf den Gesichtssinn zu verlassen. Die Prozessionsspinnerraupe hat wohl auf jeder Seite des Kopfes fünf Punktaugen; sie sind aber so winzig und selbst unter der Lupe so schwierig zu erkennen, dass man ihnen keine große Sichtweite zutraut. Außerdem: Was könnten diese kurzsichtigen Linsen erkennen, ohne Licht, in der schwarzen Nacht?

Sinnlos, den Geruchssinn in Betracht zu ziehen. Hat die Prozessionsspinnerraupe die Fähigkeit zu riechen oder nicht? Ich weiß es nicht. Ohne hier eine Entscheidung zu treffen, kann ich zumindest sagen, dass ihr Geruchssinn sehr beschränkt ist und sich auf keinen Fall zur Orientierung eignet. Meine Experimente zeigen mir einige Ausgehungerte, die nach langem Fasten ganz dicht an einem Kiefernzweig vorbeigehen, ohne jedes Anzeichen von Verlangen, ohne Anstalten zu machen, bei ihm zu verweilen. Es ist der Tastsinn, der sie informiert. Wird die Nahrung nicht zufällig mit der Lippe berührt, stürzt sich keine darauf, trotz Heißhunger. Sie laufen nicht der Speise nach, die sie riechen; sie verharren auf dem Zweig, der ihnen gerade in den Weg kommt.

Nachdem Seh- und Geruchssinn ausgeschlossen sind – was bleibt, um sie zum Nest zurückzuführen? Das unterwegs gesponnene Band. Im Labyrinth auf Kreta wäre Theseus ohne Ariadnes Fadenknäuel verloren gewesen. Das unermessliche Dickicht der Nadeln ist, vor allem nachts, ein solch unentwirrbares Labyrinth wie das des Minos. Die Prozessionsspinnerraupe bewegt sich in ihm, ohne sich zu verirren – mithilfe ihres Seidenfadens. Wenn es Zeit ist, sich zurückzuziehen, findet jede leicht ihren Faden wieder oder auch irgendeinen der benachbarten Fäden, die durch die auseinanderstrebende Schar wie ein Fächer ausgespannt sind; der verstreute Stamm sammelt sich nach und nach in einer Reihe auf dem gemeinsamen Band, dessen Ausgangspunkt im Nest liegt, und auf diese gesicherte Art klettert die satte Karawane wieder in ihre Bleibe hinauf.

Tagsüber unternehmen sie bei schönem Wetter sogar im Winter große Ausflüge. Man steigt vom Baum herunter, geht auf dem Erdboden auf Abenteuer aus und marschiert in der Prozession an die fünfzig Schritt weit. Auf diesen Landpartien wird keine Nahrung gesucht, die angestammte Kiefer ist noch lange nicht abgeerntet, die abgefressenen Zweige zählen kaum inmitten des üppigen Nadelwerks. Außerdem herrscht völlige Enthaltsamkeit, bis die Nacht kommt. Die Ausflügler machen einen Gesundheitsspaziergang, sie wandern, um die Umgebung zu erkunden, oder vielleicht prüfen sie die Stellen, an denen sie sich später zur Verwandlung im Sand eingraben werden.

Selbstverständlich wird bei diesen großen Unternehmungen das Führungsschnürchen nicht vernachlässigt. Es ist notwendiger denn je. Alle tragen mit dem Produkt ihrer Spinndrüsen dazu bei, wie es der Regel entspricht, immer, wenn man sich fortbewegt. Keine macht einen Schritt nach vorn, ohne ihren an der Lippe hängenden Faden auf der Strecke anzuheften.

Ist die Prozessionsreihe lang, wird das Band breit genug und ist leicht wiederzufinden; dennoch findet man es beim Heimweg nicht ohne Weiteres. Überhaupt drehen die Raupen auf dem Marsch nie um; eine Kehrtwende auf ihrem Bändchen ist ihnen absolut unbekannt.

Um wieder auf den bereits zurückgelegten Weg zu treffen, muss man also eine Schleife beschreiben, deren Größe von den Launen der Anführerin abhängt. Daher das wiederholte Tasten und Umherirren, das manchmal so lang andauert, dass die Schar übernachten muss. Das ist nicht so schlimm. Man kommt zusammen und verknäuelt sich, eine mit der anderen, und harrt reglos aus. Morgen wird die Suche erneut aufgenommen und früher oder später erfolgreich sein. Häufiger aber kreuzt die gewundene Schlinge gleich zu Beginn das Leitband. Sobald sich die Schiene zwischen den Beinen der ersten Raupe befindet, hört alles Zögern auf: Die ganze Bande macht sich mit eiligen Schritten auf zum Nest.

Der Nutzen der ausgespannten Seidenbahn ist auch unter einem weiteren Aspekt offensichtlich. Um sich gegen die Härten des Winters zu sichern, denen sie während der Arbeit ausgesetzt ist, webt sich die Pinienprozessionsspinnerraupe ein Schutzdach, unter dem man die schlimmsten Stunden übersteht, Tage des erzwungenen Müßiggangs. Allein, nur mit dem dürftigen Nachschub ihrer Seidendrüsen, wäre es schwer für eine einzelne Raupe, sich auf dem Wipfel eines vom Südoststurm gepeitschten Zweiges zu schützen. Eine feste Behausung, die dem Schnee, dem Nordwind und eisigen Nebeln trotzt, erfordert die Zusammenarbeit aller. Aus aufeinandergetürmten Nichtigkeiten der einzelnen Individuen erbaut die Gemeinschaft einen geräumigen und dauerhaften Wohnsitz.

Das Unternehmen braucht Zeit. Jeden Abend, sobald das Wetter es erlaubt, muss man es festigen und ausbauen. Es ist also notwendig, dass die Zunft der Arbeiter sich nicht auflöst, solange die schlechte Jahreszeit und das Larvenstadium andauern. Ohne spezielle Vorkehrungen aber würden sie sich bei jedem nächtlichen Ausgang vereinzeln. Mit dem Appetit kehrt der Individualismus zurück. Die Raupen zerstreuen sich, mehr oder weniger weit voneinander entfernt, vereinzeln sich auf den Zweigen ringsum; jede frisst ihre Kiefernnadel für sich. Wie sollen sie danach einander wiederfinden und erneut zu einer Gemeinschaft werden?

Durch die einzelnen Fäden, die sie auf dem Weg zurückgelassen haben, gelingt es leicht. Mit diesem Führer kommt jede Raupe, so entfernt sie auch sein mag, wieder in die Nähe ihrer Gefährtinnen, ohne jemals irrezugehen. Von vielen Zweiglein, von hier, von dort, von unten, von oben, laufen sie herbei, und bald bildet die verstreute Legion wieder eine geordnete Formation. Der Seidenfaden ist besser als ein Wegweiser: Er ist das gemeinsame Band, das Netz, das die Glieder der Gemeinschaft unauflöslich zusammenhällt.

Am Kopf der gesamten Prozession, sei sie nun lang oder kurz, marschiert eine Raupe, die ich den Zugführer, den führenden Kopf, nennen möchte, obwohl die Begriffe Kopf und Führer hier etwas deplatziert sind und nur mangels besserer verwandt werden. Der Zugführer unterscheidet sich nämlich in nichts von den anderen; der Zufall hat ihn an den ersten Platz gestellt, das ist alles. Bei den Prozessionsspinnerraupen ist jeder Hauptmann ein Offizier von Glücks wegen. Der jetzige Chef führt den Trupp an, bis er plötzlich geführt wird, wenn die Reihe aufgrund irgendeines Vorfalls zerfällt und sich wieder neu ordnet.

Seine zeitweiligen Pflichten verleihen ihm ein besonderes Gebaren. Während die anderen passiv hinterdreintrotten, hübsch aufgereiht, ist er, der Hauptmann, unruhig und wirft seinen Vorderkörper plötzlich bald hierhin, bald dahin. Während der gesamten Dauer seiner Amtszeit scheint er sich zu informieren. Erkundet er tatsächlich das Terrain? Wählt er den besten Weg? Oder zögert er nur deshalb, weil auf der noch nicht beschrittenen Strecke kein Leitfaden liegt? Die Untergebenen laufen seelenruhig hinterdrein, fühlen sich sicher durch das Band, das sie zwischen den Beinen halten; er sorgt sich, weil er diesen Halt nicht hat.

Ach, dass ich seine Gedanken nicht lesen kann unter seinem Schädel, so schwarz und glänzend wie ein Tropfen Teer! Seinen Handlungen nach zu urteilen gibt es da eine winzige Dosis Unterscheidungsvermögen, das zu erkennen vermag und überprüfen kann, wo Unebenheiten zu hart, Flächen zu rutschig, Stellen zu staubig sind, wo fester Halt fehlt und vor allem: ob es Fäden gibt, die von anderen Ausflüglern hinterlassen wurden. Hier komme ich nicht weiter mit dem, was mich die langen Beobachtungen über das Innenleben der Prozessionsspinnerraupe gelehrt haben. Armselige Gehirne, fürwahr; arme Tiere, deren Republik an einem Faden hängt!

Die Prozessionen sind von sehr unterschiedlicher Länge. Die schönste, die ich auf dem Boden sich bewegen sah, maß ein Dutzend Meter und zählte etwa dreihundert Raupen, fein säuberlich zu einem schlangenförmigen Band aneinandergereiht. Bestünde die Reihe nur aus zweien, wäre die Ordnung ebenso vollkommen: Die zweite berührt die erste und folgt ihr. Ab Februar habe ich Prozessionen jeder Länge in meinem Gewächshaus. Welche Fallstricke könnte ich ihnen spannen? Ich sehe nur zwei: Den Anführer wegnehmen und den Leitfaden unterbrechen.

Das Wegnehmen des Anführers bringt nichts. Wenn es ohne weitere Störung ausgeführt wird, verändert die Prozession in keiner Weise ihr Verhalten. Die zum Hauptmann beförderte zweite Raupe kennt die Pflichten ihrer Stellung; sie wählt und führt, vielmehr: Sie zögert und tastet.

Die Unterbrechung des Seidenbandes fällt kaum mehr ins Gewicht. Ich hebe eine Raupe aus der Mitte des Zuges. Um nicht an der gesamten Reihe zu reißen, schneide ich mit der Schere ihr Stück Band heraus und entferne es bis zum kleinsten Einzelfaden. Durch diese Unterbrechung bekommt die Prozession zwei von eineinander unabhängige Hauptmänner. Es ist möglich, dass der Führer des hinteren Teils sich wieder dem vorderen Zug anschließt, von dem ihn nur eine kleine Lücke trennt; dann geht es weiter wie vorher.

Aber meist verschmelzen die beiden Teile nicht miteinander. In diesem Fall gibt es zwei voneinander getrennte Prozessionen, von denen jede nach Gusto umherläuft und sich von der anderen entfernt. Die eine wie die andere wird zum Nest zurückkehren; sie wird früher oder später auf ihrem Weg das Leitband jenseits der Unterbrechung wiederfinden.

Diese zwei Experimente sind uninteressant. Ich habe über ein Weiteres nachgedacht, das mehr Erkenntnis verspricht. Ich plane, die Raupen einen geschlossenen Kreis laufen zu lassen, indem ich die Bänder zerstöre, die zu einer Änderung der Strecke führen könnten. Die Lokomotive folgt unbeirrt ihrer Strecke, solange keine Weiche dazwischenkommt, die sie auf eine Abzweigung führt. Wenn die Prozessionsspinnerraupen immer freie Bahn aus Seide ohne Weiche vor sich haben, werden sie dann auf derselben Strecke weitermachen und auf einem Weg beharren, der nirgendwo hinführt? Man muss diesen Kreislauf künstlich herbeiführen, unter gewöhnlichen Bedingungen gibt es ihn nicht.

Mein erster Gedanke ist, das Seidenband mit einer Pinzette am hinteren Zipfel des Trosses zu fassen, ohne Erschütterung umzubiegen und das Ende an die Spitze des Zuges zu bringen. Betritt es der Zugfürer, ist die Sache erledigt, die anderen werden getreulich folgen. In der Theorie ist die Unternehmung sehr einfach, in der Ausführung sehr schwierig und ergebnislos. Das äußerst zarte Band zerreißt unter der Last der daran klebenden Sandkörner, die mit angehoben werden. Reißt es nicht, erleiden die letzten Raupen, so sanft man auch vorgeht, eine Erschütterung; sie rollen sich zusammen oder lassen das Band los.

Eine weitaus größere Schwierigkeit: Der Hauptmann lehnt das vor ihn gelegte Band ab; das stumpfte Ende macht ihn misstrauisch. Da er keinen richtigen fortlaufenden Weg vor sich sieht, weicht er aus nach rechts, nach links und entkommt schließlich auf einer Tangente. Wenn ich einschreite und ihn auf den Pfad meiner Wahl zurückzubringen versuche, versteift er sich in seiner Weigerung, krümmt sich zusammen, erstarrt, und in der gesamten Prozession bricht Chaos aus. Bestehen wir nicht weiter darauf: Die Methode ist schlecht und der Aufwand zu groß für einen zweifelhaften Erfolg.

Man müsste so wenig wie möglich eingreifen, auf natürliche Weise einen geschlossenen Kreislauf schaffen. Geht das? Ja. Man kann, ohne sich in die Angelegenheit einzumischen, eine Prozession auf einer perfekten Rundstrecke laufen sehen. Dieses Resultat, das im höchsten Grad unsere Aufmerksamkeit verdient, verdanke ich einem Zufall.

Auf dem mit Sand beschichteten Weg in meinem Gewächshaus, wo die Äste mit den Nestern stecken, befinden sich einige Palmenkübel mit einer Öffnung von fast anderthalb Metern. Die Raupen klettern oft ihre Wandung hoch bis hinauf zu dem simsähnlichen Wulst, der um den Kübelrand verläuft. Diese Stelle gefällt ihnen für ihre Prozessionen, vielleicht wegen der glatten Fläche, auf der kein

Geriesel zu befürchten ist wie auf dem Sand unten, vielleicht auch wegen der waagerechten Lage, in der man sich nach dem anstrengenden Aufstieg gut ausruhen kann. Da habe ich ja die ganze kreisrunde Strecke! Bleibt noch, die für meine Absichten günstige Gelegenheit abzupassen. Sie lässt nicht auf sich warten.

Am vorletzten Januartag 1896, kurz vor Mittag, überrasche ich einen zahlreichen Trupp, wie er nach oben krabbelt und eben das geliebte Sims erreicht. Langsam, in einer Reihe hintereinander, erklimmen die Raupen den Kübel, erreichen den Rand und bewegen sich auf ihm in regelmäßiger Prozession vorwärts; andere kommen ständig nach und verlängern den Zug. Ich warte, bis das Band sich wieder schließt, das heißt, bis der Hauptmann, immer dem Wulstrund folgend, wieder am Anfangspunkt anlangt. In einer Viertelstunde ist es so weit. So ist großartigerweise ein geschlossener Rundlauf entstanden, der einem Kreis sehr nahekommt.

Jetzt gilt es, den Rest der heraufsteigenden Marschkolonne fernzuhalten, damit die schöne Ordnung des Zuges nicht durch ein Übermaß an Neuankömmlingen durcheinandergerät. Es ist ebenfalls wichtig, sämtliche Seidenpfade wegzunehmen, alte oder neue, die das Sims mit dem Erdboden verbinden könnten. Ein dicker Pinsel wischt die Heraufsteigenden beiseite; eine raue Bürste, die keine Duftspuren hinterlässt, die später für Verwirrung sorgen könnten, reibt das Gefäß sorgfältig ab und lässt jeden von Raupen unterwegs gespannten Faden verschwinden. Sind all diese Vorbereitungen getroffen, erwartet uns ein seltsames Schauspiel.

In der kreisförmigen ununterbrochenen Prozession gibt es keinen Hauptmann mehr. Jede Raupe hat vor sich eine andere, der sie dicht auf den Fersen ist, geführt von der seidenen Spur, ihrem gemeinsamen Werk; ihr folgt eine Genossin, die sich ebenso dicht an sie drängt. So geht es unablässig weiter, über die ganze Kette. Keine kommandiert oder verändert die Strecke nach Lust und Laune; alle gehorchen im Vertrauen auf den Führer, der normalerweise die Marschkolonne lenkt und den es nun durch meinen Kunstgriff gar nicht mehr gibt.

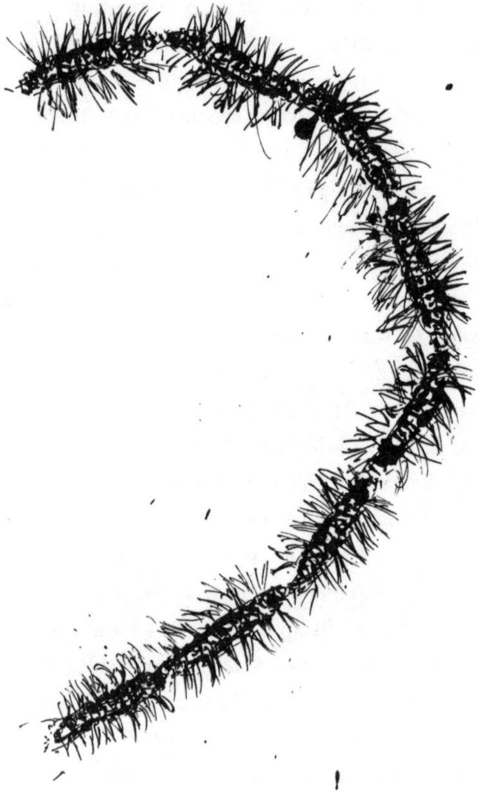

Nach der ersten Umrundung auf dem Rand des Kübels ist die seidene Schiene verlegt und verwandelt sich durch die Prozession bald in ein schmales Band, denn die Raupen spinnen sich weiterhin spuckend ihren Weg. Die Schiene kehrt auf sich selbst zurück, nirgends eine Abzweigung, meine Bürste hat alle zerstört. Was werden die Raupen auf diesem trügerischen Rundweg tun? Werden sie endlos im Kreis laufen, bis zur Erschöpfung?

Die alten Scholastiker erzählen von Buridans Esel, dem berühmten Langohr, das zwischen zwei Haferrationen den Hungertod starb, weil es sich weder für die eine noch für die andere entscheiden konnte, was ja das Gleichgewicht zwischen seinen beiden Objekten der Begierde, die es gleichermaßen begehrte, aber die in entgegengesetzter Richtung lagen, zerstört hätte. Man hat das werte Tier verleumdet. Der Esel ist nicht dümmer als ein anderer, er hätte die Fangfrage der Logik nach dem Entweder-oder mit einem Sowohl-als-auch quittiert und beide Rationen verputzt. Haben meine Raupen einen Funken von seinem Esprit? Werden sie nach mehreren Versuchen den geschlossenen Kreislauf durchbrechen, der sie auf einer ausweglosen Strecke festhält? Werden sie sich entscheiden, nach hier oder nach dort abzuweichen, der einzigen Möglichkeit, ihre Ration zu bekommen, den grünen Zweig, der dort drüben ist, ganz nah, nur einen Schritt entfernt?

Ich glaubte, es sei so, und hatte unrecht. Ich sagte mir: »Eine Weile, eine Stunde, zwei vielleicht, wird die Prozession im Kreis laufen, dann wird man das Missgeschick erkennen. Der Irrweg wird verlassen werden und irgendwo, ganz gleich wo, der Abstieg unternommen.« Da oben zu bleiben, in den Klauen des Hungers und der Obdachlosigkeit, obwohl doch nichts am Weggehen hindert, an eine solche Unfähigkeit mochte ich nicht glauben. Die Fakten überzeugten mich vom Unglaublichen. Berichten wir in allen Einzelheiten.

Am 30. Januar gegen Mittag, bei großartigem Wetter, beginnt die Prozession in der Runde. Sie trotten in gleichmäßigem Schritt, jede hängt von hinten an der Vorweggehenden. Die ununterbrochene Kette schließt einen Führer aus, der die Richtung verändern könnte, und alle folgen mechanisch, ihrem Rundweg so treu wie Zeiger dem Zifferblatt. Die kopflose Reihe hat keine Freiheit und keinen Willen mehr; sie ist zum Räderwerk geworden. Und das geht stundenlang so weiter, und nochmals über Stunden. Das übertrifft meine kühnsten Vermutungen, und zwar bei Weitem. Ich bin verblüfft. Oder besser: Ich bin fassungslos.

Indessen verwandeln die vielfachen Umrundungen die ursprüngliche Schiene in ein prächtiges Band von einigen Millimetern Breite. Ich sehe es auf dem rötlichen Untergrund des Topfes schimmern. Der Tag nähert sich dem Ende und die Strecke bleibt unverändert. Ein erstaunlicher Versuch bestätigt dies.

Der Weg verläuft nicht in einer ebenmäßigen Kurve, sondern in einer linkischen Krümmung, die sich an manchen Stellen neigt und an der Innenseite des Wulstes ein wenig hinabführt, um ein paar Zentimeter weiter wieder hinaufzusteigen. Gleich zu Beginn habe ich die zwei Punkte dieser Neigung mit einem Stift am Topf markiert. Nun gut, den ganzen Nachmittag und noch die folgenden Tage, bis zum Schluss dieses grotesken Rundtanzes, sehe ich das Raupenband beim ersten Punkt unter die Kante tauchen und beim zweiten wieder die Oberseite erreichen. Wurde der erste Faden einmal gelegt, ist die Bahn unabänderlich festgelegt.

Bleibt die Strecke auch gleich, die Geschwindigkeit bleibt es nicht. Für die zurückgelegte Strecke messe ich im Durchschnitt neun Zentimeter pro Minute. Aber es gibt mehr oder weniger lange Pausen, es gibt Verlangsamungen, besonders wenn die Temperatur sinkt. Um zehn Uhr abends ist der Marsch nur noch eine träge Wellenbewegung der Rücken. Es ist abzusehen, dass sie bald stehenbleiben werden, wegen des Frostes, der Erschöpfung und zweifellos auch vor Hunger.

Die Stunde der Weide ist gekommen. Aus allen Nestern im Gewächshaus sind die Raupen scharenweise hervorgekrochen, um die Pinienzweige abzuweiden, die ich fürsorglich neben die seidenen Beutel in den Boden gesteckt habe. Die im Garten machen es genauso, denn die Temperatur ist mild. Die anderen, aufgereiht am tönernen Sims, würden sehr gerne am Festschmaus teilnehmen; nach einem Spaziergang von zehn Stunden ist der Appetit groß genug. Der köstliche grüne Zweig ist kaum eine Handspanne entfernt. Um ihn zu erreichen, muss man nur hinunterklettern; doch die armen Geschöpfe können sich nicht dazu entschließen; sie sind dummerweise Sklaven ihres Bandes. Ich verlasse die Hungrigen um zehn Uhr dreißig in der Überzeugung, dass die Nacht Rat schaffen und morgen alles in Ordnung sein wird.

Irrtum meinerseits. Ich rechnete ihnen zu viel an, als ich ihnen jenen unklaren Verstandesschimmer zugestand, den die Qualen eines notleidenden Magens wecken könnten. Gleich bei Tagesanbruch statte ich ihnen einen Besuch ab. Sie sind in einer Reihe wie gestern, aber reglos. Als ein wenig Wärme einkehrt, legen sie ihre Starre ab, werden munter und nehmen ihren Marsch wieder auf. Die Prozession im Kreis beginnt aufs Neue, genauso, wie ich es bereits beobachtet habe. Es ist nicht mehr und nicht weniger an ihrem mechanischen Starrsinn zu bemerken.

Diese Nacht ist streng. Plötzlich ist die Kälte hereingebrochen; sie hatte sich bereits am Vorabend angekündigt, als die Gartenraupen sich weigerten, herauszukommen, trotz aller Anzeichen, an denen meine stumpfen Sinne das Fortdauern des schönen Wetters zu erkennen glaubten. Bei Tagesanbruch glitzern die Rosmarinhecken vor Raureif und zum zweiten Mal in diesem Jahr herrscht starker Frost. Das große Wasserbecken im Garten ist ganz vom Eis bedeckt. Wie geht es den Raupen im Gewächshaus? Sehen wir nach.

Alle sind in ihren Nestern, bis auf die hartnäckigen Prozessionsspinnerraupen am Rand des Kübels; da sie vollkommen schutzlos waren, haben sie wahrscheinlich eine sehr üble Nacht hinter sich. Ich finde sie in zwei Haufen zusammengedrängt, ohne jede Reihenbildung. So aufgehäuft und aneinandergeschmiegt haben sie weniger unter der Kälte gelitten.

Jedes Unglück hat seine gute Seite. Die Härten der Nacht haben den Ring in zwei Teile zerbrochen, was vielleicht die Rettung bedeutet. Für jede Gruppe, die sich aufrappelt und wieder losmarschiert, wird sich alsbald ein Hauptmann finden; da dieser nicht einer vor ihm laufenden Raupe folgen muss, hat er eine gewisse Freiheit und könnte dem Zug eine andere Richtung geben. Erinnern wir uns doch daran, dass bei den gewöhnlichen Prozessionen die zuvorderst marschierende Raupe das Amt des Aufklärers innehat. Während die übrigen, solange es keinen Anlass zur Unruhe gibt, sich an die allgemeine Reihenfolge halten, wendet sie, ihren Anführerpflichten gemäß, fortwährend den Kopf in die eine wie die andere Richtung, sie erkundet, sucht, tastet und wählt. Wie sie entscheidet, wird es gemacht: Sogar auf einer bereits durchlaufenen, schon bebänderten Strecke setzt die Anführerraupe ihre Erkundungen fort.

Man sollte meinen, dass die Verstörten auf dem Sims die Chance zur Rettung ergreifen. Beobachten wir sie. Aus ihrer Starre erwacht, reihen sich die beiden Gruppen nach und nach zu zwei getrennten Kolonnen. So gibt es zwei Anführer, frei in ihrem Verhalten, unabhängig. Wird es ihnen gelingen, den Teufelskreis zu durchbrechen? Für einen Moment glaube ich daran, wenn ich ihren dicken schwarzen Kopf sehe, der so unruhig hin- und herschwankt. Bald aber werde ich eines Besseren belehrt. Die Reihen werden länger, die beiden Teilstücke der Ketten vereinigen sich und der Kreis wird aufs Neue geschlossen. Die kurzzeitigen Anführer sind wieder simple Untertanen, und den ganzen Tag lang marschieren die Raupen wieder im Kreis.

Die Nacht, sehr ruhig und sternenklar, bringt noch einmal strengen Frost. Als der Tag anbricht, kauern die Prozessionsspinnerraupen auf dem Kübel, die einzigen, die ohne Obdach kampiert haben, in einem Haufen beisammen, der auf beiden Seiten breit über das schicksalshafte Band hinaushängt. Ich bin anwesend, als die Erstarrten wach werden. Die erste, die sich aufmacht, befindet sich zufällig außerhalb vom gespurten Weg. Zögernd bricht sie auf in ein unbekanntes Land. Sie erreicht die Oberkante des Randes und klettert auf der anderen Seite auf das Erdreich im Kübel hinunter. Sechs folgen ihr, mehr nicht. Vielleicht ist der Rest des Trupps, der sich von der nächtlichen Starre noch nicht ganz erholt hat, zu erschöpft, um sich in Bewegung zu setzen.

Diese winzige Verzögerung hat zur Folge, dass man auf den alten Irrweg zurückkehrt. Man begibt sich auf die Bahn aus Seide und der Rundmarsch wird wieder aufgenommen, diesmal mit einer Lücke im Ring. Vonseiten des Führers, den diese Lücke an die Spitze gesetzt hat, kein Versuch einer Neuerung. Da bietet sich die Möglichkeit, dem magischen Kreis endlich zu entkommen, und er versteht nicht, sie zu nutzen.

Das Schicksal der Raupen, die ins Innere des Kübels vorgedrungen sind, ist kaum besser. Opfer ihres Heißhungers, kriechen sie bis zum Wipfel der Palme und suchen nach Weideland. Sie finden nichts nach ihrem Geschmack, kehren auf ihre Fußspur zurück und folgen dem Faden, den sie auf dem Hinweg hinterlassen haben; sie erklimmen die Kante des Kübels, stoßen auf die Prozession und ordnen sich ein, ohne sich weiter zu bekümmern. Da haben wir wieder den vollständigen Ring, der sich abermals unentwegt im Kreise dreht.

Wann naht endlich die Befreiung? Eine Legende erzählt von Armen Seelen, die einander in einem ewigwährenden Reigen mitreißen müssen, bis der höllische Zauber durch einen Tropfen Weihwasser gebrochen wird. Welchen Tropfen wird eine glückliche Fügung auf meine Prozessionsspinnerraupen schleudern, um ihren Zirkel aufzulösen und sie zum Nest zurückzubringen? Ich sehe nur zwei Wege, das Schicksal zu beschwören und den Kreislauf zu durchbrechen. Beide sind schwierige Prüfungen. Seltsame Verkettung von Wirkung und Ursache: Aus dem Schmerz, aus der Misere, muss das Gute wachsen.

Zunächst das Zusammenkauern vor Kälte. Die Raupen bilden einen ungeordneten Haufen und schmiegen sich aneinander, die einen auf der Strecke, die meisten etwas abseits davon. Unter diesen kann sich früher oder später ein Revolutionär finden, der die ausgetretenen Pfade verachtet, einen neuen Weg spurt und die Schar zur

Unterkunft zurückbringt. Dafür haben wir eben ein Beispiel gesehen. Sieben sind zum Inneren des Topfes vorgedrungen und haben die Palme erklommen. Ein Versuch ohne Ergebnis, freilich, aber dennoch ein Versuch. Um erfolgreich zu sein, würde es genügen, den gegenüberliegenden Hang zu nehmen. Eine Chance von eins zu zwei, das ist doch viel. Ein andernmal wird es besser gelingen.

Dann die völlige Erschöpfung durch den anstrengenden Marsch, die Entkräftung durch den Hunger. Schließlich bleibt so eine Marschkranke stehen, sie kann nicht mehr. Die Prozession vor der niedergebrochenen Raupe kriecht noch eine Weile weiter. Die Reihen schließen sich und eine Lücke entsteht. Nachdem die Raupe, die den Riss verursacht hatte, wieder zu sich gekommen ist und den Marsch wiederaufgenommen hat, wird sie zum Anführer, da sie ja keinen vor sich hat. Ein Funken Emanzipation bei ihr würde genügen, um die Schar auf einen neuen Weg zu führen, der vielleicht der Weg der Rettung ist.

Kurz, um den Zug der Prozessionsraupen aus der Not zu befreien, ist, im Gegensatz zu unseren Zügen, eine Entgleisung nötig. Die Abweichung von der Strecke wird durch die Launen eines Hauptmanns möglich, der als einziger fähig ist, nach rechts oder links abzuweichen, und dieser fehlt, solange der Ring nicht unterbrochen ist. Schließlich ist das Zerreißen des Kreises, die einzige Möglichekit zum Glück, Folge eines verwirrten Anhaltens, meist aus einem Übermaß an Erschöpfung oder Kälte.

Dieser befreiende Unfall, zumeist der aus Übermüdung, wiederholt sich oft genug. Im Lauf eines Tages teilt sich der wandernde Ring mehrere Male in zwei oder drei Bögen; bald aber kommt es wieder zum Zusammenschluss und am Stand der Dinge ändert sich nichts. Der kühne Neuerer, der sie da herausreißen muss, hat sich noch nicht gefunden.

Nichts Neues am vierten Tag, nach einer Nacht, so eisig wie die vorhergehenden; nichts weiter zu vermelden als folgendes Detail. Gestern hatte ich die Spur der wenigen Raupen nicht getilgt, die beim Vordringen in das Innere des Kübels hinterlassen worden war.

Diese Spur mit einer Verbindung zum Rundweg wurde in der Frühe wiedergefunden. Eine Hälfte des Trupps hat sie genutzt, um das Erdreich im Topf aufzusuchen und die Palme zu erklimmen; die andere ist auf dem Sims geblieben und auf der alten Schiene weitergetrottet. Am Nachmittag verbindet sich die Auswandererschar wieder mit der anderen, der Kreis vervollständigt sich und die Dinge nehmen ihren gewohnten Lauf.

Der fünfte Tag. Der nächtliche Frost wird strenger, ohne jedoch in das Gewächshaus einzudringen. Die Sonne zeigt sich an einem klaren, windstillen Himmel. Sobald ihre Strahlen die Glaswände etwas erwärmt haben, erwachen die verklumpten Raupen und nehmen ihre Wanderung am Kübelsims wieder auf. Diesmal gerät die schöne Ordnung von Anfang an durcheinander, es herrscht ein gewisses Chaos, offenbar Vorzeichen einer baldigen Befreiung. Der Erkundungsweg ins Innere des Kübels, der gestern und vorgestern mit Seide ausgelegt worden war, wird heute ein Stückweit von einem Teil des Trupps verfolgt, dann aber nach einer kurzen Schlinge wieder aufgegeben. Die übrigen Raupen folgen dem gewöhnlichen Band. Durch diese Gabelung ergeben sich zwei ungefähr gleich große Züge, die auf dem Sims in derselben Richtung in kurzem Abstand voneinander gehen, sich manchmal wieder vereinigen, weiter vorn wieder trennen, immer etwas ungeordnet.

Die Müdigkeit steigert die Verwirrung. Zahlreich sind die Fußmüden, die sich weigern, weiterzugehen. Die Unterbrechungen häufen sich; die Reihen werden bruchstückhafte Stümpfe, jeder hat seinen Hauptmann, der sein Vorderteil nach hier, nach dort vorwärtswirft, um das Terrain zu erkunden. Alles kündigt offenbar eine Auflösung an, aus der die Rettung entstehen wird. Noch einmal wird meine Hoffnung enttäuscht. Bevor die Nacht kommt, ist die eine Reihe wiederhergestellt und der unaufhaltsame Kreislauf wieder aufgenommen.

Ebenso plötzlich wie der Frost kommt die Wärme. Heute, am 4. Februar, ist ein wunderschöner milder Tag. Im Gewächshaus herrscht großes Gewimmel. Zahlreiche Girlanden von aus ihrem

Nest gekommenen Raupen bewegen sich wellenförmig auf dem Sand des Wegs. Da oben auf dem Kübelsims bricht alle Augenblicke der Ring in Stücke und verschmilzt wieder. Zum ersten Mal sehe ich kühne Anführer, die sich, berauscht von der Wärme an der äußersten Kante des Tonwulstes festklammern, ihren Körper in die Luft hinausstrecken und sich winden, um die Entfernung zu sondieren. Der Versuch wird oft wiederholt, die Schar bleibt stehen. Die Köpfe schwanken von dem plötzlichen Hin und Her der Bewegungen, die Rücken verrenken sich.

Einer dieser Neuerer entschließt sich zum Absprung. Er gleitet unter das Sims. Vier folgen ihm. Die übrigen vertrauen immer noch auf das tückische Seidenband, wagen nicht, es ihnen gleichzutun, und setzen den Weg vom Vortag fort.

Die kurze von der Hauptkette abgelöste Perlenschnur tastet viel umher, zögert lange an der Flanke des Topfes; sie kriecht halb abwärts, steigt dann wieder schräg hinauf, verbindet sich abermals mit der Prozession und ordnet sich ihr ein. Für dieses Mal ist der Versuch gescheitert, obwohl da am Fuß des Kübels, ein paar Handbreit entfernt, ein Strauß von Kiefernzweiglein war, das ich just dort hingelegt hatte, um die Ausgehungerten anzulocken. Der Duft und der Anblick haben sie keines Besseren belehrt. Dem Ziel bereits so nah, stiegen sie wieder hinauf.

Macht nichts, der Versuch bleibt nicht ohne Nutzen. Unterwegs sind Fäden gelegt worden, die neuen Unternehmungen als Köder dienen werden. Der Weg in die Freiheit hat seine ersten Markierungspflöcke. Am übernächsten, dem achten Tag des Experiments, klettern in der Tat die Raupen bald einzeln, bald in kleinen Gruppen, bald auch in Ketten von einiger Länge vom Sims herunter und folgen dabei dem bereits abgesteckten Pfad. Bei Sonnenuntergang haben die letzten Nachzügler das Nest wieder erreicht.

Jetzt ein wenig Rechnen. Sieben mal vierundzwanzig Stunden sind die Raupen auf dem Rand des Kübels geblieben. Für die Pausen aufgrund der Ermüdung der einen oder anderen und vor allem für die Ruhe in den kältesten Nachtstunden ziehen wir, grob geschätzt, die Hälfte der Zeit ab. Bleiben vierundachtzig Marschstunden. Bei mittlerer Geschwindigkeit beträgt die zurückgelegte Strecke neun Zentimeter pro Minute. Die gesamte Laufstrecke stellt also vierhundertdreiundfünfzig Meter dar, fast einen halben Kilometer, ein beachtlicher Spaziergang für diese Raupen mit ihren winzigen Schrittchen. Der Umfang des Kübels, das Ausmaß der Strecke, beträgt genau 1,35 m. Folglich wurde der Kreis, dreihundertfünfunddreißigmal beschrieben, immer in derselben Richtung und immer ohne Ergebnis.

Diese Zahlen erstaunen mich, obwohl ich die tiefe Unfähigkeit der Insekten im Allgemeinen kenne, auf den geringsten Zwischenfall reagieren zu können. Ich frage mich, ob die Prozessionsspinnerraupen durch die Schwierigkeiten und Gefahren des Abstiegs so lange da oben festgehalten worden sind oder mangels Erleuchtung ihres armseligen Intellekts. Die Fakten geben die Antwort: »Der Abstieg ist ebenso leicht wie der Aufstieg.«

Die Raupe hat ein sehr geschmeidiges Rückgrat, das fähig ist, sich um Vorsprünge zu krümmen oder unter etwas zu schlüpfen. Sie läuft mit der gleichen Leichtigkeit senkrecht wie waagerecht, mit dem Rücken nach unten oder auch nach oben. Außerdem läuft sie nur vorwärts, nachdem sie ihren Faden auf dem Boden befestigt hat. Mit einem solchen Halt dicht zwischen den Beinen ist kein Sturz zu befürchten, ganz gleich in welcher Stellung.

Acht Tage lang habe ich den Beweis dafür vor Augen. Die Piste, sagen wir es noch einmal, hält sich nicht auf der Ebene, an zwei Stellen beschreibt sie eine Biegung, taucht an einem Punkt unter das Sims des Kübels und erscheint etwas weiter entfernt wieder an der oberen Kante. In einem Teil des Kreises marschiert die Prozessionsspinnerraupe also an der Innenseite des Randes; und diese umgekehrte Stellung ist so wenig unbequem, so wenig gefährlich, dass alle Raupen ihr bei jeder Umrundung folgen, vom Anfang bis zum Schluss.

Man kann sich also nicht auf die Furcht vor einem Fehltritt auf der Kante des Simses berufen, der sonst an jedem Punkt der Kurve rasch überschritten wurde. Die leidenden, ausgehungerten, obdachlosen und vor Nachtkälte erstarrten Raupen beharren hartnäckig auf ihrem hundert- und aberhundertemal abgeschrittenen Seidenband, weil ihnen der Ansatz eines Schimmers von Vernunft fehlt, der ihnen riete, es zu verlassen.

Das Ausprobieren und das Nachdenken sind nicht ihre Sache. Ein Marsch von einem halben Kilometer und drei- bis vierhundert Umrundungen haben sie nichts gelehrt; und es braucht glückliche Zufälle, sie zum Nest zurückzubringen. Sie würden auf ihrem heimtückischen Band zugrundegehen, wenn nicht das Durcheinander beim nächtlichen Kampieren und die Pausen aus Erschöpfung etliche Fäden außerhalb des Rundwegs geworfen hätten. Auf diesen lockenden Fäden, die ohne irgendeine Absicht gelegt wurden, entfernen sich einige, irren ein wenig umher und bereiten mit diesen Irrwegen den Abstieg vor, der sich dann endlich in kurzen, zufällig entstehenden Ketten vollzieht. Der heutzutage hochverehrten Schule, die den Ursprung der Vernunft ganz unten im Tierreich zu finden wünscht, empfehle ich den Pinienprozessionsspinner.

XXI
Der Pinienprozessionsspinner. Die Meterologie

Im Januar vollzieht sich eine zweite Häutung, die der Raupe ein weniger großartiges Aussehen verleiht und sie mit ganz merkwürdigen Organen ausstattet. Wenn der Augenblick gekommen ist, die Hülle abzustreifen, bilden die Prozessionsspinnerraupen am Dach des Nestes einen wirren Haufen und verharren reglos Tage und Nächte, solange das Wetter mild ist. Es könnte gut sein, dass diese Enge, die wechselseitigen Berührungen und Reibungen, ihrer Häutung förderlich sind.

Nach der zweiten Häutung sind die Haare auf der Rückenmitte von blassem Rot, das durch zahlreiche lange weiße Haare dazwischen noch bleicher wird. An diesem ausgeblichenen Kleid sind einzigartige Apparate befestigt, die schon die Aufmerksamkeit von Réaumur erregt hatten, der völlig ratlos war, was ihre Funktion betrifft. An der Stelle, die zuerst durch das johannisbeerrote Mosaik besetzt war, befinden sich jetzt acht Raupensegmente, die von einem weiten querlaufenden Knopfloch gespalten sind, wie ein Mund mit dicken Lippen, der sich nach dem Willen des Tieres öffnet und dann auseinanderklafft, oder sich auch schließt, ohne eine sichtbare Spur zu hinterlassen.

Aus jedem dieser Münder wölbt sich dünne farblose Haut, als stellte das Tier seinen zarten Inhalt zur Schau und dehnte ihn in die Luft, wie Gefäße, die Blasen durch die vom Skalpell gespaltene Haut hindurch bilden. Zwei dicke dunkelbraune Punkte besetzen die vordere Seite der Schwellung. Hinten erheben sich zwei kurze flache Federbüsche von roten Härchen, die im Sonnenlicht von prächtigem Glanz funkeln. Ringsherum strahlen lange weiße Haare ab, die fast flach anliegen.

Dieser Wulst ist sehr empfindlich. Bei der geringsten Reizung zieht er sich zusammen und verschwindet unter der schwarzen Körperhaut. An seiner Stelle höhlt sich ein ovaler Krater, eine Art übergroßes Atemloch, das sich rasch schließt, indem seine Lippen sich einander annähern, und schließlich ganz verschwindet. Die langen weißen Haare, die um diesen Mund wie Spitz- und Schnurrbärte stehen, folgen den Bewegungen der zusammengezogenen Lippen. Zuerst ausstrahlend und liegend, erheben sie sich wieder, wie eine Korngarbe, unter die ein Windzug fährt, und versammeln sich zu einem aufragenden Helmbusch, der senkrecht zum Rücken des Tieres steht.

Dieses Sich-wieder-Aufrichten der Haare lässt die Raupe plötzlich ganz anders aussehen. Die rot funkelnden Härchen sind verschwunden, versteckt unter der schwarzen Haut; die wieder aufgerichteten weißen Haare bilden eine struppige Mähne; die Farbe des Kleides ist eher grau.

Ist wieder Ruhe eingekehrt, und das ist schnell der Fall, öffnen sich die Knopflöcher von Neuem und bleiben offen stehen; die empfindlichen Wölbungen tauchen wieder auf, immer bereit, wieder zu verschwinden, sobald es einen Anlass zur Beunruhigung gibt. Diese Wechsel von Öffnen und Schließen wiederholen sich in rascher Abfolge. Ich rufe sie ganz nach Belieben hervor, auf unterschiedliche Weise. Ein leichtes Tabakwölkchen lässt die Löcher sogleich aufgähnen und die Wölbungen hervortreten. Das Insekt, so scheint es, wird überaus wachsam und entfaltet seine speziellen Informationsorgane. Bald geht die Wölbung zurück. Ein zweites Wölkchen stülpt sie wieder aus. Ist aber der Rauch allzu dicht, zu beißend, windet sich die Raupe krampfartig, ohne ihre Apparate zu öffnen.

Oder auch: Ich berühre eine beliebige freiliegende Wölbung sehr zart mit einem Strohhalm. Die berührte Erhebung zieht sich sofort zusammen, wie die Fühler einer Schnecke, und wird durch einen offenstehenden Mund ersetzt, der sich dann seinerseits schließt. Meist, aber nicht immer, wird das durch die Berührung meines Strohhalms erregte Segment von den anderen nachgeahmt, vorn oder hinten, die nach und nach ihre Apparate schließen.

Im Ruhezustand stehen im Allgemeinen die Knopflöcher am Rücken offen; beim Marschieren gehen sie bald auf, bald zu. Immer aber wiederholt sich das Öffnen und Schließen. Wenn die Ränder der Mundöffnung sich einander nähern und unter die Haut zurückgehen, brechen und lösen sich jedes Mal zum Schluss der Bewegung ihre zerbrechlichen rothaarigen Schnurrbartspitzen. So sammelt sich am Grund des Kraters Staub von zersplissenen Haaren an, die sich wegen ihrer gezähnten Spitzen bald zu kleinen Flocken ballen. Öffnet sich das Knopfloch jäh, stößt das Innere die Last dieser Haarflocken über die Flanken des Tieres hinaus, sodass der kleinste Windhauch sie wie goldene Atome in die Luft weht, was für den Beobachter sehr unangenehm ist. Ich komme später auf den Juckreiz zurück, dem man dann ausgesetzt ist.

Dienen diese einzigartigen Atemöffnungen nur dazu, die Behaarung in der Nähe zu entfernen und zu zerreiben? Haben diese dünnhäutigen Warzen, die anschwellen und aus ihrem Versteck aufsteigen, die Aufgabe, den Haufen zerbrochener Haare hinauszuschaffen? Liegt die einzige Funktion dieser seltsamen Apparate darin, mithilfe des Pelzes ein Juckpulver als Verteidigungsmittel herzustellen? Man weiß es nicht.

Gewiss hat sich das Tier nicht auf einen Neugierigen vorbereitet, dem ab und an danach ist, es mit der Lupe zu untersuchen. Ebenso unstrittig ist, dass es sich so gegen ihre leidenschaftlichen Liebhaber zu Wehr zu setzen gedenkt – unter den Insekten den Puppenräuber (Calosoma sycophanta, ein Käfer) oder unter den Vögeln den Kuckuck. Die Freunde solcher Speise haben einen eigens darauf eingerichteten Magen, der über nesselnde Haare nur lacht und ihren Stich im besten Falle als anregenden Aperitif empfindet. Nein, der Grund dafür, dass die Prozessionsspinnerraupe ihren Rücken mit so vielen Knopflöchern versehen hat, kann nicht darauf beschränkt sein, uns Juckpulver in die Augen zu werfen. Hier muss etwas anderes im Spiel sein.

Réaumur spricht von diesen Öffnungen, die er oberflächlich studiert hat. Er nennt sie Stigmata und hält sie für außergewöhnliche Atemlöcher. Dies sind sie nicht, Meister! Kein Insekt hat entsprechende Eintrittslöcher für die Luft auf dem Rücken. Im Übrigen entdeckt die Lupe kein Loch, das eine Verbindung mit dem Inneren herstellte. Mit Atmung hat das hier nichts zu tun; die Lösung des Rätsels muss anderswo liegen.

Die Wölbung, die sich aus diesen gähnenden Grübchen erhebt, besteht aus einer weichen, blassen nackten Membran und lässt an eine Gefäßhernie denken, als stellte die Raupe durch eine Wunde ihre empfindlichen Eingeweide zur Schau. Sie ist sehr empfindlich. Die leichte Berührung mit der Spitze eines Pinsels lässt die Wölbungen sofort zurückgehen und ihre Einfassung schließen.

Das Kitzeln mit einem festen Gegenstand ist unnütz. An der Spitze einer Nadel sammle ich ein Tröpfchen Wasser und berühre die empfindliche Wölbung, ohne den Tropfen abzusetzen. Im Moment der Berührung zieht der Apparat sich zusammen und schließt sich. Die Schnecke zieht ihre Tentakel nicht schneller ein, wenn sie die Seh- und Geruchsorgane in ihre Hüllen zurückführt.

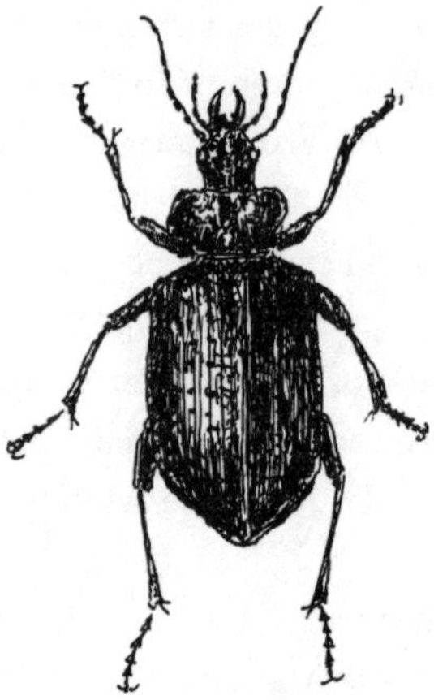

Alles bestätigt offenbar Folgendes: Diese Blasen, die nach dem Willen des Tieres erscheinen und wieder verschwinden, dienen der Sinneswahrnehmung. Die Raupe stülpt sie aus, um sich zu erkundigen; sie versteckt sie unter der Haut, um ihre empfindlichen Fähigkeiten zu schützen. Aber was nehmen sie wahr? Eine schwierige Frage, zu deren Beantwortung uns einzig das Verhalten der Prozessionsspinnerraupe Hinweise geben kann.

Den ganzen Winter über führen die Pinienprozessionsspinnerraupen ein Nachtleben. Bei schönem Wetter kommen sie tagsüber gern auf das Dach des Nestes und verharren dort als regloser Haufen. Das ist die Zeit der Siesta im Freien, unter der bleichen Dezember- und Januarsonne. Noch verlässt keine das Domizil. Erst spät am Abend, gegen neun Uhr, machen sie sich auf den Weg und marschieren in ungeordneter Prozession auf ihr Weideland, die umliegenden Zweigen. Der Aufenthalt auf der Weide währt lange. Die Schar kehrt spät zurück, nach Mitternacht, wenn es zu kalt wird.

In der Mitte des Winters, während der härtesten Monate, entfaltet die Prozessionsspinnerraupe zudem ihre höchste Aktivität. Da spinnt sie unermüdlich und fügt jede Nacht ihrem Seidenzelt ein neues Tuch hinzu; sobald es das Wetter erlaubt, verstreut sie sich auf den nahen Zweigen, um zu fressen, zu wachsen und ihren Seidenfaden zu erneuern.

Als bemerkenswerte Ausnahme ist die raue Jahreszeit, eine Zeit der Untätigkeit und der lethargischen Ruhe bei den übrigen Insekten, für sie die Zeit lebhafter Regsamkeit und Arbeit, selbstverständlich unter der Bedingung, dass die Unbilden gewisse Grenzen nicht überschreiten. Wenn der Nordwind so grimmig bläst, dass er die Schar wegfegen könnte, wenn die Kälte zu beißend wird und das Erstarren im Eis droht, wenn es schneit oder regnet, wenn sich der Nebel zu Eisregen verdichtet, bleibt man klugerweise daheim, im Schutz der undurchlässigen Wand.

Es wäre gut, diese Witterungsunbilden vorhersehen zu können. Die Raupe fürchtet sie. Ein Regentropfen versetzt sie in helle Aufregung, eine Schneeflocke lässt sie verzweifeln. In einer finsteren Nacht bei ungewissem Wetter auf die Weide zu gehen, wäre ein gefährliches Unternehmen; denn die Prozession entfernt sich ziemlich weit und kommt nur langsam voran. Der Schar erginge es schlecht, wenn plötzlich Sturmböen aufkämen, bevor man die Hütte wieder erreicht hat, wie so häufig in der schlechten Jahreszeit. Sollte die Pinienraupe, um auf ihren winterlichen nächtlichen Pilgerzügen davor gewarnt zu sein, mit meteorologischen Fähigkeiten begabt sein? Ich will berichten, wie ich zu dieser Vermutung kam.

Ich weiß nicht, wie, aber meine Aufzuchten im Treibhaus erlangten einen gewissen Ruf. Im Dorf sprach man davon. Der Förster, ein erbitterter Feind aller Schädlinge, wünschte, die berühmten Raupen weiden zu sehen, an die er brennende Erinnerung bewahrt hatte, seit einem bestimmten Tag, an dem er im Pinienwald seines Reviers die Nester gesammelt und zerstört hatte. Noch für den gleichen Abend wurde ein Treffen vereinbart.

Zur genannten Stunde kommt er mit einem Freund vorbei. Man plaudert zunächst am Feuer; dann, als es schließlich neun Uhr schlägt, wird die Laterne angezündet und wir, alle drei, gehen ins Treibhaus; sie in Erwartung des Schauspiels, von dem sie Wunderdinge gehört hatten, ich in der Gewissheit, ihre Neugier stillen zu können.

Aber, aber ... Was ist denn das? Keine Raupe auf den Nestern, keine auf der frischen Zweigration. Gestern und die Abende davor waren unendlich viele herausgekommen; heute zeigt sich nicht eine einzige. Ist das einfach eine Verspätung im Speisesaal? Sollte es an ihrer gewohnten Pünktlichkeit fehlen, weil der rechte Appetit noch nicht da ist? Bleiben wir geduldig ... Zehn Uhr. Nichts. Elf Uhr. Immer noch nichts. Es ging auf Mitternacht, als man den Posten verließ, überzeugt, dass länger zu bleiben nichts bringt. Wer war der Dumme? Natürlich ich, dem es sehr peinlich war, meine Gäste so zu entlassen.

Am nächsten Tag meine ich, die Erklärung für den Misserfolg zu erahnen. In der Nacht und am Vormittag hatte es geregnet. Der Schnee, nicht der erste im Jahr, aber der bisher dichteste, bedeckte die Kuppe des Ventoux. Sollten die Raupen, die für Wetterumschwünge empfindlicher sind als jeder von uns, sich geweigert haben, herauszukommen, weil sie ahnten, was sich ereignen würde? Sollten sie Regen und Schnee vorausgefühlt haben, die sich anscheinend durch nichts angekündigt hatten, zumindest uns nicht? Warum sollte es sich eigentlich nicht so verhalten? Beobachten wir weiter und dann werden wir schon sehen, ob es ein Zufall ist.

An diesem denkwürdigen Tag, dem 13. Dezember 1895, wird also das meteorologische Observatorium für Raupen eröffnet. Ich verfüge über keinen der bei der Wissenschaft beliebten Apparate, nicht einmal über ein bescheidenes Thermometer, denn heute so sehr wie damals, als ich Pfeifenköpfe als Schmelztiegel und Fläschchen von Anissamen als Retorten benutzte, um die Chemie zu erlernen, will mir mit diesen Gerätschaften nichts Rechtes gelingen. Ich beschränke mich allein darauf, jede Nacht die Prozessionsspinnerraupen im Treibhaus und im Garten zu besuchen. Eine harte Fron, vor allem im hinteren Teil der Einfriedung, manchmal bei einem Wetter, bei dem man keinen Hund vor die Tür setzt. Ich schreibe auf, was die Raupen machen, ob sie herauskommen oder nicht; ich notiere, wie der Himmel sich darbietet, während des Tags und zur Zeit meiner nächtlichen Untersuchung.

Dieser Liste füge ich die Wetterkarte bei, welche die Zeitung *Le Temps* täglich für ganz Europa herausgibt. Wenn ich genauere Angaben brauche, bitte ich die Hochschule in Avignon, mir nach starken Unwettern den Barometerstand ihres Observatoriums zu übersenden. Dies sind meine einzigen Dokumente.

Bevor wir zu den erzielten Ergebnissen kommen, wiederholen wir, dass mein meteorologisches Raupeninstitut zwei Stationen hat: die im Treibhaus und die im Freien auf den Pinien der Einfriedung. Die erste, geschützt vor Wind und Regen, ziehe ich vor; sie liefert regelmäßigere und genauere Angaben. Die Raupen im Freien weigern sich nämlich ziemlich oft, herauszukommen, auch wenn die allgemeinen Bedingungen günstig sind. Um sie in der Unterkunft zurückzuhalten, genügt ein sehr starker Wind, der die Zweige schüttelt, oder auch ein wenig perlende Flüssigkeit auf dem Gewebe des Nestes. Ohne dass diese Gefahren lauern, müssen die Raupen im Treibhaus nur auf größere atmosphärische Schwankungen achten. Die kleinen Wechselfälle werden von ihnen nicht bemerkt, nur die großen machen ihnen Eindruck – ein hervorragender Umstand, um den Beobachter bei seinem Problem auf den richtigen Weg zu führen. Die Kolonien unter Glas liefern also den Hauptteil der Informationen für meine Notizen; die Kolonien im Freien fügen ihre Aussage hinzu, die nicht immer frei von Störungen ist.

Nun, was sagten sie, die Treibhausraupen, die am 13. Dezember dem Förster ihr Schauspiel nicht zeigen wollten? Der Regen, der in der Nacht fallen sollte, konnte sie, die sie so gut geschützt sind, kaum in Aufregung versetzen. Der Schnee auf dem Ventoux war ihnen vollkommen gleichgültig: Das war ja so weit weg. Außerdem fielen Regen und Schnee noch gar nicht. Es musste in der Atmosphäre etwas Außerordentliches vor sich gehen, etwas Tiefergehendes, von ungeheurer Tragweite. Die Wetterkarte aus *Le Temps* und die Mitteilung der Hochschule klärten mich auf.

Meine Region lag unter einem ungeheuren Tief. Von den Britischen Inseln aus breitete sich bis zu uns ein Wettersturz aus, wie die Jahreszeit ihn noch nicht gekannt hatte, erreichte uns am 13. und hielt, mehr oder weniger, bis zum 22. an. In Avignon fiel das Barometer am 13. plötzlich von 761 auf 748 Millimeter; am 19. noch tiefer, auf 744 Millimeter.

Während dieser Zeit von etwa zehn Tagen kein Auszug der Raupen auf den Pinien im Garten. Freilich, das Wetter schwankt. Es gibt viel feinen Regen und kräftige Windstöße vom Mistral; es gibt aber auch häufig Tage und Nächte mit klarem Himmel und mäßiger Temperatur. Das lockt die behutsamen Eingeschlossenen nicht hervor. Der niedrige Luftdruck hält seine Drohungen unverändert aufrecht, also bleibt man daheim.

Im Treibhaus geht es etwas anders zu. Ausflüge wechseln mit weitaus häufigerem Daheimbleiben. Man möchte sagen: Die Raupen sind zunächst nervös durch die ungewohnten Vorgänge, die sich da oben abspielen, beruhigen sich aber dann und nehmen die Arbeit wieder auf. Sie müssen unter ihrem Dach nichts von dem erleben, was sie draußen erwischt hätte: Regen, Schnee und wilde Attacken des Mistral. Sobald das Wetter schlechter zu werden droht, lassen sie die Arbeit erneut ruhen.

Es gibt nämlich eine ziemlich genaue Übereinstimmung zwischen den Schwankungen des Barometers und den Entscheidungen der Schar. Klettert die Quecksilbersäule ein wenig, geht man hinaus; fällt sie, bleibt man im Logis. So wagt es am 19., dem Abend mit dem tiefsten Luftdruck, keine, nach draußen zu gehen.

Da Regen und Wind für meine Kolonien unter Glas keine Rolle spielen, kann man annehmen, dass das Tief mit seinen so schwierig zu bestimmenden Auswirkungen auf die Physiologie der Raupen hier der wichtigste Faktor ist. Die Temperatur, solange sie mäßig bleibt, ist nicht weiter erwähnenswert. Die Prozessionsspinnerraupen haben eine robuste Natur, wie es zu Spinnerinnen passt, die mitten im Winter an ihrem schönen Gewebe arbeiten. Sticht die Kälte noch so sehr, solange kein Frost herrscht, spinnen sie auf der Oberfläche des Nestes oder weiden auf den benachbarten Zweigen, sobald die Zeit der Arbeit oder der Mahlzeit gekommen ist.

Ein anderes Beispiel: Nach der Wetterkarte der Zeitung *Le Temps* breitet sich am 9. Januar ein Tief mit einem Minimum von 750 Millimetern aus, dessen Zentrum in der Nähe der Sanguinaires-Inseln am Eingang des Golfes von Ajaccio liegt und sich auf meine Region zubewegt. Ein stürmischer Nordwind erhebt sich. Zum ersten Mal im Jahr friert es. Der große Gartenteich wird auf seiner gesamten Fläche einige Fingerbreit dick von Eis bedeckt. Dieses wilde Wetter dauert fünf Tage an. Selbstverständlich kommen die Raupen im Garten auf den von heftigen Windstößen gepeitschten Pinien nicht heraus.

Das Bemerkenswerte an der Sache ist, dass die Raupen im Treibhaus sich ebenfalls nicht aus ihren Nestern herauswagen. Ihre Zweige werden nicht gefährlich geschüttelt und der Frost beißt nicht allzu sehr, weil es hinter dem Glas nicht friert. Was sie zurückhält, kann nichts anderes sein als der Durchzug der Tiefdruckwelle. Am 15. wird das Unwetter schwächer und das Barometer hält sich bis zum Ende des Monats und einen guten Teil des Februar zwischen 760 und 770 Millimetern. Während dieser langen Periode jeden Abend ausgiebige Ausflüge, vor allem im Treibhaus.

Am 23. und 24. Februar bleiben sie wieder daheim, ohne ersichtlichen Grund. Nur auf zweien der sechs Nester im Schutz des Glashauses zeigen sich einige wenige auf den Zweigen, während ich vorher allnächtlich bei allen sechs das Nadelwerk sich unter der ungeheuren Menge biegen sah. Durch dieses Vorzeichen gewarnt, schreibe ich in meine Notizen: »Ein kräftiges Tief ist im Anzug.«

Ich lag richtig. Zwei Tage später belehrt mich das Wetter-Bulletin aus *Le Temps*: Ein Tief von 750 Millimetern kam am 22. aus dem Golf von Gascogne heran, zog am 23. nach Algerien hinunter und breitete sich am 24. an der Provence-Küste aus. Am 25. fällt in Marseille dichter Schnee. »Die Schiffe«, so die Zeitung, »bieten einen seltsamen Anblick mit ihren weißen Rahen und Wanten. Die Bevölkerung von Marseille, die nicht an dieses Schauspiel gewöhnt ist, stellt sich so Spitzbergen und den Nordpol vor.«

Es waren sicherlich diese Böen, die meine Tiere im Voraus spürten, als sie sich am Vorabend und zwei weitere Tage lang weigerten, ihr Nest zu verlassen; es war das Zentrum der Turbulenzen, das sich in Sérignan am 25. und an den folgenden Tagen durch heftigen Nordwind mit Eis offenbarte. Ich stelle abermals fest, dass die Raupen im Treibhaus erst unruhig wurden, sobald die Tiefdruckwelle nahte. Als sich dann die durch das Tief verursachte Aufregung gelegt hatte, kamen sie am 25. und an den nächsten Tagen mitten im Unwetter heraus, als ob nichts Außerordentliches wäre.

All meine Beobachtungen zusammengenommen, zeigt sich, dass die Pinienprozessionsspinnerraupe für atmosphärische Wechselfälle überaus empfindlich ist, eine hervorragende Fähigkeit bei ihrer Lebensweise in den bitteren Winternächten. Sie fühlen das Unwetter, das einen Spaziergang gefährlich macht, im Voraus.

Ihre Witterung für schlechtes Wetter hatte bald das Vertrauen der Hausgemeinschaft gewonnen. Musste man sich nach Orange begeben, um Lebensmittel einzukaufen, war es üblich, sie am Vorabend zu befragen; und je nachdem, was sie sagten, ging man fort oder verzichtete darauf. Ihr Orakel hat uns niemals getäuscht. Naiv, wie wir waren, befragten wir früher aus gleichem Grund den Geotrupen, einen anderen wackeren Nachtarbeiter. Aber der berühmte Mistkäfer, der durch die Gefangenschaft im Käfig etwas entmutigt war und offenbar auch nicht mit speziellen empfindlichen Apparaten ausgestattet ist und sich zudem an den milden Herbstabenden verwandelt, kann mit der Pinienprozessionsspinnerraupe nicht mithalten, die in der härtesten Jahreszeit aktiv und offenbar mit Organen ausgestattet ist, die große atmosphärische Strömungen wahrnehmen können.

Die Bauernweisheit kennt zahlreiche Vorhersagen aus der Tierwelt. Die Katze, die sich vor dem Herd mit der befeuchteten Pfote wieder und wieder hinter dem Ohr kratzt, weissagt zunehmende Kälte; der Hahn, der zu ungewohnter Stunde kräht, kündigt schönes Wetter an; ein Perlhuhn, kreischt es hartnäckig wie eine gefeilte Säge, bedeutet Regen; wenn die Henne mit aufgeplusterten Federn auf einem Bein steht und den Kopf zum Hals zurückbiegt, spürt es strenge Fröste nahen; der grüne Baumfrosch, der hübsche Laubfrosch, lässt seine Kehle wie eine Blase anschwellen, wenn ein Gewitter im Anzug ist, und ruft, nach dem provenzalischen Bauern: *ploùra, ploùra!* (Es wird regnen, es wird regnen!) Dieses Vermächtnis jahrhundertealter Erfahrung, diese rustikale Wetterkunde steht neben der gelehrten Meteorologie gar nicht so schlecht da.

Sind wir nicht alle lebende Barometer? Jeder Veteran beklagt sich über seine ruhmreichen Hiebe, sobald das Wetter sich ändert. Der eine, ist er auch unverwundet, kann nicht schlafen und hat düstere Träume; jener andere, der mit dem Kopf arbeitet, kann keinen klaren Gedanken fassen. Jeder ist auf seine Weise in Mitleidenschaft gezogen vom Durchzug jener ungeheuren Wirbel, die sich in der Atmosphäre bilden und ihre Stürme ausbrüten.

Sollte das Insekt, dieser feinste Organismus von allen, diesen Wirkungen entfliehen können? Das ist nicht anzunehmen. Es muss, und zwar mehr als andere, ein lebendiges meteorologisches Instrument sein, ebenso zuverlässig in seinen Vorhersagen, wenn wir sie entziffern können, wie es die toten Instrumente unserer Laboratorien sind, die Quecksilbersäulen und die Darmsaiten. Alle haben in unterschiedlichem Ausmaß eine Empfindlichkeit, die der unseren entspricht und sich ohne die Hilfe bestimmter Organe zeigt. Manche könnten wegen ihrer Lebensweise sehr wohl mit eigenen wetterkundlichen Apparaten ausgerüstet sein. Dazu gehört offenbar die Pinienprozessionsspinnerraupe. In ihrem zweiten Kleid, wenn die Segmente auf der Rückenseite ein elegantes johannisbeerrotes Mosaik zeigen, unterscheidet sie sich offenbar von anderen Raupen nur durch eine feinere allgemeine Empfindsamkeit; und vielleicht birgt dieses Mosaik darüber hinaus weitere unbekannte Fähigkeiten. In der milden Jahreszeit ist die nächtliche Spinnerin noch mittelmäßig ausgerüstet, sie überlebt in diesem Zustand. Die wirklich grauenhaften Nächte beginnen fast nie vor Januar. Dann aber schmückt sich die Prozessionsspinnerraupe als Schutz auf ihren Wanderungen den Rücken mit einer Reihe von Mündern, die offenstehen, um von Zeit zu Zeit die Luft zu prüfen und vor dem Sturm zu warnen.

Bis auf Weiteres sind also die Knopflöcher auf dem Rücken meiner Ansicht nach meteorologische Organe, Barometer, die durch große Schwankungen der Atmosphäre beeinflusst werden. Ich kann nur wohlbegründete Vermutungen äußern, mehr nicht. Es fehlt mir an der unerlässlichen Ausrüstung, um bei dieser Frage tiefer zu gehen. Der Anstoß ist gegeben. Nun liegt es an anderen, besser ausgerüsteten, diesem seltsamen Problem auf den Grund zu gehen.

XXII
Die Pinienprozessionsspinnerraupe. Der Schmetterling

Ist der März gekommen, marschieren die von mir aufgezogenen Raupen unentwegt in Prozessionen. Viele verlassen das Treibhaus, sobald es offen steht; sie gehen auf die Suche nach einer geeigneten Stelle für die nahende Metamorphose. Es ist der letzte Auszug, das endgültige Verlassen des Nestes auf der Pinie. Die Pilger sind recht blass, weißlich mit wenigen roten Haaren auf dem Rücken.

Am 20. März verfolge ich den ganzen Vormittag lang die Bewegungen einer Reihe, die auf einer Länge von drei Metern etwa hundert Auswanderer zählt. Die Prozession bahnt sich hartnäckig ihren Weg, bewegt sich wellenförmig auf dem staubigen Boden, in dem sie eine Furche hinterlässt. Dann teilt sich die Reihe in kleinere Gruppen, die sich zusammenknäueln und ausruhen, wobei sie mit dem Hinterleib zucken. Nach einer Pause von unterschiedlicher Dauer setzen sich diese Gruppen wieder in Bewegung und bilden von da an unabhängige Prozessionen.

Keine festgelegte Richtung. Die eine geht geradeaus, die eine nach rechts, die andere nach links. Keine Marschordnung, kein bestimmtes Ziel. Nach einem Haken kehrt die Reihe auf ihre Spur zurück. Es gibt indessen eine allgemeine Tendenz auf die Wand des Glashauses zu, die nach Süden ausgerichtet ist und die wärmeren Sonnenstrahlen reflektiert. Die Sonne ist offenbar der einzige Führer; die Stellen, von denen die meiste Wärme abstrahlt, werden bevorzugt.

Nach zwei Stunden des Hin- und Hermarschierens erreichen die bruchstückhaften Prozessionen von etwa zwanzig Raupen den Fuß der Mauer. Der Boden ist hier pulverig, sehr trocken, leicht aufzugraben, wenn auch durch Grasbüschel ein wenig fest. Die Raupe am Kopf der Reihe sondiert mit der Kieferzange, gräbt ein wenig, erkundet das Terrain. Die Übrigen folgen brav und vertrauensvoll ihrem Vordermann, ohne ihrerseits Versuche zu unternehmen. Was die Erste beschließt, wird von allen befolgt. Hier, bei der so gewissenhaften Wahl der Stelle, an der die Umwandlung sich vollziehen soll, gibt es keine individuelle Initiative. Es gibt nur einen Willen, den des Vordermanns. Es gibt sozusagen nur einen einzigen Kopf; die Prozession ist vergleichbar mit einer Kette von Segmenten eines ungeheuren Ringelwurms.

Schließlich wird eine Stelle für günstig befunden. Die erste Raupe hält an, stößt mit der Stirn, hackt mit der Kieferzange. Die Übrigen, immer noch wie ein Seil zusammenhängend, kommen einzeln zum Arbeitsplatz vor und machen dort ebenfalls Halt. Dann löst sich die Reihe auf und bildet einen wimmelnden Haufen, in dem jede wieder ihre Freiheit gewinnt. Alle Rücken schlängeln durcheinander, alle Köpfe tauchen in den Staub, alle Beine rechen, alle Kieferzangen hacken. Der Ringelwurm ist zerlegt in einen Schwarm unabhängiger Arbeiter.

Eine Vertiefung wird ausgehöhlt, in der sich die Raupen Schritt für Schritt eingraben. Nach einiger Zeit reißt der untergrabene Erdboden auf, er hebt sich, wird von kleinen Hügeln bedeckt; dann ist Ruhe. Die Raupen sind in eine Tiefe von drei Zoll hinuntergestiegen. Das ist alles, was das grobe Terrain ihnen erlaubt. In lockerem Erdreich reicht die Grabung viel tiefer. Der Gehweg im Treibhaus, der mit feinem Sand aufgefüllt ist, hat mir Kokons geliefert, die zwei, ja drei Dezimeter tief gelegen waren. Ich möchte nicht behaupten, dass das Eingraben nicht noch weiter hinuntergehen kann. Kurz, das Eingraben findet gemeinschaftlich statt, in mehr oder weniger großen Gruppen, mehr oder weniger tief, je nach Bodenbeschaffenheit.

Fünfzehn Tage später wollen wir an der Stelle des Abstiegs graben. Da finden wir die Kokons zu Gruppen vereinigt, Kokons von erbärmlichem Aussehen, verschmutzt durch Erdbröckchen, die an den Seidenfäden kleben. Befreit man sie von ihrer groben Rinde, mangelt es ihnen nicht an Eleganz. Es sind schmale, an beiden Enden spitze Ellipsoide, die fünfundzwanzig Millimeter in der Länge und neun Millimeter in der Breite messen. Ihre Seide ist sehr fein und von einem trüben Weiß. Die schwache Widerstandskraft der Wandung ist überraschend, wenn man die ungeheure Menge von Seide gesehen hat, die auf die Herstellung des Nestes verwandt wurde.

Geht es um ihr Winterhaus, ist die Pinienprozessionssspinnerraupe eine großzügige Spinnerin, wird es Zeit für den Kokon, sind ihre Kännchen erschöpft und sie beschränkt sich auf das unbedingt Nötige. Arm an Seide, festigt sie ihre dünne Kammer mit einer Umkleidung aus Erde. Dies ist nicht die Kunst der Kreiselwespe, die Sandkörner in den Rahmen aus Seide einbaut und aus dem Ganzen einen soliden Kasten macht; es ist ein oberflächliches Verfahren ohne Feingefühl, mit dem die erdigen Bröckchen aus der Umgebung locker aneinanderklebt werden.

Wenn die Umstände es verlangen, kommt die Raupe auch ohne Erde aus. Im Inneren des Nestes habe ich, wenn auch selten, ganz saubere Kokons gefunden. Kein fremdes missfälliges Teilchen auf ihrem zarten weißen Taft. Solche sehr reinen Stoffe habe ich auch erzielt, wenn ich Raupen unter eine Glocke brachte, in einer nur mit wenigen Pinienzweiglein ausgelegten Schüssel. Noch besser: Eine ganze, sehr zahlreiche Prozession, die ich zu günstiger Zeit gesammelt und in eine große Dose eingeschlossen hatte, die weder mit Sand noch irgendwelchen Materialien bestückt war, hat ihre Kokons an die kahlen Wände gesponnen. Diese Ausnahmen bestätigen die Regel: Die Raupe hatte keine andere Wahl. Um sich umzuwandeln, gräbt die Prozessionsraupe sich in der Tiefe von einer Spanne und mehr ein, wenn das Erdreich es erlaubt.

Da drängt sich dem Beobachter ein merkwürdiges Problem auf: Wie kommt der Schmetterling aus den Katakomben herauf, in welche die Raupe hinabgestiegen ist? Mit dem Zierat des Endstadiums, mit den großen feinschuppigen Flügeln, den weiten Federbüschen der Fühler, kann er den Rauheiten des Erdreichs nicht die Stirn bieten, es sei denn, man kommt daraus ganz zerknittert, zerlumpt und unkenntlich hervor, was ja nicht der Fall ist, ganz im Gegenteil. Wie schafft er es, der so schwächlich ist, die Erdkruste zu durchbrechen, in die schon der kleinste Regenguß den Staub verwandelt hat?

Der Schmetterling erscheint Ende Juli und im August. Das Eingraben hat im März stattgefunden. In diesem Zeitraum muss es Regengüsse gegeben haben, die das Erdreich festigen, es zementieren und durch Verdunstung hart werden lassen.

Nie wird sich ein Schmetterling, wenn er nicht zweckmäßig dafür ausgerüstet und gekleidet ist, einen Ausgang durch ein solches Hindernis hindurch schaffen können. Er benötigt zwangsläufig Bohrwerkzeug und einfache Kleidung. Von diesen Überlegungen geleitet, habe ich einige Experimente durchgeführt, die das Rätsel lösen konnten.

Im April sammle ich reichlich Kokons. Ich lege zehn bis zwölf auf den Grund einiger Reagenzgläser von unterschiedlichem Durchmesser und fülle sie mit sandiger, gesiebter und leicht befeuchteter Erde auf. Der Inhalt wird festgedrückt, aber nur sanft, aus Sorge, die Kokons unten zu beschädigen. Wenn der August kommt, hat die anfangs feuchte Erdsäule durch die Verdunstung sich gerade so gefestigt, dass aus dem umgedrehten Reagenzglas nichts herausrieselt. Anderswo werden unbedeckte Kokons unter einer Drahtglocke aufbewahrt. Sie werden mir zeigen, was die Eingegrabenen nicht zeigen konnten.

Sie liefern mir tatsächlich hochinteressante Erkenntnisse. Kommt der Pinienprozessionsspinner aus seinem Kokon, hat er seinen Sonntagsstaat eingepackt und sieht aus wie ein Zylinder. Die Flügel, das Haupthindernis bei der unterirdischen Arbeit, sind als schmale Schärpen an die Brust gelegt; die Fühler, ein weiteres ernsthaftes Hindernis, entfalten ihre Federbüsche noch nicht und sind der Länge nach an die Flanken geklappt. Die Haare, später ein buschiger Pelz, sind von vorn nach hinten gelegt. Nur die Beine sind frei, sehr lebendig und kraftvoll. Diese Anordnung, in welcher die störenden Oberflächen eingezogen sind, ermöglicht den Aufstieg durch die Erde.

Freilich ist jeder Schmetterling in dem Augenblick, in dem er seine Hüllen fallen lässt, wie eine eingeengte Mumie; aber der Pinienprozessionsspinner besitzt obendrein eine einzigartige Fähigkeit,

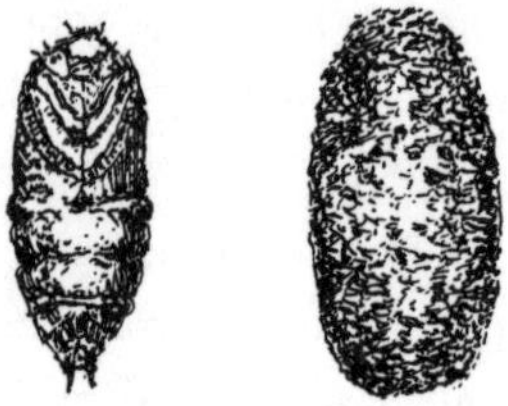

weil sein Schlupf unter der Erde stattfindet. Während die anderen, sind sie erst außerhalb des Kokons, sich beeilen, ihre Flügel auszubreiten und diese Entfaltung gar nicht aufschieben können, verharrt er durch eine unerlässliche Besonderheit in seiner zusammengedrängten Verpackung, solange es die Umstände erfordern. Die unter meinen Glocken an der Oberfläche Geborenen, sehe ich sich vierundzwanzig Stunden lang über den Sand schleppen oder an die Pinienzweiglein klammern, bevor sie ihre Schärpen lösen und die Flügel entfalten.

Diese Verzögerung ist offenbar notwendig. Um von unter der Erde hinaufzusteigen und an die frische Luft zu kommen, muss der Schmetterling eine Bohrung vornehmen, die viel Zeit braucht. Er wird sich hüten, seinen Zierat auszubreiten, bevor er aufgetaucht ist, weil dieser ihn stören und sich knitternd in üble Falten legen würde. Also bleibt die zylindrische Mumie bis zur endgültigen Befreiung erhalten; und wird die Freiheit zufällig vorher erreicht, vollzieht sich die Entfaltung dennoch nicht vor dem Ablauf einer Zeitspanne, die dem normalen Verlauf entspricht.

Wir kennen die Aufmachung für den Auszug, das enganliegende Wams, das unbedingt erforderlich ist, um einen schmalen Gang zu verlassen. Aber wo befindet sich jetzt das Bohrgerät? Die Beine, wenn auch frei, wären unzureichend: Sie würden seitlich kratzen und den Durchmesser des Schachts vergrößern; es würde ihnen jedoch nicht gelingen, den Ausgang in der Senkrechten zu verlängern, oberhalb des Insekts. Dieses Gerät muss vorn sein.

Führen wir doch einmal die Fingerspitze über den Kopf des Schmetterlings. Durch die Berührung spüren wir einige harte, raue Stellen. Die Lupe unterrichtet uns besser. Sie zeigt uns zwischen den Augen und höher vier oder fünf quer verlaufende Plättchen, die in Stufen angeordnet sind, schwarz, hart und am Ende sichelförmig ausgebildet. Das längste und stärkste ist das oberste, mitten auf der Stirn. Das ist die Bohrausrüstung.

Um unsere Tunnel im Granitfels auszuhöhlen, bestücken wir unsere Bohrspitzen mit Diamanten. Für eine ähnliche Arbeit pflanzt sich der Spinner als lebender Bohrer eine Reihe geschärfter Hörnchen auf seine Stirn, unverwüstliche echte Bohrklingen. Ohne ihre Verwendung zu erahnen, hat Réaumur diese wunderbaren Geräte sehr wohl gesehen, die er schuppige Stufen nennt. »Was hilft es diesem Schmetterling«, sagt er, »vorn am Kopf schuppige Stufen zu haben? Ich weiß es nicht.«

Meine Reagenzgläser werden es uns zeigen, Meister. Glücklicherweise sind unter den Schmetterlingen, die sich vom Boden der Gläser hocharbeiten, durch die Sandsäule hindurch, die durch Verdunstung der ursprünglichen Feuchtigkeit zu einem Block verhärtet ist, manche, die dies entlang der Wandung tun und es mir so ermöglichen, ihrem Manöver zu folgen. Ich sehe sie ihren zylindrischen Körper aufrichten, mit der Stirn stoßen, sich schwankend bald in die eine, bald in die andere Richtung verrenken. Die Aufgabe ist klar. Die Bohrer durchbrechen den verklebten Sand im Wechselspiel. Der staubige Schutt rieselt von oben und wird sogleich durch die Beine nach hinten geschoben. So ensteht ein wenig Spielraum und der Schmetterling schiebt sich weiter der Erdoberfläche entgegen. Am nächsten Tag wird die gesamte Sandsäule, zweieinhalb Dezimeter lang, von einem geraden und senkrechten Gang durchbohrt sein.

Wollen wir uns jetzt die ganze Arbeit ansehen? Drehen wir das Reagenzglas um. Der Inhalt, ich habe es schon gesagt, läuft nicht aus, weil er ja zum Block gefestigt ist; aber aus dem vom Schmetterling gebohrten Gang rieselt all der Sand, den die Sicheln des Bohrers gelöst haben. Das Ergebnis ist eine zylindrische Röhre, bleistiftdick, sehr sauber und bis zum Grund der festgewordenen Masse hinunterreichend.

Seid Ihr zufrieden, Meister? Seht Ihr jetzt den großen Nutzen der schuppigen Stufen? Seid Ihr nicht auch der Ansicht, dass wir hier ein großartiges Beispiel für ein Werkzeug haben, das für eine bestimmte Arbeit hervorragend geeignet ist? Ich teile diese Ansicht, denn ich denke wie Ihr, dass eine Höhere Vernunft bei allen Dingen Zweck und Mittel aufeinander abgestimmt hat.

Aber lasst mich Euch sagen: Man hält uns für rückständig; mit unserer Auffassung, dass die Welt von einer Höheren Vernunft regiert wird, können wir heutzutage nicht mehr mit dem Fortschritt mithalten. Ordnung, Ausgewogenheit und Harmonie seien alles sinnloses Zeug. Das Universum soll ein zufälliges Arrangement im Chaos der Möglichkeiten sein. Das Weiße könnte genauso gut das Schwarze, das Runde das Eckige, das Regelmäßige das Ungeformte, das Harmonische das Unstimmige sein. Über alles soll der Zufall entscheiden.

Ja, wir sind alte Perückenköpfe, wenn wir mit Wohlgefallen vor den Wundern der Vollkommenheit stehenbleiben. Wer beschäftigt sich heute noch mit diesen Belanglosigkeiten? Die sogenannte seriöse Wissenschaft, diejenige, die Ehre, Gewinn und Ansehen verschafft, besteht darin, das Tier mit sehr teuren Instrumenten in dünne Scheiben zu schneiden. Die Hausfrau verfährt so mit einem Bund Karotten, ohne einen anderen Anspruch als ein bescheidenes Gericht, das nicht immer gelingt. Hat man beim Problem des Lebens mehr Erfolg, wenn man eine Faser in vier Teile spaltet und eine Zelle in Scheiben zerteilt? Man nimmt es nicht einmal wahr. Das Rätsel ist so dunkel wie je. Ach, lieber Meister, unsere Methode ist vorzuziehen; vor allem: Wieviel höher, lebendiger und heilsamer ist Eure Philosophie!

Endlich gelangt der Schmetterling an die Oberfläche. Mit der Langsamkeit, die eine solch delikate Operation erfordert, breitet er seine Flügelpakete aus, entfaltet seine Federbüsche und richtet seinen Pelz auf. Das Kleid ist bescheiden: Vorderflügel grau, mit einigen winkeligen braunen Streifen; Unterflügel weiß; Brustteil mit buschigem grauen Pelz, Hinterleib von leuchtend rotem Samt. Das letzte Segment hat den Glanz von blassem Gold. Auf den ersten Blick sieht es nackt aus. So ist es aber nicht; es hat, anstelle der Haare, wie auf den übrigen Segmenten, auf der Rückenseite so schön beisammenstehende und derart dichtgedrängte Schuppen, dass alles einen zusammenhängenden Block zu bilden scheint, wie ein Goldstück.

Berühren wir dieses Schmuckstück mit der Spitze einer Nadel. Wenn man nur ein wenig reibt, lösen sich viele Schuppen, die beim geringsten Luftzug umherschwirren und wie Glimmerplättchen schimmern. Ihre konkave Form, länglich oval, ihre weiße Färbung an der unteren Hälfte, das Goldrot an der oberen, verleiht ihnen, obschon sie kleiner sind, Ähnlichkeit mit den Schuppen, welche die Köpfchen bestimmter Disteln einhüllen. Von dieser Art ist das goldene Vlies, den sich die Mutter abstreifen wird, um den Zylinder ihres Geleges zu bedecken. Der Goldklumpen am Steiß, der Plättchen für Plättchen abblättert, wird das Dach für die wie an einem Maiskolben aufgereihten Eier bilden.

Ich sähe gern, wie diese zierlichen Ziegel angebracht werden, die am blassen Ende mit einem Tropfen Gummi angeklebt sind, am farbigen aber frei abstehen. Die Umstände waren mir nicht hold. Den ganzen Tag passiv, reglos auf einem Blatt an den unteren Zweigen, setzte sich der sehr kurzlebige Schmetterling erst in Bewegung, als es ganz finster war. Paarung und Eiablage geschehen nachts. Am nächsten Tag ist alles vorbei: Der Spinner hat gelebt. Unter solchen Bedingungen, im Zwielicht einer Laterne, ist es unmöglich, auf befriedigende Weise die Arbeit der Mutter auf den Pinien im Garten zu verfolgen.

Mit den Gefangenen in meinen Glocken hatte ich nicht mehr Glück. Manche haben gelegt, aber immer zu sehr weit vorgerückter Stunde in der Nacht, als ich schon längst meine Augen geschlossen hatte. Kerzenlicht und vom Schlaf verquollene Augen eignen sich kaum, die subtilen Manöver der Mutter zu beobachten, mit denen sie die Schuppen an ihrem Platz befestigt. Übergehen wir mit Stillschweigen das Wenige, was ich nur undeutlich gesehen habe.

Zum Schluss einige Worten über die Forstpflege. Die Pinienprozessionsspinnerraupe ist ein gefräßiges Tier, das, auch wenn es die Endknospe verschont, die durch Schuppen und ihren harzigen Überzug geschützt ist, den Zweig völlig entrindet und den Baum durch Kahlfraß schädigt. Die grünen Nadeln, das Haarkleid, in dem die Lebenskraft der Pflanze sitzt, werden bis auf den Grund abgeweidet. Was kann man da tun?

Darauf angesprochen, sagt mir der Waldhüter meiner Gemeinde, es sei üblich, mit einer Gartenschere an einem langen Stiel von einer Pinie zur anderen zu gehen und die Nester abzuzwicken, um sie hernach zu verbrennen. Die Methode ist mühsam, denn die Seidenbeutel befinden sich oft in beachtlicher Höhe. Noch dazu ist sie nicht ungefährlich. Werden die Ausschneider vom haarigen Staub berührt, leiden sie unverzüglich an unerträglichem Juckreiz, einer nervtötenden Qual, die einen dazu bringt, nicht weiterzuarbeiten. Meiner Ansicht nach wäre es besser, zu handeln, bevor die Nester entstehen. Der Pinienspinner fliegt sehr schlecht. Unfähig, sich aufzuschwingen wie der Schmetterling der Seidenraupe, zappelt er herum, dreht sich am Boden im Kreis und erreicht auch mit seinem kräftigsten Schwung kaum die unteren Zweige, die den Erdboden fast streifen. Hier werden die Zylinder des Geleges abgesetzt, höchstens zwei Meter hoch. Es sind die jungen Raupen, die von einem provisorischen Nest zum anderen höher hinaufsteigen und über Stockwerk zu Stockwerk die Wipfel erreichen, wo sie die endgültige Behausung spinnen. Kennt man diese Eigenart, erklärt sich der Rest von selbst.

Im August inspiziert man das untere Nadelwerk des Baumes, eine leichte Untersuchung, weil sie in Augenhöhe unternommen wird. Am Ende der kleinen Zweige sind die Gelege des Spinners, die schuppigen Knospen gleichen, leicht zu finden. Ihre Größe und weißliche Färbung inmitten des düsteren Grüns machen sie kenntlich. Diese Zylinder sammelt man mitsamt der doppelten Nadel, die sie trägt, und zertritt sie; ein einfaches Verfahren, kurzen Prozess mit dem Übel zu machen, bevor es ausbricht.

So machte ich es mit den wenigen Pinien in meiner Einfriedung. Ebenso könnte man in den Forstflächen und vor allem in den Gärten und Parks verfahren, wo eine korrekte Blattbildung zum Wichtigsten bei den Bäumen gehört. Ich füge hinzu: Es empfiehlt sich, jeden Zweig auszuästen, der auf dem Boden schleift, und den Stamm des Nadelbaums bis zur Höhe von zwei Metern kahlzuhalten. Fehlen diese unteren Stufen, die einzigen, die der Spinner bei seinem trägen Auffliegen erreicht, kann er den Baum nicht bevölkern.

XXIII
Die Pinienprozessionsspinnerraupe. Das Nesseln

Die Pinienprozessionsspinnerraupe hat drei Kostüme: das des frühen Alters, ein magerer struppiger Pelz, schwarz-weiß durchmischt; jenes des mittleren Alters, das stattlichste der drei, wenn sich die Segmente oben mit goldenen Federbüschen und einem Mosaik von kahlen johannisbeerroten Platten schmücken; und das des reifen Alters, in dem die Segmente von Knopflöchern gespalten sind, die abwechselnd ihre dicken Lippen öffnen und schließen, kauen, ihre rothaarigen Spitzbärte zerkleinern und sie in feine Knäuel verwandeln, die sie an die Flanken sprühen lassen, wenn der Boden der Öffnung anschwillt und eine Blase bildet.

Im letzten Kostüm ist die Raupe sehr unangenehm zu handhaben und sogar das einfache Beobachten aus nächster Nähe kann tückisch sein. Unversehens habe ich das deutlicher erlebt, als mir lieb war.

Einen ganzen Vormittag lang hatte ich mich mit einer Lupe über meine Tiere gebeugt, um mir über das Spiel ihrer Knopflöcher klarzuwerden, und schon waren vierundzwanzig Stunden lang Augenlider und Stirn gerötet; und sie brannten viel stärker und länger als sie es bei einem Brennnesselstich tun. Als ich in diesem jämmerlichen Zustand zum Mittagessen herunterging, die Augen geschwollen und gerötet, das Gesicht unkenntlich verquollen, sorgten sich die Meinen und fragten, was mir zugestoßen sei. Ich berichtete von meinem Missgeschick und die Hausgemeinschaft beruhigte sich wieder.

Ich erzählte von meiner brennenden Prüfung mit den roten Härchen, die zerrieben wurden und sich in Flocken ansammeln.

Der Luftzug meines Atems blies sie aus den offenen Täschchen und trug sie bis zu meinem dicht darübergebeugten Gesicht. Die unbedachten Handbewegungen, die das Jucken zu beruhigen suchten, machten das Übel nur noch schlimmer, weil sie den nesselnden Staub verteilten.

Nein, es ist nicht alles rosig bei der Suche nach der Wahrheit auf dem Rücken der Prozessionsraupe. Ich brauchte die Nachtruhe, um mich einigermaßen von dem Unfall zu erholen, der im Übrigen folgenlos blieb. Fahren wir also fort. Es geht darum, zufällige Fakten durch vorher wohlüberlegte Experimente zu ersetzen.

Die Täschchen, zu denen die Knopflöcher auf dem Rücken die Eingänge darstellen, sind, wie bereits gesagt, verstopft von einzelnen oder zu Flocken geballten Haarresten. Wenn sie offenstehen, sammle ich mit der Spitze eines Pinsels ein wenig von ihrem Inhalt, den ich bald auf der Faust, bald auf der inneren Seite des Unterarms verteile.

Das Ergebnis lässt nicht auf sich warten. Die Haut rötet sich und ist mit linsenförmigen Schwellungen bedeckt, wie sie ein Brennnesselstich hervorruft. Der Schmerz ist nicht sehr stark, wird aber immer lästiger. Am nächsten Tag sind Brennen, Röte und die linsenförmigen Beulen verschwunden. Das ist meist der Gang der Dinge; aber vergessen wir nicht zu sagen, dass es nicht immer so vor sich geht. Die Wirkung des Haarstaubs ist anscheinend sehr unterschiedlich.

Manchmal war es so: Ich rieb mich mit der ganzen Raupe ein, mit ihrer Haut oder auch mit den abgebrochenen und mit der Pinselspitze gesammelten Haaren, ohne ein unangenehmes Ergebnis herbeizuführen. Das Juckpulver ist offenbar von unterschiedlicher Qualität, aus Gründen, die ich nicht entwirren konnte.

Aus meinen unterschiedlichen Versuchen ergibt sich: Die Ursache des Hautreizes ist die feine Behaarung, welche die Lippen der Münder am Rücken beim Öffnen und Schließen auf Kosten der Spitzbärte unaufhörlich zermalmen. Die Haare, die durch die Ränder dieser Knopflöcher abgerissen werden, sind der nesselnde Staub.

Nachdem diese Tatsache erkannt ist, wollen wir zu schwierigeren Versuchen übergehen. Gegen Mitte März, wenn die Mehrzahl der Prozessionsspinnerraupen unter den Erdboden gekrochen ist, komme ich auf die Idee, einige Nester zu öffnen, in dem Wunsch, die letzten Bewohner für meine Studien zu sammeln. Ohne Vorsichtsmaßnahmen zu treffen, zerren die Finger an der seidenen Behausung mit ihrem soliden Stoff, reißen sie in Fetzen, wühlen darin herum, schlitzen sie auf und drehen sie um.

Noch einmal, und diesmal ernster, werde ich Opfer meines sorglosen energischen Vorgehens. Kaum ist die Operation beendet, schmerzen die Fingerspitzen – und wie! – vor allem an der empfindlichsten Stelle, unter dem Rand des Fingernagels. Es fühlt sich an wie eine beginnende quälende Eiterung. Den ganzen übrigen Tag und die ganze Nacht hindurch hält der Schmerz an, so stechend, dass er mir den Schlaf raubt. Er beruhigt sich erst am nächsten Tag, nach vierundzwanzig Stunden einer kleinen Folterqual.

Woher rührte das neue Missgeschick? Ich hatte die Prozessionsspinnerraupen nicht angefasst, die außerdem zu diesem Augenblick im Nest rar waren. Ich hatte keine der alten Häute berührt; denn die Häutungen vollziehen sich nicht im Inneren des Seidenbeutels. Wenn der Zeitpunkt kommt, das zweite Kostüm zu verlassen, jenes mit dem Mosaik, scharen sich die Prozessionsspinnerraupen draußen auf dem Dach der Behausung zusammen und lassen dort ihre mit Seidenfasern verschlungenen Hüllen auf einem einzigen Haufen zurück. Was bleibt, um die Unannehmlichkeiten zu erklären, welche die in die Hand genommenen Nester verursachen?

Die zerbrochenen Borsten bleiben, die abgeworfenen roten Haare, ein Staub, der ohne sehr aufmerksame Prüfung nicht zu sehen ist. Die Prozessionsspinnerraupen wimmeln eine lange Zeit im Nest herum; sie laufen hin und her; sie durchqueren die dicke Hülle, um sich auf die Weide zu begeben und ihren Schlafraum wieder zu erreichen. Ob reglos oder unterwegs, unaufhörlich öffnen und schließen sie die Münder auf ihrem Rücken, ihre Wahrnehmungsinstrumente. Im Augenblick des Schließens rollen die Lippen die-

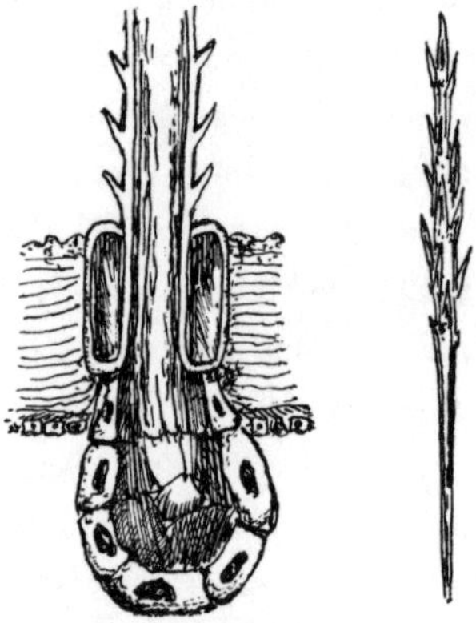

ser Knopflöcher übereinander wie Walzen, erfassen die nahen Haare, reißen sie ab und zerbrechen sie in Atome, die der alsbald wieder aufsteigende Boden der Tasche nach draußen befördert.

Auf diese Weise werden Myriaden von winzigen brennenden Teilchen verstreut, die in die Wandung des Nestes eindringen. Das Gewand des Nessus verbrannte die Adern dessen, der es trug; das Seidengespinst der Prozessionsspinnerraupe, auch ein vergiftetes Gewebe, verbrennt die Finger, die es berühren.

Die abscheulichen Härchen bewahren lange Zeit ihre Bösartigkeit. Ich hatte mehrere Handvoll Kokons zu sondieren gehabt, von denen einige pilzbefallen waren. War der Inhalt hart, was auf einen schlechten Zustand hindeutete, zerriss ich die verdächtigen Kokons mit den Fingern und öffnete sie, um die noch nicht befallenen Nymphen zu retten. Dieses Auslesen bescherte mir, vor allem unter den Fingernägeln, ähnliche Schmerzen, wie ich sie beim Aufreißen der Nester erlitten hatte.

Die Ursache des Juckreizes ist diesmal entweder die dürre Hülle, welche die Prozessionsspinnerraupe abgestreift hatte, als sie zur Nymphe wurde, oder die zu einer Art Gips-Zylinder zusammengeschrumpfte Raupe, die vom Pilzgeflecht befallen war. Auch sechs Monate später riefen solch verdorbene Kokons noch Juckreiz und Rötungen hervor.

Unter dem Mikroskop sind die roten Härchen, die den Juckreiz verursachen, starre Stäbchen, an beiden Enden sehr scharf und an ihrer vorderen Hälfte mit Stacheln versehen. Sie haben nichts von der Struktur der Brennnesselhaare, diesen spitz zulaufenden Ampullen, deren kieselsäurehaltige Spitze abbricht und ihren brennenden Inhalt in die kleine Wunde gießt.

Die Brennnesselpflanze, deren lateinischer Name *Urtica* den Begriff »urtication« (das Nesseln) geliefert hat, funktioniert wie die Hakenzähne der Giftschlangen; sie wirkt nicht durch Verwundung, sondern durch das eingespritzte Gift. Die Prozessionsspinnerraupe wendet eine andere Methode an. Die Härchen sind ganz anders als das ampullenartige Reservoir der Brennnesselhaare, sie müssen an ihrer Oberfläche vergiftet sein wie die Lanzen der Kaffern oder der Zulus.

Dringen sie wirklich in die Oberhaut ein? Sind sie der Barbarenspeer, den man nicht mehr herausziehen kann, sobald er einmal eingedrungen ist? Tauchen sie mit ihren stachelbesetzten Enden umso tiefer ein, je mehr das zur Verzweiflung gebrachte Fleisch zittert? Nichts dergleichen. Vergeblich untersuche ich mit der Lupe die schmerzhafte Stelle; ich entdecke nicht einen eingepflanzten Spieß. Als Réaumur, befallen von der Eichenprozessionsraupe, sich kratzte, ist es ihm auch nicht gelungen. Er stellt Vermutungen an, ohne sie bestätigen zu können.

Nein, trotz ihrer scharfen Spitze und ihrer Widerhaken, womit sie unterm Mikroskop furchterregenden Spießen gleichen, sind die roten Härchen der Prozessionsspinnerraupe keine Speere, die in der Lage wären, sich einzubohren und durch ihren Stich das Hautjucken hervorzurufen.

Viele friedliche Raupen tragen einen stacheligen Pelz, der unter dem Mikroskop aus Speeren mit Widerhaken zu bestehen scheint; sie sehen bedrohlich aus, sind aber harmlos. Führen wir zwei Beispiele dieser friedfertigen Hellebardenträger an.

Zu Beginn des Frühjahrs sieht man überall auf den Wegen eine Raupe mit heftigen Bewegungen laufen, die durch ihre unnahbare Behaarung Widerwillen einflößt; sie wirkt mit ihren wilden Wellenbewegungen wie ein Erntefeld, über das der Wind weht. Die alten Naturforscher haben sie in ihrer naiven bildhaften Sprache die Igelin genannt.[30] Diese Bezeichnung passt zu dem Tier, das sich im Augenblick der Gefahr in sich selbst einrollt, den Igel macht, indem sie dem Feind zu allen Seiten seine stachelige Ausrüstung entgegenstreckt. Auf dem Rücken eine dichte Mischung von schwarzen und aschfarbenen Haaren; an den Flanken und vorn eine leuchtend rote Mähne rauer Borsten. Ob schwarz, aschfarben oder rot, diese ganze wilde Behaarung ist von kräftigen Stacheln durchsetzt.

Man zögert, dieses Scheusal mit den Fingerspitzen zu berühren. Und dennoch sammelt Paulchen, ermutigt durch mein Beispiel, trotz seiner zarten Haut von sieben Jahren, mit vollen Händen die widerwärtige Raupe ein; furchtlos, als pflücke er einen Veilchenstrauß. Er füllt damit seine Kästen, zieht sie auf mit Ulmenlaub, nimmt sie jeden Tag in die Hand; denn er weiß, dass das hässliche Tier von heute sich morgen in einen prächtigen Schmetterling verwandeln wird, bekleidet mit scharlachrotem Samt, die unteren Flügel rot, die oberen weiß, übersät mit kastanienbraunen Flecken.

Was folgt aus diesem vertrauten Umgang des Kindes mit dem haarigen Tier? Nicht einmal ein Anflug von Hautjucken auf der empfindlichen Haut. Ich rede nicht von meiner von den Jahren gegerbten Haut.

In den Weidenbüschen des nahen Bachs, des Aygues, wuchert ein dorniger Strauch, der sich in der Nachsaison mit einer Unzahl von roten, sehr sauren Beeren bedeckt. Seine abweisenden Zweige mit wenig Grün verschwinden unter Bündeln von zinnoberroten Kügelchen. Es ist die Rote Schlehe, der Sanddorn.

Im April lebt in seinem Gezweig eine in ihrer Stacheligkeit recht anmutige Raupe von seinen sprossenden Blättern. Auf dem Rücken trägt sie kräftige Borstenbüschel, die nebeneinanderstehen, aufgerichtet wie die Haare einer Bürste; sie sind in der Mitte pechschwarz und an den Seiten weiß.

Vorn bewegt sie zwei auseinanderstrebende Federbüsche; einen dritten trägt sie auf dem Steiß wie eine Schwanzquaste. Die drei sind äußerst feine tiefschwarze Pinsel.

Ihr grauer Schmetterling, reglos geduckt auf der Rinde, legt seine langen Vorderbeine aneinander und streckt sie nach vorn aus; man könnte sie auf den ersten Blick für übermäßig lange Fühler halten. Diese Pose der ausgestreckten Arme hat ihm den wissenschaftlichen Namen *Orgyia*[31] (Elle) eingebracht, oder die ausdrucksstärkere volkstümliche Bezeichnung *Streckfuß*.

Paulchen, mein Helfer und Mitarbeiter, hat die hübsche Bürsten- und Federbuschträgerin aufgezogen. Wie oft hat er mit seinem so empfindlichen Finger den Pelz des Tieres gestreichelt! Er empfand es weicher als Samt. Und dennoch sind die Borsten der Raupe, unter dem Mikroskop vergrößert, grauenhafte Spieße mit Widerhaken, nicht weniger bedrohlich als die der Prozessionsspinnerraupe. Weiter geht die Ähnlichkeit nicht. Die unvoreingenommen in die Hand genommene Bürstenraupe bewirkt nicht einmal eine einfache Rötung. Nichts ist harmloser als ihr Pelz.

Offenbar liegt die Ursache für die Nesselwirkung nicht in den Stachelhärchen, sondern anderswo. Wenn Haare mit Widerhaken genügten, um Schmerzen an den Fingern hervorzurufen, wären die meisten haarigen Raupen gefährlich, denn fast alle besitzen dornige Borsten. Es ist im Gegenteil so, dass nur eine kleine Anzahl bösartig ist, deren Haarstruktur sich nicht von der der anderen unterscheidet.

Der Widerhaken mag dennoch insofern eine Bedeutung haben, als er das nesselnde Atom vielleicht auf unserer Haut festhält, es an seinem Platz verankert; das ist möglich; aber der quälende Schmerz kann nicht von dem einfachen Stich dieser Harpune stammen, zumal sie sehr zart ist.

Um einiges weniger zierlich sind die zu Kissen gruppierten Stacheln auf den Kaktusfeigen gefährliche Widerhaken. Wehe den Fingern, die ihrer samtweichen Erscheinung trauen! Beim geringsten Kontakt werden sie von Harpunen durchbohrt, die beim Herausziehen unserer Geduld trotzen. Ansonsten kein oder so gut wie kein Schmerz, denn hier ist die Wirkung des Spießes rein mechanisch.

Wenn wir annehmen, dass die Härchen der Prozessionsspinnerraupe in die Haut eindringen können, was sehr zu bezweifeln ist, müssten sie, wenn sie nur ihre scharfe Spitze und ihre Stacheln hätten, ähnlich oder etwas weniger stark wirken wie die Kaktusnadeln. Was haben sie also noch?

Nicht im Inneren, wie die Haare der Brennnessel, sondern außen müssen sie etwas haben, was die Reizung hervorruft; sie müssen von einer giftigen Mischung überzogen sein, die bei bloßer Berührung wirkt.

Lasst uns mithilfe eines Lösungsmittels diesen Erreger isolieren; dann werden die Spieße der Prozessionsspinnerraupe, beschränkt auf ihre unbedeutende mechanische Wirkung, harmlos. Das Lösungsmittel dagegen, das man aus dem gesamten Haarkleid nach der Filtration purgiert, wird den nesselnden Stoff aufnehmen, mit dem wir dann experimentieren können, ohne die Stachelhaare verwenden zu müssen. Isoliert und konzentriert würde die Wirkung des so behandelten Reizstoffs nicht gemildert, sondern verstärkt. So meine Überlegung.

Ich probiere drei Lösungsmittel aus: Wasser, Alkohol und Schwefeläther. Letzteren verwende ich am liebsten, auch wenn mir die zwei anderen, besonders der Alkohol, zufriedenstellende Ergebnisse geliefert haben. Um die Untersuchung zu vereinfachen, setze ich nicht die ganze Raupe mit ihren Fetten und Nahrungsbestandteilen dem Lösungsmittel aus, sondern ziehe vor, nur die abgeworfene Haut zu verwenden.

Ich sammle also im Harmas sowohl die trockenen Häute, die nach der Häutung des zweiten Lebensabschnitts auf dem Dach der seidenen Behausung hinterlassen wurden, als auch die Hüllen, welche die Raupen in den Kokons abgestreift haben, bevor sie zu Nymphen wurden, und lasse die beiden Mengen vierundzwanzig Stunden lang einzeln im Schwefeläther ziehen. Der Aufguss ist farblos. Die sorgfältig gefilterte Flüssigkeit wird zur spontanen Verdunstung stehengelassen und die Häute über dem Filter mehrmals mit Äther gewaschen.

Jetzt sind zwei Experimente zu machen: das mit den Häuten und das mit dem Produkt der Mazeration. Das erste ist so schlüssig, wie es nur sein kann. Struppig wie im normalen Zustand und durchgetrocknet, haben die Häute beider Mengen, vom Äther ausgelaugt, nicht die mindeste Wirkung, obwohl ich schonungslos die Haut zwischen den Fingern damit einreibe, eine für den Nesselreiz sehr empfindliche Stelle.

Die Behaarung ist genauso wie vor der Einwirkung des Lösungsmittels; sie hat nichts von ihrer Stacheligkeit und ihren Speerspitzen verloren und ist trotzdem wirkungslos. Kein Schmerz. Ohne ihren giftigen Überzug ist dieses Tausend Dolche zu angenehmem Samt geworden. Die Igelin und die Bürstenraupe könnten harmloser nicht sein.

Das zweite Experiment ist noch überzeugender und so schlüssig in seinen schmerzhaften Wirkungen, dass man keine Lust hat, es zu wiederholen. Als die Ätherlösung nach der spontanen Verdunstung auf einige Tropfen reduziert ist, tränke ich damit ein Stückchen Löschpapier, zu einem Viereck von über einem Zoll Seitenlänge gefaltet. Zu wenig misstrauisch gegenüber meinem Produkt, lege ich es großflächig auf die Oberfläche meiner armen Haut, und zwar mit einer Menge Erregern. Wer diesen Versuch wiederholen will, dem rate ich, weniger großzügig zu sein. Schließlich wird das noch einmal getränkte Papierquadrat auf die Innenseite meines Unterarms gelegt. Es wird von einem Gummiüberzug bedeckt, um rasches Austrocknen zu vermeiden, eine Binde hält alles an seinem Platz.

Etwa zehn Stunden lang geschieht zunächst nichts, dann anwachsendes Hautjucken und sehr heftiges Brennen, das mich fast die ganze Nacht um den Schlaf bringt. Am nächsten Tag, nach vierundzwanzig Stunden Kontakt, wird das Ganze abgenommen. Ein rotes Mal, das sich ein wenig abhebt und sehr klar umrissen ist, kennzeichnet das Quadrat des aufliegenden Giftpapiers.

Wie von Säure verätzt, ist die Haut dort rau wie ein Stück Chagrinleder. Jede der kleinen Pusteln sondert einen Tropfen Serum ab, der zu einer Masse von der Farbe des Gummiarabikums gerinnt. Diese Ausschwitzungen halten zwei Tage und darüber hinaus an. Dann beruhigt sich die Entzündung; der bisher sehr stechende Schmerz lässt nach; die Haut trocknet und schält sich ab. Alles ist vorbei, bis auf das rote Mal, das sich noch lange Zeit hält, derart hartnäckig ist die Wirkung des Extrakts der Prozessionsspinnerraupe. Drei Wochen nach dem Experiment ist das kleine Quadrat am Unterarm, das ich dem Erreger ausgesetzt hatte, immer noch von blassem Violett.

Wird man ein bisschen entschädigt, wenn man sich wie mit einem rotglühenden Eisen brandmarkt? Ja. Ein wenig Wahrheit ist der Wundbalsam, und dieser Balsam der Wahrheit steht über allem. Er wird uns später noch sehr viel schlimmere Leiden lindern.

Für den Augenblick beweist uns der schmerzhafte Versuch, dass das Nesseln keineswegs durch das Haarkleid der Prozessionsspinnerraupe entsteht. Hier gab es keine Borste, kein Härchen, keinen Dolch. Das alles war herausgefiltert. Die Nesselwirkung war im Lösungsmittel, dem Äther. Die reizende Wirkung erinnert in gewisser Weise an jene der Canthariden (Weichkäfer), die bei bloßem Kontakt entsteht. Mein Quadrat vergiftetes Löschpapier war eine Art Zugpflaster, das die Oberhaut in winzigen Pusteln und nicht in großen Blasen nach oben zog.

Die Aufgabe der Stachelhärchen, winzige Teilchen, durch die geringste Luftbewegung ringsum verstreut, besteht darin, das nesselnde Produkt, mit dem sie getränkt sind, auf unsere Hände und auf unser Gesicht zu bringen. Ihre Zähnungen halten sie an Ort und Stelle fest, damit das Nesselgift wirken kann. Wahrscheinlich begünstigen sie sogar die Wirkung der brennenden Droge durch feine, kaum sichtbare Kratzer.

Kurz nach der Berührung mit der Prozessionsspinnerraupe schwillt die Haut an, wird rot und schmerzt. Die Wirkung des Gifts erfolgt nicht unmittelbar, aber doch rasch. Der Ätherauszug dagegen löst die Rötung und den Schmerz erst nach ziemlich langer Wartezeit aus. Was fehlt ihm für eine prompte Wirkung? Offenbar die Hilfe der Borsten.

Das von der Raupe direkt verursachte Nesseln ist längst nicht so stark wie das der wenigen Tropfen des konzentrierten ätherischen Auszugs. Bei meinen schrecklichsten brennenden Missgeschicken, sei es mit den Seidenbeuteln, sei es mit ihren Bewohnern, hat sich niemals die Haut mit nässenden Pusteln bedeckt, die sich dann abschälen. Jetzt ist es eine richtige Wunde, die ziemlich übel aussieht.

Die Verschlimmerung erklärt sich leicht. Ich habe ungefähr fünfzig Häute in Äther eingelegt. Die wenigen Tropfen, die nach der Verdunstung übrigblieben und die ich mit dem Quadrat Löschpapier aufsaugte, stellen also die fünfzigfach verstärkte individuelle Virulenz dar. Mein kleines Zugpflaster entspricht dem Kontakt mit fünfzig Raupen an derselben Stelle. Wenn man weitaus größere Mengen mazerierte, erlangte man zweifellos Extrakte von furchterregender Stärke. Es ist nicht ausgeschlossen, dass die Medizin eines Tages dieses starke Mittel nutzt, das sich sehr vom Cantharidenpflaster unterscheidet.

Was kann uns als freiwilligen Opfern unserer Neugier, die uns nur um des Wissens willen stechendes Hautjucken beschert, oder auch als zufällig Betroffenen ein wenig Abhilfe gegen den Juckreiz verschaffen, den uns die Pinienprozessionsspinnerraupe zugefügt hat? Wenn es auch gut ist, den Ursprung des Übels zu kennen, ist es doch weitaus besser, es aus der Welt schaffen zu können.

Eines Tages versuche ich, den vom längeren Durchwühlen eines Nestes hervorgerufenen Schmerz an den Händen mit Alkohol, Glyzerin, Öl und Seifenwasser zu lindern. Nichts hilft. Da erinnere ich mich an ein Beruhigungsmittel, das Réaumur gegen das Nesseln durch den Eichenprozessionsspinner benutzte. Ohne uns zu verraten, wie er auf das seltsame Spezifikum gekommen ist, reibt sich der Meister mit Petersilie ein und das tut ihm gut. Er fügt hinzu, dass wahrscheinlich jedes andere Blatt ebenso beruhigend wäre.

Dies ist eine gute Gelegenheit, um darauf zurückzukommen. In jeder Gartenecke wächst Petersilie, so dicht und grün, wie man es sich nur wünschen kann. Welche andere Pflanze ist mit ihr vergleichbar? Ich wähle den Portulak, einen spontanen Gast meiner Gemüsebeete. Schleimig und fleischig wie er ist, lässt er sich leicht zerdrücken und wird zu einer geschmeidigen Masse. Ich reibe mir also eine Hand mit Petersilie ein, die andere mit Portulak; dabei drücke ich ziemlich fest, um das Blatt pastös zu machen. Das Ergebnis ist bemerkenswert.

Die Petersilie beruhigt die brennende Haut ein wenig, das stimmt; aber, wenn auch schwächer, hält es noch lange Zeit an und bleibt unangenehm. Beim Portulak verschwindet die kleine Folter fast sofort, und zwar so gründlich, dass ich nicht mehr darauf achte. Mein Universalmittel Portulak hat unbestreitbare Wirkung.

Ich empfehle es, ohne laut Reklame zu machen, jedem, der von der Prozessionsspinnerraupe verfolgt wird. Die Waldhüter fänden im Kampf gegen die Raupennester hierin ein wirksames Mittel.

Gute Ergebnisse habe ich auch mit Tomatenblättern und Salat erzielt; und, ohne diese botanische Untersuchung weiter zu verfolgen, bin ich wie Réaumur davon überzeugt, dass jedes zarte saftige Blatt seine Wirkung täte.

Was die Wirkungsweise dieses Mittels betrifft, so gebe ich zu, gar nichts darüber zu wissen, so wie ich auch die Wirkungsweise des Erregers nicht ganz erfasse. Wie der medizinische Bakkalaureus bei Molière die beruhigende Wirkung des Opiums mit den Worten »*Quia est in eo virtus dormitiva cujus est proprietas sensus assoupire*«[32] erklärt, so sagen wir: Das zerdrückte Kraut schwächt das Nesseln, weil in ihm eine beruhigende Kraft steckt, deren Eigenschaft es ist, den Juckreiz zu lindern.

In dem Bonmot steckt mehr Philosophie, als man ihm ansieht. Was wissen wir denn von unseren Heilmitteln und überhaupt von allen Dingen? Wir kennen Wirkungen und gelangen nicht bis zu den Ursachen.

In meinem Dorf und der Umgebung sagt der Volksglaube: Um den Schmerz eines Bienen- oder Wespenstichs zu lindern, genügt es, die betroffene Stelle mit drei Arten von Kräutern einzureiben. Nimm, so sagt man, drei verschiedene Kräuter, die erstbesten, mache daraus ein Sträußchen und reibe kräftig damit. Das Rezept ist unfehlbar, so versichert man uns.

Zuerst habe ich gedacht, es sei eine dieser kruden Behandlungsmethoden, die der ländlichen Fantasie entspringen. Nach einem Versuch aber erkannte ich, dass an einer scheinbar unsinnigen Medikation offenbar manchmal etwas dran ist. Das Reiben mit drei Arten von Kräutern beruhigt wirklich den Stich von Bienen und Wespen.

Ich beeile mich hinzuzufügen: Bei einem einzigen Kraut ist der Erfolg derselbe; und darin stimmt das Ergebnis mit dem überein, was Petersilie und Portulak uns soeben hinsichtlich des Nesselns der Prozessionsspinnerraupe gelehrt haben.

Warum drei Kräuter, wenn ein einziges ausreicht? Drei ist die schicksalshafte Zahl schlechthin; sie riecht nach Magie, was den Kräften der Salbe durchaus nicht schadet. Jede ländliche Heilkunst rührt ein wenig an Hexerei und gewinnt, wenn sie mit der Drei hantiert.

Vielleicht gehen die drei Kräuter sogar auf die *Materia Medica* der Antike zurück. Dioscurides lobt das τρίφυλλον (*triphyllon*, Dreiblatt) in den höchsten Tönen; er sagt, es sei gut gegen Bisse von Giftschlangen. Die berühmte Pflanze mit den drei Blättern genau zu bestimmen, ist nicht leicht. Ist es der gewöhnliche Klee? Oder das Psoralen mit seinem Bitumen-Duft? Der Fieberklee, Gast der kalten Moore? Der Sauerklee, dieses Halleluja der Fluren? Das weiß man nicht genau. Die Botanik von damals hat nicht so gewissenhaft genau beschrieben wie die unsere. Die Pflanze, die man als Gegenmittel gegen Gift nahm, hatte Blätter in Dreiergruppen. Das ist das Wesentliche.

Darüber hinaus ist die Drei die kabbalistische Zahl, die aus Sicht der ersten Heiler für die heilende Wirkung notwendig ist. Der Bauer, dieser beharrliche Bewahrer, hat uns das antike Heilmittel überliefert, in einer glücklichen Eingebung aber die ursprünglichen drei Blätter in drei verschiedene Kräuter umgewandelt; er hat aus dem Dreiblatt das dreifache Blatt gemacht, das auf dem Bienenstich zerquetscht wird. Ich sehe, wenn auch undeutlich, einen gewissen Zusammenhang zwischen seinem naiven Denken und dem Zerdrücken von Petersilie, von dem Réaumur spricht.

XXIV
Die Erdbeerbaum-Raupe

In dem begrenzten Raum für meine Untersuchungen gibt es nur wenige Arten nesselnder Raupen. Ich kenne nur zwei: Die Raupe der Pinien und die des Erdbeerbaums. Diese gehört zur Gattung Liparis.[33] Ihr prächtiger schneeweißer Schmetterling mit seinen Hinterleibssegmenten von leuchtendem Rot ähnelt sehr dem Liparis auriflua, Fab., von dem er sich durch seine geringe Größe unterscheidet und vor allem durch das Gebiet, das seine Raupe ausbeutet. Findet man seine Art in unseren Verzeichnissen? Ich weiß es nicht, und wahrhaftig, es lohnt kaum der Mühe, sich zu informieren. Ist ein lateinischer Name wichtig, wenn man sich unmöglich irren kann? Ich werde mich mit Einzelheiten über die Erdbeerbaum-Raupe zurückhalten, die in ihrem Verhalten viel weniger interessant ist als die Pinienprozessionsspinnerraupe. Allein der Schaden, den sie anrichtet, und ihr Gift verdienen Aufmerksamkeit.

Auf den Hügeln von Sérignan, sonnigen Kuppen, wo die Mittelmeervegetation aufhört, wachsen reichlich Erdbeerbäume, prächtige Sträucher mit glänzendem immergrünen Laub und zinnoberroten Früchten, kugelrund und ebenso fleischig wie Erdbeeren, mit kleinen hängenden Blüten, weiß wie Maiglöckchen. Wenn Anfang Dezember die Fröste nahen, ist nichts so anmutig wie der Erdbeerbaum, der sein fröhliches Grün gleichzeitig mit Früchten und Blüten, Korallenmurmeln und bauchigen Glöckchen schmückt. Als einziges unserer Gewächse vereint er das Blühen der Gegenwart mit der Reife der Vergangenheit.

Dann werden die zinnoberroten Erdbeeren, die bei den Amseln sehr beliebt sind, den *darbouses*, wie man hier sagt, weich und schmecken süß. Die Frauen pflücken sie und bereiten daraus eine Marmelade, die durchaus ihre Vorzüge hat. Der Erdbeerbaum selbst wird zur Zeit des Holzschlags trotz seiner Eleganz vom Holzfäller nicht verschont. Wie gewöhnliches Gestrüpp landet er in den Holzbündeln für den Ofen. Häufig hat auch der schöne Erdbeerbaum eine Raupe als Schädling, die ihm ein ärgerer Feind ist als der Holzfäller. Von einem Feuer würde er nicht schlimmer zugerichtet als unter dem Zahn dieses Vielfrasses.

Der Schmetterling, der dieses Übel bringt, indem er sein Gelege auf einem Blatt des Erdbeerbaums ansiedelt, ist ein zierlicher Spinner, schneeweiß, mit prächtigen Federbüschen an den Fühlern und einer Watte-Pelerine auf der Brust.

Sein Gelege ist ein längliches Kissen, zwei bis drei Zentimeter lang; ein Daunenbett, weiß, rostrot lasiert, dicht und sehr weich, aus Haaren, die mit ein wenig Klebstoff an der vorderen Spitze des Blattes befestigt sind. Die Eier sind in den Schutz dieses dicken weichen Unterschlupfs versenkt. Sie glänzen metallisch und ähneln Körnchen von Nickel.

Der Schlupf findet im September statt. Die erste Mahlzeit ist das heimische Blatt, danach die benachbarten Blätter rings umher. Es wird nur eine Seite abgeweidet, meist die obere; die andere bleibt unversehrt, durchzogen von den Blattadern, die für die Neugeborenen zu zäh sind.

Es wird mit absoluter Wirtschaftlichkeit gefressen. Anstatt aufs Geratewohl das Weideland je nach Laune auszubeuten, rückt die Schar Schritt für Schritt vor, von der Basis bis zur Spitze des Blattes, alle den Kopf auf einer Linie an der Front. Solange nicht gründlich abgefressen wurde, was diesseits ist, wird kein Bissen über die Linie hinaus genommen.

Während die Schar vorwärtsschreitet, wirft sie etliche Fäden über den kahlen Teil, auf dem nur die Rippen und die Haut der Blattunterseite übriggeblieben sind. So wird ein zarter Schleier gewebt, ein Schutz gegen die starke Sonne und ein unverzichtbarer Fallschirm für die Schwächlinge, die ein Lufthauch davontragen würde.

Infolge der raschen Austrocknung auf der beschädigten Seite krümmt sich das Blatt sofort und schrumpelt zu einer Gondel, die von dem Gewebeschleier von einem Ende zum anderen zusammengehalten wird. Dann ist die Weide abgegrast. Man verlässt sie, um ganz in der Nähe anderswo von vorn zu beginnen.

Nach einigen solchen Weidegängen, sobald im November die schlechte Jahreszeit droht, richten sich die Raupen am Ende eines Zweiges endgültig ein. Wenn die Blätter an der Spitze des Zweiges eins nach dem anderen abgenagt sind, neigen sie sich den benachbarten zu, die dasselbe tun, nachdem sie ihrerseits kahlgeschoren sind; das Ganze bildet dann ein scheinbar verbranntes Bündel,

das wunderbar weiße Seide zusammenhält. Dies ist das Winterhaus, aus dem die immer noch schwächliche Kinderschar nicht mehr herausgeht, bis das schöne Wetter wiederkehrt.

Das Blättergerüst wird ohne Zutun der Raupe errichtet; sie spinnt die Fäden nicht von einem Blatt zum anderen, um diese Leinen dann festzuzurren und so die verschiedenen Balken des Gebäudes zusammenzuführen. Es ist einfach die Folge der Austrocknung auf der abgenagten Seite. Freilich verknüpfen feste Halteleinen die durch das Austrocknen angenäherten Blätter; aber sie sind kein Bewegungsmechanismus beim Zusammenschluss.

Hier gibt es keine Zugseile, keine Winden, um das Gerüst aufzurichten. Die Kümmerlichen wären zu einer solchen Anstrengung gar nicht imstande. Die Sache macht sich ganz von selbst. Manchmal schlingt sich ein flatternder Faden, Spielzeug der Luft, um ein nahes Blatt. Dieser zufällige Steg lockt die Kundschafterinnen herbei, die sich beeilen, die frische Beute abzuweiden; und so krümmt sich ein weiteres Stück von selbst und wird Teil des Hauses. Es wird durch Fressen erbaut; man richtet sich ein, indem man ein Festmahl hält.

Es ist ein komfortables Haus, fest verschlossen und abgedichtet, das den Regen- und Schneefällen standhält. Um uns vor Zugluft zu schützen, bringen wir Dichtungen an Haustüren und Fenstern an; die kleine Erdbeerbaum-Raupe, diese Verschwenderin, befestigt an ihren Fensterläden samtige Streifen von Seide. Da drinnen muss man sich wohlfühlen, mag der Nebel noch so feucht sein.

In der schlechten Jahreszeit regnet es mir ins Haus. Die Blätterwohnung kennt diese Nöte nicht; manchmal genießt das Tier derlei Vorteile, mit denen die menschliche Technik auf den zweiten Platz verwiesen ist.

In dieser Hütte aus Laub und Seide werden die drei bis vier rauesten Monate in völliger Enthaltsamkeit verbracht. Kein Ausgang, kein Bissen Nahrung. Im März endet die Winterstarre und die Eingeschlossenen ziehen um, mit leerem Magen.

Die Gesellschaft löst sich in Geschwader auf, die sich außer Rand und Band auf das nahe Grün verteilen. Dies ist die Zeit der ernsthaften Verwüstung. Die Raupen beschränken sich nicht mehr darauf, eine Blattseite zu benagen; ihre Fressgier verschlingt das ganze Blatt bis auf den Stiel. Nach und nach, Stück für Stück, wird der ganze Erdbeerbaum kahlgeschoren.

Die Vagabunden kehren nicht mehr in das Winterhaus zurück, es ist ihnen jetzt zu eng. Sie bleiben in Gruppen beisammen und weben sich, die einen hier, die anderen dort, unförmige Zelte, Übergangsbaracken, die zugunsten anderer verlassen werden, sobald die Weide ringsum abgefressen ist. Die nackten Zweige – man könnte meinen, sie seien von Flammen verzehrt – sehen aus wie armselige Trockengestelle, an denen Lumpen hängen.

Im Juni, sobald die Raupen ausgewachsen sind, verlassen sie den Erdbeerbaum, steigen zum Erdboden hinunter und spinnen sich zwischen toten Blättern aus Seidenfäden und ihren Haaren einen sparsamen Kokon. Einen Monat später erscheint der Spinner.

Die Raupe misst in ihrer endgültigen Größe fast drei Zentimeter. Ihrem Kleid mangelt es nicht an Reichtum und Originalität: Auf dem Rücken ziert die schwarze Haut eine doppelte Perlenkette aus orangenen Flecken; die in Büscheln angeordneten Haare sind lang und grau; schneeweiße kurze Büschel bedecken die Flanken; zwei Höcker von kastanienbraunem Samt sitzen auf den beiden ersten Bauchsegmenten sowie auf dem drittletzten.

Am auffälligsten sind aber zwei winzige Krater, die immer offenstehen; winzige, wie in einen Tropfen Siegelwachs geschnittete Kelche. Nur das sechste und siebte Hinterleibsegment haben diese zinnoberroten Näpfe auf der Rückenseite. Ich kenne die Aufgabe dieser seltsamen Becherchen nicht. Vielleicht sind es Informationsapparate wie die Münder auf dem Rücken der Pinienprozessionsspinnerraupe.

Diese Raupe ist im Dorf sehr gefürchtet. Holzfäller, die Bündel schnüren, Frauen, die Reisig sammeln, verfluchen sie einhellig. Sie erzählen mir von ihrem Hautjucken und stellen ihre brennenden Erinnerungen so lebendig dar, dass sich beim Zuhören unwillkürlich mein ganzer Rücken anspannt, um ein eingebildetes Jucken zu beruhigen; ich spüre auf der nackten Haut das Reisigbündel des Erdbeerbaums voll brennender Raupen.

Man sollte vermeiden, in der Mittagshitze einen von Raupen bevölkerten Strauch zu fällen und durch die Axtschläge diese Art Manchinelbaum zu erschüttern, der in seinem Schatten Gift verspritzt. Was mich betrifft, so kann ich mich über den Schädling des Erdbeerbaums nicht beklagen. Ich hatte ihn sehr oft in der Hand, seinen Pelz habe ich auf die empfindlichsten Stellen meiner Finger gelegt, auf den Hals und sogar auf das Gesicht; stundenlang habe ich Nester aufgeschlitzt, um für meine Studien die Bevölkerung herauszuholen: Ich bin nie belästigt worden; höchstens unter außergewöhnlichen Umständen, vielleicht kurz vor der Häutung; und man müsste wohl auch eine weniger stark gegerbte Haut als ich haben.

Die zarte Haut eines Kindes hat diese Widerstandsfähigkeit nicht; Paulchen bezeugt das; er hatte mir geholfen, einige Nester zu plündern und mit der Pinzette die Bewohner zu sammeln, und kratzte sich lange Zeit am Hals, der von roten Pusteln bedeckt war. Mein naiver Helfer war stolz auf sein wissenschaftliches Wehwehchen, das er sich durch Leichtsinn und vielleicht auch aus reinem Imponiergehabe zugezogen hatte. In vierundzwanzig Stunden war es ohne weitere Beschwerden wieder verschwunden.

Dies alles passt nicht recht zu den brennden Erfahrungen, von denen die Holzfäller mir berichteten. Übertreiben sie? Das glaube ich nicht – ihre Berichte sind einhellig. Also fehlt bei meinen Versuchen etwas: vielleicht der günstige Augenblick, die richtige Reife des Tiers, eine hohe Temperatur, die das Gift verstärkt.

Damit das Nesselgift sich voll entfalten kann, müssen bestimmte, schwer zu definierende Umstände zusammenkommen, und eben das war nicht der Fall. Vielleicht wird der Zufall mir dies eines Tages bescheren, mehr als mir lieb ist; wenn es mich erwischt wie die Holzfäller, werde auch ich eine schlaflose Nacht haben und mich hin und her wälzen wie auf einem Lager von glühenden Kohlen.

Was mir der häufige direkte Umgang mit der Raupe nicht beigebracht hat, das zeigen die Tricks der Chemie gleich mit einer

Brutalität, die ich so nicht erwartet hatte. Ich behandle die Erdbeerbaumraupe mit Schwefeläther, wie ich es mit den Häuten der Pinienraupe getan hatte. Das Gewürm, aus dem ich den Aufguss bereite, ist noch ziemlich klein, kaum halb so groß wie das erwachsene Tier; es sind etwa hundert Raupen. Nach zwei Tagen Mazeration filtere ich sie und überlasse die Flüssigkeit der spontanen Verdunstung. Mit einigen übriggebliebenen Tropfen tränke ich ein vierfach gefaltetes Löschpapier und lege es auf die Innenseite des Unterarms, samt Gummiauflage und Binde. Es ist die genaue Wiederholung dessen, was ich bei der Pinienprozessionsspinnerraupe durchgemacht habe.

Das am Vormittag aufgelegte Zugpflaster hat vor der Nacht keine Wirkung. Dann wird der Hautreiz stufenweise unerträglich und so heftig, dass ich das Zeug jeden Moment abreißen möchte. Trotzdem halte ich stand, allerdings um den Preis von Fieber und Schlaflosigkeit.

Jetzt verstehe ich die Holzfäller! Nicht einmal vier Quadratzentimeter Haut habe ich der Folter unterworfen. Was wäre erst, wenn mir Rücken, Schultern, Hals, Körper und Arme auf diese Weise schmerzten? Ihr tut mir von ganzem Herzen leid, ihr Arbeiter, die ihr von dem abscheulichen Tier gequält werdet.

Am nächsten Tag wird das höllische Papier abgenommen. Die Haut ist angeschwollen und mit kleinen Pusteln übersät, aus denen tröpfchenweise Sekret quillt. Fünf Tage lang halten Hautjucken, stechendes Gefühl von Brennen und tropfendes Sektret an. Dann trocknet die abgestorbene Haut aus und löst sich in Schuppen. Alles ist vorbei, bis auf die Rötung, die einen Monat danach noch zu erkennen ist.

Der Beweis ist erbracht: Die Raupe des Erdbeerbaums, die unter gewissen Umständen die Wirkungen hat, die ich durch meine Tricks erzielte, verdient in allen Punkten ihren grauenvollen Ruf.

XXV
Das Gift der Insekten

Ein Schritt zur Lösung des Problems der nesselnden Raupen ist gemacht, wenn auch nur ein kleiner. Die Waschungen in Äther zeigen uns, dass die Behaarung nur eine zweitrangige Rolle spielt. Der Staub zerbrochener Haare, den der kleinste Luftzug herumwirbeln lässt, belästigt uns, wenn er sich setzt und seinen brennenden Überzug abgibt; aber dieser Giftstoff steckt nicht im Pelz des Tieres, er kommt anderswoher. Wo ist seine Quelle?

Ich werde etwas ins Detail gehen. Dadurch helfe ich vielleicht dem Neuling. Sehr einfach und in einem abgesteckten Rahmen zeigt uns das Thema, wie eine Frage die nächste hervorruft, wie der experimentelle Beweis eine zunächst vorläufige Hypothese bestätigt oder sie verwirft, und schließlich, wie die Logik mit ihren strengen Fragen schrittweise zu Verallgemeinerungen führt, die von größerer Bedeutung sind, als der Ausgangspunkt zunächst versprach.

Erstens: Besitzt die Pinienprozessionsspinnerraupe einen eigenen Drüsenapparat, der den Giftstoff herstellt, wie zum Beispiel die Giftdrüsen der Hautflügler? Keineswegs. Die Anatomie bestätigt: Die innere Struktur der nesselnden und der gutartigen Raupe ist gleich. Nichts kommt hinzu, nichts fehlt. Wenn die Herkunft des Nesselgiftes nicht auszumachen ist, muss es das Ergebnis eines allgemeinen Vorgangs sein, der den gesamten Organismus betrifft. Es muss sich infolgedessen im Blut befinden, wie der Harnstoff bei den Höheren Tieren. Eine keineswegs abwegige Vermutung, aber eben nur eine Vermutung, solange das Experiment nicht sein unwiderlegbares Wort gesprochen hat.

Fünf oder sechs Prozessionsspinnerraupen, die ich mit einer Nadelspitze steche, liefern mir einige Blutstropfen, mit denen ich ein kleines Stück Löschpapier tränke, das ich mit einer undurchlässigen Bandage am Unterarm befestige. Nicht ohne eine gewisse Besorgnis warte ich den Ausgang des Versuchs ab. Je nach Ergebnis werden die Vermutungen, die ich anstelle, eine solide Basis bekommen oder als nichtige Träumereien zerrinnen.

Zu vorgerückter Nachtstunde weckt mich der Schmerz; ein Schmerz, der diesmal ein intellektuelles Vergnügen ist. Ich hatte richtig vorausgesehen. Das Blut enthält tatsächlich den virulenten Stoff. Er ruft ein Anschwellen hervor, ein brennendes Gefühl, er führt zu Sekretabsonderung und schließlich zur Veränderung der Haut. Was ich hier lerne, geht über meine Wünsche hinaus. Der Versuch übertrifft, was mir der bloße Umgang mit den Raupen gezeigt hätte. Statt mir mit dem bisschen Gift, mit dem die Haare überzogen sind, Schmerzen zuzufügen, bin ich zur Quelle des Nesselgiftes zurückgegangen und habe dadurch weitaus größeres Missbehagen erzielt.

Sehr glücklich über meine Misere, die mich auf einen sicheren Weg führt, setze ich meine Erkundigungen mit folgender Überlegung fort: Der Giftstoff im Blut kann keine lebende Substanz sein, die den Funktionen des Organismus dient; er ist vielmehr, wie der Harnstoff, ein Abfallprodukt, eine Schlacke der vitalen Arbeit, Müll, der in dem Maß ausgestoßen wird, wie er sich bildet. In diesem Fall müsste ich ihn im Kot der Raupe wiederfinden, dieser Masse fester und flüssiger Verdauungsreste.

Unternehmen wir ein weiteres, nicht weniger grundlegendes Experiment als das vorige. Zwei Tage lang lege ich einige Prisen sehr trockener Kötel, wie man sie in den alten Nestern zuhauf findet, in Schwefeläther ein. Die Flüssigkeit wird durch das Chlorophyll der Nahrung schmutzig grün. Dann wiederhole ich exakt den bereits beschriebenen Versuch, der uns zeigte, wie harmlos das Haar ohne seinen giftigen Überzug ist. Ich komme noch einmal darauf zurück, um die Methode möglichst präzise zu schildern und mir so bei den folgenden Experimenten Wiederholungen zu ersparen.

Der Aufguss wird gefiltert und durch spontane Verdunstung auf einige Tropfen reduziert, mit denen ich mein nesselndes Pflaster tränke. Dieses ist ein Blatt Löschpapier, vierfach gefaltet, um seine

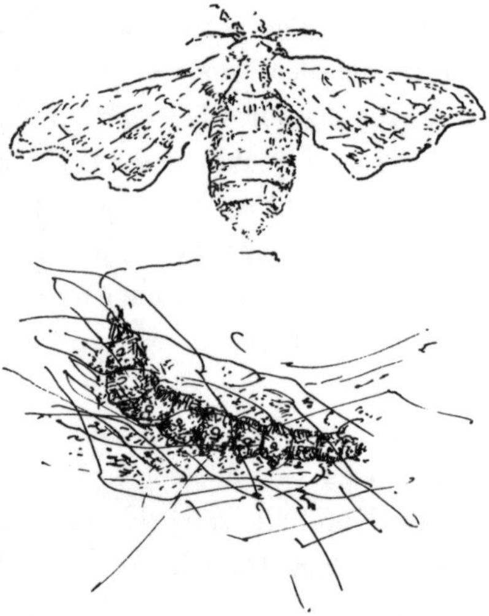

Dicke und Saugkraft zu verstärken. Zwei oder drei Quadratzentimeter Fläche genügen. In manchen Fällen ist sogar das noch zu viel. Die Großzügigkeit als Neuling in solchen Versuchen hat mir derart schmerzhafte Momente beschert, dass ich gar nicht wage, sie dem Leser zu schildern, der sie an sich selbst wiederholen will.

Im richtigen Maß getränkt, wird das Papierquadrat auf den Unterarm gelegt, auf die Innenseite, wo die Haut am empfindlichsten ist. Ein Gummiüberzug bedeckt es und verhindert durch seine Undurchlässigkeit, dass sich das Gift verliert. Schließlich hält eine Stoffbinde das Ganze an seinem Platz.

Am Nachmittag des 14. Juni 1897, einem für mich denkwürdigen Datum, experimentiere ich, wie schon gesagt, mit dem Ätherextrakt der Kötel der Prozessionsspinnerraupe. Die ganze Nacht heftiges Jucken, brennende Haut und stechender Schmerz. Am nächsten Tag, nach zwanzig Stunden Kontakt, nehme ich die Auflage ab.

Die giftige Flüssigkeit, die ich, ungewiss über den Erfolg, zu großzügig aufgebracht hatte, hat sich weit über das Papierquadrat hinaus verbreitet. Die betroffenen Stellen – und weitaus mehr noch jene, die das Nesselpflaster abdeckte, sind geschwollen und stark gerötet; bei letzteren ist die Haut rau, faltig und abgestorben. Es brennt und juckt noch ein wenig, das ist alles.

Am übernächsten Tag wächst die Schwellung und erreicht die Muskelmasse, die unter dem Druck mit dem Finger zittert wie eine entzündete Wange. Sie ist von kräftigem Karminrot und reicht weit über die Stelle hinaus, die das Papier bedeckte. Die Verteilung der Flüssigkeit wirkt sich aus. Etliche Tröpfchen von Sekret treten aus. Der brennende Reiz wird vor allem in der Nacht derart stark, dass ich auf ein Beruhigungsmittel zurückgreifen muss, um ein wenig zu schlafen: einen Verband mit Vaseline und Borax.

Nach fünf Tagen ist es ein widerliches Geschwür, das allerdings schlimmer aussieht als es schmerzt. Dieses geschwollene rote, schwammige und entblößte Fleisch sieht mitleiderregend aus. Der Person, die früh und abends meine Auflage aus Mull und Vaseline erneuert, wird beinahe schlecht davon. »Man könnte meinen«, sagt sie zu mir, »dass ein Hund Ihren Arm zerbissen hat. Ich hoffe sehr, dass Sie künftig auf ihre scheußlichen Drogen verzichten.«

Ich lasse die mitleidige Pflergerin reden und denke über weitere Versuche nach, von denen mich manche ebenso viel kosten werden. Heilige Wahrheit, welche Macht hast du über uns! Du verwandelst meine kleine Folter in Befriedigung, du machst mich glücklich über meinen geschundenen Arm. Was ich dabei gewinne? Ich werde wissen, warum eine armselige Raupe uns zum Kratzen bringt. Mehr nicht, und das genügt mir.

Drei Wochen vergehen und die Haut erholt sich, bereitet allerdings noch Kummer durch brennende Pusteln. Die Schwellung geht zurück; die kräftige Rötung bleibt. Die Wirkung des höllischen Papiers hält lange an. Nach einem Monat juckt und brennt es noch, was in der Wärme des Betts noch gesteigert wird. Etwa fünfzig Tage später ist alles verschwunden, bis auf die Rötung, die noch lange anhält und nur allmählich schwächer wird. Bis sie völlig verschwindet, wird über ein Vierteljahr vergehen.

Nun kommt Licht in die Sache: Das Gift der Prozessionsspinnerraupe ist offenbar eine Schlacke der organischen Fabrik, ein Überrest der lebendigen Maschinerie, und die Raupe befreit sich davon durch Ausscheidung. Aber ein Großteil des Kots hat einen zweifelhaften Ursprung: das meiste sind Verdauungsreste; das Übrige, im Verhältnis wenig, setzt sich aus Harnprodukten zusammen. Wo aber steckt der Wirkstoff? Bevor wir weitermachen, wollen wir uns eine Abschweifung erlauben, welche die Fortsetzung der Untersuchungen erleichtern wird. Fragen wir uns, welchen Nutzen die Prozessionsspinnerraupe aus ihrem nesselnden Produkt zieht.

Ich höre schon die Antwort. Es ist ihr Mittel zum Schutz, zur Verteidigung. Mit ihrem vergifteten Haarkleid widersteht sie dem Feind.

Diese Erklärung reicht nicht weit. Ich denke an die Erzfeinde, an die Larve des Calosoma sycophanta[34], die in den Nestern des Eichenprozessionsspinners lebt und deren Bewohner frisst, ohne sich um den brennendem Pelz zu sorgen; ich denke an den Kuckuck, der, so sagt man, ebenfalls ein leidenschaftlicher Verzehrer dieser Raupen ist und der so viele verschlingt, dass sein Schlund gespickt von ihren Haaren ist.

Ich weiß nicht, ob der Pinienprozessionsspinner einen ähnlichen Tribut zahlt. Ich kenne wenigstens einen, der sie ausnimmt. Es ist ein Speckkäfer, der sich in der seidenen Stadt einrichtet und von den Resten toter Raupen nährt. Dieser Totengräber lässt uns an andere denken, die einen Magen haben, der ausdrücklich für solche Gewürze gemacht ist. Wo Leben geerntet wird, sind die Erntehelfer nicht weit.

Nein, ein spezieller Giftstoff, der nur hergestellt wird, um die Prozessionsspinnerraupe und ihre nesselnden Nachahmer zu verteidigen, ist nicht das letzte Wort in dieser Angelegenheit. An ein solches Vorrecht glaube ich nicht. Wieso haben diese Raupen mehr Schutz nötig als andere? Warum sollten sie eine eigene Kaste bilden, die außergewöhnliche Gifte zur Verteidigung hätte? Ihre Rolle in der entomologischen Welt unterscheidet sich in nichts von der anderer, seien sie nun behaart oder nackt. Mir scheint, die Entblößten müssten mangels eines Haarkleids, mit dem sie dem Angreifer imponieren könnten, sich um vieles mehr gegen die Gefahr wappnen und mit einem Ätzmittel imprägnieren, damit sie keine leichte Beute ihrer Feinde werden. Die vor Haaren Strotzende sollte sich also den Pelz mit einem furchterregenden kosmetischen Mittel salben und die mit einer glatten, seidenweichen Haut hingegen sollte diese Giftstoff-Chemie nicht haben? Diese Widersprüche machen mich misstrauisch.

Sollte das nicht vielmehr eine Eigenschaft sein, die allen Raupen gemeinsam ist, den glatten wie den behaarten? Unter den Letzteren wären einige wenige – wenn man sie speziellen Bedingungen, die noch festzulegen sind, unterwirft – in der Lage, durch Nesseln die Virosität ihrer organischen Abfälle zu offenbaren; die überwältigende Mehrheit der anderen, für die diese Bedingungen nicht gelten, wären hingegen unfähig zu brennenden Kontakten, obwohl sie über das Gift verfügen. Alle müssen dasselbe Gift haben, das Ergebnis einer identischen vitalen Arbeit. Hier wird es durch das Jucken nachgewiesen, dort, und das ist meistens so, bleibt es latent, unerkannt, solange wir nicht eingreifen.

Was wäre das für ein Kunstgriff? Sehr einfach. Ich nehme die Seidenraupe. Wenn es auf der Welt eine harmlose Raupe gibt, dann ist es sie. Frauen und Kinder handhaben sie in unseren Seidenzuchtanstalten und ihre zarten Finger bleiben unbeschadet. Die Seidenraupe ist völlig harmlos für eine Haut, die fast so weich ist wie die ihre.

Aber ihr mangelt nur scheinbar an dem Nesselgift. Ich behandle die trockenen Kötel der Seidenraupe mit Äther und experimentiere nach der gewohnten Methode mit dem Aufguss, den ich auf einige Tropfen konzentriere. Das Ergebnis ist wunderbar klar. Ein brennender Ausschlag am Arm, in seiner Erscheinung und Wirkung denjenigen der Ausscheidungen der Prozessionsspinnerraupe ähnlich; dies bestätigt mir: Die Logik hatte recht.

Ja, der Giftstoff, der einen so zum Kratzen bringt, der die Haut anschwellen lässt und verätzt, ist kein Produkt zur Verteidigung, das nur einige wenige Raupen entwickelt haben. Ich fand ihn mit seinen unveränderlichen Eigenschaften auch noch bei der Raupe, die zunächst nichts dergleichen zu besitzen schien.

Der Giftstoff der Seidenraupe ist übrigens in meinem Dorf nicht unbekannt. Die unbestimmte Beobachtung der Landfrau ist der präzisen Beobachtung des Gelehrten zuvorgekommen. Die mit der Aufzucht beauftragten Personen, Frauen und Mädchen – die »magnanarelles«[35], beklagen sich über gewisse Misslichkeiten, deren Ursache, wie sie sagen, das »lou verin di magnan« sei, das Gift der Seidenwürmer. Das Übel besteht in einem lebhaften Jucken an den Augenlidern, die sich röten und anschwellen. Die besonders Empfindlichen leiden an flechtenartigen Ausschlägen an den Unterarmen, die während der Arbeit von den zurückgeschobenen Ärmeln nicht geschützt wurden.

Ihr tapferen Seidenzüchterinnen, ich kenne sie jetzt, die Ursache eurer kleinen Nöte. Es ist nicht der Seidenwurm, der euch durch den Kontakt Schmerzen bereitet; man muss sich nicht davor fürchten, ihn anzufassen. Es ist allein die Streu, der man misstrauen muss. Dort gibt es, vermischt mit den Futterresten, üppige Mengen von Köteln, die von dem Stoff durchtränkt sind, der soeben meine Haut schmerzlich gerötet hat; dort ist es, nur dort, das »lou verin«, wie ihr es nennt.

Es ist schon ein Trost, die Ursache seines Leidens zu kennen. Ich möchte einen weiteren hinzufügen. Wenn man die Streu wegnimmt und die Blätter erneuert, ist es wichtig, den brennenden Staub so wenig wie möglich aufzurühren; man muss den Kontakt der Hände mit dem Körper vermeiden, besonders mit den Augen; es ist sinnvoll, zum Schutz der Arme die Ärmel herunterzustreifen. Wenn man diese Vorsichtsmaßnahmen befolgt, wird nichts Schlimmes passieren.

Der mit der Seidenraupe erzielte Erfolg versprach einen weiteren mit der erstbesten Raupe, auf die ich treffe. Die Fakten haben diese Vermutungen vollauf bestätigt. Ich habe die Kötel verschiedener Raupen ausprobiert, die ich nicht gesondert aussuchte, sondern so nahm, wie sie mir der Zufall beim Sammeln in die Hände spielte: Großer Fuchs, Wachtelweizen-Scheckenfalter, Kohlweißling, Wolfsmilchschwärmer, Nachtpfauenauge, Totenkopfschwärmer, Gabelschwanz, Brauner Bär, Erdbeerbaumfalter. Ohne Ausnahme haben alle meine Versuche zum Juckreiz geführt, wenn auch verschieden heftig. Diese unterschiedlichen Wirkungen führe ich auf die Unmöglichkeit zurück, die Wirkstoffmengen präzise dosieren zu können.

Die nesselnden Ausscheidungen sind also allen Raupen gemeinsam. Der volkstümliche Widerwille wird so auf einem unerwarteten Umweg bestätigt und das Vorurteil zur Wahrheit; alle Raupen sind giftig. Wir wollen natürlich unterscheiden: Bei gleicher Giftigkeit sind die einen harmlos, und die anderen, weniger zahlreichen, zu fürchten. Woher kommt dieser Unterschied?

Mir fällt auf, dass die als nesselnd bezeichneten Raupen in Gesellschaft leben und sich Wohnungen aus Seide spinnen, in der sie sich lange Zeit aufhalten. Noch dazu sind sie behaart. Zu ihnen gehört die Pinienprozessionsspinnerraupe, die Eichenprozessionsspinnerraupe und die Raupen der verschiedenen Liparis-Arten.

Betrachten wir insbesondere die Erste. Ihr Nest, ein großer Beutel, gesponnen am Wipfel eines Astes, ist außen prächtig seidenweiß; innen eine abscheuliche Müllhalde. Die Kolonie hält sich hier den ganzen Tag und den größeren Teil der Nacht über auf. Sie verlässt das Nest nur als Prozession bei fortgeschrittener Dämmerung, um die Nadeln in der Nähe abzuweiden. Durch das lange Eingesperrtsein verbleibt ein beträchtlicher Haufen von Köteln im Inneren der Behausung.

Sie hängen in Perlenschnüren an allen Fäden dieses Labyrinths; in allen Gängen sind die Wände damit tapeziert und die so engen Kämmerchen sind vollgestopft davon. Von einem kopfgroßen Nest konnte ich einmal mit einem Sieb einen halben Liter Kotkörnchen zurückbehalten.

Nun laufen die Raupen inmitten dieses Schmutzes hin und her, gehen im Kreis, tummeln sich und schlummern darin. Die Folgen dieser tiefen Missachtung der Hygiene sind offenkundig. Gewiss, die Prozessionsspinnerraupe beschmutzt durch den Kontakt mit diesen trockenen Körnchen nicht ihren Pelz; sie tritt in einem korrekten blitzsauberen Kleid vor die Tür, das keine Unreinlichkeiten vermuten lässt. Spielt keine Rolle: Die Haare und deren Widerhaken, die unentwegt am Kot reiben, überziehen sich unvermeidlich mit Gift. Die Raupe wirkt nesselnd, weil ihre Lebensweise den fortwährenden Kontakt mit ihren Ausscheidungen mit sich bringt.

Sehen Sie den Bärenspinner: Warum ist er trotz seiner wilden Behaarung harmlos? Weil er allein lebt und vagabundiert. Niemals wird uns sein Haarkleid, das ohne Weiteres die brennenden Partikel aufsammeln und behalten könnte, Hautjucken verursachen, aus dem ganz einfachen Grund, weil die Raupe sich nicht in ihrem Kot aufhält. Die querfeldein verstreuten und übrigens wegen der Vereinzelung des Tieres wenig zahlreichen Kötel, können, wenn sie auch giftig sind, ihre Wirkkräfte gar nicht auf einen Pelz übertragen, zu dem sie keinen Kontakt haben. Wenn der Bärenspinner gesellig in einem verdreckten Nest lebte, stünde er an der Spitze unserer nesselnden Raupen.

Auf den ersten Blick scheinen die Räume der Seidenraupenaufzuchten die nötigen Bedingungen für eine giftige Oberfläche der Seidenraupen zu erfüllen. Bei jedem Wechsel der Spreu rieselt korbweise Kot durch die Drahtgeflechte. Auf diesen Schmutzhaufen tummelten sich die Raupen. Wie kommt es, dass sie das Gift ihrer Ausscheidungen nicht aufnehmen?

Dafür sehe ich zwei Gründe. Erstens sind sie nackt, und die Bürste eines Pelzes könnte für das Aufsammeln des Giftes unerlässlich sein. Zweitens leben sie nicht in ihrem Kot, sondern oberhalb der Schmutzschicht, durch eine täglich erneuerte Blätterschicht davon getrennt. Obwohl die Population eines Drahtgeflechts dicht aneinandergedrängt lebt, teilt sie die Gewohnheiten der Prozessionsspinnerraupe nicht; sie bleibt harmlos, trotz ihres toxischen Mists.

Diese ersten Studien führen uns zu bereits recht bemerkenswerten Ergebnissen. Alle Raupen sondern einen nesselnden Stoff ab; darin sind sie alle gleich. Damit aber das Gift manifest wird und die charakteristische Nesselwirkung erlangt, ist es unerlässlich, dass sie sich lange Zeit gemeinsam in den seidenen mit Kötel vollgestopften Beuteln aufhalten. Der Kot liefert das Gift; das Haar nimmt ihn auf und gibt ihn an uns weiter.

Der Augenblick ist gekommen, das Problem unter einem anderen Gesichtspunkt anzupacken. Ist der furchtbare Stoff in den Ausscheidungen ein Verdauungsrest? Oder ist er nicht vielmehr einer jener Abfälle, die der Organismus durch seine Arbeitsweise erzeugt und der allgemein als Harnstoffe bezeichnet wird?

Diese Produkte zu isolieren und gesondert zu sammeln, wäre kaum möglich, wenn man nicht auf die Abfolge der Metamorphose zurückgriffe. Jeder Schmetterling stößt, soabld er aus der Puppe herauskommt, Unmengen Brei von Harnsäure und verschiedenen noch sehr wenig bekannten Flüssigkeiten aus. Dem Bauschutt eines Gebäudes vergleichbar, das nach neuen Plänen wiedererrichtet wird, stellt der Brei die Abfälle dar, wie sie bei der tiefgreifenden Arbeit zur Verwandlung des Tieres anfallen. Diese Überreste sind Harnstoffe im eigentlichen Sinn, in ihnen sind keinerlei verdaute Nahrungsstoffe.

Woher bekomme ich diese Stoffe? Das Glück macht seine Sache gut. An einer alten Ulme in der Einfriedung sammle ich etwa hundert merkwürdige Raupen. Sie haben sieben Reihen von bernsteingelben Stacheln, eine Art Busch mit vier oder fünf Zweigen. Der Schmetterling wird mir zeigen, dass sie zum Großen Fuchs (Vanessa polychloros, Lin.) gehören.

Meine Tiere, die ich mit Ulmenblättern unter einer Drahtglocke aufziehe, verwandeln sich gegen Ende Mai. Ihre Puppen, braun gepunktet auf weißlichem Grund, tragen am Bauch sechs prächtige silbrige Flecken, hübsche Beschläge, die Spiegeln ähneln. Mithilfe eines Seidenkissens, das an ihrem Schwanz befestigt ist, hängen sie oben an der Drahtglockenkuppel, schwanken bei der geringsten Erschütterung und schleudern mit ihren Reflektoren helle Lichtblitze. Meine Kinder sind entzückt von dieser lebenden Lichterkette. Es ist ein Fest für sie, wenn ich sie zu mir in meine Tierwerkstatt rufe, damit sie diese Lichtkünstler bewundern können.

Eine weitere Überraschung wartet auf sie, wenn auch diesmal eine tragische. Zwei Wochen später schlüpfen die Schmetterlinge. Unter die Glocke habe ich ein großes Blatt weißes Papier gelegt, das die erwarteten Ausscheidungen auffangen soll. Ich rufe die Kinder. Was sehen sie auf dem Papier?

Große Blutflecken. Vor ihren Augen lässt ein Schmetterling von da oben, aus der Höhe der Wölbung, seinen dicken roten Tropfen fallen, platsch! Das ist heute keine Freude mehr; das ist Angst, beinahe Entsetzen.

Ich schiebe sie sanft hinaus, nicht ohne ihnen zu sagen: »Merkt euch gut, ihr Kleinen, was ihr gerade gesehen habt; und wenn euch jemand von Blutregen erzählt, lasst euch nicht verrückt machen!

Ein schöner Schmetterling ist die Ursache dieser blutigen Flecken, die manchmal die Leute auf dem Land erschrecken. Sobald er neu geboren wird, stößt er die Überreste seines alten Raupenkörpers als roten Brei aus, einen Körper, der eingeschmolzen und in herrlicher Gestalt neu entstanden ist. Das ist das ganze Geheimnis.«

Nachdem die kindlichen Besucher gegangen sind, nehme ich die Untersuchung des Blutregens unter der Glocke wieder auf. Immer noch an die Hülle seiner Puppe geklammert, stößt jeder Große Fuchs einen dicken roten Tropfen aus und lässt ihn aufs Papier fallen; nach einer Weile wird jeder dieser Tropfen dort ein rosa gefärbtes pulvriges Sediment aus Harnstoffen absetzen. Die darauf schwimmende Flüssigkeit nimmt eine karminrote Farbe an.

Nachdem das Ganze vollkommen trocken ist, schneide ich aus dem befleckten Papier einige der schönsten Flecken heraus und lasse kleine Fetzen in Äther mazerieren. Die Flecken bleiben auf dem Papier so rot wie zuerst und die Flüssigkeit nimmt eine hell zitronengelbe Farbe an. Verdunstet bis auf etliche Tropfen, liefert mir diese Flüssigkeit so viel, dass ich mein Quadrat Löschpapier damit tränken kann.

Was soll ich sagen, ohne mich zu wiederholen? Die Wirkungen des neuen Brennmittels sind denen des Kots der Prozessionsspinnerraupe gleich. Das gleiche Hautjucken, das gleiche Brennen, das gleiche Anschwellen des schwammig entzündeten Fleisches, die gleiche Absonderung von Sekret, das gleiche Abschälen der Oberhaut, die gleiche hartnäckige Rötung, die drei bis vier Monate anhält, auch wenn das Geschwür schon seit langer Zeit verschwunden ist.

Ohne sehr zu schmerzen, ist die Wunde unangenehm und derart hässlich, dass ich mir schwöre, mich nicht mehr verführen zu lassen. Künftig will ich, ohne die Verätzung abzuwarten, das Ganze abnehmen, sobald ich heftiges Brennen verspüre.

Im Verlauf dieser qualvollen Versuche tadelten mich Freunde, weil ich nicht auf ein Versuchstier zurückgriff, zum Beispiel auf ein Meerschweinchen, diesen Prügelknaben der Physiologen. Ich höre nicht auf ihren Tadel. Das Tier ist ein Stoiker. Es spricht nicht von seinen Schmerzen. Falls es sich, zu heftig gequält, beklagt, bin ich nicht imstande, seine Schreie genau zu übersetzen und sie auf eine bestimmte Empfindung zu beziehen.

Das Tier sagt nicht: »Das sticht, das juckt, das brennt!«; es sagt ganz einfach: »Das tut weh!« Da ich aber die Empfindungen im Einzelnen kennen will, ist es das Beste, auf meine eigene Haut zurückzugreifen, den einzigen Zeugen, dem ich vollauf vertraue.

Auf die Gefahr hin, ausgelacht zu werden, möchte ich mir ein weiteres Geständnis erlauben. Je klarer ich zu sehen beginne, umso mehr Gewissensbisse habe ich, ein Geschöpf Gottes zu quälen und zu zerstören. Auch vor dem Leben des Geringsten muss man Achtung haben. Wir können es nehmen, aber nicht geben. Friede diesen Unschuldigen, die unsere Forschungen überhaupt nicht interessiert! Was ist unsere unruhige Wissbegierde gegenüber ihrer heiligen ruhigen Unwissenheit! Wenn wir Erkenntnisse erlangen wollen, lasst uns, soweit es möglich ist, mit der eigenen Person bezahlen. Wissen zu erlangen, ist das Opfer eines Stückchens eigener Haut wert.

Der Große Fuchs der Ulme weckt Zweifel mit seinem Blutregen. Enthält dieses seltsame rote Produkt, das so außergewöhnlich aussieht, nicht auch einen außergewöhnlichen Giftstoff? Ich wende mich an den Maulbeerspinner, den Pinienspinner und das Nachtpfauenauge und sammle die von den frisch geschlüpften Schmetterlingen ausgestoßenen Harnausscheidungen.

Hier ist die Angelegenheit weißlich, da und dort mit Flecken von unbestimmter Färbung. Nichts von der Farbe des Blutes. Das Ergebnis hat sich nicht verändert. Die Giftigkeit manifestiert sich aufs Deutlichste. Das Gift der Prozessionsspinnerraupe findet sich also bei allen Raupen und bei allen aus ihrer Puppenhülle schlüpfenden Schmetterlingen wieder; dieses Gift ist folglich ein Abfallstoff des Organismus, ein Harnstoff.

Die Wissbegierde unseres Geistes ist unersättlich. Eine Antwort zieht sogleich eine neue Frage nach sich. Wieso sollten die

Lepidopteren die Einzigen sein, die damit ausgestattet sind? Was die Beschaffenheit der Stoffe betrifft, kann sich die organische Arbeit, die sich in ihnen vollzieht, nicht sehr von der anderer Insekten unterscheiden. Dann produzieren also auch diese anderen nesselnde Abfallstoffe. Das muss überprüft werden, und zwar sofort, mit den Mitteln, über die ich verfüge.

Die erste Antwort liefert mir der Rosenkäfer, von dem ich ein halbes Dutzend Kokons in einem Haufen halb verfaulter Blätter sammle. In einer Schachtel fällt der Harnbrei des Insekts auf ein weißes Blatt Papier, sobald die Behälter durchbrochen sind.

Die Jahreszeit ist günstig, ich muss nicht lange warten. Es ist so weit. Der ausgestoßene Stoff ist weiß, wie die Überreste der meisten Insekten mit vollständiger Metamorphose. Wenn auch nicht stark, bewirkt er dennoch auf meinem Unterarm Jucken und Absterben der Haut, die sich abschält. Wenn sich kein stärkeres Geschwür zeigt, dann weil ich aus Vorsicht den Versuch unterbrochen habe. Das brennende Jucken sagt mir genug über die Folgen eines längeren Kontakts.

Jetzt zu den Hautflüglern. Leider habe ich keine, die ich früher aufgezogen habe, weder Bienenartige noch Räuber. Ich verfüge nur über die Grüne Blattwespe, deren Larve in großen Scharen im Blattwerk der Erle lebt. Unter der Glocke aufgezogen, versorgt mich diese Larve mit winzigen schwarzen Köteln, die ich in einen Fingerhut fülle. Das reicht. Das Nesseln ist sehr deutlich.

Ich fahre fort bei Insekten mit unvollkommener Verwandlung. Meine neuen Aufzuchten haben mir eine ganze Sammlung Kötel von Geradflüglern eingebracht. Ich befrage diejenigen der Weinberg-Sattelschrecke und der großen aschfarbenen Heuschrecke. Beide erweisen sich als derart nesselnd, dass ich ein letztes Mal meine Großzügigkeit bedaure.

Halten wir hier inne; meine Arme sind tätowiert von roten Vierecken und weigern sich, neue Stigmata aufzunehmen. Die Beispiele sind von ausreichender Vielfalt, um folgenden Schluss zu ziehen: Das Gift der Prozessionsspinnerraupe findet sich bei etlichen weiterer Insekten wieder, offenbar sogar bei allen. Es ist ein Harnstoff, der dem Insektenorganismus zueigen ist.

Die Ausscheidungen der Insekten – vor allem die, welche zum Schluss der Metamorphose abgegeben werden, enthalten Salze der Harnsäure oder bestehen sogar daraus. Ist die nesselnde Materie notwendigerweise mit der Harnsäure verbunden? Dann müsste sie auch einen Teil der Exkremente der Vögel und Reptilien bilden, die so reich an Salzen der Harnsäure sind. Eine weitere Vermutung, die wert wäre, durch ein Experiment geprüft zu werden.

Im Augenblick ist es mir nicht möglich, das Reptil zu befragen; den Vogel hingegen schon; seine Antwort wird ausreichen. Ich nehme, was mir der Zufall bietet: einen Insektenfresser, die Schwalbe, und einen Körnerfresser, den Distelfink. Nun gut, ihre Harnausscheidungen, die ich sorgfältig von Verdauungsresten befreie, haben keinerlei nesselnde Wirkung. Der Juckstoff ist also unabhängig von der Harnsäure. Er ist bei der Klasse der Insekten daran gebunden, ohne aber überall sonst zwingend in ihr enthalten zu sein.

Bleibt ein letzter Schritt: den nesselnden Stoff zu isolieren und in solcher Menge zu erhalten, dass eine genaue Untersuchung seiner Beschaffenheit und Eigenschaften möglich wird. Mir scheint, die Heilkunde könnte aus einer Substanz Nutzen ziehen, deren Wirkung der des Gifts der Cantharidae, der Weichkäferartigen, gleichkäme, falls sie diese nicht sogar übertreffen sollte. Diese Untersuchung lockt mich. Gerne würde ich auf meine geliebte Chemie zurückgreifen; aber dazu sind Reagenzien nötig, eine Ausrüstung, ein Laboratorium, ein teures Instrumentarium, von dem ich nur träumen kann; ich leide an einem furchtbaren Übel, dem üblichen Los der Forscher: an Geldmangel.

Anhang

Hans Thill
Der Mann, der die Insekten liebte

»Wir haben ihn noch gut gekannt, als wir Kinder waren [...] Wir haben ihm eine Menge Tierchen gebracht. Er ist ein Forscher gewesen, der in Armut gelebt hat, und als er starb, hat man bei ihm nur Läuse und Flöhe gefunden.«[1] So zwei Bürger von Sérignan, alte Herren, über Jean-Henri Fabre, vor dessen Denkmal sie stehen, in den 1970er-Jahren belauscht von seinem Biografen Yves Delange.

Es ist eine Legende, in der sich das Leben des berühmten Jean-Henri Fabre abbildet, einem Sonderling, einem Naturforscher, der, herausragende Erscheinung in der ländlichen Provence des 19. Jahrhunderts, die Insekten liebte. Man spürt eine gewisse erstaunte Ironie in der Schilderung, gepaart mit einem Hang zum mythomanischen Klatsch, wird der Besitzer des Harmas[2] doch nicht ganz ohne Spott zu einem Asketen gemacht, der seiner Nachwelt nichts hinterlässt als »ein paar Läuse und Flöhe«.

Das naive Bild des in Armut lebenden Forschers erweist sich umgehend als eine Fiktion aus dem Bereich der Folklore. Denn verglichen mit den meisten Bauern der Gegend um das Städtchen Orange muss Fabre als ein reicher Mann gelten. Immerhin ist er Besitzer eines kleinen Guts, das zuvor von den Bewohnern des Orts Sérignan mit etwas Übertreibung »das Schloss« genannt wurde. Ein Landsitz, der von seinem Besitzer auf seltsame Weise bewirtschaftet wird. Bereits für den Kauf im Jahr 1879 war es von nicht geringer Bedeutung, dass das Anwesen einige Jahre nicht bewohnt gewesen war, hier gab es also Insekten in Hülle und Fülle. Darüber hinaus trugen die Kinder weitere herbei oder sie wurden, etwa durch verwesende Tierleichen, angelockt. Die Dorfbewohner beobachten das mit Unverständnis. Die Rede von der Armut ist die eher freundliche Variante des Versuchs, Erklärungen zu finden für Fabres rätselhafte Beschäftigungen. Zeitgenössische Nachbarn waren da wenig romantisch. Sie warfen dem Entomologen vor, sein verwildertes Gut ruiniere mit seinen Schädlingen die ganze Umgebung.

Dabei kann Fabre als eine der nützlichsten Personen seiner Zeit gelten. Er hatte sich sein Leben als Schulmeister verdient, war zum in Fachkreisen anerkannten Entomologen geworden, als er sich den Harmas in Sérignan kaufen konnte, zu nicht geringen Teilen finanziert mit dem Ertrag sehr nützlicher Bücher, bestens verkaufter Sachbücher zur wissenschaftlichen Aufklärung der Landbevölkerung.

Fabre als Held der Nützlichkeit, Partisan der Sachkunde, »Leçon de choses«. Damit steht er im Zweiten Kaiserreich, dem Zeitalter des Utilitarismus, nicht allein. In Frankreich werden in dieser Zeit grundlegende Entdeckungen gemacht, die sich für die Landwirtschaft nutzen lassen: In der Tierzucht von Adrien de Gasparin, »Cours d'agriculture« (hier taucht zum ersten Mal der Begriff »Zootechnie« auf, 1844); in der Zuchtwahl der Pflanzen durch Pierre Louis François Levêque de Vilmorin (1855); in der Mikrobiologie von Louis Pasteur, der die »Krankheiten der Seidenraupe, die Cholera der Hühner, die Krankheiten des Weins, der Milch und des Biers«[3] erforscht.

Zwischen den protestantischen Baronen des Südens, die sich seit Generationen ganz nach römischem Vorbild (Cato der Ältere, Columella) als Grundherren mit der Agrikultur befassen, und dem aus Ostfrankreich gebürtigen Professor Louis Pasteur nimmt sich Fabre allerdings als Exot aus.

Fabre ist ein Individualist. Als Autodidakt ein Selfmademan reinsten Wassers. Aus kleinen Verhältnissen stammend, mit einem unsteten Vater, muss das begabte Kind sich schon früh sein Schulgeld selbst verdienen. Wie viele Schüler leidet er aber auch unter dem langweiligen Unterricht, bei dem die Anhäufung von Wissen durch Auswendiglernen im Vordergrund steht. Lernen als Demütigung – zahlreiche Schilderungen Fabres beschreiben sehr genau die Art des Unterrichts in den französischen Provinzschulen jener Zeit.

Fabres *wahre* Schule ist das, was ein französischer Gemeinplatz die »Schule des Gebüschs« (»École buissonière«) nennt. In der Natur des französischen Südens gibt es einiges zu beobachten und der

Junge kann sich durch spielerische Experimente eine Vorstellung von der Welt machen, die ihn umgibt.

> »In dieser wilden Einöde lieferten die Torfsenken mit ihren schwankenden Böden, aus denen irisierende Rinnsale sickerten, dicht stehendes Grünfutter für die Kühe, die ihr größter Reichtum waren. Im Sommer pferchten sie ihre Schafe Tag und Nacht an Hängen mit kurzem Gras ein; gegen die Raubtiere bot ein Weidenzaun Schutz. War das Kraut an einer Stelle abgefressen, wurde der Pferch anderswohin versetzt. In seiner Mitte stand der Schäferkarren, eine Strohhütte auf Rädern. Zwei Molosserhunde mit Stachelhalsbändern bewachten die Herde, falls der räuberische Wolf nachts aus dem nahen Wald kam.
> Der Hühnerhof, der immer von einer Schicht Kuhmist gepolstert war, in der ich bis zu den Knien versank, und auf dem sich die kaffeebraun schimmernde Jauche in Lachen sammelte, war reich bevölkert. Hier sprangen die Lämmer umher, die der Mutterbrust noch entwöhnt werden mussten; hier trompeteten die Gänse, scharrte das Federvieh und grunzte das Mutterschwein mit seiner Kinderschar von Ferkelchen, die an seinen Zitzen hingen.«[4]

Die freie Natur ist die beste Schule; wenn es hier einen Lehrer gibt, so ist er Autodidakt und liebender »Vater« aller Kinder. Tatsächlich hatte Fabre zunächst den Unterricht seines Großvaters genossen. Eine Selbstverständlichkeit im Bildungsprogramm des 18. Jahrhunderts, das noch keine Schulpflicht kennt, aber den Pater familias, der seine Kinder in allem Wissenswerten unterrichtet.

Es ist ein zupackender Unterricht aus der Zeit der Aufklärung, in seiner ländlichen Version des französischen Südens, in dem die Beschäftigung mit den Dingen eine ebenso große Rolle spielt wie die Vermittlung von Ideen. Etwas von diesem lateinisch-praktischen Denken, das die Essays des Michel de Montaigne auszeichnet, wirkt in ihm nach.

Der Dorfschule der 1830er-Jahre kann Fabre aber durchaus auch positive Seiten abgewinnen:

»Der Direktor, ein Mann mit hochherzigen Ansichten, fasst bald Zutrauen zu dem, der ihm da unverhofft über den Weg gelaufen ist. Er lässt mich machen, was ich will, wenn nur dem Lehrplan Genüge getan wird, der damals sehr bescheiden war. Da ich ein wenig Latein und Orthografie geschnuppert habe, bin ich meinen Mitschülern um einiges voraus. Das nutze ich, um meine ungenauen Kenntnisse von Pflanze und Tier zu entwirren. Während um mich herum mit ausgiebiger Unterstützung des Wörterbuchs ein Diktat vorbereitet wird, untersuche ich, versteckt in meinem Schreibpult, die Frucht des Oleanders, den Kelch des Löwenmäulchens, den Stachel der Wespe, den Deckflügel des Laufkäfers.«[5]

Den »Dorfschulmeister« in seiner Erde und Himmel umfassenden Vielseitigkeit porträtiert Fabre mit großer Freude am ländlichen Detail.

»Unser Lehrer war Barbier. Mit seiner lockeren Hand, die unsere Heftseiten so gut mit einem Vogel aus Korkenzieherlocken zu verzieren wusste, rasierte er die Honoratioren des Dorfes, den Bürgermeister, den Pfarrer, den Notar. Und unser Lehrer war Glöckner. Eine Hochzeit oder eine Taufe unterbrachen den Unterricht: Das Glockenspiel musste ertönen. Drohte ein Gewitter, hatten wir frei: Die große Glocke musste in Schwung gebracht werden, um Blitz und Hagel zu vertreiben. Unser Lehrer war Kantor am Chorpult. Die Kirche war von seiner mächtigen Stimme erfüllt, wenn er bei der Vesper das Magnificat sang. Unser Lehrer zog auch die Kirchturmuhr im Dorf auf und regelte ihren Gang. Das war sein Ehrenamt. Er warf einen Blick auf die Sonne, um sich so ungefähr über die Stunde klar zu werden, stieg auf den Glockenturm, öffnete einen großen Kasten aus Brettern und schon befand er sich inmitten eines großen Räderwerks, dessen Geheimnisse nur er kannte.«[6]

So entwickelt sich sein pädagogisches Ethos, seine Unabhängigkeit gegenüber den Autoritäten. Später wird Fabre sich als Schriftsteller in der antiken Tradition des *prodesse et delectare* (Vergil) sehen. Er wird die Entomologen der universitären Welt mit einer gewissen Herablassung als Sammler toten Wissens apostrophieren. Nicht umsonst heißt sein großes Projekt »Erinnerungen eines Insektenforschers«. Einige seiner Sachbücher werden heute noch unter der Gattungsbezeichnung Erzählungen (récits) veröffentlicht.

Prodesse et delectare. Nützlich sein und erfreuen. Wenn Vergil im 1. Jahrhundert vor Christus diese Forderung an seinen Vers stellt, so liegt der Akzent auf der Nützlichkeitsbehauptung, denn das *delectare*, dass also der Text mit Genuss zu lesen sei, wird als selbstverständlich vorausgesetzt. Bei Fabres Büchern ist es nun umgekehrt: Titel wie »Die Chemie im Ackerbau« oder »Der Haushalt. Unterhaltungen Auroras mit ihren Nichten über die häusliche Ökonomie ...«[7] versprechen ihrem Leser einen ganz praktischen Nutzen. Wie man die Böden düngt. Welche giftigen Stoffe zu meiden sind. Wie man Schädlinge bekämpft. Wie man ein Haushaltsbuch führt. Dass die Lektüre auch Freude bereiten kann, geschieht eher unerwartet. Eine ästhetische Überraschung in der kargen bäuerlichen Welt der Provence, deren Natur auch nicht mit Schönheiten geizt.

Etwas anders sind manche pädagogische Bücher Fabres, die bereits in ihrem Titel spannende Lektüre versprechen: »Geschichte eines Holzscheits«[8], »Das Buch der Geschichte. Wissenschaftliche Erzählungen von Onkel Paul für seine Neffen«[9]. Hier zielt Fabre direkt auf die Neugier der jungen Leser. Und hier ist er seiner Zeit weit voraus: Seinen nützlichen Informationen zuliebe schafft er eine kindgerechte Literatur, lange bevor es Fiktion für Kinder, das unterhaltende Kinderbuch gibt.

Man kann sich die Frage stellen, was einen herumstreunenden Knaben im französischen Süden des 19. Jahrhunderts dazu bringt, die Insekten zu lieben, und weshalb ihn diese Liebe sein ganzes Leben lang nicht verlässt.

Ursprünglich wollte Fabre, der sich schon als Schüler durch hohe Intelligenz auszeichnete, Mathematiker werden. Die Naturgeschichte erscheint ihm als brotlose Kunst, allein die Mathematik könnte ihm ein Auskommen sichern.

»Blieb die Mathematik, für die eine simple Aussattung genügte: eine schwarze Tafel, ein Stück Kreide und einige Bücher.«[10]

Für Fabre ist die Mathematik die naheliegende Wissenschaft, weil sie keine Ausrüstung erfordert. Bald stellt sich allerdings heraus, dass ihm diese Wissenschaft zu abstrakt ist.

> »Wir sind wie der Strohhalm, ein Spielball der Winde. Wir meinen, auf ein freiwillig gewähltes Ziel loszugehen; das Schicksal stößt uns zu einem anderen hin. Die Mathematik, die ich mir in meiner Jugend so gewissenhaft beibrachte, hat mir kaum einen Dienst erwiesen; und das Tier, dem ich mich so weit entzog, wie ich nur konnte, ist der Trost meiner späten Jahre. Gleichwohl hege ich keinen Groll gegen den Kosinus, ich halte ihn immer in Ehren. Wenn er mich auch einst blass werden ließ, bot er mir doch immer und bietet mir auch heute noch Zerstreuung auf meinem Kopfkissen, wenn der Schlaf nicht kommen will.«[11]

Von dieser inneren Auseinandersetzung, in der die Mathematik gegen die Sachkunde (»Leçon de choses«) antritt, künden noch die Gedichte des 20-Jährigen. In einer Ode an die Zahl (»Arithmos«) heißt es:

> »[...] dort oben im tobenden Sand
> Hält sie, weiser Lenker, die Zügel in nerviger Hand;
> Den wilden Rossen
> Zwingt sie ins schäumende Maul den Zaum
> und umsichtig lenkt sie im unendlichen Raum
> auf ihre Spur die Kolosse.«

Was Fabre hier entwickelt, ist nichts Geringeres als eine Kosmologie nach antikem Vorbild, eine Wissenschaftsreligion mit hugenottischer Färbung. Die Gedichtfolge beginnt mit einer »Invocation« des 11-Jährigen, die bereits in der ersten Zeile die Frage aller Fragen stellt: »Wer verleiht der Nachtigall ihrer Sprache helles Frohlocken?«, führt über naturharmonische Betrachtungen (»Die Blume«) zu einer abenteuerlich-mythologischen Darstellung der Insektenwelt (»Die Insekten«), in der die Panzer glänzen und Sparta hervorscheint, Odysseus, wilde Krieger und Sklavenhandel, und mündet in ein Gedicht an die alles lenkende Gottheit, den Weltgeist: die Zahl.

»Die Zahl, Himmelstochter, ist jener Erzengel genannt
denn er treibt der hitzigen Phalanx Gespann
Sein Finger weist ihrem Stürmen das Feld
Herrlicher Erzengel in seiner weiten Flügel Pracht
Nachdenklich, gesammelt, mit unsterblicher Macht
Den goldenen Kompass er hält.«[12]

Der junge Fabre steht ganz im Denken des 18. Jahrhunderts: Die »Harmonies de la Nature« von Jacques-Henri Bernardin de Saint-Pierre, einem Rousseauisten und Abenteurer, dessen empfindsamer Roman »Paul et Virginie« durch seinen Kontrast zum Lebenslauf des Autors die ganze Dialektik der philanthropischen Literatur des Zeitalters der Revolution spüren lässt, sind der Katechismus dieses Jungen vom Lande. An manchen Stellen seines naturharmonischen Weltsystems schießt der begeisterte Philanthrop Bernardin de Saint-Pierre über das Ziel hinaus, etwa wenn er über den Sinn der Fruchtgrößen nachdenkt:

»Viele von ihnen haben das richtige Maß für den Mund des Menschen wie die Kirschen und Pflaumen, andere passen in seine Hand, wie die Birnen und Äpfel; andere sind sehr viel größer, aber in Schnitze unterteilt, und scheinen deshalb dafür geschaffen im Kreis der Familie gegessen zu werden ...«[13]

Fabre wird später die Akzente anders setzen. Er wird ein Meister der Selbstinszenierung werden, der nach einer inneren Dramaturgie in den Vordergrund tritt, um den Leser an die Hand zu nehmen, und dann wieder ganz zurücktritt, um dem beschriebenen Insekt Raum zu geben. Die antikisierenden Oden und Weltbetrachtungsgedichte aus Fabres Jugend werden in späterer Zeit den provenzalischen Fabel- und Lehrgedichten weichen. Als wäre sein Weg vorgezeichnet vom himmelvermessenden Neoplatonismus des Mathematikers in die folklorisierenden Niederungen des Insektenkundlers. Freilich erweist sich Fabre auch noch in den »Erinnerungen« als guter Schüler des weltbegeisterten Bernardin de Saint-Pierre, oder genauer seines Schülers Aimé-Martin, der in einem Vorwort zu dessen »Harmonien der Natur« eine kosmologische Spekulation beisteuert, die Fabre bereits im Jahr 1844 seinem Gedicht »Der Okzident« voranstellt:

»Sollte der Himmel seine Reichtümer erschöpfen, um die Erde zu verschönern? Nein. Nur ein Hauch war notwendig, um uns mit Wundern zu umgeben.«[14]

Hochfliegende Jugendideen bei gleichzeitigem Mangel an Mitteln, das ist der Hintergrund, auf dem sich Fabres Bescheidenheit entwickelt. Es ist ein Weltbild, das im Laufe der Naturbeobachtungen dem Anthropozentrismus eine Absage erteilt, gegenüber krasseren Formen materialistischen Utilitarismus[15] jedoch nicht die Fasson verliert, ein aufgeklärter Pantheismus, der die Antike mit der Moderne zu verbinden sucht.

Größer sind die Unterschiede zum septentrionalen und protestantisch geprägten Denken seines Vorbilds Carl von Linné. Dieser hatte im 18. Jahrhundert sein Periodensystem der lebendigen Arten als Weltordnung imaginiert, die die Natur als Schöpfung Gottes voraussetzt. In seinen Notaten zur »Nemesis Divina« zeigt er sich als Anhänger eines Determinismus, der den väterlichen Gott als persönlichen Lenker der Welt wörtlich nimmt. Linné zeichnet Fälle auf, in denen ein Verbrechen auf eine Weise geahndet wird, die die Umstände seiner Tat zitiert. Nicht immer trifft es den Täter selbst, sondern oft genug vollzieht sich die Strafe an seinen Kindern und Kindeskindern. Gottes Rache als für den Eingeweihten klar lesbare Botschaft – wir haben es hier mit einer Mischung aus alttestamentarischem Talion und spätantikem Analogiedenken zu tun, wie es sich im volkstümlichen Aberglauben bewahrt hat, aber auch als Erbe der skandinavischen Sagen angesehen werden kann. Linnés Anleihen bei der antiken Mythologie für seine Systematisierung der Natur erscheinen so in einem neuen Licht. Es ist, als ziehe er die heidnisch-antike Weltordnung hilfsweise hinzu, weil es der christlich-alttestamentarischen an konkreter Kleinteiligkeit mangelt. Ihr fehlt das narrative Element, das die griechisch-römische Mythologie im Überfluss bereithält.

Auch Fabre sieht in der Insektenwelt mit ihrer in unendlicher Folge wiederholten Emsigkeit und ihren instinktiven Zeremonien ein Abbild der Weltordnung. In dieser hat ein strafender Gott keinen Platz. Fabres Gott ist keine Person, sondern eine philosophische Instanz. Anstelle des schicksalhaften Wechsels von Vergehen und Strafe tritt bei Fabre die Geschichte, die den mühevollen Weg zum Wissen dokumentiert. Dabei beklagt er die Geschichtslosigkeit der volkstümlichen Kultur.

> »Wer dem einfachen Volke entstammt, hat keine Geschichte; im Würgegriff der Gegenwart kann er nicht daran denken, die Erinnerung an das Vergangene zu bewahren. Was für lehrreiche, erbaulich fromme Archive wir aber hätten, wenn in ihnen die familiären Schriftstücke uns erzählen würden, was unsere Leute gewesen sind, wenn wir durch sie von ihren geduldigen Kämpfen gegen Schicksalsschläge erführen, von ihrer hartnäckigen Mühe, Sandkorn für Sandkorn das aufzubauen, was wir heute sind. Für die Belange des Individuellen wäre keine Geschichtsschreibung wertvoller als diese. Aber es ist nun einmal so: Man verlässt den heimischen Herd und wenn die Brut ausgeflogen ist, kennt sie das Nest nicht mehr.«[16]

Der vorliegende Band der »Erinnerungen«, der mit dem sprechenden Mythos von Sisyphus beginnt und unter anderem vom Vaterinstinkt handelt, ist von allen Büchern Fabres »freimütigstes«, mit den meisten Aussagen über die eigene Person. Hier stellt er sich die (rhetorische) Frage, von welchem seiner Großväter oder -mütter er seine Vorliebe für die Insekten haben könnte. Er nimmt sie zum Anlass, Großeltern und Eltern zu schildern, in Dankbarkeit und mit erstaunlicher Wärme.

Fabre inszeniert sich dabei als Genie eigener Gnaden. Während er in diesem Band den Instinkt als das definiert, was allen Tieren derselben Art gemeinsam ist, ist seine Befragung der Ahnen auch ein Hinweis darauf, dass es in seiner Familie[17] so etwas wie ihn noch nie gegeben hat.

Fabre liebt die Insekten, weil ihre Beobachtung all das erschließt, was ihn als Person ausmacht. Er selbst formuliert es so:

> »Meine Zurückhaltung hört bei meinem Interesse für die Insekten auf: Ich bin neugierig auf alles, was sie betrifft. Ja, ich fühle, dass ich die Gabe habe, den Instinkt, der mich drängt, mich mit dieser einzigartigen Welt zu befassen; ja, ich gestehe mir ein, dass ich an solche Studien kostbare Zeit verschwende, die besser darauf verwendet wäre, der Altersarmut, so weit möglich, vorzubeugen; ja, ich bekenne mich als leidenschaftlichen Beobachter dieser Tiere. Woher kommt diese charakteristische Neigung, die zugleich Leid und Freud meines Lebens ist? Und zuallererst: Was verdankt sie dem Erbgut?«[18]

Aus den Zeiten der Armut in seiner Kindheit hat Fabre die Bescheidenheit der Mittel bewahrt. Im Gegensatz zu den meisten Kollegen sammelt er nicht die Insekten (er spießt sie nicht auf), sondern seine Beobachtungen von ihnen. Hier liegt der Kern vom Mythos des armen Fabre. Wie die Naturforscher der Antike operiert Fabre mit bloßem Auge.

Umgekehrt ist Fabre ein Forscher, der direkt sein Leben in die

Beobachtungen mit hineinnimmt. Das hat er mit den Dichtern gemeinsam, die in ihren Erkundungen der Gegenwart das lyrische Ich in den Mittelpunkt stellen. Für Fabre ist Forschen ein kreativer Prozess, der dem Alltäglichen seines Lebens entspingt. Wie Baudelaire sein Leben poetisiert, so entomologisiert Fabre das seine. Der Ort, an dem diese Entomologisierung stattfinden kann, ist der Harmas.

Fabre lässt um das ganze Anwesen eine Mauer bauen, gegen den Mistral und neugierige Blicke, 1000 m lang und 2 m hoch, im hellbraunen Naturton der Steine, das Haus ist hellrosa verputzt. Eine Fliederallee führt vom großen Gittertor zum Haupthaus. Es gibt einen botanischen Garten, einen Obst- und einen Gemüsegarten.

Dort baut er vor allem ein neugezüchtetes Wundergemüse an, die Zucchini, außerdem zahlreiche Salate und grüne Bohnen, Fabres Leib- und Magenspeise. Im Obstgarten gibt es Tafeltrauben, Mandeln, Feigen, Pfirsiche, Pflaumen, Quitten und Aprikosen, aber auch seltene Früchte, die man heute nicht mehr kennt: Azarole, Brustbeere, Kakipflaume, Japanische und Deutsche Mispel.

Fabre steht früh auf. Er begibt sich hinunter in die Küche und trinkt im Stehen einen heißen Kaffee, dann geht er ins Freie oder in seine Arbeitsräume. Er hat einiges zu tun: Tierbeobachtungen, das Verfassen von Aufsätzen, Notizen für seine »Erinnerungen«. Er schreibt seine Beobachtungen in Hefte, korrigiert in dünner Schrift an dem Rand, den er mit einem Bleistift gezogen hat. Er schreibt alles sofort auf: »Um durch Neuformulieren meines Berichts der grandiosen Begabung dieses Meisterchirurgen nicht unrecht zu tun, gebe ich hier meine Beobachtungen wieder, die ich gleich nach dem spannenden Schauspiel an Ort und Stelle mit dem Bleistift notierte.«

Fabre schreibt an einem Tischchen, »groß wie ein Schnupftuch«.

»Als unverbesserlicher Jünger des Hl. Thomas möchte ich sehen und berühren, bevor ich Ja sage, und zwar nicht einmal, sondern zwei-, drei- unendlich viele Male, bis mein Unglaube klein beigibt, erdrückt von der Last der Beweise.«[19]

Er bedient sich auch der Fotografie, die als Erfindung etwa so alt ist wie er. Er muss die fotografierten Szenen mit präparierten Insekten nachstellen, die Belichtungszeiten sind noch länger als ein Insekt stillhalten könnte.

Die ganze Familie ist Teil dieser »Insektenfarm«. Da die Augen des greisen Naturforschers immer schlechter sehen, kommt ihm die Neugierde seines spätgeborenen Sohnes Paul[20] gerade recht. »Paulchen« spielt in den »Souvenirs« eine besondere Rolle. Der Sohn aus zweiter Ehe ist in mehrfacher Hinsicht ein Alter Ego Fabres, in seinen vor dessen Geburt erschienen pädagogischen Sachbüchern hieß die Lehrerfigur häufig: Onkel Paul. Der kleine Paul ist der Blick des alternden Forschers und er ist Gegenstand einer Liebe, die größer ist als die zu den Insekten. Schließlich findet Fabre in der Person des Sohns zurück in die eigene Kindheit, zu jener Neugier und Spontaneität, die ihn vor der Härte und Langeweile des Alltags gerettet hatte.

> »Es ist mein Sohn, Paulchen, ein Bursche von sieben Jahren. Als fleißiger Begleiter meiner Suchgänge kennt er wie kein zweiter seines Alters die Geheimnisse der Zikade, der Heuschrecke, der Grille und vor allem des Mistkäfers, seiner großen Freude. Auf zwanzig Schritt unterscheidet sein scharfer Blick den echten Erdhöhlenhaufen von einer zufälligen Anhäufung; sein feines Gehör vernimmt das zarte Geigen der Heuschrecke, wo für mich Stille herrscht. Er leiht mir sein Auge und sein Ohr; im Gegenzug teile ich ihm meine Überlegungen mit, denen er aufmerksam lauscht, während er mit seinen großen blauen Augen fragend zu mir aufschaut.«[21]

Fabre ist groß gewachsen, »kerzengerade, trocken und mager wie jene hundertjährigen Baumstämme, welche die Jahrhunderte herausfordern und die Tempel niederreißen« (Pierre Gauroy). Seine Hautfarbe eher dunkel, sonnengegerbt. Dunkle Augen, intensiver Blick. Das schwarze Haar lang, unabhängig von der jeweiligen

Mode. Er will einen würdigen Eindruck erwecken, ist immer makellos und sauber gekleidet. Zeit seines Lebens trägt er eine weite Pelerine und einen breitkrempigen Hut. Diese Kleidung zeigt seine südfranzösische Herkunft, sie zeichnet ihn als provenzalischen Dichter, als *Félibre*[22] aus.

Sie spricht für die lebendige Überzeugung eines Mannes, der seine Freiheit in der frischen Luft genießen will. Breitkrempige Hüte tragen im 19. Jahrhundert Leute, denen es eher um Unabhängigkeit als um Eleganz geht. Der Räuberhut, der breite Hut der Alpenschützen (Andreas Hofer), der Demokratenhut, der Stetson der Pioniere Noramerikas, schützt vor Sonne und Regen, ist platzgreifend, verglichen mit dem schmalen, hohen Zylinder der eleganten Städter oder dem Bowlerhat der britischen Geschäftsleute. Ihn tragen Personen, die sich den Unbilden der Natur aussetzen, freie Männer; Naturburschen, Waldläufer.

Bewohner von Sérignan berichten, er habe »mit einem Akzent gesprochen wie die Leute bei uns; man hörte keinen Unterschied«[23]. Seine Hände waren feingliedrig und nervig, wie die eines Musikers oder Chirurgen. Er war von robuster Gesundheit, seine Pockennarben im Gesicht sprechen von einer prekären Jugend. Es gibt einige Fotos von ihm, aber auch Statuen. Zwei identische (des Bildhauers Jean-Baptiste Malet) wurden 1923 in der Umgebung aufgestellt: eine in Saint-Léons, Fabres Geburtsort, eine im benachbarten Millau. Zur Zeit der deutschen Besatzung haben Einwohner beide in Sicherheit gebracht, eine wurde dennoch von den Deutschen entdeckt und eingeschmolzen. Nach dem Krieg brach ein Streit aus zwischen beiden Dörfern, wessen Statue die gerettete ist. Schließlich kam man darauf, dass die von Saint-Léons beim konspirativen Abtransport am Daumen beschädigt wurde, diesen fand man nun am übriggebliebenen Exemplar.

Heute steht die Statue im Erlebnispark Saint Léons, sie zeigt Fabre mit Hut, entschlossen voranschreitend, eine Art Lederstrumpf. Einige Fotos zeigen ihn eher verletzlich, manchmal verlegen. Als alter Mann hat er eine blasse Hautfarbe und auffällig dunkle Lippen.

Fabre war ein Individualist »lateinischer Prägung«, bewunderte die soziale Organisation der Insekten, ohne sie auf den Menschen übertragen zu wollen. Im Zweiten Kaiserreich war er republikanisch gesinnt, mit starkem, »instinktivem« Engagement gegen Ungerechtigkeit, gegen Sklaverei und Kinderarbeit, für Frauenemanzipation und die Verbesserung der Lage der Arbeiter. Er begrüßte 1871 den Sturz Napoloens III., wie er den Staatsstreich 1851 abgelehnt hatte. In den »Erinnerungen« berichtet er aus der Perspektive seines Gärtners Favier:

> »Er erzählt, was er von dem Staatsstreich sah, dem wir das verhasste Kaiserreich verdanken; von dem Schnaps, der ausgeteilt wurde, und von den Schüssen in die Menge. Er versichert, immer nur auf die Mauer gezielt zu haben, und das glaube ich ihm: Er wirkt so betrübt und beschämt, dass er, obgleich völlig unschuldig, an diesem Schurkenstück beteiligt war.«[24]

Fabre kann auch launisch sein. Bei seinem Sohn Émile beschwert er sich, wenn ein angekündigtes Päckchen mit Fisch und Bananen nicht ankommt. Er ist mitunter sogar jähzornig, einmal hat er aus Wut einen rotglühenden Ofen mit dem Fuß umgestoßen. Bei Tisch erträgt er es nicht, als sein Sohn Paul ein blutiges Steak isst. Er beginnt den Sohn zu beschimpfen und das Essen endet im Streit. Er erträgt auch keinen Widerspruch, deshalb hat er vor allem Dorflehrer als Freunde. In seinen Werken zitiert er niemals eine entgegengesetzte Meinung.

Er hasst Lärm, auch den der Zikaden. Einmal erfasst ihn die Abneigung gegen eine Nachtigal, die im Morgengrauen laut singt. Er lauert ihr mehrmals mit der Schrotflinte auf und erlegt sie schließlich.

Er verachtet jegliche Etikette, leidet aber auch unter dem Unverständnis der Dörfler. Wenn er bei Observationen reglos daliegt, kann es passieren, dass eine Bauersfrau sich bekreuzigt, wie sie es sonst nur beim Anblick eines Wahnsinnigen tut.

Fabre liebt das gute Leben, isst gern geschmortes Fleisch. In den 1870er-Jahren hat er bei Exkursionen im Vaucluse mit Bernard Verlot und Théodore Delacour eine mit Knoblauch gespickte Lammkeule dabei und einige »fade Hühnchen, mit denen man die Backenzähne erfreut«[25]. Er liebt grüne und schwarze Oliven, die Hartwurst aus Arles »mit rosa Fleisch, marmoriert mit Speckwürfeln und ganzen Pfefferkörnern«, Melonen aus Cavaillon und die kleinen Ziegenkäse vom Mont Ventoux. Er trinkt gerne den starken *vin cuit* und 30 Jahre lang täglich ein Gläschen Rum.

Fabre ist vielseitig musisch begabt. Er ist nicht nur ein Félibre, der die Formen der provenzalischen Dichtung beherrscht, sondern auch ein guter Zeichner.

Er hat einen botanischen Freundeskreis, die »Brüder der Rose«, ins Leben gerufen:

Quinque sumus fratres; unus barbatus et alter, imberbuesque duo; sum semi-herbis ego.[26]

»Wir sind fünf Brüder, einer bärtig wie ein zweiter, zwei sind bartlos und ich zur Hälfte bärtig«: Die Rose hat fünf Blätter: Zwei sind behaart, eines halbbehaart, die zwei restlichen nackt.

Selbst als »Virgil der Insekten« (Edmond Rostand)[27] oder weniger treffend als »Homer der Insekten« (Victor Hugo) bezeichnet, liest er natürlich seinen Vergil, seinen Horaz und zitiert sie nicht nur, wenn es um die Insektenwelt geht. Auch Plinius d. Ä., den faktenreichen, unsystematischen. Bei diesem kritisiert er medizinische Irrtümer, als handele es sich um einen Zeitgenossen.

In Fabres Bibliothek sind neben den französischen Fachkollegen Blaise Pascal zu finden, Gottfried Wilhelm Leibniz, Isaac Newton, Michel de Montaigne, Dante Alighieri, Voltaire, der Feinschmecker Jean Anthelme Brillat-Savarin und der klassizistische Dichter José Maria de Heredia.

Fabre verehrt François Rabelais, was für die damalige Zeit, in der sich die Gesellschaft in extremer Prüderie gefällt, immerhin erstaunlich ist. Für ihn als freien Pädagogen spricht, dass er Rabelais auch seinen Kindern zu lesen gibt.

Fabre und sein Helfer Favier: Ihn hat er eingestellt, als er 1879 den Harmas in Sérignan kaufte. Fabre, der es gewohnt ist, selbst zurechtzukommen, benötigt keinen Diener für seine Person. Das Faktotum mit dem verblüffend ähnlichen Namen soll bei der Bewirtschaftung des Gutes helfen, als Gärtner. Selbst in Sérignan wohnhaft, hält er zudem die Nachbarn auf Distanz. Als Fabre einmal Splitter von einem prähistorischen Flint sammelt, muss Favier Auskunft geben: »›Was macht dein Herr mit solchen Feuersteinen?‹, fragte ein Dazukommender. ›Daraus macht er Glaserkitt‹, versicherte Favier ihm ernst.«[28]

Selbst ein Sonderling und durchaus nicht ohne Anfälle von Herrschsucht, lässt Fabre seinem Favier einiges durchgehen:

> »Favier ist ein alter Soldat. Unter afrikanischen Johannisbrotbäumen hat er sich eine Hütte aus Lehm gebaut, in Konstantinopel Seeigel gegessen und auf der Krim während der Feuerpausen Stare gejagt. [...] Ich brauche ihm bloß eine Pflanze zu beschreiben, die für ihn ein namenloses, uninteressantes Unkraut ist; und wenn es in unseren Wäldern wächst, bin ich ziemlich sicher, dass er es mir bringt oder mir sagt, wo ich es finde. [...] Besonders gut versteht es Favier, mir auf meinen Streifzügen lästige Leute vom Leibe zu halten. Der Bauer ist neugierig, er fragt wie ein Kind; aber seine Neugier ist mit Bosheit gewürzt, und in seinen Fragen steckt unausgesprochener Spott. Was er nicht versteht, macht er lächerlich. Und was ist lächerlicher als ein Herr, der eine mit einem Stück Gaze gefangene Fliege oder einen verfaulten Holzsplitter durch ein Glas betrachtet? Flavier schneidet die spöttische Befragung mit einem Wort ab.«[29]

Wir haben hier einen Charakterzug Fabres vor Augen, der zunächst erstaunt. Der überaus praktische und nützliche Mann, Lehrer mehrer Schülergenerationen und verehrter Wissenschaftler, fürchtet den Spott der Bauern. Ein Gesprächspartner für zahlreiche Koryphäen, Naturforscher und Pädagogen, ist er doch schüchtern, wenn er der Ingnoranz entgegentreten soll. Dafür benötigt er einen Leibwächter. Gleichzeitig verfügt Fabre über genügend Selbstironie und Einfühlungsvermögen, um sich als Kauz zu schildern, der sich in den Schutz seines Gärtners begibt.

Fabre hat auch im Tierreich seine Vorlieben. Raubvögel, Adler, Falken sind ihm ein Gräuel. Er liebt nicht nur die Insekten, sondern auch Kriechtiere: Schlangen, Echsen.

Wir benötigen nicht viel Fantasie, um in diesen Abneigungen ein System zu erkennen. Was landläufig als das Erhabene gilt, lehnt Fabre ab: Räuber der Lüfte, über allen der Adler, der sein edles Wesen im Namen trägt. Was aber als niedrig angesehen und mit Abscheu betrachtet wird, das Ungeziefer, kann sich Fabres Sympathie sicher sein. Sogar dem störrischen Esel gibt er den Vorzug gegenüber dem »edlen Pferd«.

Für seine Experimente benutzt Fabre die einfachsten Utensilien: Messer, Haarnadeln, Pinzetten. Er besitzt ein Mikroskop, das ihm Minister Victor Duruy zum Geschenk gemacht hat, hat es aber kaum einmal aus der Schatulle genommen.

Denn Fabres Laboratorium befindet sich weitgehend unter freiem Himmel. Ist es ein Zufall, dass zur selben Zeit und im selben Departement Vaucluse die ersten Künstler (Paul Gauguin, Vincent van Gogh) aufs freie Feld gehen, um die Bilder nach der Natur zu malen?

Aufschluss über Fabres Charakter gibt auch eine Ankedote über eine Begegnung mit Louis Pasteur im Juni 1865. Der berühmte Wissenschaftler wurde beauftragt, Mittel gegen die Krankheiten der Seidenraupe zu finden. Jetzt besucht er Fabre als angesehenen Spezialisten, er möchte gern einige Seidenkokons inspizieren. Fabre geht rasch zu einem Nachbarn und bringt eine Handvoll der umsponnenen Puppen. Fabre berichtet:

> »Er (Pasteur) nimmt einen Kokon, dreht und wendet ihn in seinen Fingern [...] Er schüttelt ihn an seinem Ohr.
> ›Das klingelt‹, sagt er völlig erstaunt, ›ist da etwas drin?‹

›Aber ja.‹
›Und was?‹
›Die Puppe.‹
›Wie, die Puppe?‹
›Ich meine, die Art von Mumie, in die sich die Raupe verwandelt, bevor sie zum Schmetterling wird.‹
›Und in dem Kokon ist eines von diesen Dingern?‹
›Natürlich. Denn nur um die Puppe zu schützen spinnt die Raupe ihren Faden.‹
›Ach!‹
Und ohne Weiteres wanderten die Kokons in die Tasche des Wissenschaftlers, der sich in seinen Mußestunden mit diesem neuen Ding befassen sollte: die Puppe. Diese großartige Selbstsicherheit verblüffte mich. Pasteur hatte keine Ahnung von Verpuppung und Metamorphose, aber er wollte die Seidenraupe retten. Die Ringer der Antike präsentierten sich nackt im Kampf. Der geniale Bekämpfer der Seidenraupenkrankheit eilte ebenso splitternackt zur Schlacht, das heißt ohne jede Kenntnis von dem Insekt, das es in Schutz zu nehmen galt. Ich war sehr erstaunt, mehr noch, ich war verblüfft.«

Die Peinlichkeit nimmt kein Ende. Pasteur hat es unterlassen, bei der Begrüßung Fabres Hand zu schütteln, jetzt möchte er den Weinkeller seines Gastgebers sehen:

»Mit dem Finger weise ich auf einen Stuhl in der Ecke der Küche, auf dem steht eine Korbflasche für 12 Liter.
›Dies, Monsieur, ist mein Weinkeller.‹
›Das ist Ihr Keller?‹
›Ich besitze keinen anderen.‹
›Das ist alles?‹
›Leider ja, es ist alles.‹
›Ach!‹
[...] Eine Mikrobe war ihm entgangen, eine der schlimmsten:

die des unglücklichen Schicksals, das jeden guten Willen stranguliert.«[30]

Fabres Korbflasche, gefüllt mit *piquette*, der sauren »zweiten Pressung«, als Weinkeller!

Das unglückliche Schicksal als gefährliche Mikrobe – sarkastisch macht Fabre den Graben zwischen sich und dem arrivierten Kollegen sichtbar. Offenbar weiß Pasteur nicht, dass sich in einem Kokon eine verpuppte Seidenraupe befindet. Der Entdecker der Mikroben erweist sich als blind für alles, was nicht direkt in seinem Spezialgebiet liegt. Hinzu kommt ein Mangel an Einfühlungsvermögen, gesellschaftliche Instinktlosigkeit.

Ein Sozialromantiker ist Fabre freilich nicht. Zu welchem schriftstellerischen Format er in seinen Sachbüchern auflaufen konnte, zeigt ein Auszug aus »Die Erfinder und ihre Erfindungen«[31]. Es geht um galvanische Experimente des Dr. Ure aus dem Jahr 1818, der die belebende Wirkung von Stromstößen an der Leiche eines frisch Gehängten ausprobieren will. Ein wuchtiger Mörder liegt auf dem Glasgower Operationstisch, umstanden von zahlreichen Fachkollegen und Neugierigen.

»›Es ist äußerst wahrscheinlich, dass er wiedererweckt wird.‹
›Und was werden wir dann mit diesem Übeltäter anfangen?‹
›Was wir mit ihm anfangen? Nun, wir werden einen moralischen Menschen aus ihm machen.‹
›Oho! Sie wollen diesem Banditen Moral beibringen?‹
›Wir werden ihn arbeiten lehren und mit der Arbeit wird auch die Moral kommen.‹
›Und Sie glauben, dass er arbeiten wird?‹
›Vielleicht nicht sofort; aber wir haben einige Guineen zur Verfügung. Man wird ihm einen Vorschuss geben, damit er sich eine Werkstatt einrichten kann.‹
›Ihren Vorschuss wird er verbrauchen und ein Verbrecher bleiben!‹

›Wir werden dafür sorgen, dass er sich eine Frau nimmt, die Ehe und die Familie werden seine rohe Natur besänftigen.‹
›Und was wird die Justiz sagen, wenn Sie einen Verbecher zum Leben erwecken, den sie an den Galgen gebracht hat?‹
›Das ist schon eher ein Problem; wir werden sehen, wir werden sehen.‹
Soweit die guten Leute, schon beschäftigt, dem plötzlich Wiedererstandenen eine Frau zu suchen, um die Art des gemeinen Schurken nicht aussterben zu lassen. Doch still! Doktor Ure beginnt.«

Die weitere Operation liest sich als ein Glanzstück eines noch nicht erfundenen Genres, eine Horrorgeschichte in einem Sachbuch. Wenn zum Schluss der Gehängte von Glasgow vom Operationstisch dieses Dr. Frankenstein aufstehen sollte, dann, meint der Autor, sei er schlecht gehängt worden, denn wo »der Tod einmal gemäht hat, da mäht er gründlich, und alle galvanischen Zellen der Welt werden den Mann nicht mehr auf die Beine stellen.«[32]

Fabre liebte es, den namensgebenden Mythos bei der Darstellung einer Insektenfamilie für sich sprechen zu lassen. Im vorliegenden Band beginnt Fabre mit dem Pillendreher:

»Das erste liefert Sisyphus (Sisyphus schaefferi L.), der kleinste und eifrigste unserer Pillendreher. [...] Dieser Mythos gefällt mir. Die Geschichte vieler Menschen ähnelt ihm ein bisschen; ich meine nicht die Geschichte gemeiner Verbrecher, die ewige Qualen verdienen, sondern die anständiger Leute, die ihrem Nächsten helfen. Sie büßen für ein einziges Verbrechen: für ihre Armut.«[33]

Für Fabre ist Sisyphus der arbeitende, der »arme« Mensch. War die Armut in der Anekdote des Zusammentreffens mit Louis Pasteur eine »Mikrobe«, so ist sie hier ein »Verbrechen«.

Betrachten wir den Mythos in seiner Darstellung durch Robert von Ranke-Graves[34].

Sisyphus, Sohn des Windgottes Aiolos und seiner Gattin Merope, Vater des Odysseus und zahlreicher anderer Kinder, ist so schlau, dass er sogar den Hades überlistet und gefangen nimmt. Für seine Zeitgenossen gilt er als der »größte lebende Schurke«, er lebt von Raub und verkauft ein Geheimnis des Göttervaters Zeus an Asopos, immerhin gegen eine ewig sprudelnde Quelle für die Stadt Korinth. Als es ihm gelingt, durch eine Täuschung der Persephone dem Hades zu entkommen, wird er von Hermes in Haft genommen und erhält eine unlösbare Aufgabe: Er muss einen großen Stein den Berg hinaufrollen, um ihn auf der anderen Seite hinabrollen zu lassen. Der Stein macht sich aber immer selbstständig, noch bevor Sisyphos unter Mühen den Gipfel erreicht hat, rollt er zum Fuß des Bergs hinunter.

In »Der Mythos des Sisyphus« gibt uns Albert Camus eine moderne Interpretation der antiken Erzählung, die neben der Geschichte von Ödipus wohl zu den populärsten Prägungen der heutigen Zeit gehört.

> »*Sisyphos* ist der Held des Absurden. Dank seiner Leidenschaften, dank seiner Qual. Seine Verachtung der Götter, sein Haß gegen den Tod und seine Liebe zum Leben haben ihm die unselige Marter aufgewogen, bei der sein ganzes Sein sich abmüht und nichts zustande bringt. Damit werden die Leidenschaften dieser Erde bezahlt. [...] Heutzutage arbeitet der Werktätige sein Leben lang unter den gleichen Bedingungen, und sein Schicksal ist genauso absurd. Tragisch ist es aber nur in den wenigen Augenblicken, in denen der Arbeiter bewußt wird. *Sisyphos,* der ohnmächtige und rebellische Prolet der Götter, kennt das ganze Ausmaß seiner unseligen Lage: über sie denkt er während des Abstiegs nach. Das Wissen, das seine eigentliche Qual bewirken sollte, vollendet gleichzeitig seinen Sieg. Es gibt kein Schicksal, das durch Verachtung nicht überwunden werden kann.«[35]

In seiner Auslegung ist Fabre näher an Albert Camus' Interpretation als am ursprünglichen Mythos. Fabres Sicht der sozialen Verhältnisse ist realistisch und frei von jedem Dünkel. In die genaue Beschreibung unendlicher Mühen, zu denen die Insekten verurteilt sind, mischt sich bei ihm oft genug Respekt und mitunter kann er sogar eine mitleidige Regung nicht unterdrücken.

Umgekehrt sieht Fabre die Tätigkeit nicht als Fluch an. Der Fluch ist die Armut, nicht die Arbeit. In seiner »Theorie des Parasitentums« weist er nach, dass der Parasit nicht faul ist, sondern unter Mühen seinen Nachkommen das Überleben sichert:

> »Stimmt es wirklich, dass diese Lebensweise von der Neigung zur Untätigkeit kommt? Wurde der Parasit deshalb Parasit, weil er es vortrefflich fand, nichts zu tun? Ist Ruhe für ihn derart vorteilhaft, dass er ihretwegen seine alten Gebräuche verleugnet? Seit ich den Hautflügler beobachte, der seiner Brut fremdes Gut schenkt, sah ich bei ihm nichts, was auf einen Faulenzer schließen ließe. Der Parasit hat ganz im Gegenteil ein mühseligeres und härteres Leben als der Arbeiter. Folgen wir ihm auf eine ausgedörrte Böschung. Wie geschäftig, wie besorgt er ist! Wie er schnellen Schrittes die besonnte Fläche durchmisst, sich mit endlosem Suchen in zumeist fruchtlosen Visiten verausgabt! Bevor er ein Nest findet, ist er hundert Mal in wertlose Höhlungen, in Gänge ohne Vorrat eingetaucht. Und dann wird der Parasit, so gutmütig der Wirt auch ist, in der Herberge nicht immer gut empfangen. Nein, nicht alles in dem Gewerbe ist ein Vergnügen.«[36]

Fabre, ein wacher Beobachter auch der sozialen Verhältnisse seiner Zeit, sieht die ideologischen Implikationen einiger »transformistischer« Theorien, die es allzu eilig haben mit der Übertragung ihrer Erkenntisse auf die hierarchische Gesellschaft des Zweiten Kaiserreichs.

»Nein, diese von der Wissenschaft gepriesene Faulheit gefällt mir nicht. Wir haben ohnehin genug von solchen zoologischen Brutalitäten; der Mensch ein Nachkomme des Affen; Pflichtgefühl ein Vorurteil von Dummköpfen; Gewissen ein Köder für Naive; Genie eine Neurose; Vaterlandsliebe nichts als Chauvinismus; die Seele eine Resultante von Zellenergien; Gott ein läppischer Mythus. Also stimmen wir den Kriegsgesang an, und skalpieren wir! Wir sind hier, um einander aufzufressen! Das Ideal ist der Dollar-Koffer des Pökelfleischhändlers aus Chicago! Es reicht von solchem Zeug! Der Transformismus braucht in das heilige Gesetz der Arbeit keine Bresche mehr zu schlagen; ich will ihn für unseren moralischen Niedergang nicht verantwortlich machen; dafür ist er nicht stark genug; aber er hat nach Kräften dazu beigetragen.«[37]

Dieser Rundumschlag weist Fabre als einen politischen Autor aus, oder besser: als Moralisten in der Tradition von Pascal und La Bruyère. Er zeigt Fabre als Polemiker, der seine Suada inmitten einer entomolgischen Erörterung platziert und sie mit einer Spur selbstironischem Humor zu instrumentieren weiß. Am Beispiel des Stelis gibt Fabre einen Hinweis zur »Theorie des Parasitismus«:

»Wir sehen also die Stelis zuerst als eifrigen Bergmann, der die Kieferzange gegen den Felsen einsetzt, dann als Lehmwirker und als Restaurateur von aufgebrochenen Decken. Ihr Handwerk ist offenbar keins von den leichteren. Was aber tat sie, bevor sie sich dem Parasitentum hingab? Nach ihrem Aussehen, sagen die Evolutionisten, war sie eine Anthidie, das heißt, sie verarbeitete den an trockenen Zweigen wolliger Pflanzen hängenden Flaum und machte daraus Beutel für den Pollen, den sie mit ihrer Bauchbürste von den Blüten erntete. Falls sie einer verwandten Linie von Wattearbeitern entstammte, baute sie in einem leeren Schneckenhaus eine Wendeltreppe. Solcherart war das Gewerbe ihrer Vorfahren.«[38]

Der Parasit wurde also durch äußere Umstände dazu gezwungen, so folgert Fabre, sein ursprüngliches Gewerbe aufzugeben. Wir sehen hier dem Entomologen beim Politisieren zu, seine Schlussfolgerungen in der Welt der Insekten bestätigen seine politisch-sozialen Einstellungen. Ein naturwissenschaftlich-soziales Weltbild skizziert sich in diesen Passagen, das dem ländlichen Leben mit seiner Arbeitsmoral und seiner sozialen Nähe verpflichtet ist und der Welt der Metropolen mit ihrem mondänen Leben und ihrem großbürgerlichen Dünkel feindlich gegenübersteht.

In einem seiner ersten Sachbücher, »Schädliche Insekten« (Les Ravageurs), geschrieben 1870, also einige Jahre vor seinem Umzug in den Harmas, beschäftigt sich Fabre auch mit den antiken Autoren und ihren Irrtümern. Im 13. Kapitel (»Vom Ursprung der Insekten«) befragen die Jungen Émile und Jules den Onkel Paul über die Irrtümer der antiken Denker. Er hatte ihnen geschildert, dass man damals glaubte, alles Ungeziefer werde aus Dreck und Fäulnis geboren: Ratten, Schlangen, sogar die Frösche. Die Jungen sind verblüfft:

> »Jules: ›Dann wussten diese Weisen nicht, dass die Frösche aus den Kaulquappen kommen, die aus Eiern geboren werden, die andere Frösche gelegt haben?‹
> Paul: ›Ja, das haben sie nicht gewusst.‹
> Émile: ›Aber sie hätten doch nur in einen Teich schauen müssen.‹
> Paul: ›Wie das Nachschauen geht, haben sie damals noch nicht gewusst.‹«[39]

Man fühlt sich an die Szene in Brechts »Leben des Galilei« erinnert, in der Galilei eine Nadel auf der Wasseroberfläche schwimmen lässt und damit Aristoteles widerlegt, an Federzonis Ausruf: »Heiliger Aristoteles, sie haben ihn niemals überprüft!«[40] Fabre geht noch weiter. Er führt Vergils »Georgica« ein, als großes Lehrgedicht vom Landbau. Sein Zitat aus dem Vierten Gesang über die Bienenzucht zeigt einen weiteren krassen Irrtum:

»›Schwärm' aus verwesendem Blut aufkeimeten. Höher beginnend
Will ich vom ersten Entstehn das Gerücht allseitig entwickeln,
[...]
Mäßigen Raumes zuerst und eng zu solchem Gebrauche
Wählt man den Ort: ihn dann mit schmiegendem Dache von Ziegeln
Drängen sie dicht und festem Gemäuer, auch öffnen sie ferner
Nach vier Winden umher vier schräg erleuchtete Fenster.
Jetzo ein Stier, dem schon zweijährige Stirn das Gehörn krümmt,
Wird gesucht; ihm völlig die Nas' und der Odem des Mundes,
Wenn er mit Macht anringet, verstopft, und dem niedergeschlagnen
Durch unblutige Haut sein Inneres mürbe gestampfet.
So im Verschloß den gestreckten verlassen sie, unter die Rippen
Reisig und Thymian und Zeilandsprossen ihm streuend.
Solches geschieht, wenn Weste zuerst fortrollen die Wasser,
Ehe von keimenden Farben die Wiese erröthet, und ehe
Zwitschernd noch am Gebälk ihr Nest aufhänget die Schwalbe.
Aber der gärende Saft, im zarten Gebein sich erhitzend,
Siedet indes, und ein Schwarm seltsamer Geschöpfe entstehet,
Mangelnd der Füße zuerst; doch bald mit schwirrenden Flügeln
Wimmelt er, mehr sich und mehr zu dünneren Lüften erhebend.‹«[41]

Paul fährt fort:
»›Lässt man die Längen und den pompösen Zierat der Poesie unbeachtet, so bedeutet das, um zu einem Bienenschwarm zu kommen, muss man einen Stier töten und verwesen lassen. Aus

dem widerwärtigen Kadaver kann ein Bienenschwarm geboren werden.
Jules: ›Was für ein Einfall! Die Bienen kommen aus den Waben im Bienenkorb, aus Eiern, die andere Bienen gelegt haben.‹«[42]

Fabres Inszenierung zur Unterweisung der Jugend ist von bösem Humor. Er zitiert Vergil vor die Schranken seines Tribunals, lässt ihn mit allem poetischem Pomp paradieren, um ihn dann als alten Trottel zu entlarven. Das neugierig forschende Kind wird als der Wissende präsentiert und gegen die großen Autoritäten der Antike in Stellung gebracht. Gewiss ein pädagogischer Trick, den Schüler mit einer schmeichelhaften Konstellation zu motivieren. Aus dieser Passage spricht aber auch die Freude am Sturz von Autoritäten.

Die ehrende Apostrophierung als »Vergil der Insekten« gewinnt vor diesem Hintergrund eine gewisse Pikanterie. Bei genauerer Betrachtung wird der Vergleich mit Homer oder Vergil zu einem zweischneidigen Kompliment. Was hat man sich unter einem Vergil der Insekten vorzustellen? Unter einem Homer, Franziskus, ... der Insekten? Gäbe es auch einen Vergil der Fische? Einen Homer der Vögel?

Gerade die Häufung der sich überbietenden Epitheta scheint auf eine Leerstelle bei dem vorgeblich so ausgezeichneten Wissenschaftler zu verweisen. Je sensationeller die Namen, die ihm an die Seite gestellt werden, umso mehr schrumpft Fabre selbst zum normalen Menschen zusammen. Und durch die Unterschiedlichkeit seiner Patrone (zwei Dichter, ein Heiliger, ein Eremit) scheinen sich die Konturen Fabres aufzulösen. Es ist, als wäre es nicht hinreichend, ein »Homo Fabre« zu sein. Als benötige man, um die »Sapientia« zu erreichen, noch einen Gewährsmann aus der Kulturgeschichte, möglichst einen aus längst vergangenen, legendären Zeiten.

Allen Ehrungen, deren Fabre teilhaftig wird, ist ein seltsamer Pferdefuß zueigen. Dieser ausgezeichnete Mann scheint für sein Genie etwas zu klein geraten. Dass er sich aus einer elenden Kindheit befreit hat, findet man zwar löblich, aber es wäre besser, er käme aus gutem Hause. Besser, er hätte einen Weinkeller und nicht eine Korbflasche, jenen grotesken »Ballon« auf dem Küchenstuhl, der aussieht wie Pasteurs »Schwanenhalsflasche«.

Es ist eine seltsame Bescheidenheit in dem Mann, der auf einem Bild die Nase in den Dreck steckt, zusammen mit seinen Töchtern Aglaé und Claire, eine der beiden Damen mit einem sehr modischen Hut bekleidet, dessen Ornamente sich ausmachen wie Staubgefäße einer Blüte, die Zeichnung eines Stiefmütterchens. Fabres Bescheidenheit geht so weit, dass er sich einem Reizstoff aus den Fäkalien der Seidenraupe aussetzt und mit Freude entdeckt, wie sein Arm innerhalb einer Woche anschwillt.[43]

Seine Einfachheit hat etwas Demonstratives, sobald er in die Nähe der Privilegierten kommt. Denn sie verknüpft sich mit einem Eigensinn, der ganz und gar unbescheiden ist.

Nicht umsonst ist das Genre seiner frühen Erzählungen mit »Leçons de choses« angegeben: ein Begriff, der im Deutschen nur sehr unvollständig mit Sachkunde zu übersetzen ist. »Leçons de choses« sind die Lektionen, die uns eine Sache erteilt. Auch hier versteht sich Nützlichkeit erneut im unmittelbar sachlichen Denken der römischen Antike: Nützlich ist, was sich den Dingen zuwendet. Was von den Dingen herkommt. Fabres emphatisch verstandene Sachlichkeit ist von derselben Strenge wie die Gedichte von Stéphane Mallarmé. Bei einer anderen sachlichen Autorin der Jahrhundertwende, Gertrude Stein, findet man einen Zyklus mit dem schönen Titel »Useful Knowledge«[44], der einer Aufschrift damals gebräuchlicher Schulhefte zu verdanken ist: »La Parole du Maître (Connaissances utiles)«. Der Band, eine erste Zusammenstellung ihrer Gedichte aus dem Jahr 1922, soll in den USA Aufmerksamkeit erregen. Neben Texten über die amerikanische Landschaft sind es autobiografische Gedichte, die Stein hier mit der Wortmarke des französischen Schulheftes versieht.

Der leicht ironische Anklang in Steins »höherer Sachlichkeit«, die mit der Erwartungshaltung eines nicht gerade poetisch gestimmten Publikums spielt, wird umgesetzt im französisch akzentuierten Allerweltszitat, der unhinterfragten Qualität einer Nützlichkeit, die direkt aus dem Mund des Lehrers über uns kommt.

Es ist der Geist der Bildungsreform von Jules Ferry, der sich hier abzeichnet und in dem die Französische Schule zu einer Institution der »Françité« (und des Kolonialismus) wird. Diese wurde administrativ und ideologisch vorbereitet von seinem Vorgänger, dem Erziehungsminister Victor Duruy. Er war ein Förderer Fabres und konnte sich in seiner Mission einer auch für die einfachen Schichten zugänglichen Bildung ganz auf Fabre stützen. In der Zeit von 1866 bis 1873 ist Fabre Konservator des Musée Requien in Avignon. Dort hält er Abendvorlesungen in Botanik, die für alle zugänglich sind. Besonders junge Frauen aus der Umgebung, die bisher von der Schulbildung ausgeschlossen waren, erscheinen zahlreich und schmücken sein Büro mit Blumensträußen. Unter den Zuhörern ist auch der englische Philosoph John Stuart Mill und der Verleger Joseph Roumanille. Stéphane Mallarmé, ebenfalls in Avignon als Lehrer tätig, ist in derselben Reihe mit Englischunterricht vertreten. Gegen das Gesetz zur Demokratisierung des Unterrichts (loi Duruy vom 10. Juli 1867), das eine staatliche Erziehung für alle vorsieht, beginnt eine Kampagne konservativer und katholischer Kreise, bei der auch Fabre ins Fadenkreuz gerät. Man wirft ihm vor, die Sitten der weiblichen Jugend mit der Schilderung des Befruchtungsvorgangs am Beispiel der Blüte zu verderben. Nach zwei Jahren werden die Abendkurse verboten, Fabre als gefährliches und subversives Element denunziert.

»Leçon de choses«: Die Verpflichtung, den von den Dingen erteilten Lektionen zu folgen, ist in der französischen Poesie bis weit hinein ins 20. Jahrhundert zu finden: Die Welt der Dinge rückt in der Französischen Philosophie in den Mittelpunkt der Aufmerksamkeit (»Mythen des Alltags«, Roland Barthes) bei Dichtern wie Francis Ponge, Philippe Jaccottet und Raymond Queneau.[45] Fabre weiß sich auf der Seite der Nützlichen, aber auch der Schwachen.

»Ja, mein bevorzugtes Thema wird es bleiben, für die Sache der Schwachen einzustehen, der Elenden, der Verleumdeten, der Verfolgten. Die Starken und die Mächtigen haben Bewunderer genug, auch mir kann es manchmal passieren, dass ich ihnen nützlich bin, aber wenn ich die Vernachlässigten vergäße, würde ich es mir mein ganzes Leben vorwerfen, und wenn ich ihre verkannten Qualitäten nicht ans Tageslicht bringen würde, die allzuoft auf unwürdige Weise entstellt werden.«[46]

Die sozialen Umbrüche seiner Zeit, Revolutionen und Kriege, setzen die Bougeoisie ins Unrecht und lenken den Blick der Geschichte auf die Unterdrückten. Ein radikales Beispiel ist der Attentäter Ravachol, der Anarchist mit dem sprechenden Namen.[47] Einige Jahre vor Fabres Rückzug in den Harmas war Frankreich dem Preußischen Heer unterlegen und die Pariser Commune war in Blut ertränkt worden.

Über die Arbeiter sagt Fabre: »Wenn ihr sie je am Werke seht, das Gesicht geschwärzt durch Kohlenstaub, mit Ausnahme des Weiß in den Augen, dann könnt ihr der Überzeugung sein, dass ihr hier wachsame Männer vor euch habt, deren Herz nicht vor Furcht erbebt, und auch noch unterm großen Gewicht des Bergs im richtigen Maße schlägt.«[48]

Betrachten wir die verschiedenen Ebenen von Erkenntnis, über die in den »Souvenirs« berichtet wird: Den größten Raum nimmt die Erfahrung ein, inszeniert und mit Systematik betrieben, folgt sie aus dem Experiment und geht in weitere Experimente ein.

Die Erinnerung nähme den zweiten Rang ein, gespeicherte Erfahrung, entomologischer oder persönlicher Art, wobei das vorliegende Buch vor allem durch Kindheitserinnerungen besticht, ausgelöst durch das übergreifende Thema des Bandes, den Vaterinstinkt. Schließlich kommen Erfahrungen anderer Autoren zum Tragen, Zitate von Forschern und Schriftstellern, Lektürefrüchte der unterschiedlichsten Gattungen, außerdem mythologische Fragmente, schriftlich überliefert, eingefangen im Namen des beschriebenen Insekts, sei es der wissenschaftliche Name nach Linné oder der volkstümliche Name, der aus einer anderen, nicht minder lebendigen Art von Mythos schöpft, den Übertragungen aus dem Fantastischen der bäuerlichen Welt der Provence, die ja auch zum Terrain der Antike gehört und deren religiöse Vorstellungen, so ahnt man, in Bildhaftigkeit und an narrativen Elementen den Mythologien der Antike in nichts nachsteht.

Sehr häufig zitiert Fabre den Fabeldichter Jean de La Fontaine. Im vorliegenden Band lässt er ihn mit einem Dialog zu Wort kommen, der dann durch ein provenzalisches Liedchen ersetzt, aus der Darstellung herausgewinkt wird. Vielleicht fällt dem deutschen Leser erst jetzt auf, dass er keinen geringen Teil von Fabres Erzählweise, die Dialoge unter den Insekten, dem Vorbild Jean de La Fontaines verdankt. In dessen Fabeln sprechen die Tiere miteinander wie Menschen. Sie haben ihre Interessen und Charaktereigenschaften, ihre Tugenden und Laster. Manche sind schlau und durchtrieben (der Fuchs), andere leichtsinnig (die Grille), wieder andere fleißig und nicht besonders großzügig (die Ameise). La Fontaine, der in der Tradition der französischen Moralisten steht, nimmt die Tierwelt als Spiegelung der Gesellschaft des 17. Jahrhunderts. Das zitierte Gedicht von La Fontaine scheint Fabre nicht recht zu gefallen. Er zieht ihm ein provenzalisches Lied vor, angeblich aus der Feder eines »namenlosen Freundes«, das mit den Zeilen beginnt:

»Die Grille

Die Geschichte der Tiere weiß
Von einem armen Grillenmann,
Der saß vorm Haus im Sonnengleiß,
Als ihn ein Falter zog in Bann […].«[49]

Dieser »namenlose Freund« und Autor des Gedichts ist Fabre selbst, das Lied ist in dem Band seiner provenzalischen Dichtungen[50] aufgeführt. Er spart nicht mit Selbstlob:

»Hier erkenne ich mein Tier wieder. Ich sehe die Grille, wie sie sich auf der Schwelle ihrer Erdhöhle die Fühler frisiert, den Bauch im Kühlen und den Rücken an der Sonne. Sie beneidet den Schmetterling nicht; im Gegenteil, sie bemitleidet ihn mit dem spöttischem Erbarmen des Spießbürgers, der den Giebel zur Straße hat und vor seiner Haustür jemanden vorübergehen sieht, der zwar einen aufsehenerregenden Putz trägt, aber kein Dach über dem Kopf hat. Weit entfernt davon, sich zu beklagen, ist die Grille sehr zufrieden mit ihrer Behausung und ihrer Geige. Als wahrer Philosoph weiß sie um die Eitelkeit der Dinge, sie schätzt den Charme eines bescheidenen Zuhauses, fernab vom Tumult der Genussmenschen.«[51]

Die Insektenwelt und ihre Spiegelung in der Literatur: Wie den Autoren der Antike (Vergil) lässt Fabre auch dem Fabeldichter nichts durchgehen. Es ist, als wolle er Kollegenschelte betreiben, denn auch Fabre literarisiert. Sein Thema ist nicht die Welt der Insekten, sondern der Entomologe in der Welt der Insekten. Er vollzieht damit einen Vorgang nach, der in Frankreich seinen Anfang findet und die Moderne begründen wird: Der Künstler stellt sich dar in seiner Welt, er spiegelt sich noch in seinem fiktiven Personal. Wenn Gustave Flaubert sagt: »Madame Bovary, das bin ich«, dann verweist er auf einen Prozess der Aneignung beim Schreiben. Fabre hingegen sagt: »Fabre, das bin ich.«

Was zuerst wie eine Tautologie klingt, zeigt das Besondere an Fabres Vorgehensweise. Im Gegensatz zu seinen Kollegen betreibt Fabre eine Art von umfassendem Experiment, das man in der Ethnologie gut ein halbes Jahrhundert später Feldforschung nennen wird. Mit dem einzigen Unterschied, dass er sich nicht auf Reisen in einen exotischen Weltteil begibt, sondern dort bleibt, wo er aufgewachsen ist.

Die Welten sind nicht getrennt, sie werden durch Fabres Erzählung zueinander in Bezug gesetzt. Bei diesem Projekt der Transformation ist der Beitrag der Sprache nicht zu unterschätzen. Fabres

Sprache ist konkret, bestens ausgestattet mit ländlichen Redeweisen, bilderrreich, metaphorisch, ja, poetisch insofern, als sie die Schilderung klanglich vorbereitet, unterstützt und nachahmt, reich auch an sprachlichen Überlegungen, die weit über den entomologischen Bereich hinausgehen.

> »Er ging zur Blume, er ging zum Insekt, wie der Kohlweißling zum Kohl geht und der Distelfalter zur Distel. Er betrachtete, er machte sich kundig, angestachelt durch eine Wissbegierde, von deren Geheimnis das Erbgut nichts weiß. Er trug den Keim einer Fähigkeit in sich, die seiner Familie unbekannt war; es schwelte ein Funke, der dem Herd der Ahnen fremd war. Was wird aus diesem Nichts, dieser Nichtigkeit der kindlichen Fantasie? Es wird zweifellos erlöschen, wenn kein Unterricht sich seiner annimmt und durch ein Vorbild nährt, es wachsen lässt durch Übung. Die Schule wird erklären, was das Erbgut nicht zu erklären weiß. Das wollen wir jetzt untersuchen.«[52]

Fabre schildert sich als 6-jährigen Jungen, den es »instinktiv« zum Insekt hinzieht. Wie der Kohlweißling zum Kohl und der Distelfalter zur Distel geht. Der Vergleich ist sprechend, ein 6-jähriger Junge taumelt wie ein Schmetterling dem entgegen, was ihn anzieht. Das Kind begibt sich in die Welt der Insekten wie Alice ins Wunderland. Wir sind in einer bäuerlichen Welt, hart an der Grenze des Wunderbaren, in der das Kind Schreiben lernt, indem es Tiere buchstabiert:

> »Jetzt zu uns beiden, mein kostbares Bild! Das begann mit dem *âne*, dem Esel, dem heiligen Tier. Sein Name, mit großem Anfangsbuchstaben, lehrte mich den Buchstaben A; der *boeuf*, der Ochse, offenbarte mir das B; der *canard*, die Ente, instruierte mich über das C; der *dindon*, der Truthahn, ließ das D ertönen. Und so weiter. Einige Felder waren freilich unklar: Ich war gleichgültig beim *hippopotame*, dem Nilpferd, beim *kamichi*, dem

Hornwehrvogel und beim *zébu*, dem Buckelrind, die mir angeblich H, K und Z beibringen sollten. Da diese fremdländischen Tiere dem abstrakten Buchstaben keinen Anhalt in der Wirklichkeit gaben, ließen sie mich eine Zeitlang vor ihren widerspenstigen Konsonanten zögern. [...] Hoch lebe das Tier!«[53]

Und als Belohnung für gute Leistungen im Lesen und Schreiben erhält er eine Ausgabe der Fabeln von La Fontaine. Hoch lebe das Tier!

Auffällig ist bei Fabre allerdings eine gewisse Reserviertheit gegenüber dem antiken Vers.[54] Auf seine Prosa scheint er durchaus stolz zu sein, die Versdichtung der klassischen Autoren scheint ihm unpräzise, gewunden, nicht informativ. Überhaupt verfährt er mit jenen Autoren besonders streng, von denen er ganz offenbar inspiriert ist. Sogar über den Brieffreund Charles Darwin, neben den Großen der Antike eine der Gallionsfiguren, mit denen er auch nach seinem Tod in Verbindung gebracht wird, äußert er sich in diesem Buch eher respektlos bis kokett-abwehrend, wenn er sagt:

»Seit Darwin mir den Titel des unvergleichlichen Beobachters verliehen hat, ist mir diese Bezeichnung immer wieder begegnet, ohne dass ich recht begreife, womit ich sie eigentlich verdiene. Es ist doch so natürlich, scheint mir, so naheliegend, so verlockend für jeden, sich für alles zu interessieren, was da um uns herum wimmelt! Aber seis drum, nehmen wir das Kompliment einmal für begründet an.«[55]

Der Titel des »unvergleichlichen Beobachters« wurde ihm aufgezwungen? Ein Kompliment? Es ist, als hätten in seinen Erinnerungen mitunter nur seine Allernächsten, die Familie und die Insekten, ein Recht auf freundliche Behandlung.

Der Erzähler scheint beseelt von einer gewissen juvenilen Aufsässigkeit, die sich gegenüber der herrschenden Welt abgrenzt wie James Fenimoore Cooper oder Karl May von all jenen Amerikanern, die keine Waldläufer sind. Er ist damit auf eine kindlich-direkte Weise auf Seiten des Lesers, der sich, ob Jugendlicher oder Erwachsener, mit seinen Helden identifiziert.

Fabre kennt nicht nur die Autoren der europäischen Antike. Als er sich im vorliegenden Band über Heuschreckenesser mokiert, führt er wie selbstverständlich Autoren der arabischen Tradition an:

> »Ein arabischer Autor, den General Daumas in seinem Buch ›Die große Wüste‹ zitiert, sagt: Das Heupferd ist eine vortreffliche Nahrung für Mensch und Kamel. Man isst sie frisch oder konserviert, nachdem man ihnen Beine, Flügel und Kopf abgerupft hat, gebraten oder gekocht und zubereitet im Couscoustopf.«[56]

Man wird allerdings den Eindruck nicht los, als kokettiere Fabre ein wenig zu heftig mit der Abneigung gegenüber einer exotischen Speise. Tatsächlich gibt es auch in der Famile Fabre ab und an ein kulinarisches Experiment der eher grotesken Sorte: Am Mardi gras (Fastnachtsdienstag) 1903 gibt es Würmer zu Mittag. Ein Plinius-Zitat gilt als Leitfaden.[57]

Fabre und Paul finden geeignete Maden in einem Gebüsch, wo einige Pinien gefällt wurden: so dick wie ein kleiner Finger, elfenbeinweiß, bei Berührung samtweich. Es ist genug da für acht Personen, die Familie und zwei Freunde. Die Maden werden auf Spieße gesteckt, lediglich gesalzen und gegrillt.

> »Der Braten wird goldbraun, knistert leise, weint einige ölige Tränen, die im Kontakt mit der Kohle Feuer fangen und in einer schönen weißen Flamme verbrennen. Schon ist er durch. Wir servieren ihn heiß. [...] Alle sind sich einig. Der Braten ist saftig, weich und von gutem Geschmack. Man ahnt gewisse Anklänge an gegrillte Mandeln mit leichten Röstaromen.« Fabre fährt fort: »Ich habe den Wunsch, dass auch meine kulinarischen Verrücktheiten zu gewisser Bekanntheit gelangen.«[58]

Solche Koketterien und kleine Inkonsequenzen gehören zum Beiwerk, zur literarischen Auschmückung. Doch auch bei solcherlei Abschweifungen hält sich Fabre tapfer auf der nützlichen Seite. Sie zeigen die menschliche Dimension des Autors und sprechen für seine Qualitäten als Erzähler. Immer wieder betont er den subjektiven Faktor seiner Erinnerungen. Fabre will gefallen.

Zur Beerdigung Fabres war ganz Sérignan auf den Beinen. Sein Tod fiel in die Aufregung des ersten Weltkriegsjahrs.

Einer der besten Freunde seiner letzten Jahre, Dr. Legros[59], war an der Front. Seine Frau schildert ihm in einem langen Brief die Beisetzung Fabres am 11. Oktober 1915:

»Es war ein wunderschöner Herbsttag, als Fabre seinen Harmas verließ, um sich auf dem kleinen von Ölbäumen umringten Friedhof schlafen zu legen, den Du, mein Schatz, gut kennst. Die Sonne strahlte an einem italienischen Himmel, es wehte gerade das richtige Quentchen Mistral ... Auf einem prächtigen Leichenwagen durchquerte er zum letzten Mal die ›Allee des Lilas‹. Auch die Kirche hat das ihrige dazu beigetragen, um sich zu drapieren und sich mit höchster Pracht zu schmücken. Glücklicherweise ist in Sérnignan ›höchste Pracht‹ noch immer schlicht genug. Man hat für ihn eine schöne Messe gefeiert mit mindestens sieben Priestern und dem ganzen liturgischen Arsenal. [...] Wie tief ich es bedauere, dass Du nicht kommen konntest, um ihn ein letztes Mal zu sehen! Denn obwohl man ihn bereits am übernächsten Tag nach seinem Tod eingesargt hatte, war er so gut erhalten, dass man den Sarg erst in der letzten Minute für die Bestattung schließen musste. Und so konnte ich ein letztes Mal das schöne Gesicht bewundern, es war noch schöner als je zuvor. Ohne jede Entstellung, aber mit dem Ausdruck von Sanftheit, Ruhe, der tiefsten Heiterkeit, wie es die Worte nicht auszudrücken vermögen und wie sie sein geplagtes Leben nie gekannt hat. Ich habe ihn in aller Pietät für Dich und mich geküsst. [...]

Als offizielle Persönlichkeiten waren zugegen: der Präfekt des Vaucluse, der die Regierung vertrat, in großer Uniform. Sein Kabinettschef, der Unterpräfekt von Orange, der Präfekt der Ardèche, der damals beim Jubiläum Unterpräfekt von Orange war, der Direktor des Gynasiums aus Avignon und eine Abordnung von Schülern. Monsieur Mathon und eine Abordnung von Schülern der Volksschule. Ein Amerikaner und seine Frau, Eltern von Isodora Duncan, die aus Griechenland gekommen waren. Natürlich wurden auf dem Friedhof Reden gehalten. Der Prefekt lobte die Republik sehr für ihre Unterstützung, die sie Fabre angedeihen ließ und nicht so sehr Fabre selbst. Der Inspektor der Akademie, Formontin, der Bürgermeister aus Sérignan, Lacour, außerdem Vayssiere, Charasse, im Namen des Félibrige, auf Provenzalisch. Ich habe nicht viel gehört, mit Ausnahme der Rede des Präfekten. Offenbar waren Vayssières und Charasse ganz besonders ergreifend. Ich werde die Zeitungen mit den abgedruckten Reden besorgen und sie Dir schicken.
Auf dem Friedhof kamen zahlreiche Heuschrecken und ließen sich auf seinem Sarg nieder, auch eine Schnecke kroch an ihm hoch. Und während der Reden hat sich ein Prégo-Diou auf den Rand des offenen Grabs gesetzt, sehr beeindruckt von so viel Eloquenz ... Es gab tatsächlich kein Gefühl von Traurigkeit in dieser Szene der sonnenbeschienenen Landschaft in Licht und Hitze. Der Ventoux, an dem nicht das kleinste Wölkchen hing, schien ein Riese zu sein, der mit verschränkten Armen einigen armseligen Ameisen bei ihrem Treiben zusah. [...]
Wie mir Armentaire sagte, starb Fabre, als er fünfzehn Tage ohne die Schwester verbringen musste, die für die jährlichen Exerzitien ihr Kloster aufgesucht hatte. Gleich bei ihrer Rückkehr hatte er einen kleinen Anfall von Urämie, der am Mittwoch, den 6. offenbar begonnen hat. Am Samstag hat die Schwester den Docteur Féraud aus Orange gerufen, der ihn eingehend untersuchte und feststellte, dass Lunge und Herz bestens funktionieren, dann erklärte, es gäbe keinen Grund zur Besorgnis und

ein Diuretikum verschrieb. Er ist am Sonntag aufgestanden und hat normal gegessen. Sonntag Abend hat er noch ein letztes Mal seine Pfeife geraucht. Am Montag hat die Schwester ihn um Mittag aus dem Bett geholt. Er saß am Tisch und hat eine Suppe gegessen und Trauben. Er hat seine Pfeife verlangt, wollte sich dann aber wieder hinlegen, bevor er sie stopfen konnte. Als man ihn wieder ins Bett legte, ging die mittlere Bohle zu Bruch und das Bett brach zusammen. Man holte ihm ein kleines Eisenbett, das man in sein Zimmer stellte, vor das andere zwischen Wand und Fenster, in das hat man ihn dann gelegt. Sofort hatte er den ersten Anfall, der zweite folgte zwei Stunden danach und der letzte war dann sein Tod, um sechs Uhr abends. Er sprach nicht, aber nahm die Leute wahr, die ihn umstanden. Die Schwester hat noch zu ihm gesagt, nachdem er zum ersten Mal in Ohnmacht gefallen war: ›Oh! Mein armer Papet, jetzt sind Sie aber wirklich krank‹, darauf antwortete er: ›Ja, es scheint so.‹ Offenbar waren das seine letzten Worte. Der Doktor war da, und der Pfarrer, den man gerufen hatte, gab ihm dann die Absolution und fragte ihn, ob er die letzte Ölung wolle, indem er ihm die Hand drückte. Fabre hat wohl eine Geste gemacht, die bedeuten sollte, dass er aus dieser Welt herausgetreten ist als ein besserer Christ denn je. […]
Am Montag morgen hatte er beim Erwachen der Schwester einen Vortrag gehalten über den Unterschied von Cétoine (Rosenkäfer) und Bétoine (Betonie), wobei er ihr erklärte, Cétoine sei das Insekt, und ihr die Etymologie der Namen erklärte …«[60]

Jürgen Goldstein: Contemplator mundi

Jean-Henri Fabre ist für uns nicht nur Insektenforscher und begnadeter Beobachter, literaturnobelpreisverdächtiger Schriftsteller, Zeichner und Briefpartner Darwins – er ist viel mehr: ein Glücksfall. Seine zehnbändigen »Souvenirs entomologiques. Études sur l'instinct et les mœurs des insectes« stellen ein unerschöpfliches Refugium der Praxis einer untergehenden Naturbeschreibung dar. Diese »Erinnerungen eines Insektenforschers« sind wundervoll zu lesen. Zu Recht wird Fabres mitreißender Stil gerühmt. Er ist erzählerisch, lebendig, anschaulich und – was für wissenschaftliche Literatur nicht selbstverständlich ist – spannend. In diesen Büchern kann man versinken, sich in ihnen verlieren, man hat sie nie ausgelesen. Hier hat einer über Jahrzehnte die Ernte eines Lebens als Forscher zu unserem Gewinn eingefahren. Mit Hingabe wird in unzähligen Kapiteln von der Welt des Lebens anhand der Insekten und ihrem Verhalten berichtet, mit einer Liebe zur Genauigkeit, die einer unfassbaren Ausdauer des Hinsehens geschuldet ist. Fabre fasziniert noch heute.

Und doch ist er nicht unser Zeitgenosse. Machen wir uns nichts vor: Wer heute über die »Psychologie des Insekts«[1] schreiben wollte, über die »Leiden der Mauer-Mörtelbiene« als »fleißige Arbeiterin«[2], über die »Liebesabenteuer« der Gottesanbeterin, bei dem das Weibchen das Verlangen des Männchens nach »Umarmungen und ehelichen Freuden«[3] mit dessen Verzehr beantwortet, der würde sich des Vorwurfs einer naiven Vermenschlichung der Tierwelt aussetzen. Was Fabres Texte gerade auszeichnet – eine einfühlsame Nähe zum Tier –, erscheint angesichts einer zunehmend technisierten und von persönlichen Empfindungen gereinigten Wissenschaft als antiquiert. Schon Fabre wusste um diesen Vorwurf: »Kommt alle herbei, ihr Stachelträger, ihr mit den gepanzerten Flügeln«, ruft er mit Blick auf die modernen Zergliederer der Natur aus und wendet sich an die Insekten, »übernehmt meine Verteidigung und sagt zu meinen Gunsten aus! Berichtet, wie vertraut ich mit euch lebe, wie geduldig ich euch beobachte, wie gewissenhaft ich euer Tun aufzeichne!«[4] Fabre, ein sympathischer und großer Erzähler, aber ein schon damals unzeitgemäßer und verschrobener Autor?

Man mag ein Stück Nostalgie als Grund für die anhaltende Wirkung Fabres in Rechnung stellen, eine Sehnsucht nach einer unverstellten Weltnähe, für die Wissen und Empfinden noch eins war. Fabre steht für eine kenntnisreiche Empfänglichkeit gegenüber der Natur, die dem heutigen städtischen Leser seiner Werke längst abhanden gekommen ist. Der Blick zurück scheint von verklärender Begeisterung getrübt, da man in Fabres euphorischer Hinwendung zur Kreatur eine inzwischen verschüttete Quelle der Lebensunmittelbarkeit wiederentdecken zu können meint.

Doch Fabres »Erinnerungen« sind keine Trostpflaster für ernüchterte Leser, denen sich die Welt entzaubert hat. Sie bieten keine Landlust für urbane Analphabeten der Insektenwelt. Aber auch als entomologischer Führer für die auf dem Land Lebenden taugen sie kaum. Tatsächlich sind sie viel gewichtiger. Ihnen kommt ein geschichtlicher Rang zu, der sich erst durch eine Umkehrung der Perspektive auf Fabre vollends erschließt. Dazu hat man für einen Moment innezuhalten und nicht von heute auf Fabre zurückzuschauen, sondern von der ihm vorausgehenden Tradition aus das ihn Bestimmende in den Blick zu nehmen. Bewegt man sich also einmal aus den Tiefen der Geschichte auf Fabres Gegenwart zu, kommt eine Verpflichtung zum Vorschein, die er sein ganzes Forscherleben lang als verbindlich angesehen hat. Das Sepiabraun unserer nostalgischen Verklärung hellt sich dann auf. Die sich einstellende Klarheit ist für Fabre nicht von Nachteil.

Wenn es ein Fundament gibt, auf dem Fabres Beschreibungen der Insektenwelt ruhen, dann ist es die bekennende Begeisterung für die lebendigen Lieblinge seiner Anschauung. Fabre kommt aus dem Staunen nicht heraus. Stunden bringt er damit zu, in der sengenden Sonne auf dem Boden liegend, einzelne Insekten bei der Verrichtung ihrer Tätigkeiten zu beobachten. Diese Bewunderung verbindet ihn mit der antiken Naturphilosophie. Das Staunen, *thaumazein*, ist die Bereitschaft, sich über das Gegebene verwundert zu zeigen, sich begeistern, ja irritieren zu lassen von einer Wirklichkeit, die unsere Erwartungen bei Weitem übertrifft.

Die Antike kannte als Inbegriff dieser staunenden Haltung die Figur des *contemplator caeli,* des Betrachters des Himmels. Er bestaunte die Sternenwelt und die Umläufe der Planeten auf ihren Bahnen. Der Sternenhimmel war gleichbedeutend mit einem *kosmos,* einem kunstvoll geordneten, guten und schönen Gesamtbau der Welt. Den Himmel zu betrachten bedeutete, sich in die Ordnung der Welt zu vertiefen. Das unterstellte geozentrische Weltbild, nach dem die Erde im Mittelpunkt unseres Planetensystems ruht, kam dem antiken Himmelsbetrachter ausdrücklich entgegen: Kein Punkt im Weltall war so gut geeignet, als idealer Standort für eine Schau der Sternenbewegungen zu dienen wie die zentral positionierte Erde. Der Sternenhimmel glich einer Aufführung, der der Mensch als Zuschauer beizuwohnen vermochte.

Bei allem Wissen, das die Antike über die Sternenwelt besaß, unterscheidet sich der *contemplator caeli* doch grundlegend vom heutigen Astronomen. Nach Werner Heisenberg sind die Behauptungen der modernen Physik sehr viel ernster gemeint als die der griechischen Philosophen. Das hat seinen Grund nicht in einem Mangel an Vermögen der antiken Denker, angemessen Physik zu betreiben. Vielmehr gilt es, trotz aller astronomischen Kenntnisse des Ptolemäus, eine entscheidende Differenz zwischen den Alten und uns Modernen nicht zu verwischen. Man kann sie auf einen Satz bringen: Für uns ist der Sternenhimmel vornehmlich ein physikalischer Gegenstand, für die griechische Naturphilosophie war er vor allem Ausgangspunkt für metaphysische Betrachtungen. Sterne galten den antiken Gelehrten als ewig, unwandelbar, erhaben, unnahbar und schön. Sie waren vollkommene Körper. Sie gehörten einer Sphäre an, die allem Irdischen weit überlegen war und schon an das Göttliche grenzte. Cicero hat den Menschen daher den Betrachter der überirdischen und himmlischen Erscheinungen genannt. Als

Inbegriff dessen, auf das der Mensch keinen Einfluss zu nehmen vermochte, war der Himmel jenseits des Mondes von unvergleichlich höherer Dignität als alle Gegenstände auf der Erde. Himmelskunde grenzte an die Lehre von den Göttern. Schon im 19. Psalm des Alten Testaments heißt es: »Die Himmel rühmen die Herrlichkeit Gottes, vom Werk seiner Hände kündet das Firmament.«

So ausgezeichnet der irdische Standpunkt für den Himmelsbetrachter auch sein mochte, die angenommene Zentralstellung der Erde besaß einen gravierenden Nachteil: Der Betrachter des Himmels war im Weltsystem am weitesten vom Göttlichen entfernt. Zwar wusste man um die berauschende Vielfalt der Natur, wie sie etwa Plinius der Ältere in seinen 37 Büchern zur »Naturkunde« darzustellen suchte. Doch allein der Blick auf den Sternenhimmel von einer im Vergleich minderwertigen Erde ermöglichte eine erhebende Schau auf Vollkommenes und eine Versenkung in die göttliche Ordnung. Alles Irdische war dem steten Wandel unterworfen. Die Betrachtung des Himmels dagegen, die *contemplatio caeli,* kam einer Meditation gleich. Der Schauende vollzog eine Kontemplation mit geöffneten Augen. Er sah durch das Sichtbare hindurch, eine hinter den Erscheinungen liegende göttliche Ordnung des Ganzen fest im Blick.

Für das Selbstverständnis des *contemplator caeli* war ein Aspekt entscheidend: Als ausgezeichneter Gegenstand der Anschauung offenbarte sich der Sternenhimmel als etwas, das danach zu verlangen schien, angesehen und bewundert zu werden. Das Weltall war, anders als heute, kein schweigender Raum, der sich unserem Wunsch nach Sinn verweigert. Es bot vielmehr eine Ordnung, in die der Mensch eingefügt war und durch die er seinen Ort im Weltganzen erfuhr. Der *contemplator caeli* war daher nicht weniger als die Antwort auf die Frage, wozu es den Menschen gibt: Anaxagoras soll auf die Frage, warum es besser sei, geboren zu werden als nicht geboren zu werden, geantwortet haben: um den Himmel zu betrachten und die Ordnung erfassen zu können. Das Wunderbare will, dass es von jemandem bewundert wird. Selbst der Gott des

Alten Testaments hat am letzten Tag der Schöpfung alles betrachtet, was von ihm hervorgebracht worden war, um festzustellen, es sei gut. Noch Alfred Russel Wallace, der zeitgleich mit Darwin den Evolutionsgedanken entwickelte und die christliche Schöpfungslehre erodieren ließ, beklagte die üppige Verschwendung von Schönheit angesichts der Entdeckung eines Königs-Paradiesvogels im malaiischen Dschungel. Kein Mensch hatte dessen Artgenossen über Jahrhunderte zu Gesicht bekommen. Wozu diese Schönheit, fragt sich Wallace, versteckt im Dunkel der tiefsten Wälder? Die dem Menschen seit der Antike aufgetragene Verpflichtung bestand in der staunenden Schau und Anerkennung einer Welt, die sich göttlichen Kräften und Mächten verdankt.

Spätestens mit der kopernikanischen Wende und der Einführung des heliozentrischen Weltbildes begann eine sich von der Antike absetzende Geschichte der Astronomie, die die Figur des *contemplator caeli* hat obsolet werden lassen. Mit der Sonne als Mittelpunkt unseres Planetensystems, wie es Nikolaus Kopernikus 1543 in seinem Hauptwerk »Über die Umläufe der Himmelskreise« vertrat, war es um die bevorzugte Zuschauerposition des Menschen geschehen. Ohnehin verblasste der Vorrang des Sternenhimmels als bevorzugtes Ziel der Anschauung angesichts der spektakulären Welterschließungen seit Kolumbus. Eine Entdeckungsgeschichte der irdischen Natur setzte ein, die das auf fernen Kontinenten Erschlossene aufwertete und sich gegen religiöse oder philosophische Degradierungen des sinnlich Erfahrbaren verwahrte. Aus dem *contemplator caeli* wurde ein *contemplator mundi,* ein Betrachter der Welt. Man schaute nicht länger durch das Betrachtete hindurch auf das dahinterliegende Göttliche, sondern die Natur als Natur trat in Erscheinung.

Dafür war nicht von Nachteil, dass der Begriff der ›Welt‹, *mundus,* sich als weniger eindeutig erwies als zuvor der Sternenhimmel. Zwar konnte in der Renaissance der *contemplator mundi* noch das Weltganze einschließlich des Sternenhimmels in den Blick nehmen. Die zeittypische Metapher der *machina mundi,* der ›Weltmaschine‹, brachte diesen Ganzheitsanspruch auf prägnante Weise zum Ausdruck. Mit ihr wurde der Aufbau der Welt in Analogie zu technischen Wunderwerken gesetzt. Aber unter einer ›Welt‹ verstand man zunehmend einen begrenzten, in sich geordneten Teilbereich des Wirklichen. Das von Kolumbus Entdeckte firmierte unter dem Namen der ›Neuen Welt‹, Bernard de Fontenelle sprach von einer ›Vielzahl der Welten‹, der *pluralité des mondes,* und heute gibt es die ›Welt der Literatur‹, die ›Welt der Technik‹ oder eben auch die ›Welt der Insekten‹. Der *contemplator caeli* hat es mit einem einzigen Himmel zu tun, der seine ganze Aufmerksamkeit fordert, der *contemplator mundi* dagegen mit einer Vielzahl möglicher Welten als jeweilige Ziele der Anschauung.

In der modernen Erfahrungsgeschichte der Natur nimmt Fabre eine bedeutende Stellung ein. Wie schon vor ihm Maria Sibylla Merian blickt auch er nicht mehr zu dem entfernten Himmel hinauf, sondern er lenkt sein Augenmerk auf das Unscheinbare vor seinen Füßen. Seine Schilderung einer Besteigung des Mont Ventoux lässt zwar den grandiosen Blick vom Gipfel dieses Berges in der Provence nicht unerwähnt. Aber Fabre ermahnt sich rasch selbst. Er sei schließlich nicht um der Aussicht willen aufgestiegen. Daraufhin untersucht er die am Berghang wachsenden Pflanzen und sucht nach den unter den Steinen sich verbergenden Insekten. Die himmlische Ferne wird eingetauscht gegen den Reiz des Nahen. Das große Ganze gerät zugunsten des Einzelnen aus dem Blick.

Fabre steht daher in einer modernen Tradition, die den Blick des *contemplator caeli* auf nahezu jenseitige Gegenstände durch eine Aufmerksamkeit gegenüber dem Kleinsten, Unscheinbarsten, sich dem Auge oft Verbergenden und rasch Entziehenden ersetzt hat. Er ist ein Betrachter seiner Welt am und im Detail. Hatte der aufrechte Stand und Gang aus antiker Sicht der Bestimmung des Menschen entsprochen, den Kopf zum Himmel zu erheben und somit zum *spectator caeli* zu werden, beugt sich Fabre tief hinunter, um auf Augenhöhe mit dem von ihm Betrachteten zu gelangen. Sah sich der antike Naturphilosoph der Aufgabe gewachsen, die Sterne in ihrer unnahbaren Vollkommenheit zu erfassen, stellt für uns bereits ein Staubkorn eine Überforderung dar. Größer könnte der Unterschied von erhabenem Stern und gewöhnlichster Materie von kaum noch wahrnehmbarer Winzigkeit nicht sein: »Die Realität ist für uns unerreichbar, wenn es bloß darum geht, den Fall eines Stäubchens zu verfolgen«, schreibt Fabre, »und wir machen uns anheischig, den Strom des Lebens hinaufzufahren und seine Quellen aufzusuchen!«[5] Der Himmel tritt in den Hintergrund angesichts der Reichtümer der Erde, seien sie auch auf den ersten Blick noch so unscheinbar. Statt den Blick auf die Weiten des Kosmos über sich zu richten, beschränkt sich Fabres Aufmerksamkeit vornehmlich auf seinen ›Harmas‹, ein von einer Mauer umgrenztes Brachland bei seinem Anwesen in Sérignan-du-Comtat. Das ist seine Welt. Gerade dieser Begrenzung auf einen Ausschnitt, den in seiner Fülle zu erfassen Jahrzehnte nicht reichen, verdanken sich seine exemplarischen Bücher des Lebens. Noch im Kleinsten zeigt sich das Ganze. Seine »Erinnerungen« wetteifern mit den großen Epen seit Homer, erzählt Fabre doch von einer Welt, die vom fürsorglichen Nestbau der Sandwespe ebenso handelt wie von der Präzision, mit der eine Grabwespe als »Mörderin«[6] eine im Todeskampf zitternde Grille ersticht.

An den *contemplator caeli* wäre nicht zu erinnern gewesen, hätte Fabre nicht an einem entscheidenden Grundmotiv des antiken Sternenbewunderers festgehalten. Zwar hat sich der Gegenstand des Bestaunens gewandelt, nicht aber die Haltung des Betrachters. Auch Fabre sucht staunenden Auges nach Ordnungen des Lebens. Auch er ist der berufene Bewunderer einer Welt. Seine Bücher sind Preisungen des Gesehenen. Die prächtigen Farben, die er an den Käfern ausmacht – metallisch rot wie glänzendes Kupfer und feurig wie Rubine oder Smaragde und von funkelndem Gold –, sind ihm ein Fest der Augen. Solche Schönheit will betrachtet werden. Als er nach Jahren das erste Mal wieder einen Mistkäfer entdeckt, mit dessen Aussehen er seit seinem Aufenthalt auf Korsika vertraut ist, feiert er hymnisch das Geschenk des Wiedersehens: » Komm, dass ich dich noch einmal lebend bewundere, du schönes Insekt! Du erinnerst mich an die Begeisterung meiner frühen Jahre an den Ufern des herrlichen und so muschelreichen Golfs. Damals schwante mir nicht, dass ich dich eines Tages zu rühmen hätte. Seither habe ich dich nicht mehr gesehen: Willkommen in meiner Voliere, lasse uns etwas von dir lernen!«[7] Als *contemplator mundi* versenkt sich Fabre in die preisende Betrachtung jener Tierwelt, die in der Antike kaum der Aufmerksamkeit wert gewesen ist. Seiner weltlichen Frömmigkeit verdankt sich eine unerreichte Genauigkeit der Beobachtung, die Darwin an Fabre zu rühmen wusste und über die die anthropologisierenden Stilblüten nicht hinwegtäuschen sollten. Mit Fabre hat sich die antike Figur des *contemplator caeli* gewandelt, ohne preisgegeben worden zu sein. Der *contemplator mundi* ist die Fortsetzung einer antiken Weltbegeisterung unter veränderten Vorzeichen.

Das Selbstverständnis, als Lehrling im Gespräch mit der Natur zu stehen, rückt Fabre unweigerlich in die Nähe Goethes. Beiden ist die Natur eine beglückende Offenbarung und eine Lehrerin des Lebens. Und es ist Goethe, für den sich die zwei Blickrichtungen – auf den fernen Himmel und die nahe Welt – noch einmal harmonisch ergänzen. Im Sommer 1828 hält sich Goethe in Dornburg an der Saale auf. »Ich verlebe hier«, eröffnet er gegenüber Eckermann, »so gute Tage wie Nächte. Oft vor Tagesanbruch bin ich wach und liege im offenen Fenster, um mich an der Pracht der jetzt zusammenstehenden drei Planeten zu weiden und an dem wachsenden Glanz der Morgenröte zu erquicken.« Venus, Merkur und Saturn, während einiger Tage im August des Jahres dicht beieinander, bieten einen prächtigen Anblick. Die Natur zeigt sich von ihrer erhabensten Seite. Doch sie offenbart Goethe auch die Ordnung des Lebens, wie er sie an der Metamorphose der Pflanzen abzulesen sucht: »Fast den ganzen Tag bin ich sodann im Freien und halte geistige Zwiesprache mit den Ranken der Weinrebe, die mir gute Gedanken sagen und wovon ich Euch wunderliche Dinge mitteilen könnte.«[8] Die Natur spricht, wenn auch nicht zu jedem.

Eine derart empathische Nähe zur Natur ist längst verblasst – allen Renaissancen der verschiedensten Naturbewegungen zum Trotz. Die Natur mag für uns inzwischen vieles bedeuten: ökonomische Ressource, bedrohtes Ökosystem oder entspannendes Freizeitreservoir. In jedem Fall aber meinen wir bestimmen zu können, was sie für uns zu sein hat. Fabre dagegen hat sich noch in eine Tradition einreihen können, die es als ein gebotenes *officium,* als eine noble Aufgabe des Menschen begriffen hat, sich in den Dienst einer Natur zu stellen, die es zu rühmen gilt. Dieser Verpflichtung haben wir uns inzwischen zu entledigen vermocht. Die Lektüre Fabres hindert uns daran, dies allein als einen Gewinn zu begreifen.

Anmerkungen

1 Blatthornkäfer aus der Familie der Coprinae, der Pillendreher.

2 [»Hilf, Herr, dem König«, Psalm 20,10.]

3 [»Von allem Wissenswertem«.]

4 [Splendidus heißt glänzend, prächtig; splendidulus ist die Verkleinerungsform dazu; man könnte also übersetzen »das Prachtkerlchen«.]

5 Einer Notiz samt Skizze von Herrn Valéry-Mayet, Lehrer an der Schule für Landwirtschaft in Montpellier, verdanke ich diese Auskunft über die Tätigkeit des Onitis olivieri.

6 A.-B. Griffiths, Comptes rendus de l'Académie des sciences, 26. November 1894.

7 Suites à Buffon, Introduction à l'entomologie, tome II, pages 460–461.

8 [Kanadischer Naturforscher, Spezialist für Vögel.]

9 [Daher, jedenfalls in den Augen von Landleuten, seine Eignung als »Heilgehilfe«, der Warzen abbeißt.]

10 Oedipoda caerulescens, L. – Oed. miniata, Pallas – Sphingonotus caerulans, L. – Caloptenus italieus, L. – Pachytilus nigrofasciatus, de Geer – Truxalis nasuta, L.

11 Conocephalus mandibularis, Charp. – Platycleis intermedia, Serv. – Epphippiger avitium, Serv.

12 Herr Bellot, staatlicher Waldhüter in Beaumont (Vaucluse).

13 [Wohl Campanula uniflora oder C. Gieseckiana, die beide in großen Höhen und im Norden wachsen.]

14 [Auf der dünnen Hirtenflöte übst du ein ländliches Lied ein.]

15 Weitergehende Einzelheiten über dieses seltsame Thema wären unangebracht in einem Buch, in dem Anatomie und Physiologie nicht immer über die erforderliche Ellbogenfreiheit verfügen können. Man findet sie in meiner Studie über die Heuschreckentiere: Annales des sciences naturelles, 1896.

16 Immer exakt in seinen Beschreibungen redet mein Freund hier vom Schwalbenschwanz, wenn ich mich nicht irre.

17 [»Sie flieht ins Weidengebüsch und wünscht doch zuvor sich gesehen«, Vergil.]

18 [Bei uns »Weinhähnchen«.]

19 [Beim freundschaftlichen Stillschweigen des Mondes.]

20 Genauer die Heuschrecke, die man nicht verwechseln darf mit dem echten Heupferd, das einen Säbel trägt.

21 Die Heilige Jungfrau.

22 [»Seine Speise aber war Heuschrecken und wilder Honig.« Matthäus III, 4.]

23 [Eine Mannschild-Art.]

24 [»Sterben werd' ich nicht ganz (...)« – Horaz, Oden III, 30.]

25 Die Große Aschfarbene Heuschrecke beschreitet manchmal auch diesen Irrweg.

26 [Tatsächlich lautet diese Stelle bei Plinius, zu Beginn des elften Buchs seiner Naturgeschichte: »in his tam parvis atque tam nullis quae ratio, quanta vis, quam extricabilis perfectio« (»in diesen so kleinen und so wie nichts anzusehenden Körpern, welcher Verstand, welche Kraft, welche nicht zu durchdringende Vollkommenheit«).]

27 [*Micromégas* ist eine 1752 erschienene philosophische Erzählung Voltaires über den Besuch eines Wesens namens Micromégas vom Stern Sirius auf der Erde.]

28 [Lateinisch: Lasst uns arbeiten!, An die Arbeit! Das ist auch das letzte Wort im letzten gedruckten Kapitel der *Souvenirs entomologiques*.]

29 [Fabre spielt auf eine Stelle im Matthäusevangelium an: »Viele sind berufen, aber wenige sind auserwählt.« Matthäus 20, 16.]

30 [Brauner Bär, Arctia caja.]

31 [Orgyia antiqua, Schlehenspinner.]

32 [Lateinisch – bzw. von Molière verulktes französisches Ärztelatein: Weil in ihm eine einschläfernde Kraft steckt, deren Eigenschaft es ist, die Sinne zu beruhigen]

33 [Die Gattung heißt heute Lymantridae, Schad- oder Trägspinner.]

34 [Puppenräuber – ein Käfer, der vor allem in Baumkronen lebt; jetzt sehr selten geworden.]

35 [Von magnanerie, die Seidenraupenzucht, das Seidenraupenhaus.]

Anmerkungen Thill

1 Yves Delange, »Album de famille et lieux privilégiés de Jean-Henri Fabre«, Arles 1985, S. 38. (Dt. v. H. Th.).

2 Die Benennung stammt von Fabre. Provenzalisch für »Brachland«.

3 Delange im Vorwort zu Jean Henri Fabre, »Récits«, Arles 2002, S. 17.

4 In diesem Band, S. 43.

5 Ebd., S. 67.

6 Ebd., S. 58.

7 Fabre, »Le Ménage, causeries d'Aurore avec ses nièces sur l'économie domestique. Lectures courantes à l'usage des écoles de filles«, Paris 1989.

8 Fabre, »Histoire de la bûche; récits sur la vie des plantes«, Paris 1867.

9 Fabre, »Le livre d'histoire, récits scientifiques de l'oncle Paul à ses neveux. Lectures courantes pour toutes écoles«, Paris 1869.

10 In diesem Band, S. 68.

11 Ebd., S. 69.

12 Fabre, »Poésies françaises et provençales«, Raphèle-les-Arles 1980, S. 23f.

13 Jacques-Henri Bernardin de Saint-Pierre, »Harmonie de la Nature«, Paris 1796. (dt. v. H. Th.)

14 Fabre, »Poésies«, S. 13. (Dt. v. H. Th.)

15 Utilitarismus als Geisteshaltung des französischen Bürgertums im Zweiten Kaiserreich, nicht die britische Richtung eines radikal ethisch-liberalen Denkens, wie sie John Stuart Mill vertritt.

16 In diesem Band, S. 41.

17 Dafür wird er seine Nachkommenschaft mit seiner Liebe zu den Insekten anstecken. Augustin Fabre veröffentlicht ein Buch über den Vater: Augustin Fabre, »Sur les sommets – Les dernières années de Jean-Henri Fabre l'entomologiste«, Rodez, 1921. Ein Großneffe, der belgische Künstler Jan Fabre, führt die Obsession des Onkels weiter, etwa in seiner Deckeninstallation im Spiegelsaal des Königlichen Palasts in Brüssel. Ein anderes Beispiel ist die Skulptur »Skull«. Jan Fabre, »Passages«, Anvers 1997.

18 In diesem Band, S. 41.

19 Fabre, »Souvenirs entomologiques«, Bd. VII, Paris 1900. (Dt. v. H. Th.)

20 Paul-Henri Fabre. Zahlreiche seiner Fotos illustrieren die »Erinnerungen eines Insektenforschers«. Vgl. den Katalog: »De L'Homme et des Insectes. Jean-Henri Fabre 1823–1915«, Paris 2003.

21 In diesem Band, S. 11.

22 In dieser Funktion trägt Fabre den Namen: Felibre di Tavan. Nach einem der Begründer des Dichterbundes Alphonse Tavan (1833–1905). Tavan ist auch das provenzalische Wort für Maikäfer.

23 Yves Delange, »L'homme, qui aimait les insectes«, Arles 1999, S. 201.

24 Fabre, »Erinnerungen eines Insektenforschers«, Bd. II, Berlin 2010, S. 19.

25 Fabre, »Erinnerungen eines Insektenforschers«, Bd. I, Berlin 2010, S. 166.

26 Fabre, »Souvenirs entomologiques«, Bd. X, Paris 1907, S. 86. (Dt. v. H. Th.)

27 Von Edmond Rostand gibt es auch einen Gedichtzyklus: Fabre-des-Insectes, In: »Le Cantique de l'aile«, Paris 1922, S. 67–74.

28 Fabre, »Erinnerungen eines Insektenforschers«, Bd. II, Berlin 2010, S. 21.

29 Ebd. S. 18ff.

30 Fabre, »Souvenirs entomologiques«, Bd. IX, Paris 1905, S. 282. (Dt. v. H. Th.)

31 Fabre, »Les inventeurs et leurs inventions, histoire élémentaire des principales découvertes dans l'ordre des sciences physiques«, Paris 1881. Zitiert nach Delange, S. 291. (Dt. von H. Th.)

32 Ebd.

33 In diesem Band, S. 9.

34 Robert von Ranke-Graves, »Griechische Mythologie«, Reinbek 1960, S. 194.

35 Camus, »Der Mythos von Sisyphos«, Reinbek 1989, S. 99.

36 Fabre, »Erinnerungen eines Insektenforschers«, Bd. III, Berlin 2011, S. 83 f.

37 Ebd., S. 83.

38 Ebd., S. 87.

39 Fabre, »Récits«, S. 85 ff. (Dt. v. H. Th.)

40 Bertolt Brecht, »Leben des Galilei«, Frankfurt am Main, 1955, S. 85.

Federzoni, der Linsenschleifer, eine Figur wie der brave Favier.

41 »Vergils ländliche Gedichte«, Leipzig 1886, S. 57.

42 Fabre, »Récits«, S. 87. (Dt. v. H. Th.)

43 »De L 'Homme et des Insectes«, S. 101.

44 Gertrude Stein, »Useful knowledge«, Barrytown 2001.

45 Vgl. das gleichnamige Gedicht von Raymond Queneau »La Leçon de choses«.

46 Zitiert nach Yves Delange, S. 209. (Dt. v. H. Th.)

47 Ravachol, 1859-1892, Anarchist und Attentäter. Pseudonym von François Claudius Koënigstein, abgeleitet von einem »deutsch ausgesprochenen« »Ravageur«, »Zerstörer«, »Schädling«.

48 »L'Industrie, simples récits de l'oncle Paul sur l'origine, l'histoire et la fabrication des principales choses d'un emploi général dans les usages de la vie. Lectures courantes à l'usage de toutes les écoles«, Paris 1875. Zitiert nach Delange, S. 209. (Dt. v. H. Th.)

49 In diesem Band, S. 206.

50 Fabre, »Poésies«, S. 153.

51 In diesem Band, S. 207.

52 Ebd., S. 50.

53 Ebd., S. 63 f.

54 Eine Ausnahme bilden die provenzalischen Gedichte Fabres, die in klassischen Rhythmen organisiert sind.

55 In diesem Band, S. 39 f.

56 Ebd., S. 242.

57 »Romanis in hoc luxuria esse coepit, prae-grandesque roborum vermes delicatiore sunt hic cibo; cossus vocant.« »Bei den Römern war es der neuste Schrei, dicke Würmer zu essen, die hervorragend schmeckten.«

58 Fabre, »Souvenirs entomologiques«, Bd. X, Paris 1907, S. 107. (Dt. v. H. Th.)

59 Fabres erster Biograf. Georges-Victor Legros, »Jean-Henri Fabre, naturaliste«, Paris 1910.

60 Delange, S. 333 ff. (Dt. v. H. Th.)

Anmerkungen Goldstein

1 Jean-Henri Fabre, »Erinnerungen eines Insektenforschers«, Berlin 2010, Bd. II, S. 141 ff.
2 Ebd., Bd. III, Berlin 2011, S. 99.
3 Ebd., Bd. V, Berlin 2013, S. 253, 257.
4 Ebd., Bd. II, Berlin 2010, S. 8.
5 Ebd., Bd. III, Berlin 2011, S. 264.
6 Ebd., Bd. I, Berlin 2010, S. 85.
7 Ebd., in diesem Bd., S. 31.
8 Johann Peter Eckermann, »Gespräche mit Goethe in den letzten Jahren seines Lebens«, Frankfurt am Main 1968, S. 249.

Erste Auflage Berlin 2015.

MSB Matthes & Seitz Berlin Verlagsgesellschaft mbH,
Göhrener Straße 7, 10437 Berlin.
info@matthes-seitz-berlin.de
www.matthes-seitz-berlin.de

Druck und Bindung: GGP Media GmbH, Pößneck.

ISBN 978-3-88221-676-9